机械工人技能大讲堂

管道工必备技能

机械工业职业教育研究中心　组编
主编　姜湘山
参编　李刚　班福忱　牛明芳　姜丽娜

机 械 工 业 出 版 社

本书是按最新的《国家职业技能标准 管工》（初级、中级）的技能要求编写的。本书采用技能大讲堂的形式，通过17讲、72个实用的操作技能，按照由浅入深、由易到难循序渐进的规律，介绍了初、中级管道工所有的必备技能。本书主要内容包括：管道工程类别与管道工程图，管道安装用量具、工具、机具，管子调直与切断，管子套螺纹与坡口、缩口、扩口加工，管子煨弯，焊接管件的加工，管卡制作与支架制作安装，管道连接，管道上阀门的安装与检修，常用卫生器具的安装，常用散热器的安装，管道吊装与敷设，管道试压与清洗，管道防腐与绝热，给排水管道的安装与维护，采暖设备和采暖管道的安装与维修，各种工业管道的安装与维护。本书以技能操作实例为主，图文并茂、形象直观、通俗易懂。

本书可供初、中级管道工培训和自学之用，也可作为技工学校、职业技术学校相关专业学生的生产实训用书。

图书在版编目（CIP）数据

管道工必备技能/姜湘山主编．—北京：机械工业出版社，2014.8（2022.6重印）
（机械工人技能大讲堂）
ISBN 978-7-111-51489-3

Ⅰ．①管… Ⅱ．①姜… Ⅲ．①管道工程-基本知识 Ⅳ．①TU81

中国版本图书馆CIP数据核字（2015）第215071号

机械工业出版社（北京市百万庄大街22号 邮政编码100037）
策划编辑：王晓洁 责任编辑：王晓洁
版式设计：霍永明 封面设计：张 静
责任印制：常天培 责任校对：胡艳萍
北京机工印刷厂印刷
2022年6月第1版·第5次印刷
169mm×239mm·20印张·387千字
标准书号：ISBN 978-7-111-51489-3
定价：39.80元

凡购本书，如有缺页、倒页、脱页，由本社发行部调换

电话服务	网络服务
服务咨询热线：010-88361066	机 工 官 网：www.cmpbook.com
读者购书热线：010-68326294	机 工 官 博：weibo.com/cmp1952
010-88379203	金 书 网：www.golden-book.com
封面无防伪标均为盗版	教育服务网：www.cmpedu.com

前　言

机械制造业是技术密集型的行业，其职工队伍中一半以上是技术工人。技术工人素质的优劣，直接关系到能否振兴和发展我国的机械制造业。为满足企业技术工人提升学习技能的需要，我们在2004年出版了“上岗之路”丛书，此套丛书一经出版，就得到了广大读者的广泛关注和热情支持。但是随着新的国家职业技能标准和行业技术标准相继颁布和实施，有些内容已经过时。为了适应新形势，满足广大技术工人学习的需要，我们决定对这一套书进行修订。本次修订采用技能大讲堂的形式，将原15个工种的入门版和提高版合为一本，删去了不必要的理论知识，补充了部分技能操作实例，并采用了最新的国家标准和行业标准。

本书是按最新《国家职业技能标准　管工》（初级、中级）的技能要求进行编写的。本书通过17讲、72个实用的操作技能，由浅入深地介绍了初级管工、中级管工必须掌握的操作技能。本书主要内容包括：管道工程类别与管道工程图，管道安装用量具、工具、机具，管子调直与切断，管子套螺纹与坡口、缩口、扩口加工，管子煨弯，焊接管件的加工，管卡制作与支架制作安装，管道连接，管道上阀门的安装与检修，常用卫生器具的安装，常用散热器的安装，管道吊装与敷设，管道试压与清洗，管道防腐与绝热，给排水管道的安装与维护，采暖设备和采暖管道的安装与维修，各种工业管道的安装与维护。

本书图文并茂，通俗易懂，可供初级、中级管工培训和自学之用，也可作为职业技术院校、技工学校教学用书。

本书由姜湘山任主编，李刚、班福忱、牛明芳、姜丽娜参加编写。

由于作者水平有限，书中难免有错误和疏漏之处，恳请广大读者批评指正。

目　录

第1讲　管道工程类别与管道工程图

技能1　认识管道工程

机械工厂的管道工程分类如下：

1. 按管道用途分类

（1）动力管道　用以传送生产所需动力的管道，如蒸汽管道、燃气管道、氧气管道、乙炔管道、压缩空气管道、凝结水管道、给水管道等。

（2）工艺管道　用以输送工艺生产过程中所需材料的管道，如化工原料管道、冷却油管道、润滑油管道、乳化液管道、酸液管道、测量控制和仪表管道等。

（3）输送管道　以风力输送工艺材料的管道，如风送煤粉、风送型砂等管道。

（4）生活用管道　用以供给生活用热、用水、空气调节的管道，如给水管道、采暖管道，热水供应管道，污水管道等。

2. 按管道材质分类

（1）黑色金属管道　如铸铁管、焊接钢管等。

（2）有色金属管道　如纯铜管、黄铜管、铝管、铅管等。

（3）非金属管道　如混凝土管、石棉水泥管、陶土管、塑料管、玻璃管等。

3. 按管道敷设方式分类

（1）明设管道　架设在支架或支墩上或直接敷设于地面上、墙面上的管道。

（2）暗设管道　敷设在地沟、地槽或地下的管道。

（3）埋设管道　直接埋设在地下的管道。

4. 按管道是否设置绝热层分类

（1）保温管道　管道外面设置了绝热层的管道。

（2）非保温管道　管道外面不设置绝热层的管道。

技能2　识读管道平面图

用正投影的方法绘制管道在平面图上的位置称为管道平面图，若管道用单线表示，管道平行于平面，在平面图上反映管的实长；管道垂直于平面，在平面图上只表示一个点；管道倾斜于平面，在平面图上反映比管实长要短的直线。管道平面图表示管道在平面上的实际位置和走向，标有管径、坡度、坡向、标高等。管道平面图分建筑内管道平面图和建筑外管道平面图，如图 1-1 和图 1-2 所示。

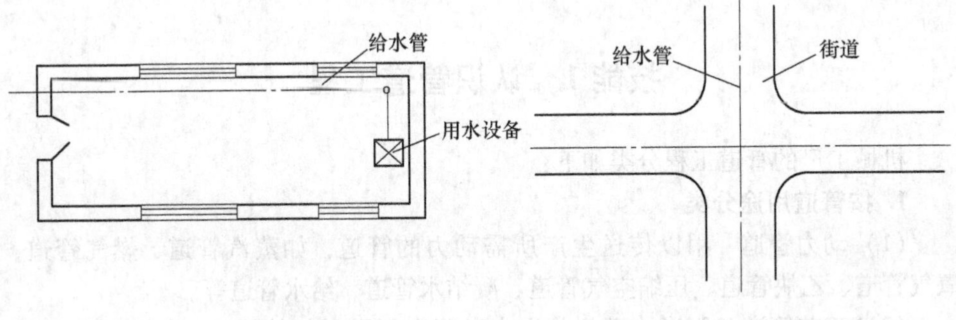

图 1-1 建筑内管道平面图　　图 1-2 建筑外管道平面图

技能 3 识读管道轴测图

尽管用正投影法画出的图样能准确无误地反映出管线的空间走向和具体位置，但由于在平、立图面反映上比较分散，缺乏直观立体感，所以看起来既不形象又不直观。而管道轴测图能把平、立面图中的管线走向在一个图面里形象、直观地反映出来。特别是在一个系统里有许多纵横交错的管线时，轴测图就更能显示它的作用，其线条清晰、富有立体感，能一目了然地将整个管线的空间走向和位置反映出来，从而使施工人员很容易看懂，如图 1-3 所示。

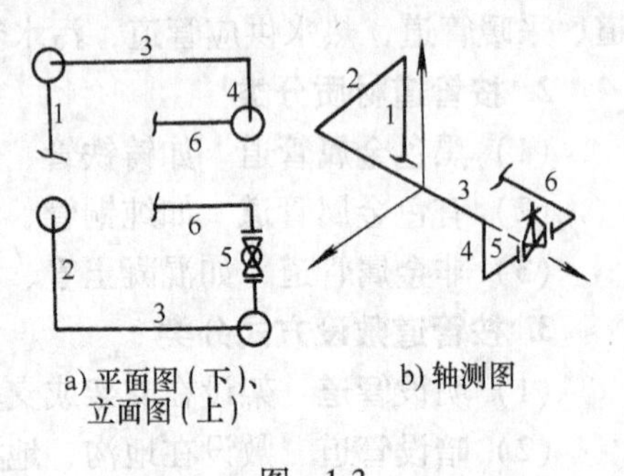

图 1-3

在图 1-3 中，把平面图上管线分成 6 段，其中 1 段和 4 段是上下走向，2 段和 5 段是前后走向，3 段和 6 段是左右走向。在分析的基础上定轴、定方位，然后沿轴量尺寸。在轴测图中画阀门位置时，应同平面图上的阀门投影相对应。

技能 4 识读管道施工图

管道施工图主要是识读平、立面图和轴测图等图样，尤其是识读平面图和轴测图这两个关键的图样，掌握这两个图样的识读，其余图样的识读就迎刃而解了。

（1）单张图的识读　当拿到一张图样时，首先要看标题栏，其次是图样上所画的图和数据。通过标题栏的阅读，可知该图样的名称、工程项目、设计阶段及图号、比例等情况。特别值得注意的是，除了标题栏中表示的比例外，有时局部视图还另标注放大比例。

在平面图的右上角往往都画有指北针，有的还画有风向玫瑰图，它表示管道和建筑物的朝向，实际施工时由它确定所有管道的走向。

对于图样上的符号、详图等，都应该由大到小，由粗到细认真识读；对于图上的每一根线条、图例、数据还应互相校对，看看是否相符；对图上的每一个管线，应弄清编号、管径大小、介质的流向、管道的尺寸、标高和材质，以及管线的起点和终点。在工艺流程中，对于管线所处的位置究竟是架空敷设，还是地面或地下敷设，以及对机器设备、建（构）筑物的相对位置都要一一查对清楚。对于管线中的管配件，应弄清阀门、法兰、垫片、盲板、孔板、温度计、流量计、热电偶等的名称、种类、型号、数量、压力、温度等，发现问题应及时解决。

（2）整套图样的识读　当拿到一套图样时，首先应该看的是图样目录，其次是施工图说明和设备材料表，然后是平面图、轴测图等。

1）识读平面图的目的

①了解厂房构造、轴线分布及尺寸情况。

②弄清楚各路管线的起点和终点，以及管线与管线、管线与设备或建（构）筑物之间的位置关系。

③掌握各设备的编号、名称、定位尺寸、接管方向及其标高。

④搞清楚各路管线的编号、规格、介质名称、坡度坡向、平面定位尺寸、标高尺寸及阀门的位置情况。

2）识读轴测图的目的

①弄清楚管线的实际走向、分支路数、转弯次数及弯头的角度。

②管线上的配件名称、阀件名称及所连接的设备。

③了解物料介质的性质，搞清介质流动方向、管线标高及坡度等。

由于管道图的种类比较多，图与图之间既有紧密的联系又有不同的区别，当感到所识读的图样不能完全反映问题时，应学会迅速而又准确地找到所需的其他对应图样，把它们对照起来看。特别是对于初学的人，一般都会感到图样上的线条多而复杂，但只要掌握投影原理，介质的工艺流程，以及管配件、阀件常用图例的画法，并能细致地按上述步骤和方法识读，那么，即使图面比较复杂还是能看懂的。

第2讲　管道安装用量具、工具、机具

技能5　量具的种类和使用方法

管道安装时，管线的定位、下料尺寸的确定、划下料样板、设备安装找平以及管道维修中配管长度的测量，都需要有专用的测量工具。管道工常用的主要量具种类有木折尺、钢直尺、布卷尺、钢卷尺及水平仪等。

1. 木折尺的使用

木折尺又称木尺，是安装管道、设备时必不可少的量具，一般多用于管件下料和测量长度不超过1m的工件。常用的木折尺是8折，长度为1m。

使用时视测量长度将折尺平伸拉开，当被测长度小于1m时，一般将折尺较被测长度多拉开一折。用木折尺测量工件长度，如图2-1所示。

使用中，如尺面有污迹时，应及时用棉纱将尺面擦拭干净，用后折回，放进工作服上衣口袋里，不可随意丢放，以免尺面磨损，刻度模糊，影响使用。如长期不用时，应平放在干燥处。

2. 钢直尺的使用

钢直尺又称钢板尺，在对口焊接或划下料样板时经常使用。管道工常用150mm的钢直尺，焊工常用1m的钢直尺。

测量工件或划线下料时，要将钢直尺放平且紧贴工件，不得将尺悬空或远离工件读数。用钢直尺划线下料，如图2-2所示。

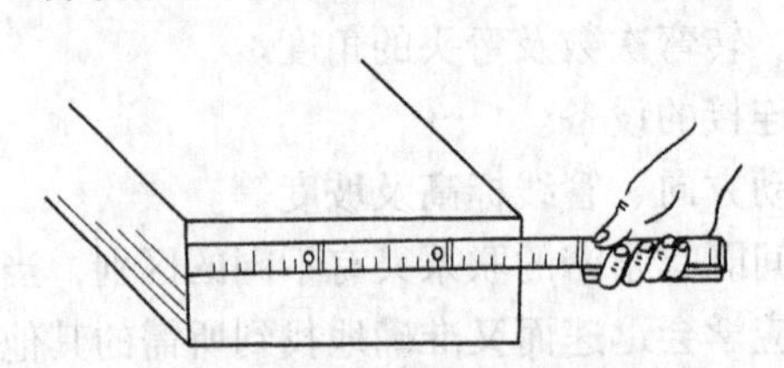

图2-1　用木折尺测量工件长度

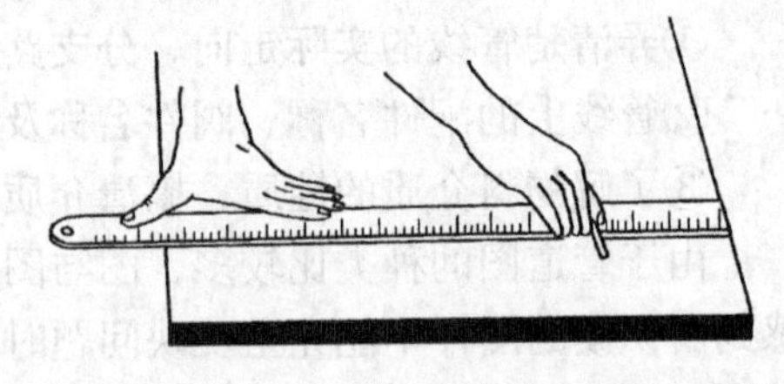

图2-2　用钢直尺下料

要正确使用钢直尺，不得随意当作他用，如铲锈迹、除污垢或拧螺钉等。使用完毕要及时将尺面擦拭干净，以免锈蚀。如长期不用时，应在尺面涂上一层钙基脂，再用蜡纸封好。

3. 布卷尺的使用

布卷尺又称皮尺，用于测量管子长度或管线长度。

使用时，按实际测量距离，需要多长就从尺盒里拉出多长。测量时，尺带要拉直，但不要拉得过紧，以免拉断尺带。也不可将尺带拖得太松，以免影响测量的准确性。用布卷尺测量管子长度，如图 2-3 所示。

当测量较长距离时，应两人一道操作，以便在测距中间随时排除诸如尺带打摺、视线遮挡或尺带拉不直等现象。测下一段距离或测量结束时，应将尺带逐圈提起，不可将尺带拖地拉动，以免磨损尺带。测量结束后，要注意及时将尺带擦拭干净，平直地卷入尺盒里。

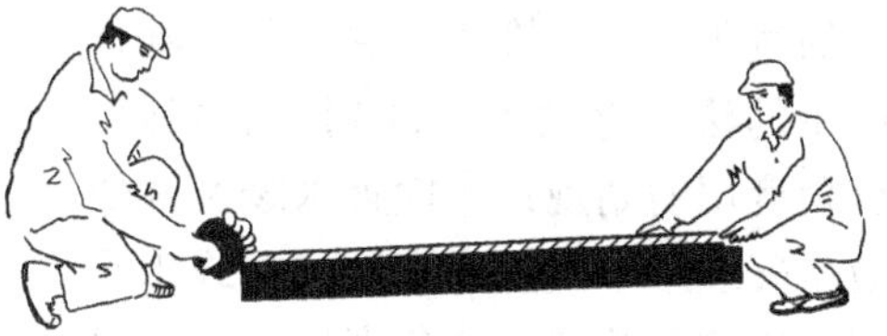

图 2-3　用布卷尺测量管子长度

4. 钢卷尺的使用

钢卷尺有小钢卷尺（又称钢盒尺）和大钢卷尺（又称钢盘尺）两种，分别用于较短和较长距离的管线测量。

小钢卷尺是随身携带的方便量具。使用时，视工件长度，拉出适宜的长度即可。测完时，按动揿钮，尺条即可自动地卷回尺盒里。

使用大钢卷尺时，也应按测量距离拉出需要的长度。测量较长的距离时，尺带极易扭曲，不但影响测量精度，而且稍不注意，尺带极易塑性变形。为此，需要 1 人在测距中间而且巡视，随时排除扭曲，并向上拖平尺带，配合拉直尺带。用大钢卷尺测量两木桩间较长距离的操作，如图 2-4 所示。

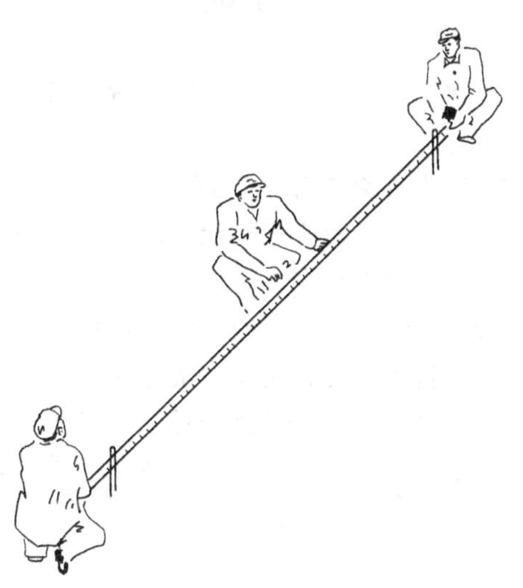

图 2-4　用大钢卷尺测量两木桩间较长距离的操作

测完一段或测量结束时，需将尺带抬离地面，不得将钢卷尺在一地面拖拉，以保持尺面刻度的清晰和光亮。用完后，应将尺带上的尘土或泥水及时擦拭干净，平直地卷入尺盒里。如长期不用时，需在尺带上薄薄地涂上一层钙基脂，防止锈蚀。

5. 水平仪的使用

水平仪又称水准尺，是测量管道与设备倾斜度的量具。较长的水平仪还可测量设备安装的垂直度。

水平仪上一般镶有 3 个含水泡的玻璃短管，分别作检测水平和垂直度用。测量时，放置水平仪的管道或设备部位必须平滑、干净，以免影响测量精度。通过观察玻璃短管内气泡是否处在中间位置来判定被测管道或设备是否水平或垂直。

用水平仪测量安装的设备是否水平，如图 2-5 所示。使用中，应注意避免水平仪底面受碰撞或被刮伤。

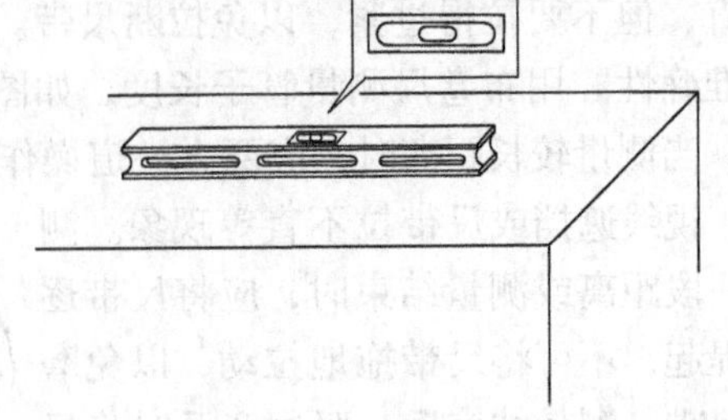

图 2-5　用水平仪测量安装的设备是否水平

除上述主要量具外，管道工用的量具还有：①作直角划线与检验直角用的直角尺；②检查法兰与管子垂直度用的法兰直角尺；③划圆、划弧、分角度用的划规；④检查水暖及其他设备安装水平或垂直度用的框式水平仪；⑤测量管线弯曲角度用的活动量角尺；⑥检查管线及设备安装垂直度用的线锤等。

技能 6　工具的种类和使用方法

常见工具有管子台虎钳、台虎钳、管钳、链钳、扳手、钢锯、割管器和管子铰板等。

1. 管子台虎钳的使用

管子台虎钳应用螺栓牢固地安装在桌子上，钳底座的直边应与桌子的一边相平行。注意不可太靠近桌子边缘安装，以防不够牢固，但也不宜太远离桌子边缘安装，以免影响套短螺纹时的操作。

夹持工件时，管子台虎钳型号应与工件规格相适应，如用大号管子台虎钳夹持小管件时，工件易被压偏。不同型号的管子台虎钳适用范围见表 2-1。

表 2-1　管子台虎钳适用范围

型　号	管子公称直径/mm	型　号	管子公称直径/mm
1	15 ~ 50	4	65 ~ 125
2	25 ~ 65	5	100 ~ 150
3	50 ~ 100		

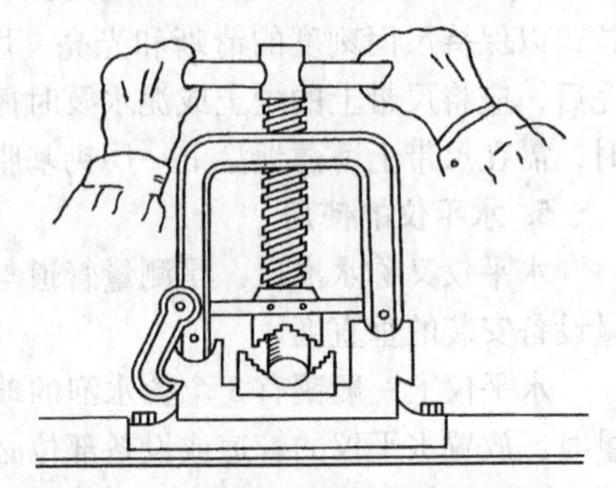

图 2-6　用管子台虎钳夹持管子操作

操作时，将管子放入管子台虎钳的上、下钳口之间，根据操作需要，管子台虎钳外留出适宜长度的管段，然后将把手沿顺时针方向回转，则上钳口压向下钳口，直至将管子卡紧固定。用管子台虎钳夹持管子操作，如图 2-6 所示。相反，如将把手沿逆时针方向回转，则上钳口被提起，管子即可取出。夹持较长的管子时，需注意将管子的另一端支撑起来，以免损坏管子台虎钳。

管子台虎钳使用前，应注意检查下钳口是否牢固，上钳口开闭是否灵活，并定时向滑道注入润滑油润滑。操作中，只允许用手的力量回转，不得用锤子敲击或随意套上长管子来扳动，以免损坏丝杆、螺母或钳身。装夹脆软工件时，应先用布或钢皮包裹工件，以防损坏工件。

管子台虎钳由铸铁制成，使用或搬运中，严禁猛力振动、撞击和摔砸。

2. 台虎钳的使用

台虎钳又称老虎钳，是加工、修配工件时用来夹持工件的工具。台虎钳分固定式和回转式两种。

台虎钳一般安装在钳台上。安装时，必须将固定钳身的钳口工作面处于钳台边缘之外，以保证夹持长条形工件时，工作的一端不受钳台边缘的阻碍。台虎钳必须用螺栓牢固地固定在钳台上，不得松动。

夹持工件时，不准用锤子敲击手柄或在手柄上套长管来扳动手柄，以免丝杆、螺母或钳身遭到损坏。更不准在可滑动钳身的光滑平面上进行敲击操作，以保持它与钳身的良好配合性能。用台虎钳夹持工件，如图 2-7 所示。

台虎钳在使用中，应注意定时地向丝杆、螺母等活动部位注入润滑油，以保持良好的润滑。当工件长度超过钳口太长时，要用支架支撑，不可使台虎钳受力过大而受损坏。

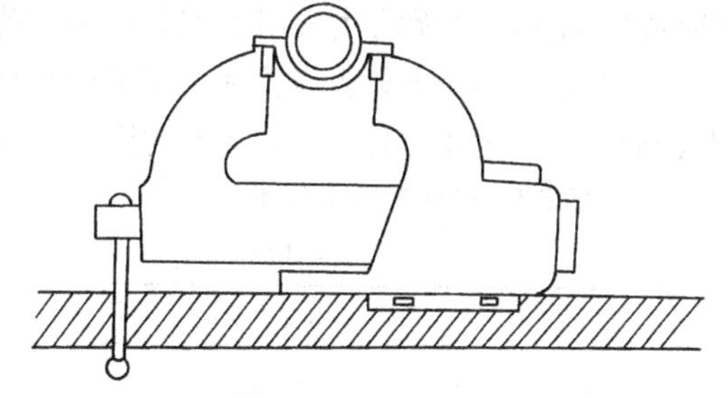

图 2-7　用台虎钳夹持工件

3. 管钳的使用

管钳又称管子扳手，用于安装或拆卸螺纹连接的钢管或管件。

安装或拆卸不同规格的管子或管件，应选用不同规格的管钳。不同规格管钳的适用范围，见表 2-2。管钳可在一定范围内，通过调节钳口宽度，适应安装或拆卸相应规格管子或管件的需要。

表 2-2　不同规格管钳的适用范围　（单位：mm）

管钳规格	钳口宽度	适用管子直径
200	25	3～15
250	30	3～20
300	40	15～25
350	45	20～32
450	60	32～50
600	75	40～80
900	85	65～100
1050	100	80～125

使用时，将钳口卡住管子，通过向钳柄施以压力，钳口上的梯形齿将管子咬牢，迫使管子转动。操作中，为防止因钳口滑脱而伤及手指，一般用左手轻压活动钳口的上部，右手握钳柄，注意将右手掌张开，通过与钳柄接触的掌部用力，而不要五指紧握住钳柄，这样操作时即使钳口滑脱下来也不会伤及手指。用管钳进行管子螺纹连接操作，如图2-8所示。操作中，一般不宜在钳柄上套加力杆，否则会因管钳子旋力过大而导致与其连接的阀件被撑裂。

图2-8 用管钳进行管子螺纹连接操作

管钳在使用中，要注意经常清洗钳口、钳牙，并定时注入润滑油，使调节螺母与活动钳口接合处得到润滑。经长期使用的管钳，钳口会磨钝而咬不牢工件，既影响工作效率，也不安全，这类管钳子不宜继续使用。

4. 链钳的使用

链钳又称链条管钳，用于安装和拆卸直径较大的螺纹连接的钢管和管件。在暂时固定和狭窄处无法用管钳子安装或拆卸螺纹连接管件时，也常用到链钳。

操作前，应根据安装与拆卸管子或管件的规格，选用与其相适应的链钳。不同规格链钳的适用范围，见表2-3。用链钳拆卸螺纹连接的管子，如图2-9所示。

表2-3 链钳的适用范围

（单位：mm）

链钳规格	适用管子直径
350	25～32
450	32～50
600	50～80
900	80～125
1200	100～200

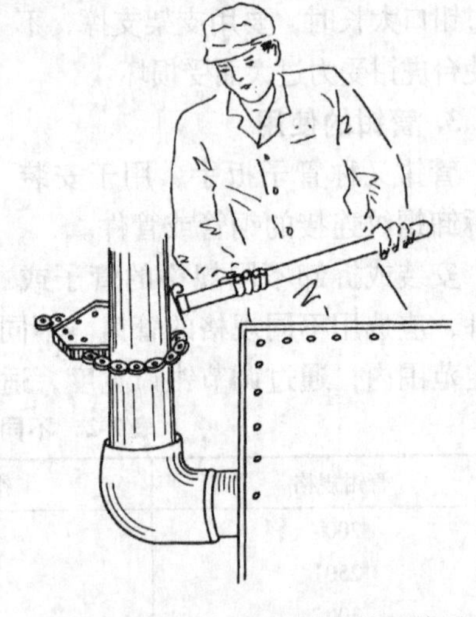

图2-9 用链钳拆卸螺纹连接的管子

操作中，链钳的链节要适时清洗，并注入润滑油，以保持链节的灵活，并免于锈蚀。

5. 扳手的使用

扳手用于安装和拆卸各种设备上的螺栓、螺母及管道上的管件等。

扳手分活扳手、呆扳手、梅花扳手和套筒扳手等。活扳手开口宽度可以调节，在规定的最大开口范围内，用于拆装四方头、六角头螺栓、螺母、活接头、根母及阀门等零件和管件。

使用时，扳手开度要与螺母、管件等规格大小相等，两者接触要严密，既不要过紧也不要过松，以防“卡住”扳手或产生“滑脱”现象。用活扳手安装法兰固定螺栓，如图2-10所示。遇锈蚀严重的螺栓不易扳转时，不要用锤子击打手柄，也不要用管子加长手柄来扳转，宜首先使用螺栓松动剂或先用锤子敲击几下。不能用扳手代替锤子敲打管件。

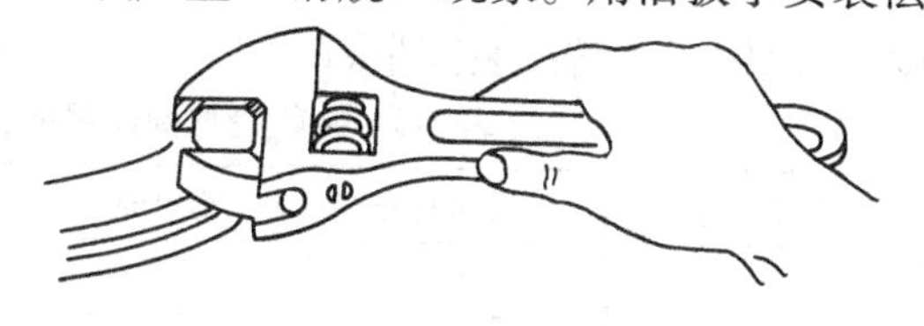

图2-10　用活扳手安装法兰固定螺栓

使用中，要定时注入润滑油，使螺杆与活动钳口接合处得到润滑，以保持活动钳口灵活好用，避免锈蚀。

使用呆扳手时，应按螺母或管件规格选用开口与其相适应的呆扳手。

梅花扳手适用于操作空间狭窄或不能容纳普通扳手的场合（如组对拉条式散热器时）的螺栓、螺母的拆装操作。

套筒扳手适用于地方很狭小或凹下很深地方的六角头螺栓或螺母的拆装操作。

6. 钢锯、割管器、管子铰板、大锤及捻錾的使用

(1) 钢锯　钢锯又称手锯，是手工锯割金属管和塑料管的工具。

钢锯的使用与维护保养方法，见第3讲技能9中1。

(2) 割管器　割管器是手工刀割钢管的工具。

(3) 管子铰板　管子铰板是手工套制管子外螺纹的工具。

铰板的使用与维护保养方法，见第4讲中技能10。

(4) 大锤　大锤是管子冷调和凿割的必备工具。

(5) 捻錾　捻錾是管子承插接口填塞填料的工具。

捻錾的使用与维护方法见第8讲中技能25。

技能7　机具的种类和使用方法

管道安装中，常用的机具有射钉枪、电锤、砂轮机、千斤顶、绞磨、倒链、试压泵及活动水泵等。

1. 射钉枪的使用

射钉枪是利用火药爆发产生的推力，将特制的螺钉射入混凝土、砖砌体或厚度小于 15mm 的 Q235A（A3）钢板内，借以紧固零部件安装的工具。射钉枪也可在厚度小于 10mm 的 Q235A（A3）钢板上穿孔。管道工常用射钉枪为安装高位冲洗水箱、洗涤盆托架等，在墙上射入固定螺钉，其操作简单，成本低廉，携带方便。

SHD—66—3 型射钉枪，枪管口径有 ϕ8mm、ϕ10mm 两种规格，分别使用 M8、M10 射钉。下面以此射钉枪为例说明操作要领与方法。

（1）装药量选择　根据建筑物构件强度标号、所需射钉直径及要求射入的深度，参照表 2-4 选择装药量。

表 2-4　装药量与构件强度、射钉直径的关系

构件类别	强度标号	射钉规格/mm	射入深度/mm	装药量/g
混凝土	160*	M8	50	1.1
	160*	M10		1.1
	200*	M8		1.2
	200*	M10		1.2
	300*	M8		1.3
	300*	M10		1.3
	400*	M8		1.4
	400*	M10		1.4
砖砌体	60*	M10		0.8
	80*	M10		1.0
Q235A（A3）钢板	$t=8\sim10$mm	M10	穿孔	1.5
	$t<15$mm	异型射钉	栽入	1.6

注：表中装药量仅供参考。操作前，应根据构件强度标号、射钉直径及射入深度先装药试射，实用装药量应按试射结果确定。

（2）装弹壳

1）右手握住枪把，左手握住前部外套，用食指压动杠杆，把枪撅开。

2）把装好药的弹壳用小团软纸塞好卡在退壳器上，推入弹仓内，然后把枪合上。

3）将枪口对准地面或平面墩一下，同时向右扳动转动栓，使枪管与击针体连接在一起。

（3）装螺钉　左手握住枪身，把螺钉放入枪口，并用探杆推入枪膛，塞入弹壳后往复敲紧。

（4）击发　右手握住枪把，左手握住前部外套，将护罩上的坐标线对齐构件上已划好的十字线，然后用力压缩 14mm，右手钩动扳机，即可把螺钉射入构件。

用射钉枪为洗涤盆托架在砖墙上射入固定螺钉，如图2-11所示。

射钉枪的操作注意事项与维护保养：

1）操作前应对射钉枪进行全面检查。

2）操作者应熟悉射钉枪结构、原理和安全操作常识，并固定专人使用。

3）射钉与弹壳结合必须稳固，且不许随意增加燃烧室，以免影响射入性能。

4）发射时护罩必须垂直紧压在射击平面上，严禁在凸凹不平的构件表面上射钉。如第一枪未能射入，严禁在原位置补射第二枪，以防射钉穿出伤人。

5）不得在构件边缘或棱角附近（其距离不应小于15cm）射钉，以防构件碎裂。

6）不得在厚度小于100mm的混凝土构件上射钉。

图2-11　用射钉枪在砖墙上射入固定螺钉

7）在钢板上射入固定螺钉时，钢板应为Q235（A3）或材质低于Q235A（A3），钢板厚度不应超过15mm。

8）用完后要用棉纱擦拭，各滑动部位要涂上润滑油，并放入箱内。

2. 电锤的使用

电锤又称冲击电钻，是用于混凝土、砖墙和岩石上钻孔与开槽的专用设备。

电锤的操作方法与要领：

1）使用前，应检查电源开关、插头、插座及接地情况，在确认安全、良好时方可接入电源。

2）使用时，先将钻头顶在工作面上，然后揿动开关。这样操作既可避免只钻不冲或空打，也可防止工具损坏。

3）钻孔时，钻头旋转方向从操作端看为顺时针。

4）当发现电锤过热时，应立即停止使用，待冷却后再使用。

5）注意严禁用冷水冷却电锤机体。用电锤在墙上錾打过墙眼，如图2-12所示。

电锤的维护与保养方法：

1）电锤用完时，应及时将设备清理干净，装入专用的工具箱，放置在清洁、干燥的地方。

2）维护电锤时，切忌随意改变电动机旋转方向，切记不可反转，以防设备受到损坏。

图2-12　用电锤在墙上錾打过墙眼

3）使用长期停用的电锤，应用绝缘电阻表（兆欧表）测量绕组的绝缘电阻。当低于2MΩ时，应做干燥处理。

3. 砂轮机的使用

砂轮机用来刃磨各种工具，磨去工件或材料上的飞边、毛刺、锐角等。

（1）砂轮机的使用方法：

1）砂轮机必须装有钢板防护罩，其中心上部至少有大于110°的范围被罩住。

2）使用砂轮机或砂轮机试运转时，操作人员应站在砂轮机侧面或斜侧面，严禁站在砂轮机直径方向。

3）刃磨时，工件应缓慢地逐渐接近砂轮，不得猛力碰撞。

用砂轮机刃磨扁錾操作，如图2-13所示。

图2-13　用砂轮机刃磨扁錾操作

砂轮机的维护与保养方法：

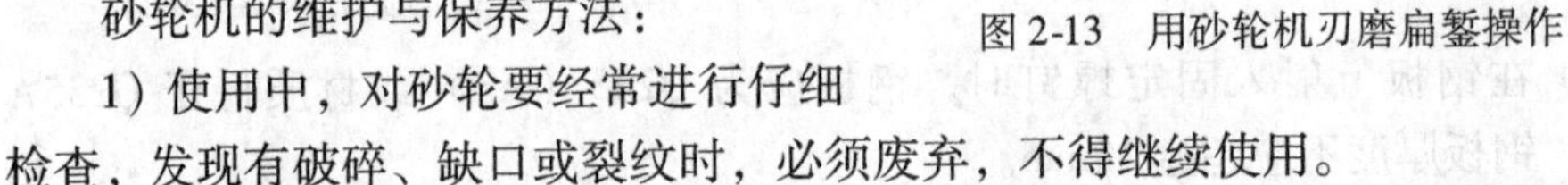

1）使用中，对砂轮要经常进行仔细检查，发现有破碎、缺口或裂纹时，必须废弃，不得继续使用。

2）更换砂轮时，要使轴与砂轮中心孔周围的空隙相同，以尽可能保持砂轮与轴的同轴度。安装后，要试运转几分钟，检查确无不正常现象后，方可投入使用。

4. 千斤顶的使用

千斤顶是用来使重物沿垂直、水平等方向移动的设备。千斤顶按其工作原理和结构形式的不同，分齿条式、螺旋式和液压式，管道施工中常用的是螺旋式和液压式千斤顶。

固定式螺旋千斤顶如图2-14所示，其操作步骤与方法如下：

1）首先用手直接转动棘轮组2，使升降套筒4上升，直至顶盘与重物底面接触为止。

2）插入手柄，反复扳动摇柄1，棘爪即推动棘轮组2间歇回转，通过摇柄1对锥齿轮3与6传动，使螺杆5旋转，从而将重物顶起。

3）欲使重物下降时，先拔出手柄，然后将棘爪推向下降方向，再插入手柄并往返扳动摇柄即可。

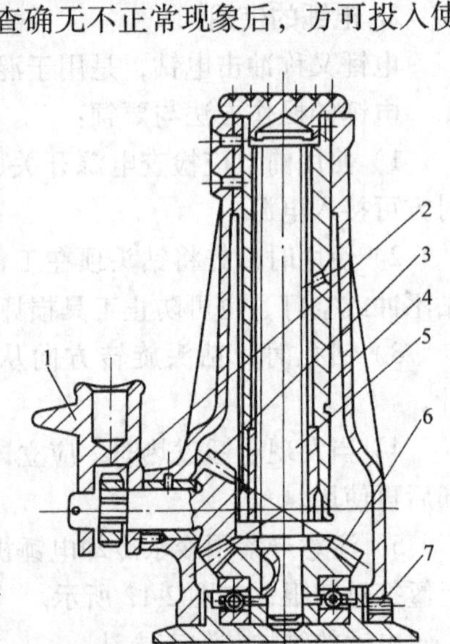

图2-14　固定式螺旋千斤顶

1—摇柄　2—棘轮组　3—小锥齿轮　4—升降套筒　5—螺杆　6—大锥齿轮　7—底座

固定式螺旋千斤顶的维护与保养方法：

1）使用中，要注意及时清除棘轮组2上的尘垢，经常保持清洁，并定时注入机油润滑，以保持棘轮组动作灵活、可靠。

2）当感觉棘轮组不灵活时，可拆开棘轮组外罩进行检查。如发现棘轮组2空转而升降套筒4不动或升降套筒4被卡住而不能升降时，应拆开底座7进行检查。

3）重新装配前，应将零部件用煤油清洗干净，并涂上润滑油脂。

4）使用中，升降套筒4与壳体间的摩擦表面须经常注入润滑油。其他注油孔也要定期注油润滑。推力轴承处应经常保持润滑良好。

5）在一般情况下，应每年拆开底座1次，清洗后涂上钙基脂。

移动式螺旋千斤顶如图2-15所示。

操作时，将重物放在千斤顶头部1上，当扳动棘轮手柄2时，通过制动爪6带动棘轮7，棘轮与螺杆4的相对运动，使螺杆上升。往返拨动棘轮手柄时，即可将重物顶升。如按所需的方向，把棘爪放在某一极端位置时，则弹簧将销子顶向棘爪，使棘爪支持在所需要的位置上，即可支撑重物。

操作中，只需用手柄转动横向螺杆，即可将千斤顶连同其支撑的重物一起，在水平方向上移动。

手动液压千斤顶如图2-16所示，其使用方法如下：

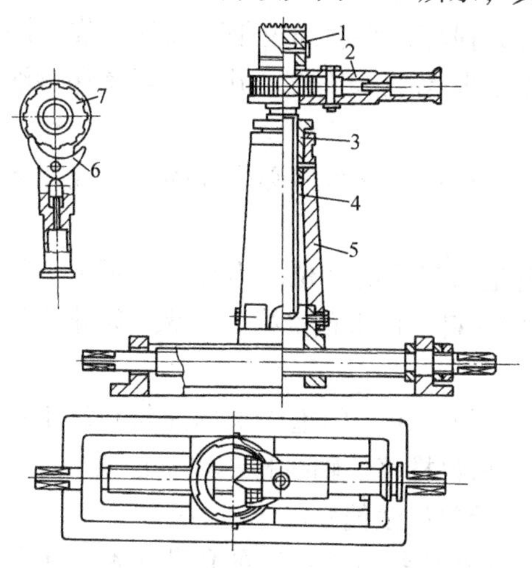

图2-15　移动式螺旋千斤顶

1—千斤顶头部　2—棘轮手柄　3—青铜轴套　4—螺杆　5—壳体　6—制动爪　7—棘轮

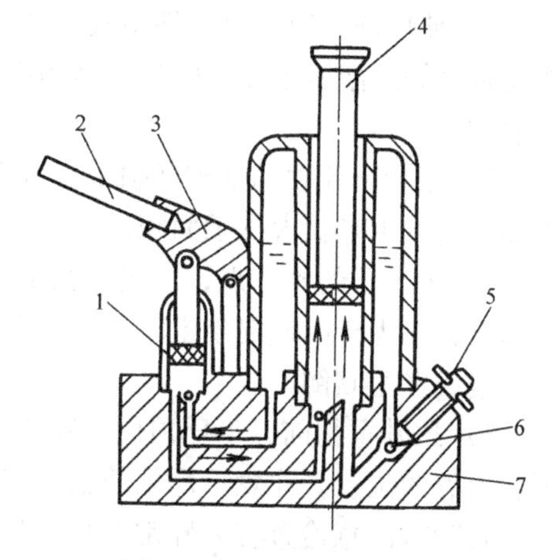

图2-16　手动液压千斤顶

1—液压泵活塞　2—手柄　3—撳手　4—活塞杆　5—开关螺钉　6—回油阀　7—底座

1）使用前，应通过空载试验来检查油路是否畅通，是否漏油，各部件工作是否正常。

2）操作时，先将开关螺钉5按顺时针方向拧紧，即关闭回油阀6。

3）将手柄2插入揿手3孔内，并向上、向下往复扳动手柄，活塞杆4即被顶起，重物随即被逐渐顶升至所需高度，或限位装置迫使活塞杆上升至千斤顶额定顶升高度时，顶升立即停止。当手柄停止工作时，重物立即停在任意位置上而不下降。

4）欲落下重物时，将开关螺钉按逆时针方向缓慢地转动，即打开回油阀，则活塞在重力作用下将油压回储油箱，重物随即逐渐落下。重物落下的速度可用开关螺钉调整阀门开启的大小进行控制。

手动液压千斤顶的维护与保养方法：

1）使用中，经常注意检查注入的油质是否纯净，油量是否充足。

2）要注意保持储油箱的洁净，防止泥砂进入。

3）在一般情况下，半年更换1次油。环境温度在－5～45℃时，用L—AN15全损耗系统用油；－5～－20°C时，用合成锭子油，注入油量应与注油孔平。

4）千斤顶不用时，应擦拭干净，保存在通风干燥处，防止日晒和雨淋。

千斤顶操作注意事项：

1）要选择顶推能力大于重物重力或被顶推物阻力的千斤顶；千斤顶不得超负荷使用；推拉手柄时，不能用力过猛，更不得随意加长手柄。

2）使用前，应注意仔细检查各部位有无损坏，活动部位是否灵活可靠，润滑是否良好。液压千斤顶应按期拆卸检查密封圈等易损部件，并注意经常保持油液清洁。

3）放置千斤顶的基础必须平稳可靠，千斤顶的支承面必须稳固，一般在支承面上垫方木来扩大支承面积。

4）千斤顶的施力点，应选择在重物有足够强度的部位。当与千斤顶上、下端的接触面为金属或混凝土时，应垫上坚韧木料，以求顶推稳固可靠，防止千斤顶下陷或发生倾倒。

5）顶升重物前，千斤顶位置须放正，并根据重物的重心来选择与确定千斤顶着力点的位置。注意千斤顶的轴线与被顶重物推移的轴线相一致。在顶推过程中，要随时注意检查有无异常变化，防止千斤顶产生偏移。

6）当采用数台千斤顶同时并用时，应注意使每台千斤顶的负荷平衡，不得过载，各千斤顶的顶推动作应保持同步，以保持重物升降平稳。

7）为确保安全，顶升重物时，应另搭设枕木垛保险，且同重物随升起随垫，重物落下时，应同重物随落下随抽出。枕木垛顶面与重物底面的距离，一般不得超过一块枕木的厚度。

8）千斤顶的顶推行程，不得超过套筒或活塞上的有效行程标志线（一般为螺杆螺纹段或活塞总高度的3/4）。

5. 绞磨的使用

绞磨又称绞盘。在缺少起重机械、电源，或在陡坡地段敷设管道以及做临时性的起重时，常用到绞磨。

（1）铰磨的使用　绞磨安装前，应根据牵引重物和导向滑车的位置，选择一块既平整又没有障碍物的地面，然后用地锚或借用柱子等固定物将绞磨固定，并使绞磨在工作时不产生移动、倾斜或悬空。

在一般情况下，应首先选用桩锚固定绞磨，如图2-17a所示。在施工条件不允许使用地锚的情况下，可采用钢筋混凝土柱固定绞磨，但事先必须征得土建施工主管部门的同意，并注意用硬木板等作为隔垫物，保护好柱子。用钢筋混凝土柱固定绞磨如图2-17b所示。

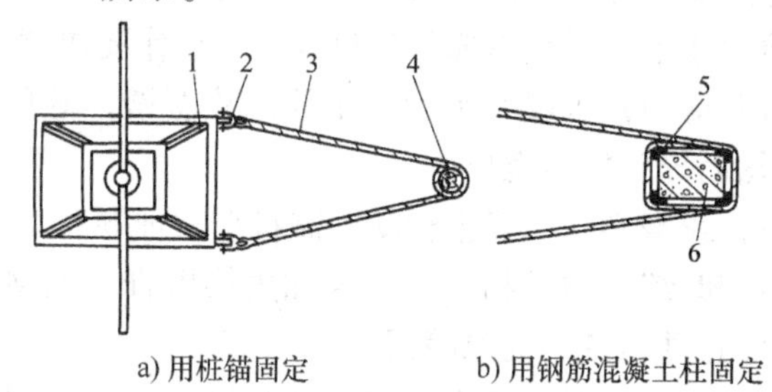

a) 用桩锚固定　　b) 用钢筋混凝土柱固定

图2-17　绞磨的固定

1—绞磨　2—卸扣　3—捆绑绳索　4—桩锚　5—隔垫物　6—钢筋混凝土柱

（2）操作步骤与方法　绞磨操作如图2-18所示。

1）绞磨固定后，首先将绳索的一端从磨架3下部伸进，按顺时针方向缠绕在双弧线形磨腰4上，并注意使导向滑车与磨腰中心基本在一条水平线上，绳索缠绕的圈数，视重物质量的大小增减，一般4～6圈即可；绳索的另一端，从磨腰的上半部引出，在锚桩8上缠绕1圈后，再由人力拉紧，即所谓“拉稍法”。

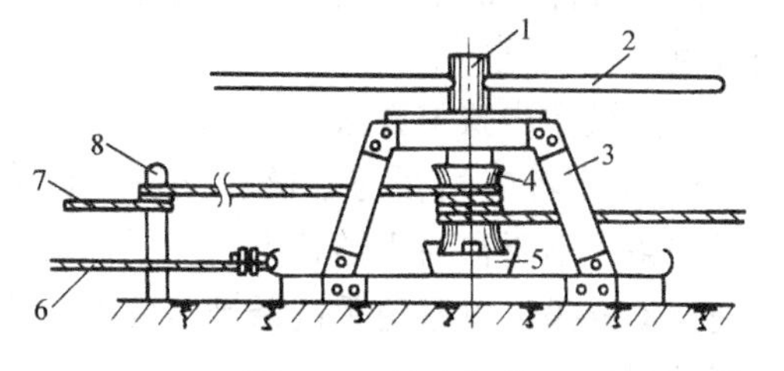

图2-18　绞磨操作

1—磨头　2—磨杆　3—磨架　4—磨腰
5—制动器　6—连地锚　7—人力拉稍　8—锚桩

2）欲吊起或牵引重物时，一般由2～4人（最多8人）推动磨杆2，磨杆带动磨腰转动，因摩擦力作用，绳索不断地顺次卷绕在磨腰上，重物随之被吊起或被牵动。同时，拉稍人要边牵拉绳索边不断地拉紧绳索，防止绳索产生松动；另一人将不断拉出的绳索在拉稍人的后面依次盘好，而磨腰上总是保持着缠绕时的圈数。

3）当重物达到起吊高度或中间需要停止时，要及时用制动器5制动，并用铁棍将磨杆别住，绳稍要固定好。特别要注意，此刻双手不能离开磨杆，以防磨杆逆转伤人。

4）欲使起吊重物下落时，持磨杆人要手扶磨杆逐渐向后退步，但手始终不能松开，同时拉稍人要随着磨腰逆转，边拉紧边逐渐地放送手里的绳索直至作业结束。

（3）操作注意事项

1）磨腰宜制成双弧线形的卷筒，使卷绕在上面的绳索能由磨腰下部沿斜面自动地向磨腰中心过渡，以方便从磨腰下部绕入的绳索可依次从磨腰上方引出，不致因绳索重叠而产生卡绳现象。

2）操作需由专人负责统一指挥，人员分工要明确到位。

3）操作者要精力集中，听从指挥，各负其责，动作要协调一致。

4）推磨杆用力要均匀，步履要平稳，不能忽快忽慢，避免因突然加快速度使牵引绳索受力不均而导致发生意外。

5）发生卡绳时，绞磨应立即停止转动，需将绳索理顺后，方可继续作业。

6）操作中，当绞磨绞不动重物，或虽经加力推磨杆，但磨腰上的绳索仍卷绕不动时，应立即停止并检查，消除障碍。

7）如经检查确认无故障时，不准再施强力推磨杆，防止因超负荷运行造成事故，应考虑采用与滑车组相配合或改变起重方式来解决。

6. 倒链的使用

倒链又称环链手拉葫芦，在管道安装和维修中，常用来起吊小型设备和大直径管道。

（1）操作步骤与方法

1）操作者应站在与手链轮同一平面内拉动手链条，不要在与手链轮不同一平面的斜方向处拉动链条，以避免手链条被卡住或产生倒链扭动现象。

2）操作时，首先要注意缓慢起升，待链条张紧后，停止链条拉动，检查倒链各部位有无异常现象，察看自锁情况是否正常，当确认倒链各部位安全可靠后，方可继续操作。用倒链起吊重物操作，如图2-19所示。

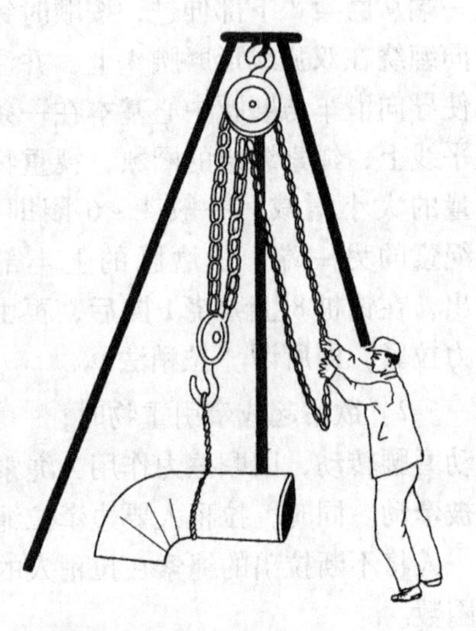

图2-19　用倒链起吊重物操作

3）起吊过程中，无论是重物上升或下降，拉动链条时用力要均匀和缓，不得忽快忽慢，更不能用力过猛，以避免手链条产生跳动，甚至被卡住。

4）拉链条的人数应根据倒链起重力的大小决定，起重过程中不可随意增加人，一般倒链起重力20kN以下时为1人，30~150kN时为2人。

5）当已起吊的重物需悬空时间较长时，要将手链条拴在起重链上，防止因时间过长而导致自锁失灵。

6）操作中，如发生拉不动链条时，不可强行拉动，应立即停止拉动，进行检查，察看重物是否与其他物件有牵连；倒链各部件有无损坏；重物的重力是否超出了倒链的起重能力。在排除障碍后方可继续起升。如确系超载，则应更换倒链或改变起重方式。

（2）操作注意事项

1）使用前，应根据起重物的重力大小，正确选择规格与其相适应的倒链。

2）使用前需检查吊钩、起重链条及制动器等机件有无变形或损坏，传动部分是否灵活，不可有滑链或掉链现象。

3）吊挂倒链用的绳索和支架横梁应稳固、可靠，吊钩不得有歪斜或重物吊在吊钩的尖端等现象。

4）起吊链条应垂直悬挂，链环不得有错扭现象，以防起吊时链条被卡住。

5）倒链使用完应及时将泥污、油垢等擦拭干净，并存放在干燥处，以免锈蚀。

6）适时在传动部分注入润滑油，但切忌将油渗进摩擦片内，以防自锁部分失灵。

7）每年应用煤油清洗机件1次，并在齿轮与轴承部分注入钙基脂润滑。经清洗检修后的倒链应进行空载和重载试验，待正常工作后方能交付使用。

7. 试压泵的使用

管道安装和维修中，对组对好的散热器和安装完毕的管道系统，都要按设计规定的试验压力和要求进行水压试验。进行水压试验用的加压设备是试压泵。试压泵分手动试压泵和电动试压泵两种。

（1）手动试压泵的安装　水压试验前，将手动试压泵接入管道系统的末端或散热器的注水管上，泵的出水端要安装一个止回阀。在确认管道系统（或散热器）充满水后，往复摇动手柄，管道系统或组对好的散热器内就会产生一定的压力。

（2）操作方法

1）操作一般由2人进行。摇动手柄时，要注意用力彼此协调，摇动幅度要适当，摇动手柄速度不宜过快，以保持体力。

2）试压开始时，宜将试压泵上的压力表关闭。

3）随着管道系统压力的增高，宜适时打开压力表阀，在观察压力数值后即行关闭。

4）当即将达到设计要求的试验压力时，可打开压力表阀，防止超过试验压力。

5）试验中，如发现不上水，即压力表指针始终不摆动时，多数原因是活塞环密封不严，或止回阀失灵，这时应立即停泵检查或更换。

用手动试压泵进行组对散热器试压操作，如图 2-20 所示。

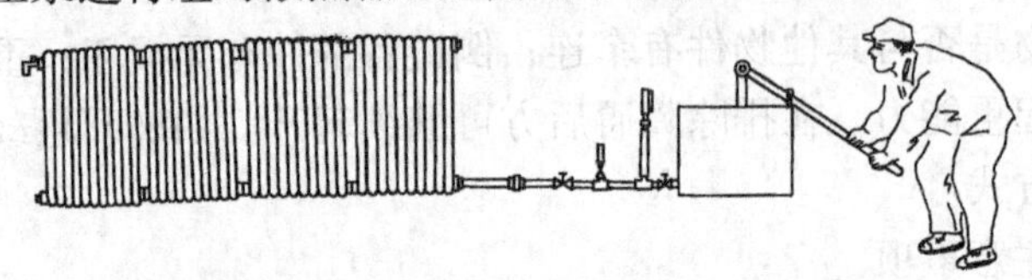

图 2-20 用手动试压泵进行组对散热器试压操作

（3）维护与保养方法　使用中，注意适时地向活动部位或注油孔内注入润滑油。试验结束后，应将水排尽，并用棉纱将设备擦拭干净。

8. 活动水泵的使用

在管道安装和维修中，为了及时地排除作业坑、地沟及水池中的积水，常需设置移动方便、安装简单的活动水泵。最常用的是 QX 型工程用潜水泵，其次是 ISO 型单级离心泵和 WQ 型污水泵等。

（1）QX 型工程用潜水泵的使用　使用前，应根据排水水位、水量及水中杂质的种类、含量等情况，选择规格与其相适应的潜水泵。

因电动机与水泵都在水面下，使用时应注意检查电动机的密封和绝缘情况。当供电后不排水时，应立即关闭电源，将潜水泵提上来，如系杂物堵塞，应立即清除；如电动机不转，应请电工检查修理。

（2）ISO 型单级离心泵　使用时，宜将水泵安装在活动基座或活动小车上。水泵的进、出水口接铠装橡胶管，吸水管上安装进水管道阀门，底部安装吸水底阀。水泵起动前，首先关闭出水阀，开启泵体上的排气阀，然后引水灌泵，待泵体及吸水管段完全充满水，即见排气阀溢水时，关闭排气阀，再起动电动机，缓慢地开启出水阀，进行正常抽水。

第3讲　管子调直与切断

技能8　管子的调直

管子在装运过程中，难免要受到碰撞、摔、扭等，使管子产生变形，管径较小的水、燃气输送钢管尤其如此。

管子变形不仅给管道装配工作带来困难，而且相应地增加了管道阻力，同时也影响外观。为保证管道安装工程质量，达到横平、竖直标准，安装前，应对弯曲的管子进行调直。

1. 管子弯曲部位的检查

在管子的加工和安装前，应对管子的平直程度作检查。通过检查，才能发现并确定管子弯曲部位和弯曲程度，从而选择适合的调直方法。检查管子平直程度的方法有目测法和滚动法两种。

（1）目测检查法　检查较短的钢管时，可用目测检查法。检查时，将管子的一端抬起，抬起端的高度以检查人的眼睛与管子高、低端三点成一条直线为宜。检查人的头略低下，一只眼睛略闭，用另一只眼睛从管子的高端看向低端，同时慢慢地转动管子。用目测法检查管子操作，如图3-1所示。若管子的外表面呈一直线时，这根管子就是直的；如见管子某处有一面凸起，则另一面必然凹下，这时就在管子弯曲部位用粉笔画上标记，以备在此处进行调直。

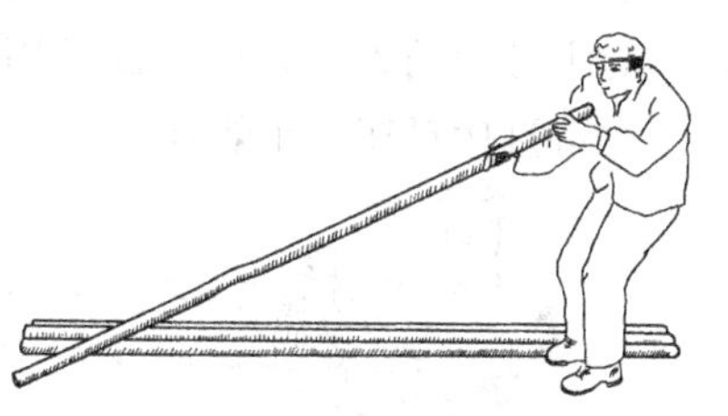

图3-1　用目测法检查管子操作

（2）滚动检查法　检查较长的钢管时，将管子对称地横放在两根平行且等高的型钢（或已调直的钢管）上，两根型钢（或调直的钢管）的距离以被检查管子长度的一半为宜。检查时，用两手转动管子，让管子在型钢（或调直的钢管）表面上轻轻滚动。用滚动法检查管子操作，如图3-2所示。当管子以均匀的速度滚动而无摆动，且可停止在任意位置上时，该管子即为直管；如见管子滚动时快时慢，且来回

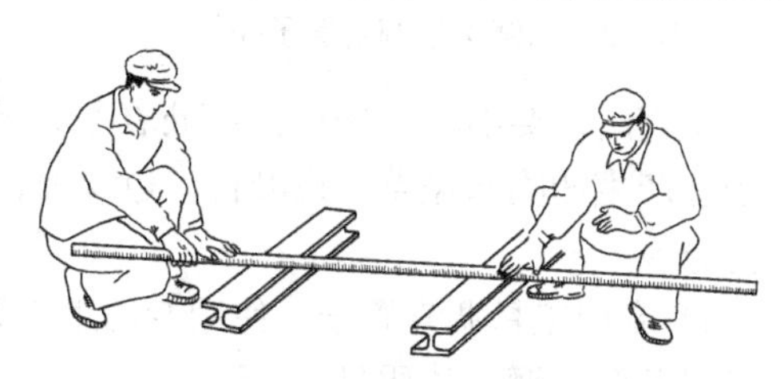

图3-2　用滚动法检查管子操作

摆动，而且每次停止时都是同一部位朝下，说明此管已弯曲，停止时朝下的一面就是凸弯面，应即在此处用粉笔画上标记，以便进行调直。

2. 管子的冷调直

管子的冷调直，是指在常温状态下对管子不作加热调直管子的方法。对于管径较小、弯曲度不大的管子，宜采用手工冷调法调直；对管径较大、管壁厚的或弯曲度稍大的管子，宜采用设备冷调法调直。

（1）手工冷调直管子

1）锤击法调直管子。手工冷调是广泛采用的管子调直方法。调直小管径（一般指 *DN*25 以内）的钢管，一般用两把锤子，一把锤子顶在管子弯里（凹面）起点处做为支点，用另一把锤子敲打管子背面（凸面）高点。用锤击法调直管子操作，如图 3-3 所示。敲打时需注意，两把锤子不能在管子的同一点上下对着敲打，以防将管子打扁，两锤的击点要相互错开，可根据管径和管子弯曲程度，保持 50 ~ 150mm 距离。

2）平台上调直管子。对于长度和弯曲较大的钢管，可在普通平台上调直。调直管子时，一人站在管子的一端，边转动管子边观察，找出弯曲的部位，并将需要调直的弯曲凸面朝上，另一人按观察者的指点，用锤子在弯曲凸面处敲打。经几次翻转，反复矫正，管子即可调直。在平台上调直管子操作，如图 3-4 所示。对于管径稍大的管子，也可用大锤从上向下敲打，但管子上面必须垫上胎模，不得直接打在管子表面上。

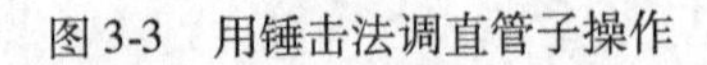

图 3-3　用锤击法调直管子操作

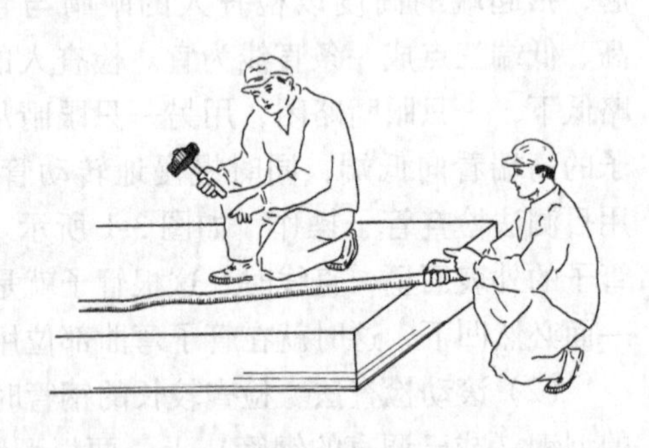

图 3-4　在平台上调直管子操作

调直时，要细心，先从大弯处着手，继而再调小弯；用力要适中，过重了，管子会产生凹陷和斑点；边敲打，边观察，边转动管子，反复矫正，直到管子调直为止。

3）专用工具调直管子。使用专用工具调直管子，既可减轻工人的劳动强度，又可保证管子调直的质量。

用螺旋顶可以很方便地调直 *DN*125 以内的管子。用这种简单的专用调直工具调直管子，即使是单人操作，也同样可以进行。用螺旋顶调直管子，如图 3-5 所示。

（2）设备冷调直管子　调直管径较大、管壁较厚或弯曲较大的管子时，一般使用手动压床、液压机或千斤顶进行调直。

1）丝杠式压力机冷调直。丝杠式压力机是手动压床中结构最简单的管子调直设备，如图 3-6 所示。使用这种设备，可调直 *DN*325 以内、壁厚小于 10mm 的管子，每压下一次可调直 3°~5°。

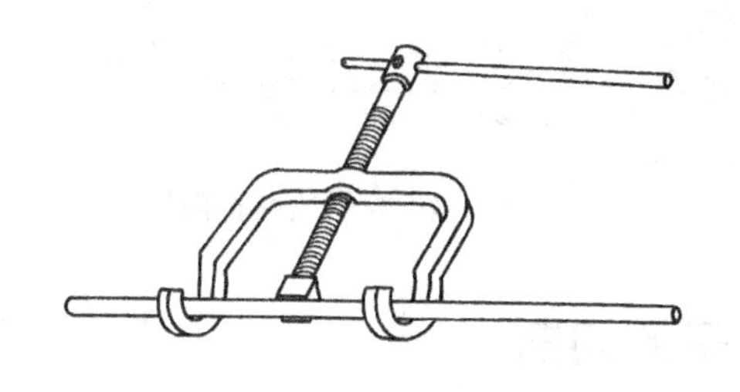

图 3-5　用螺旋顶调直管子

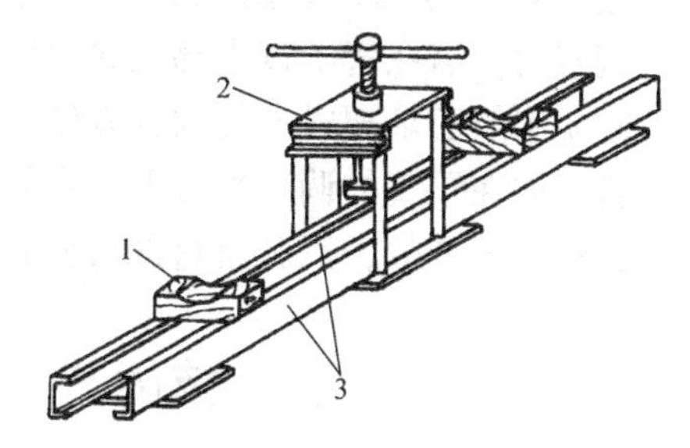

图 3-6　丝杠式压力机
1—调直器　2—垫块　3—支承槽钢

操作时，沿逆时针方向旋转丝杠，将压块提升到夹持管子所需要的高度，然后把管子插入，并将管子凸面朝上放置，放在两个垫块之间，垫块间的距离，可根据管子弯曲部位的长度进行适当调整，再沿顺时针方向旋转丝杠，迫使压块下落，从而将管子的凸出部位压下去。用丝杠压力机调直管子操作，如图 3-7 所示。如此，管子几经转动和调整，适当用力加压，即可将管子调直。

图 3-7　用丝杠压力机调直管子操作

2）液压机冷调直。液压机有立式和卧式两种。300kN 立式液压机，可用于调直直径 108mm、壁厚 6mm 以内的管子；调直直径 219mm、壁厚 8mm 以内的管子，可使用 1000kN 卧式液压机；调直更大直径的管子，则使用 2000kN 立式液压机。

3. 管子的热调直

管子热调直，是将管子弯曲部位在加热状态下进行调直的方法。一般适用于管径较大（*DN*50 以上）和弯曲较大的管子调直。

管子热调时，先将管子弯曲部分放在烘炉上加热（不灌砂子），边加热边转动。待加热到 600~800℃（呈火红色）时，将管子抬放在由 4 根以上管子组成的滚动支承架上滚动。管子热调直操作，如图 3-8 所示。管子数量的多少与间距的大小，要根据被调管子管径与长短的具体情况而定，要求滚动支承用的管子必须在一个水平面上，火口在中央，使管子的质量均匀地分布在火口两端的管子上。由于热状态下的管子，是在由管子组成的水平支承面上滚动，利用管子的自重就可以将管子调直。

对弯曲较大的管子，可抬起管子一端往下叩碰或在管子弯背处轻轻地下压后再做滚动。为加速和均匀冷却，并防止再产生弯曲及氧化，调直后，需在管子过火部位涂上废机油。

硬质聚氯乙烯塑料管的调直方法，是把弯曲的管子放在平直的调直平台上，在管内通入蒸汽，使管子变软，以其自重进行调直。

图 3-8 管子热调直操作

技能 9 管子的切断

在管道安装和维修中，为了得到所需长度的管子，就要对管子做切割下料。切割管子的方法很多，常用的有锯割、刀割、錾割和气割等。施工中，可根据管子的材质、管径大小和现场施工条件，来选择适合的切割方法。

管子切口质量标准与检查：①切口表面平整，不得有裂纹、重皮、毛刺、凸凹和缩口，熔渣、氧化铁及铁屑等应清除干净；②切口平面倾斜偏差为管子直径的1%，但不得超过3mm。管子切口平面检查，如图 3-9 所示。

高压钢管或合金钢管切断后，应及时标上原有标记。

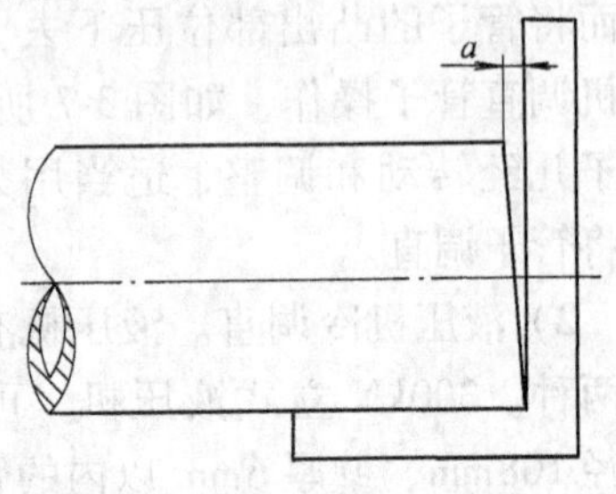

图 3-9 管子切口平面检查

1. 锯割管子

锯割是管道施工及维修中，用于切断钢管、有色金属管和塑料管较常用的一种方法。锯割分手工锯割与机械锯割两种。管道施工中，手工锯割仍较普遍。

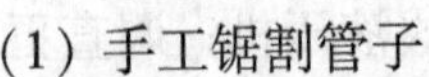

(1) 手工锯割管子

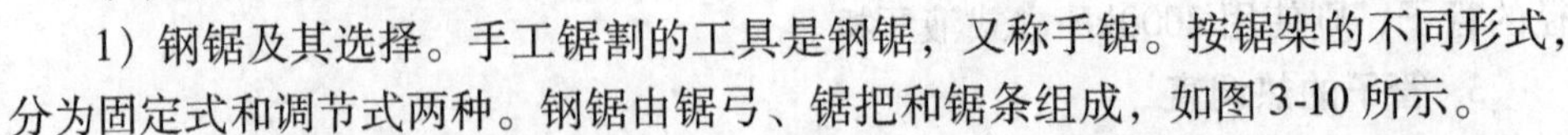

1）钢锯及其选择。手工锯割的工具是钢锯，又称手锯。按锯架的不同形式，分为固定式和调节式两种。钢锯由锯弓、锯把和锯条组成，如图 3-10 所示。

锯弓的规格以可装锯条的长度标定，固定式锯弓规格为 300mm，调节式锯弓规格有 200mm、250mm 及 300mm 三种。使用时，可根据选用的锯条调整锯弓的长度。钢锯条按每英寸内的锯齿数，分为粗齿和

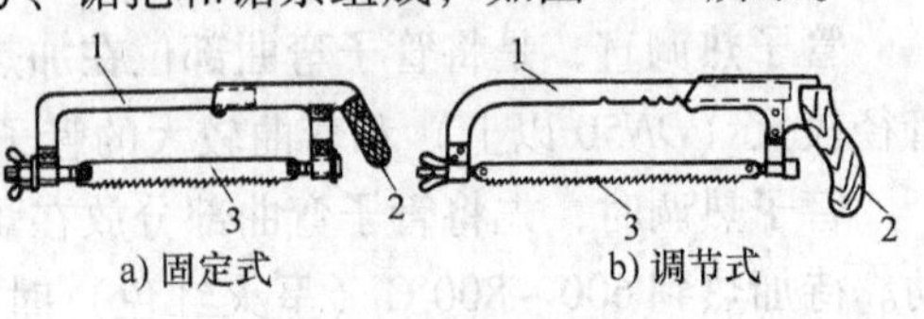

图 3-10 钢锯

1—锯弓 2—锯把 3—锯条

细齿两种。如 12″×18 为粗齿锯条，即每英寸 18 齿；12″×24 为细齿锯条，即每英寸 24 齿。锯割 DN40 以内的管子，宜采用细齿锯条，因细齿锯条的齿距小，同时有几个锯齿与管壁断面接触，锯齿吃力小而不致卡掉锯齿，所以锯起来省力，但切断速度较粗齿慢；而粗齿锯条与管壁断面接触的齿数较少，锯齿吃力大，容易卡掉锯齿，所以锯起来较费力，但切割速度较细齿快，适用于切断 DN50～DN200 的管子。

2）划线。为保证切割断面与管子中心线垂直，锯割前需沿着垂直于管子中心线方向，先划好管子切断线；对于管径较大的管子，一般采用样板划线，样板用不易折断的硬纸板或油毡纸剪制，样板长度为 $\pi D-2$（D 为切割管子外径），宽度为 100～200mm（可随管径增大而加宽），样板两端留有把柄。垂直于管子中心线的切割线样板，如图 3-11 所示。划线时，先将样板平直的一侧对准下料尺寸线，再将样板沿管子圆周方向按下，并使样板紧紧围住管子，然后用划针沿着样板平直侧围绕管子划一圈，切割线即划成。

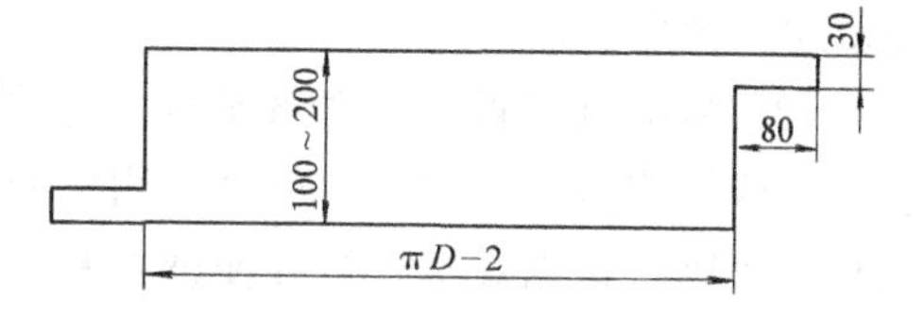

图 3-11　垂直于管子中心线的切割线样板

3）锯割操作。切割前，先将管子固定在管压钳上，安装锯条时，注意锯齿要朝前，然后上直拧紧锯弓。1 人操作时，用右手握紧锯把，左手扶锯弓的前上部，用推力进刀，但不要在锯弓上加力过猛，以免折断锯条，回拉时不要加力，且要始终保持锯条与管子中心线垂直。锯割划有切断线的直径较大的管子时，注意锯条要“吃线”，以保证管子切口平直。手工锯割管子操作，如图 3-12 所示。

锯割中，要适当地向锯口处滴入机油，如发现锯口偏斜时，应将锯弓调转 180°再锯，不要用力别锯，当快要锯断时，锯割速度要减缓，力度要小，锯口要锯到底时，不要留下一部分不锯，而把剩余的部分用折断来代替锯割，以防导致管壁变形，甚至影响下一道工序——套螺纹或焊接。

锯割不锈钢管时，锯断后要用砂轮机轻轻地打磨端口，以保持端口光洁。

聚氯乙烯塑料管，可采用木工锯或粗齿锯条切割，管子坡口要用木工锉刀打磨。

图 3-12　手工锯割管子操作

锯割铸铁管时，管子要放在木方上，边锯割边转动管子。锯割铸铁管一般是 2 人操作。锯割铸铁管操作如图 3-13 所示。握锯把者要握住锯，推锯时加力，回锯时带锯，锯弓不得倾斜或左右摇摆，要始终保持沿水平方向往返来去；另一人拉锯时加力，送锯时顺锯。锯割速度要保持均匀，不要一次锯透管壁。当沿切断线一周都锯到管壁厚的 2/3 时，可在一处锯透停锯，然后用大锤在锯透处振击一、二下，管子即可断下。

锯割铸铁管的优点是断口平整，缺点是切割速度较慢，效率低。

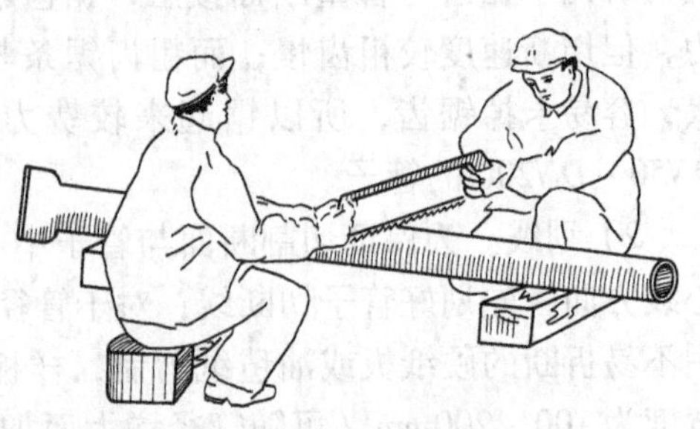

图 3-13　锯割铸铁管操作

手工锯割使用工具简单，操作方法简单易行，机动性好，在任何施工现场都可进行，主要用于小直径管子的切断，适用于工作量不大及现场切割。缺点是手工操作劳动强度较大，速度慢，效率低。

（2）机械锯割管子　建筑安装公司的专业管道工程队及较大的工业企业，管道安装或维修量较大时，一般多采用机械锯割方法切断管子。常用的机械锯割设备有割管锯、带锯式割管机和便携式割管机等。

割管锯主要由焊接支架、夹管虎钳、锯弓、锯片、滑履及摇拐等部件组成。

割管锯切管的切口比较光滑规整，切口也窄，且可以进行与管子中心线成 45°角的切割。因锯片的空程不作切割，故生产效率较低。

2. 刀割管子

用割管器切断管子的方法称为刀割。刀割常用于切断钢管和铸铁管等。

（1）割管器及其选择　割管器又称管子割刀。割管器有 1、2、3、4 号四种规格。当切割管子的直径分别为 15 ~ 25mm、25 ~ 50mm、50 ~ 80mm 及 80 ~ 100mm 时，应分别配用的相应滚刀直径为 30mm、35mm、40mm 及 50mm。滚刀系采用工具钢制作。

割管器由切割滚刀、压紧滚轮、滑动支座、螺母、螺杆及手轮等组成，如图 3-14 所示。

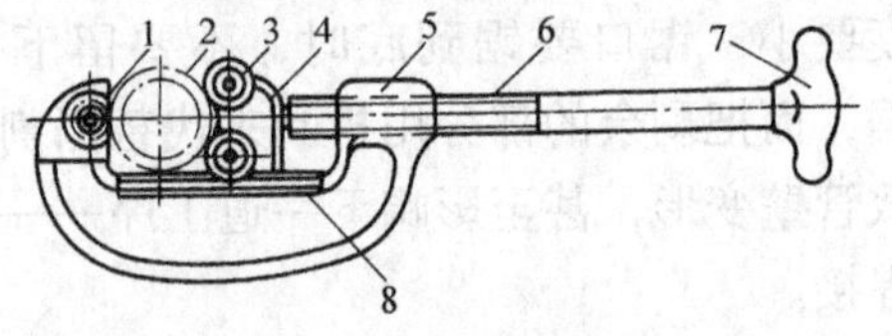

图 3-14　割管器

1—切割滚刀　2—被割管子　3—压紧滚轮　4—滑动支座　5—螺母　6—螺杆　7—手轮　8—滑道

（2）刀割操作　割管前，先将管子固定在管压钳上，然后将管子套进割管器的两个压紧滚轮与切割滚刀之间，刀刃对准管子上的切断线，再沿顺时针方向拧动手轮，使两个滚轮压紧管子。割管时，先在管子切断线处和滚刀刃上涂上全损耗系统用油，以减少刀刃磨损，然后用力将螺杆压下，使割管器以管子为轴心向刀架开口方向回转，也可以往复转动 120°，边转动螺杆，边拧动手轮，滚刀即不断地切入管壁，直至切断管子为止。刀割管子操作，如图 3-15 所示。操作时必须始终保持滚刀与管子中心线垂直，并注意使切口前后相接，以避免将管子切偏。

刀割的优点是：切口整齐，断面较平直，操作简单，易于掌握，其切断速度较锯割快。缺点是：管子切断面因受刀刃挤压而使切口内径变小。为避免因管口断面缩小而增加管道阻力，在管子切断后，需用铰刀或锉刀将管子内径缩小的部分除去。

多滚刀式割管器，又称手摇链式割刀，是在固定状态下用来切割铸铁管的专用工具之一。使用多割刀割管器，劳动强度较大，效率也低，切断 *DN*300 铸铁管需要 2 ~4 人，切断一次需要 2 ~ 3h，切断铸铁管一般不超过 *DN*400。

图 3-15　刀割管子操作

3. 磨割管子

利用砂轮片在电动机驱动下作高速旋转，将管子切断的方法叫磨割，又称无齿锯切割。常用于切断各种金属管和塑料管。

管道施工中，常用的磨割设备有便携式金刚砂锯片机、G2230 卧式砂轮切割机及金刚砂轮片切割机等。

便携式金刚砂锯片机，由工作台面、夹管器、金刚砂锯片及电动机等组成，如图 3-16 所示。

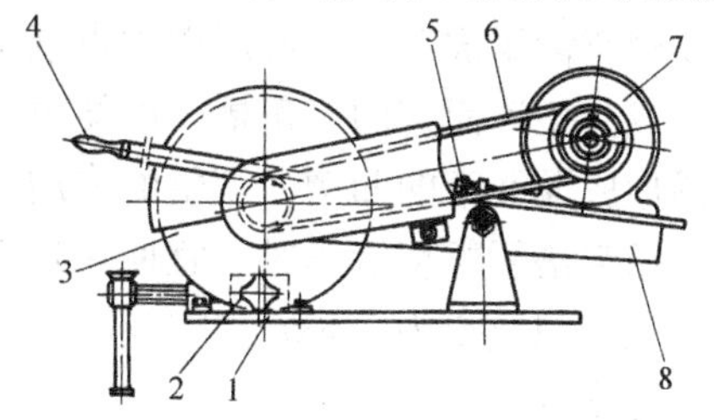

图 3-16　便携式金刚砂锯片机
1—工作台面　2—夹管器　3—金刚砂锯片
4—手柄　5—张紧装置　6—传动装置
7—电动机　8—摇臂

（1）磨割操作　切割前，先将划好切割线的管子装到台面上的夹管器 2 内，调整管子，使管子切断线对准金刚砂锯片 3，然后放下摇臂 8，使金刚砂锯片与管壁相接触。当再一次确认锯片刃口与管子切断线对准无误后，轻轻地压下摇臂上的手柄 4，就可进刀切割管子。切割时，压手柄不可用力过猛，否则会因锯片进给过量而打碎锯片，当管子即将被切断时，应逐渐减少压力或不再施加压力，直至将管子切断为止。

（2）注意事项　切割中如发现锯片不平稳或有冲击、振动现象时，应立即停机检查锯片刃口处有否缺口，并注意校正锯片与轴的同轴度。对已出现缺口的锯片，必须废弃，不得继续使用。更换锯片时，应注意使轴与锯片中心孔周围的间隙相同，以尽可能保持锯片与轴的同轴度。

G2230 型砂轮切割机切管，速度快，效率高，且管子断面光滑，但有少许飞边，只要用锉刀轻轻一锉，即可将飞边除掉。用砂轮切割机切割不锈钢管和高压管尤为适合。

4. 錾切

给水、排水工程中用的铸铁管、陶土管、石棉水泥管和混凝土管，材质性脆，可用錾切法将其剁断。这种切断管子的方法，主要适用于上述管材不固定的场合，在已敷设的管道上断管亦可使用。

錾切管子常用的錾管工具有起槽錾（攻凿）、修槽錾（裁凿）和大小楔錾（大小铁铮），如图 3-17 所示。

（1）錾切铸铁管

1）錾切操作。錾切前，先划好管子切断线，在管子下面靠近切断线的两侧垫上厚木板。

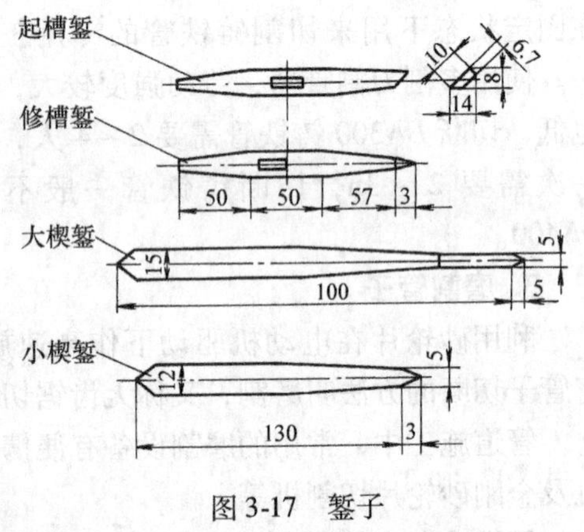

图 3-17 錾子

錾切时，对于小直径管材，可直接用修槽錾裁錾成槽，然后从 2 ~ 3 个方向将管壁裁凿几处深槽，再用楔錾直接将管子楔断。錾切大、中型管材时，由于管壁较厚，需要首先用起槽錾，沿管子切断线錾切一周，管径越大，起槽錾切管壁越应深一些，然后用修槽錾裁錾成深槽，再用楔錾直接将管子楔断。錾切中，起槽錾的作用是使管壁形成一条浅而宽的三角槽，以便更好地形成应力集中的条件，修槽錾继而将三角槽形成深而窄的凹槽，楔錾的作用是从已开槽的缝内楔穿管壁，将管子楔断。

用起槽錾錾切管子时，宜使用质量为 2. 5 ~ 3. 5kg 的长柄锤；用修槽錾裁錾时，宜使用质量为 1. 8kg 左右较轻的锤子。锤击时，攻槽的施力方向，力求与管子中心线垂直。

2）注意事项。操作中，錾子的刃口要对准管子切断线，为使管子断口平整，必须掌正錾身，并与管子中心线垂直，不得偏斜。錾切铸铁管錾子的位置，如图 3-18 所示。

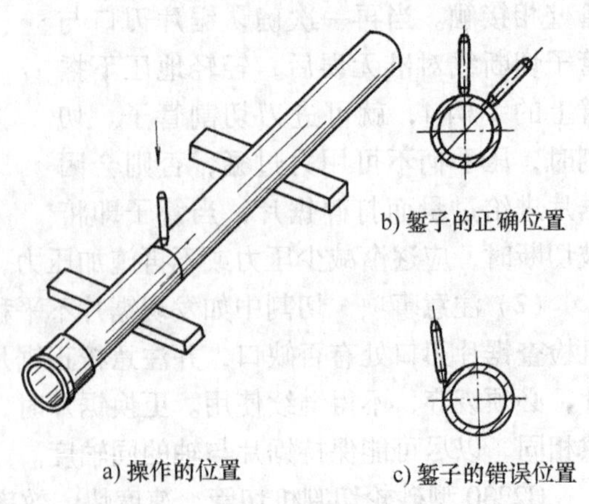

图 3-18 錾切铸铁管錾子的位置

錾切较大管径铸铁管时，由 2 人操作，分别站在管子两侧，1 人手握长柄钳，以固定錾子，另 1 人抡锤錾切管。錾切铸铁管操作，如图 3-19 所示。

錾切带有裂纹的管材时，为了避免裂缝的继续扩展，可先在裂纹的延伸方向30～50mm处，用起槽錾横錾1条深痕，以期控制錾切管子时裂纹因受振动而继续伸延。

操作人要戴好防护眼镜，管子两端不应站人，以防飞出的铁屑伤人造成事故。

錾切铸铁管，劳动强度大，效率低，且管子断口不够平整。

图3-19　錾切铸铁管操作

（2）錾切陶土管　錾切陶土管时，先将管子平放在沙地上稳住，用锋利的扁錾沿管子切断线轻轻錾出一道沟痕，然后再沿沟痕錾几次。当沟深超过管子壁厚的一半时，用尖錾在沟位上沿管子圆周錾出三、四个透过管壁的洞，然后将切断线一端的管子垫高悬起，将扁錾的刃口卧进沟底，用锤子猛击扁錾二三下，悬空端的管子即可断下。錾切陶土管操作，如图3-20所示。

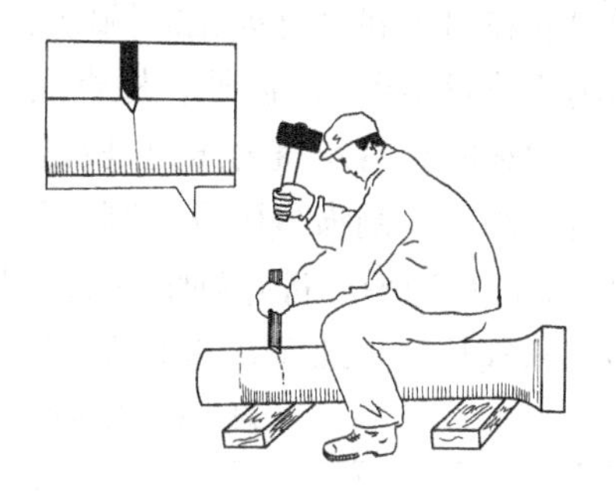

图3-20　錾切陶土管操作

（3）錾切水泥管　石棉水泥管和混凝土管最简单的切断方法就是錾切。切断石棉水泥管是制管工艺所允许的。切断钢筋混凝土管、自应力钢筋混凝土管、预应力钢筋混凝土管时应慎重。

錾切时，起槽錾宽度要等于或略大于管壁厚度，且应顺着混凝土的石子间隙往下錾，待錾穿时，注意锤击要轻，以免振坏内保护层。錾切钢筋时，应在筋底部的混凝土未掏空的情况下錾切，也可先将管壁混凝土錾穿后，用钢筋钳剪断钢筋或用乙炔焰切割钢筋。

錾切上述管材时，应注意以下事项：

1）选择质量较好的管材做切断用。切断前后，钢筋保护层与管体均不应出现空壳和开裂现象。

2）被切断的端面应做修整，并用环氧树脂砂浆或1:1水泥砂浆修复端面的几何形状。

3）被切断的一端，可采用双承套管和别的管段连接，且连接处应无间隙。若处于管道合拢点时，应使用双承—平套管三通接通收口，从三通口灌入混凝土，充填内间隙，然后在三通口用堵板封口。如采用石棉水泥填料的刚性接口时，应使刚性接口的每侧深度控制在200～300mm间。

4）凡是套管连接处两侧的管段，建议做带状混凝土管座或满包混凝土。

5）被切断的一端，不应直接插入水泥管的承口中作柔性或刚性接口，否则在接口处外侧作钢制套管或满包混凝土进行加固处理。

6）对于保护层质量较差的水泥管材，不推荐采用切断措施。

錾切管材应注意安全作业。操作人员应穿好工作服，戴好护目镜；管子两端不应站人，以免錾出的碎屑飞出伤人。

5. 气割管子

气割管子，是利用氧乙炔高温气焰切割管子的方法。气割的优点是速度快，效率高；缺点是，切口不够平整，切口处常有氧化铁熔渣残留。需要套螺纹的管子，不宜采用气割。

气割一般适用于切断大于 *DN*100 的普通钢管。不锈钢管、铜管、铝管等不宜选用。

(1) 气割准备　操作前一定要穿戴好劳动保护用品，护目镜必须是有色的。检查工作场地是否符合安全生产要求，如乙炔瓶不应置于烈日下曝晒，乙炔发生器要放在通风和没有火花的偏僻处；气割现场附近不可有易燃、易爆物品，且要远离乙炔发生器 5m 以外；检查氧气瓶、乙炔瓶（或乙炔发生器）的瓶阀、减压阀、回火防止器及瓶内压力是否处于正常工作状态；把管子垫好，并与地面保持一定的距离；割嘴号码及切割氧压力的大小，应根据割件厚度来确定，也可参照表 3-1 进行选择。备好割炬并点火调整好预热火焰，然后试开切割氧气阀，检查切割氧气是否呈细而直的射流，以判断风线是否良好。

表 3-1　割嘴号码、氧气压力与割件厚度关系

割件厚度/mm	割炬		氧气压力/MPa	乙炔压力/MPa
	型号	割嘴号码		
≤4 4~10	G01—30	1~2 2~3	0.3~0.4 0.4~0.5	0.001~0.12
10~25 25~50 50~100	G01—100	1~2 2~3 3	0.5~0.7 0.5~0.7 0.6~0.8	0.001~0.12
100~150 150~200 200~250	G01—300	1~2 2~3 3~4	0.7 0.7~0.9 1.0~1.2	0.001~0.12

(2) 气割操作　气割所用的工具是割炬（又称割枪）及辅助工具。射吸式割炬最为常用，如图 3-21 所示。

气割管子时，首先选择好操作位置，摆正操作姿势，双脚呈八字形蹲在管子切断线一侧，右臂靠住右膝盖，左臂置于两膝中间，前胸略挺，注意呼吸节奏，两眼注视管子切断线和割嘴。切割开始时，先在管子边缘预热，待火焰呈亮红色时，开启切割氧阀，并沿着管子切断线切割。气割钢管操作如图3-22所示。

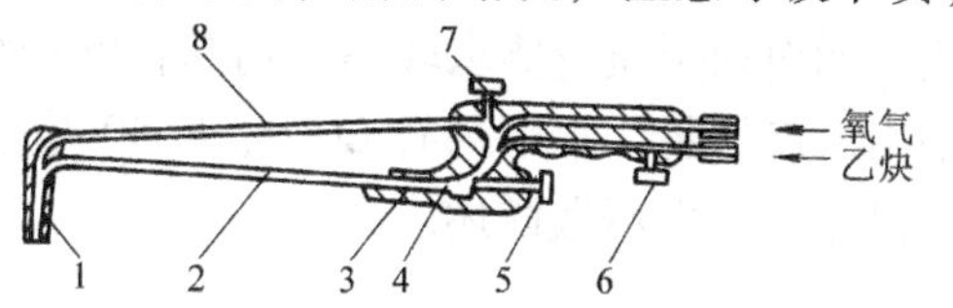

图3-21　射吸式割炬

1—割嘴　2—混合气管　3—射吸管　4—喷嘴　5—预热氧气阀　6—乙炔阀　7—切割氧气阀　8—切割氧气管

切割时，火焰焰心与管子表面要保持3~5mm的距离，移动位置时，先关闭切割氧气阀，待重新定位后再行预热，然后开启切割氧气阀继续向前切割。操作中若因割嘴过热或割嘴堵塞发生回火，而使火焰突然熄灭并发出“啪”的响声时，应立即关闭切割氧气阀，同时迅速将割炬抬起，并关闭预热开关，再关闭乙炔阀。待割嘴冷却后，清通了割嘴，再行点火继续切割。

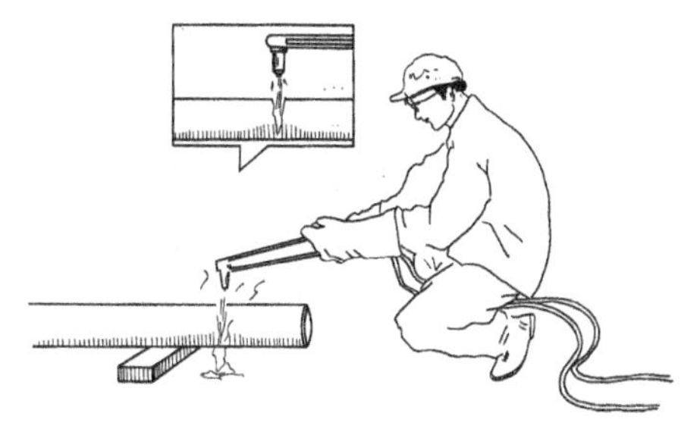

图3-22　气割钢管操作

气割结束时，应即关闭切割氧气阀，再关闭乙炔阀和预热氧气阀。如停止工作时间较长，应旋松氧气减压调节杆，再关闭氧气阀和乙炔阀。如用浮筒式乙炔发生器时，则将浮筒提出，并取出电石。

6. 电焊切割管子

切割陶土管时，用錾切方法切断速度慢，且切割质量难以保证。采用电焊切割陶土管，切割方法既简便、速度快，质量又好。

操作步骤与方法是：首先，在电焊机的零线端设1个电焊钳，电焊钳上夹持1根直径为4~5mm、较电焊条长100~200mm的圆钢棍，火线端的电焊钳上夹持1根$\phi3\sim\phi4$mm的电焊条，然后按电焊条粗细调整电焊机电流，以较一般焊接钢管用的电流稍大些为宜。

切割时，从管子侧面按预先划好的切割线开始，左手握零线端电焊钳，将圆钢棍一端放到管子切割线上，右手随即跟上去触燃电焊条，此刻管壁上便立即产生强烈的高温，管子表面随之被熔化成液态。继续燃烧电焊条，保持高温，便能很快地将管壁穿出一定深度的坑槽，进而出现了熔洞。这时须注意，一定要在洞壁上自上而下地燃烧电焊条，并沿着管子切断线移动电焊条，直到将管子切断为止。

切断管子除上述方法外还有很多。如用ZJ—50型和ZJ—80型自动夹紧套丝切割机，可分别切断 *DN*50 及 *DN*80 以内的钢管，并可进行套螺纹、管内倒角等多种加工，操作简单、灵活，能自动润滑冷却，重量轻，适于施工现场流动作业。如对切断质量要求较高、切断长度较短、数量较大的钢管和不锈钢管时，宜采用机床切割，常用的有 C620、C650 等普通车床，S1—224、S1—250 等切管专用机床，这里不做详述。

第4讲　管子套螺纹与坡口、缩口、扩口加工

技能10　管子套螺纹

管道工程中，螺纹连接是最常用的管道连接形式。螺纹连接是通过内、外管螺纹，把管道与管道、管道与阀件连接在一起的。螺纹连接，要对管子进行管螺纹加工，即在管子端头加工出管螺纹，以便进行管道的螺纹连接。

管螺纹连接有几种不同的方式，其中圆柱形内螺纹套入圆锥形外螺纹能获得较紧密的连接。因工厂生产的阀件、管件采用圆柱形内螺纹，所以要求管端加工出来的管螺纹是圆锥形外螺纹。

管子套螺纹有手工套制与机械套制两种方法。

套螺纹质量标准如下：

1）螺纹端正，不偏牙，不乱牙，光滑，无毛刺，断牙和缺牙的总长度不得超过螺纹全长的10%。

2）在纵方向上不得有断缺处相靠。

3）螺纹要有一定的锥度，松紧程度要适当。

4）螺纹长度以安装连接件后尚外露2~3牙为宜。

管子螺纹加工尺寸见表4-1。

表4-1　管子螺纹加工尺寸

管子规格		短螺纹		长螺纹		连接阀门的螺纹长度/mm
公称直径						
mm	in	长度/mm	螺纹牙数/牙	长度/mm	螺纹牙数/牙	
15	1/2	14	8	50	28	12
20	3/4	16	9	55	30	13.5
25	1	18	8	60	26	15
32	1¼	20	9	65	28	17
40	1½	22	10	70	30	19
50	2	24	11	75	33	21
65	2½	27	12	85	37	23.5
80	3	30	13	100	44	26

1. 手工套螺纹

（1）普通铰板套螺纹

1）套螺纹工具及其选择。手工套螺纹的工具是管子铰板，它是用于手工套制管螺纹的专用工具。

铰板有普通式铰板、轻便式铰板及电动铰板等。管道施工中，常用的是普通式铰板。

2）套螺纹步骤与方法。现场施工中，最常用的是 2in 铰板，它主要由铰板本体、固定盘、活动标盘、板牙及手柄等组成。普通式铰板结构，如图 4-1 所示。

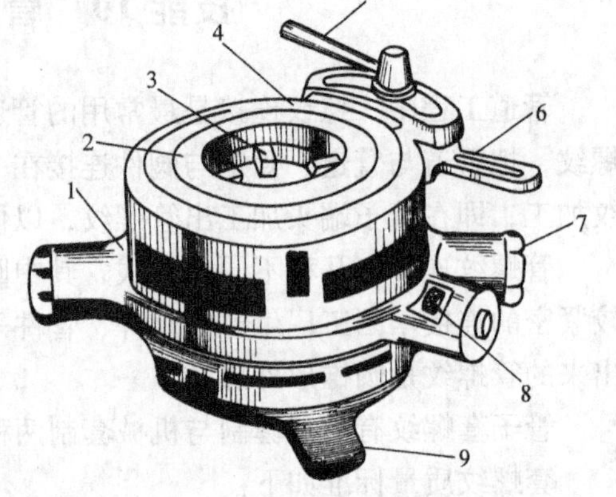

图 4-1　普通式铰板结构

1—铰板本体　2—固定盘　3—板牙　4—活动标盘　5—标盘固定把手　6—板牙松紧把手　7—手柄　8—棘轮子　9—后卡爪手柄

管子套螺纹步骤与方法如下：

①套螺纹前，首先选择与管径相对应的板牙，按顺序号将 4 个板牙依次装入铰板板牙室。装入前，注意把铰板上的铁屑扫净。

②将管子在管压钳上夹持牢固，使管子呈水平状态，管端伸出管压钳约 150mm。注意管口不得有椭圆、斜口、毛刺及扩口等缺陷。

③将后卡爪滑动手柄 9 松开，把铰板套进管口，然后转动后卡爪滑动手柄，将铰板固定在管子端头上，再将板牙松紧把手 6 上到底，并把活动标盘 4 对准固定盘 2 上与管径相对应的刻度上，使其与管径相吻合，最后上紧标盘固定把手 5。

④操作时，首先站在管端的侧前方，面向管压钳，两腿一前一后叉开，一手压住铰板，同时用力向前推进，另一手握住手柄 7，按顺时针方向扳动铰板，待铰板在管头上戴上扣后，再斜侧着身子站在管压钳旁边，扳动手柄。手工套管子螺纹操作，如图 4-2 所示。

图 4-2　手工套管子螺纹操作

⑤开始套螺纹时，动作要慢，要稳，注意操作者彼此协调，不可用力过猛，以免套出的螺纹与管子不同心而造成啃扣、偏扣，待套进两牙后，为了润滑和冷却板

牙，要间断地向切削部位滴入润滑油。

⑥套制过程中吃刀不宜太深，套完一遍后，调整一下标盘，增加进给量，再套一遍。一般要求：*DN*25以内的管子，可一次套成螺纹；*DN*25～*DN*40的管子，宜两遍套成；*DN*50以上的管子，要分3次套制。

⑦扳动手柄，最好是由两人操作，动作要协调，这样不但操作省力，且可避免套出的螺纹产生与管子不同心的缺陷。套制*DN*15～*DN*20的管子，一次可扳转90°，套制稍大直径的管螺纹，一次可扳转60°，套制*DN*50或其以上的管子，应视实际需要增加人力，同时也要增加扳转的次数。

⑧当螺纹加工到接近规定的长度时，一面扳动手柄7，一面应缓慢地松开板牙松紧把手6，且边松开边套制出2～3牙，以使螺纹末端套出锥度。

⑨套完螺纹退出铰板时，铰板不得倒转回来，以免损伤板牙和螺纹或造成乱牙。

⑩螺纹套好后，要用连接件试一试，以用手力能拧进2～3牙为宜。如套制的螺纹过松，则连接后的严密性差，且螺纹会很快地被管道中的介质腐蚀；如套制的螺纹过紧，连接时容易将管件胀裂，或因大部分管螺纹露在管件外面，而降低了连接强度。在严密性要求较高的情况下，可用逐渐松脱板牙松紧把手的方法，加大螺纹的锥度。

（2）套长丝、短丝与“歪丝”　“长丝”一般用于散热器与管道支管的连接，其一端为短螺纹，另一端为短螺纹2.5～3倍的长螺纹，不需要任何锥度。

短丝是指长度小于100mm、两端带螺纹的短管，如此短管夹持到管压钳上后，是无法用铰板套制螺纹的。为此，可先在一根较长的管子上套制出短螺纹，然后按需要的长度截下已套了短螺纹的管头，再将有螺纹的一端拧入连有管箍的管子上，再把连有管箍的管子固定在管子台虎钳上，这样就可以在短管的另一端套制出螺纹来；最后，将两端都套制出螺纹的短管卸下来，短丝就套制完了。

在管道安装中，当支管要求有坡度，以及遇有连接件的螺纹不端正时，则要求套制出的螺纹有相应的偏斜，俗称“歪丝”。“歪丝”的最大限度不能超过15°。“歪丝”的套制方法是：将铰板套进一、两牙后，把后卡爪手柄根据需要的偏度稍稍松开，使标盘向一侧倾斜切削即可。

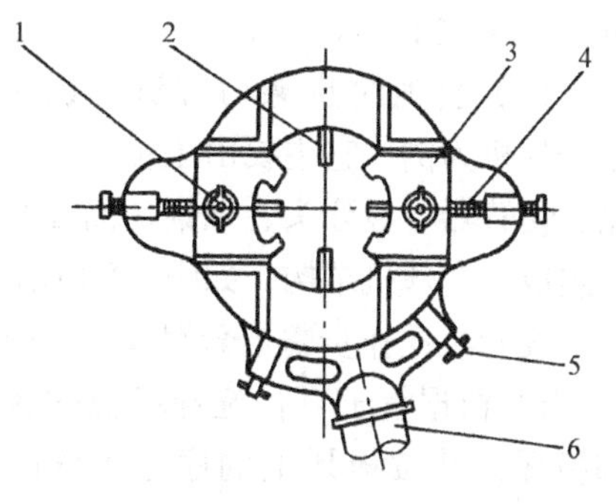

图4-3　轻便式（小型）铰板结构
1—螺母　2—顶杆　3—板牙
4—紧定螺钉　5—调位销　6—扳手

（3）轻便式（小型）铰板套螺纹　轻便式（小型）铰板结构，如图4-3所示。

Rc½″～Rc1½″铰板，只有一个扳手。扳手端头内，备有Rc½″管螺纹，以便操作者根据施工场地具体情况，选配一根长短适宜的扳手把。在这种铰板上，挂有一个作用类似自行车飞轮的“千斤”。当调整扳手两侧的调位销 5 时，即可使“千斤”按顺时针方向或按逆时针方向起作用。由于这种铰板体积较小，除了在工作台上套制螺纹外，还可在已安装的管道系统中的管子端部就地套螺纹，给管道安装和维修工作带来了极大的方便。用轻型铰板在已装管道端部套螺纹操作，如图 4-4 所示。

图 4-4 用轻型铰板在已装管道端部套螺纹

电动铰板体积小、质量轻，手提式携带方便，可在 220V、频率 50/60Hz、单相交流或直流电源上使用，电动机输出功率 430W，主轴工作转数 11r/min。适用于套制规格为 Rc1/2 ~2 的管子螺纹用。

2. 机械套螺纹

机械套丝机是一种轻便的、能对各种管子进行多种加工的小型机具。它能对 *DN*40 ~ *DN*200 管子进行切断、套螺纹及内口倒角。使用套丝机不仅可以减轻劳动强度、提高效率，而且加工质量得到了保证，适用于一般管道工程使用。

（1）套丝机的种类　套丝机种类较多，应用较多的有 ZJ—50 型、ZJ—80 型自动夹紧套丝切割机、TQ—3 型套丝机，得胜牌 ZIT2 型、ZIT4 型套丝机等。如将得胜牌套丝机固定在手推车式支架上，用起来就更加灵活、方便，尤其适用于流动性大的施工现场和露天作业。S_1—245A 型管螺纹车床，适用于专业及大批量的管螺纹加工。

（2）套螺纹步骤与方法　以 TQ—3 型套丝机为例，它主要由主轴夹板、减速箱、切管器、板牙头、铣锥、油箱及机座等组成。套丝机结构，如图 4-5 所示。

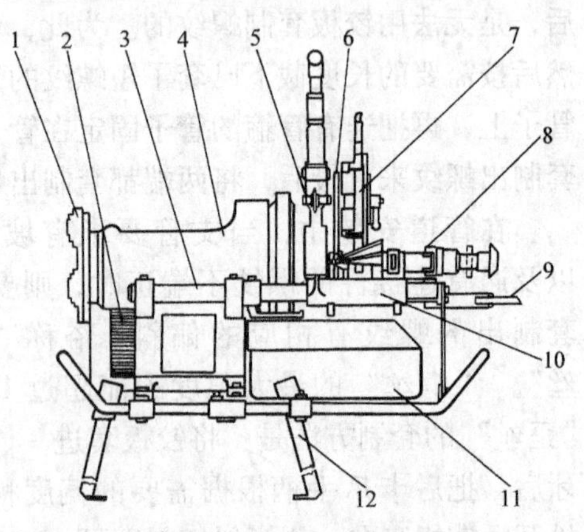

图 4-5　套丝机结构

1—主轴夹头　2—减速箱　3—滑杆　4—注油孔　5—切管器　6—出油管　7—板牙头　8—铣锥　9—进刀手柄　10—支架拖板　11—油箱　12—支腿

套丝机操作步骤与套螺纹方法如下：

1）根据管子直径选择相应的板牙头和板牙，并按板牙上的序号，依次装入对应的板牙头。

2）将支架拖板拉开，插入管子，旋动前后卡盘，将管子卡紧。

3）如套螺纹的管子太长时，应用辅助支架支撑，高度要调整适当。

4）将板牙头及出油管放下，合上开关，调整喷油管，对准板牙喷油，移动进给手把，将板牙对准管口并稍加压力，板牙入扣后，可依靠自身的力量实现自动进给。

5）注意套螺纹长度。当达到套螺纹要求的长度时，应及时扳动板牙头上的手把，使板牙沿轴向退离已加工完的螺纹面，关闭开关，再移开进给手把，拆下已套好螺纹的管子。

为了保持套丝机经常处于最佳工作状态，必须注意加强机械保养。对套丝机所有相对运动的部件，应经常注入润滑油，特别要保证喷油管的油路畅通，箱体上的注油杯，应经常注入L—AN46全损耗系统用油；套丝机使用完，应注意擦拭干净，尤其是粘附在各部件上的金属屑末，必须及时清除干净，并盖上滤网盖子，切管器、板牙头也应放下来。

技能11　管子坡口加工

管子焊接时，为使管子达到一定的焊透程度，保证管子焊缝具有足够的强度，当管子壁厚超过3.5mm时，焊接前需要在管子端头加工出坡口，然后进行管子对口焊接。管子坡口形及其加工方法如下：

（1）管子坡口形式　管子焊接时，坡口的正确与否，将直接影响管子焊接质量。管子坡口形式及尺寸的选用，应考虑易保证焊接接头的质量、填充金属少、便于操作及减少焊接变形等原则。

管子坡口形式及尺寸，当设计无规定和要求时，焊接常用的坡口形式及尺寸见表4-2。有色金属管子、管件坡口形式及尺寸，见表4-3。

表4-2　焊接常用的坡口形式及尺寸

序号	坡口类型	坡口形式	手工焊坡口尺寸/mm				备注
1	I形坡口		单面焊	s	≥1.5~2	>2~3	
				c	$0^{+0.5}$	$0^{+1.0}$	
			双面焊	s	≥3~3.5	>3.6~6	
				c	$0^{+1.0}$	$1^{+1.5}_{-1.0}$	
2	V形坡口			s	≥3~9	>9~26	
				α	70°±5°	60°±5°	
				c	1±1	2^{+1}_{-2}	
				P	1±1	2^{+1}_{-2}	

（续）

序号	坡口类型	坡口形式	手工焊坡口尺寸/mm	备注
3	带垫板V形坡口		s ≥6~9 ＞9~26 c 4±1 5±1 $P=1\pm1$　$\alpha=50°\pm5°$ $s=4\sim6$　$d=20\sim40$	
4	X形坡口		$s\geqslant12\sim60$ $c=2^{+1}_{-2}$ $P=2^{+1}_{-2}$ $\alpha=60°\pm5°$	
5	双V形坡口		$s\geqslant30\sim60$ $c=2^{+1}_{-2}$ $P=2\pm1$ $\alpha_1=10°\pm2°$ $\beta=70°\pm5°$ $h=10\pm2$	
6	U形坡口		$s\geqslant20\sim60$ $c=2^{+1}_{-2}$ $P=2\pm1$ $R=5\sim6$ $\alpha_1=10°\pm2°$ $a=1.0$	
7	T形接头不开坡口		$s_1\geqslant2\sim30$ $c=0^{+2}_{0}$	
8	T形接头单边V形坡口		s_1 ≥6~10 ≥10~17 ≥17~30 c 1±1 2^{+1}_{-2} 3^{+1}_{-3} P 1±1 2^{+1}_{-2} 2^{+1}_{-2} $\alpha=50°\pm5°$	

（续）

序号	坡口类型	坡口形式	手工焊坡口尺寸/mm	备注
9	T形接头对称K形坡口		$s_1 \geqslant 20 \sim 40$ $c = 2^{+1}_{-2}$ $P = 2 \pm 1$ $\alpha = \beta = 50° \pm 5°$	
10	管座坡口		$a = 100$ $b = 70$ $c = 2 \sim 3$ $R = 5$ $\alpha = 50° \sim 60°$ $\beta = 30° \sim 35°$	管径 $\phi \leqslant 76$mm
11	管座坡口		$c = 2 \sim 3$ $\alpha = 45° \sim 60°$	管径 $\phi 76 \sim \phi 133$mm

表4-3　有色金属管子、管件坡口形式及尺寸

序号	坡口类型	坡口形式	尺寸/mm				备注
			壁厚 s	间隙 c	钝边 P	坡口角度 α	
铝及铝合金手工钨极氩弧焊							
1	I形		3～6	0.1.5 → 0～1.5	—	—	
2	V形		6～20	0.5～2	2～3	$70°^{+5°}_{-0°}$	

（续）

序号	坡口类型	坡口形式	尺寸/mm 壁厚 s	间隙 c	钝边 P	坡口角度 α	备注
铝及铝合金手工钨极氩弧焊							
3	U形	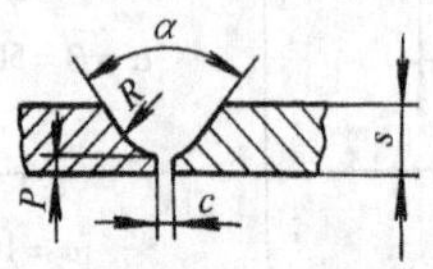	>8	0~2	1.5~3	65°±5°	R = 4~6mm
铝及铝合金熔化极氩弧焊							
1	I形	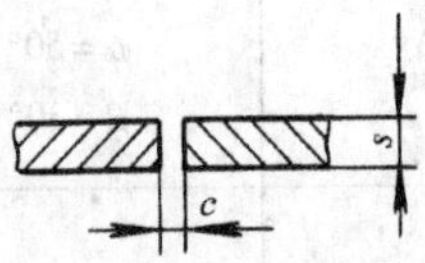	≤10	0~3	—	—	
2	V形	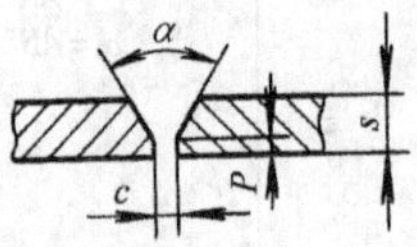	8~25	0~3	3	70°±5°	
3	U形	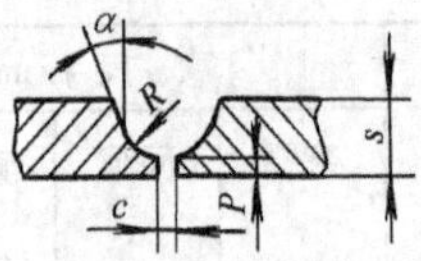	>20	0~3	3~5	15°~20°	R = 6mm
				0	5	20°	
铝及铝合金氧乙炔焰焊							
1	I形	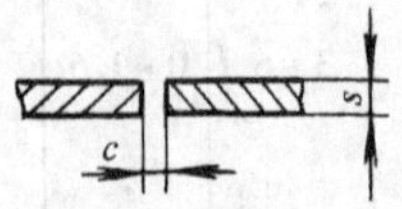	<3	1~1.5	—	—	
2	V形	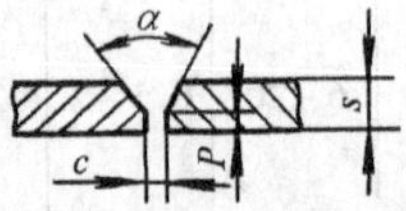	3~10	2~4	0.5~2	70°±5°	

（续）

序号	坡口类型	坡口形式	尺寸/mm				备注
			壁厚 s	间际 c	钝边 P	坡口角度 α	
纯铜钨极氩弧焊							
1	I形	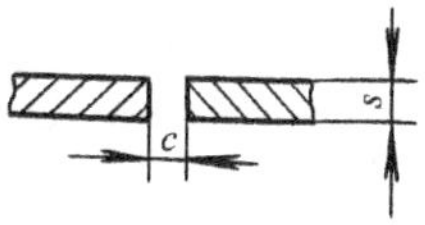	≤2	0	—	—	
2	V形	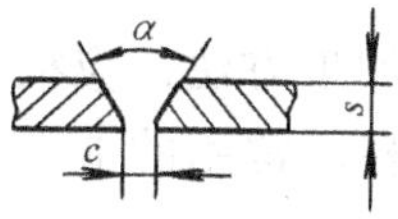	3～4	0	—	65°±5°	
3	V形	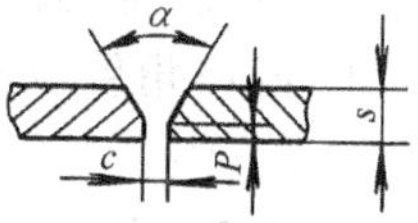	5～8	0	1～2	65°±5°	
黄铜氧乙炔焰焊							
1	I形	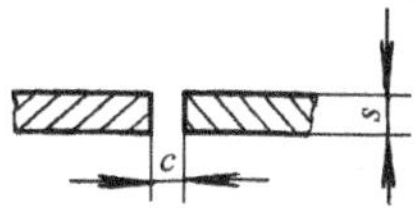	≤3	0～4	—	—	单面焊
			3～6	3～5	—	—	双面焊不能两侧同时焊
2	V形	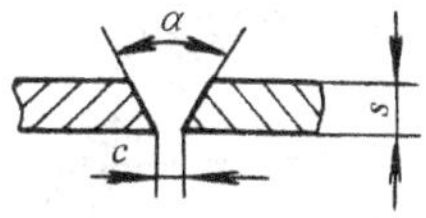	8～12	3～6	0	65°±5°	
3	V形	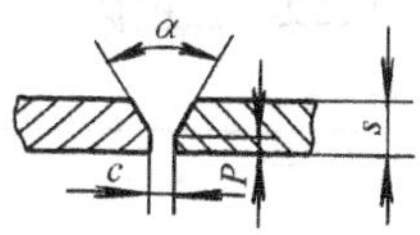	>6	3～6	0～3	65°±5°	

不同壁厚的管子、管件，当内壁错边量Ⅰ、Ⅱ级焊缝超过壁厚的10%，且大于1mm，Ⅲ、Ⅳ级焊缝超过壁厚的20%，且大于2mm时，应采用轧制焊件坡口形式和锻、铸焊件坡口形式，如图4-6和图4-7所示。

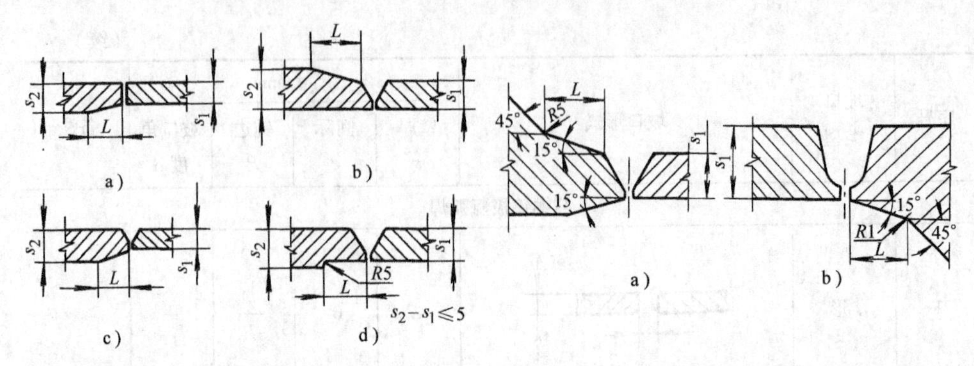

图 4-6 轧制焊件坡口形式［$L\geqslant4(s_2-s_1)$］　　图 4-7 锻铸焊件坡口形式（$L=1.5s_1$）

（2）管子坡口加工方法　管子坡口的加工方法，应根据焊缝种类、管子直径、壁厚及施工现场所具备的加工条件选择。常用的加工方法有氧气切削、锉削、磨削、錾削、坡口机及机床加工等。

直径较小的管子，可用手工方法加工管子坡口。首先将管子固定在管子台虎钳上，然后用锤子敲打扁錾，使扁錾按所需的坡口角度顺次錾削，再用锉刀锉平。錾削管子坡口的操作，如图 4-8 所示。

加工Ⅲ、Ⅳ级焊缝及较大直径的管子坡口，可采用氧乙炔切割法。操作时，将割嘴沿着管子圆周需要的角度顺次切割，如图 4-9 所示。用氧乙炔切割管子坡口的操作方法与气割操作方法相同，但切割后必须除净其表面的氧化皮，并用手砂轮将影响焊接质量的凸凹不平处磨削平。

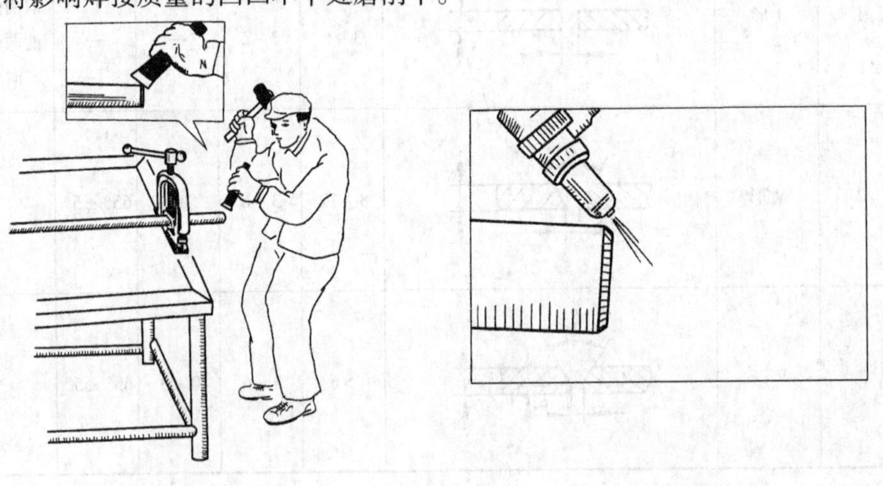

图 4-8 錾削管子坡口　　图 4-9 气割管子坡口

Ⅰ、Ⅱ级焊缝及铝、铝合金、不锈钢管的坡口，采用机械法加工。机械加工管子坡口常用坡口机，坡口机分手动和电动两种。手动坡口机用于加工 *DN*100

以内的管子坡口，首先将管子固定在管子台虎钳上，操作时，按管径大小调整刀距，顺管子圆周切削，可以一次开成，也可多次开成。

用电动坡口机加工管子坡口时，先将管子夹持在坡口机上，注意管端与刀口间要留出2~3mm的间隙，防止因一次进刀量过大而损坏刀具。加工过程中，应谨慎地将刀对准管端平面，要缓慢进刀，并应加注切削液冷却刀具，防止损坏刀具，在进刀结束时，尚应保持原位继续旋转几圈，以使管子坡口光洁。

加工管子坡口除上述方法外，还有等离子弧切割法。

技能12　管子缩口、扩口加工

管道安装中，按设计要求常需要在管道的指定部位改变管径。除对某些小管径（如≤*DN*32的采暖管道，采用螺纹连接）管道变径，须按设计要求使用异径管件连接，或较大管径管道变径，须采用钢板卷制或钢管焊制的大小头做连接件外，一般常将管子做成缩口或扩口。在一般情况下，焊接钢管只能在热状态下进行管子缩口或扩口，而无缝钢管只有在特殊情况下才允许在冷状态下扩口。

1. 管子缩口加工

将大管子的管端收缩变小，做成同心或偏心大小头的加工过程，称为缩口。

（1）同心大小头的加工步骤与方法　加工同心大小头时，先将管子预收缩端放在烘炉里（或用气焊燎烤）加热。加热过程中，注意要边加热边转动管子，以使之受热均匀。待加热端呈桔红色（800~950°C）时，取出管子，将加热端放在铁砧上，然后用手锤从后向前，边锻打边转动管子，由大到小，管面圆弧逐渐过渡，使小头部分呈均匀的收缩状。同心大小头的加工操作，如图4-10所示。

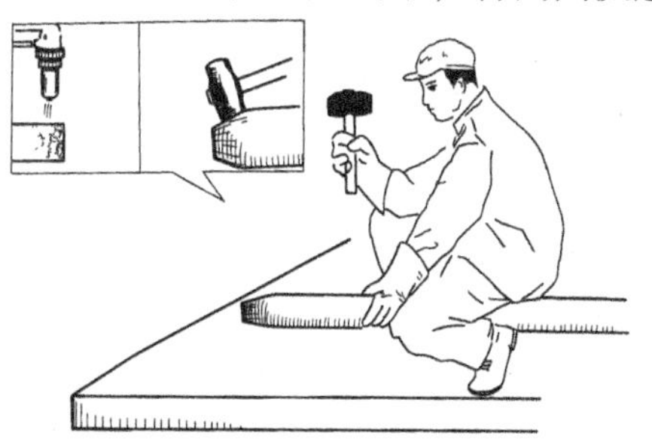

图4-10　同心大小头的加工操作

锻打时，锤面要与管面垂直，防止管面产生麻面。如果要求收缩较大，为避免一次收缩不均，一遍不成，可分次加热，分次锻打，直至锻打成为止。

（2）偏心大小头的加工方法　锻制偏心大小头时，注意管端下部不应加热。如用烘炉加热，取出管子时，可在用水冷却管子的下部后再锻打。锻打时，要注意不断地向左右旋转管子，以使其过渡均匀、圆滑。

为便于掌握小管径的圆度，可先用一根管子锻制两个同心大小头，然后从中间断开即成，如图4-11所示。变径过渡部分L的长度，应视管径大小而定，为减小管道阻力，L一般不小于该管的外径。

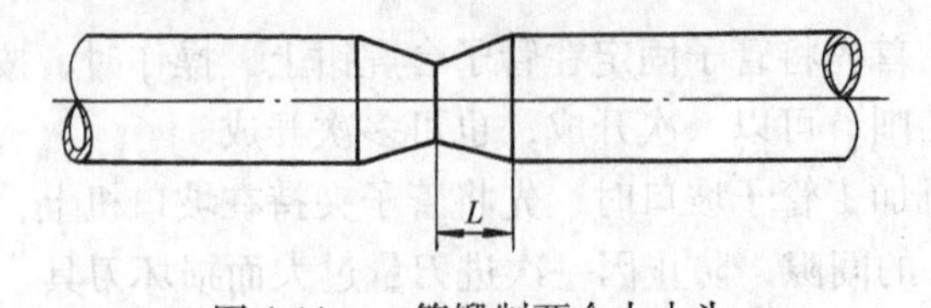

图 4-11　一管锻制两个大小头

2. 管子扩口加工

与管子缩口相反，将大管子的端部扩大，称之为管子扩口。

管子扩口加工步骤与方法如下：管子扩口，同样先将管子预扩口端放在烘炉里（或用气焊燎烧）加热，用锤子边锻打管端的管壁内面，边不停地转动管子，逐渐地将管端处的管口扩大。也可将管子加热端水平套在圆钢柱上，然后用锤子在管壁的外面锻打，以逐渐减薄管壁，增大圆周长，达到扩口的目的。管子扩口加工操作，如图 4-12 所示。

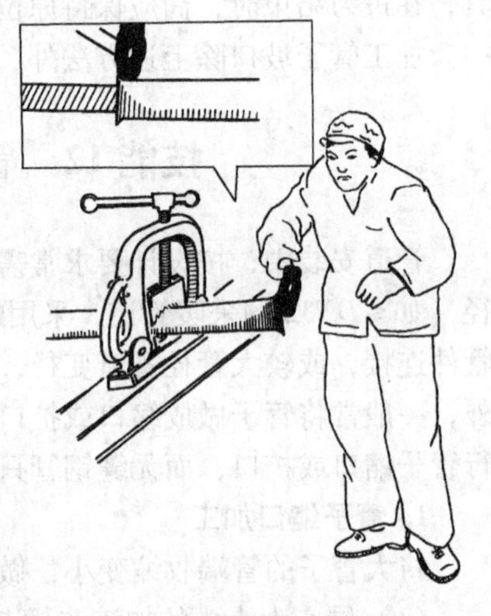

图 4-12　管子扩口加工操作

由于管子扩口后管壁相应变薄，因此管子扩口时，只允许扩大一级管径。

经缩口和扩口的管端，不应有皱折、裂纹和壁厚不均等缺陷；管口应圆正、平直，不应出现凸凹不平现象；允许偏差详见第 6 讲中技能 18。

第5讲　管子煨弯

技能13　管子冷弯

1. 手动弯管器弯管

手动弯管器分携带式和固定式两种，用来煨制公称直径不超过25mm的管子。

图5-1所示为携带式手动弯管器。弯管前，先根据弯管的弯曲角度，在弯管胎轮上划出所弯制弯管的终弯点，一般终弯点应比所需弯曲角度大3°~5°。操作时，将被弯制的管子放在弯管胎槽内（注意：应用水燃气输送钢管和直缝焊接钢管冷弯时，应使焊缝位于距中心轴线45°的区域内）。管子一端固定在活动挡板上，慢慢推动手柄，将管子弯曲到所要求的角度，然后松开手柄，取出弯管。

图5-2所示为固定式手动弯管器。采用这种弯管器弯管时，先根据所弯管子的外径和弯曲半径，选取合适的定胎轮和动胎轮，把定胎轮用销子固定在操作平台上，拔下动胎轮固定销钉，把动胎轮安装在推架上。弯管时，把待弯曲的管子放在定胎轮和动胎轮之间的凹槽内，一端固定在管子夹持器上，并使被弯管子的起弯点对准定胎轮上的0点，推动手柄，绕定胎轮旋转，直到弯成所需要的角度。

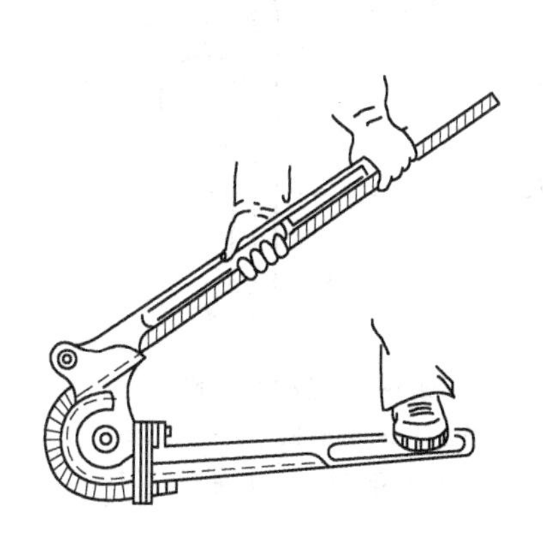

图5-1　携带式手动弯管器

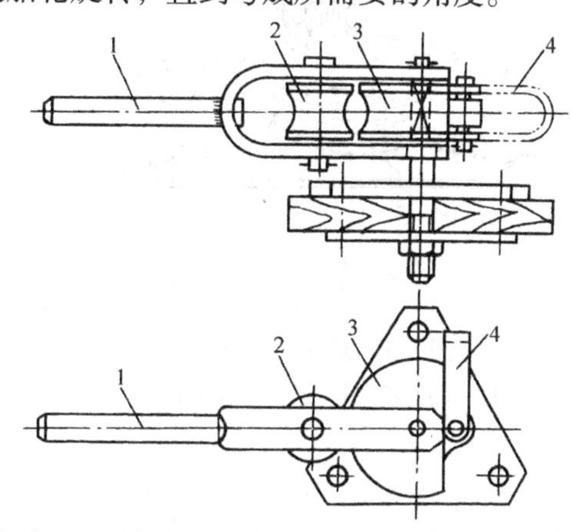

图5-2　固定式手动弯管器

1—手柄　2—动胎轮　3—定胎轮　4—管子夹持器

2. 液压弯管机的操作

图 5-3 所示为液压弯管机外形。使用这种弯管机弯管时，先将管托转到与所弯管径相适应的位置，选取合适的顶胎安装好，并将其退到管托后面，再把欲弯曲管子放在顶胎与管托的弧形槽中，并使管子弯曲部分的中心与顶胎的中点对齐，关闭油门，扳动加压把手，顶胎自动前进顶压管子，将管子弯成所需要的角度。弯好后，打开油门，顶胎自动退回原位，取出弯好的弯管，检查其弯曲角度；若角度不足时，可放回机器内继续进行弯曲。

使用这种弯管机械时，应注意以下几点：

1）液压弯管机一般只用于弯曲管径不超过 *DN*50 的管子。

2）每次弯曲的角度不宜超过 90°。

3）操作中应注意把两个管托间的距离，调到刚好让顶胎通过。

4）随时用量角器检查弯曲角度，确保弯管质量。

3. 电动弯管机的操作

图 5-4 所示为电动弯管机。常见的有 WA27—60 型、WB27—108 型及 WY27—159 型几种。WA27—60 型能弯曲外径为 25 ~ 60mm 的管子，WB27—108 型能弯曲外径为 38 ~ 108mm 的管子，WY27—159 型能弯曲外径为 51 ~ 159mm 的管子。

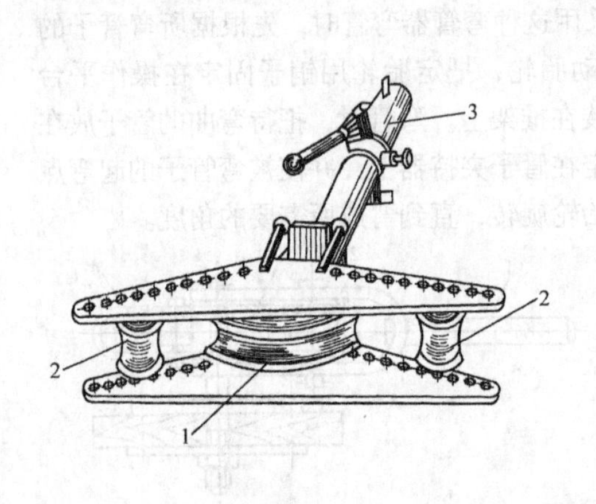

图 5-3　液压弯管机

1—顶胎　2—管托　3—液压缸

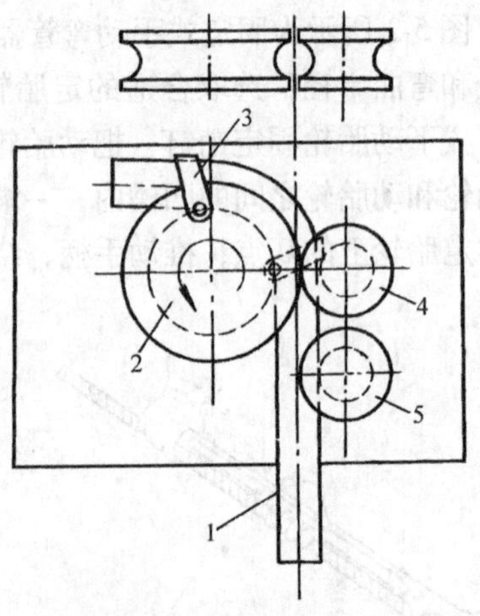

图 5-4　电动弯管机

1—管子　2—弯管模　3—U 形管卡

4—导向模　5—压紧模

采用这种机械弯管时，先根据所弯管子的弯曲半径和管子外径，选取合适的弯管模、导向模和压紧模，安装在弯管机操作平台上，然后把需弯曲的管子，沿导向模放在弯管模和压紧模之间，调整导向模，使管子处于弯管模和导向模的公切线位置，并使起弯点处于切点位置，再用U形管卡将管端卡在弯管模上（U形管卡位置如图5-4中虚线所示），同时应根据弯曲角度和起弯点位置，在弯管模上定出终弯点位置；起动电动机，使弯管模和压紧模带着管子一起绕弯管模旋转，当终弯点接近弯管模和导向模公切点位置时，立即停机，拆除U形管卡，松开压紧模，取出弯管。

使用电动弯管机弯管时，应注意以下几点：

1）操作人员必须熟悉弯管设备的力学性能、操作方法及要求。

2）操作前需认真检查电器设备、限位开关性能是否良好，润滑系统中存油器内的油位是否在规定范围内。

3）胎模与机械应保持清洁光滑，胎模凹槽应与管子外径一致。

4）做好角度样板，调好弯曲角度。

5）当被弯曲管子外径大于60mm时，必须在管内放置芯轴，芯轴外径比所弯管子的内径小1～1.5mm，芯轴前端成圆锥形。弯管时，将芯轴放在管子起弯点稍前处，芯轴的圆锥部分转为圆柱形部分的交线，应放在管子的起弯点上。弯管操作中，芯轴总是保持在这一位置。

6）凡使用芯轴弯管时，必须在弯管前将管壁内杂物清除干净，有条件时可在管内壁涂少许润滑油，以减小芯轴与管壁的摩擦。

技能14 管子热煨

1. 热煨钢管前的准备

（1）管子选择 用于热煨的钢管应质量好，外观检查无锈蚀及裂痕等缺陷，管壁厚度最好稍大于安装用直管。

（2）砂子的选择 热煨钢管所用砂子应能耐高温，经过清洗干净，不含泥土、铁渣、木屑和有机质等杂质，通常选用较纯净的河砂或海砂。

选用砂子颗粒大小，应根据所煨管径大小，按表5-1选取。

砂子过筛后，必须用钢板或铁锅在炉子上烘干。

表5-1 碳素钢管充砂粒度 （单位：mm）

管子公称直径	<80	80～150	>150
砂子粒度	1～2	3～4	5～6

（3）设置充砂平台 充砂平台常用脚手杆绑成，如图5-5所示。其高度应低于煨制最长管子的长度1m左右。为便于分层敲打管子，由地面起每高2m分为一层，铺木板做为平台。在充砂台顶层装设吊杆，并挂一滑轮组，用来吊运砂子及大口径管子。

(4) 煨管平台　煨管平台常用混凝土浇注，如图5-6所示。

混凝土平台一般用C10混凝土浇注，平台应平整光滑，并具有0.003的坡度坡向四周，以便于排水。平台内需预埋管径为50～80mm的钢管作为挡管桩孔，钢管长度以1～1.5m之间为宜。浇注混凝土前，先在煨管平台上找平放线，划出预埋钢管的固定位置，然后把预埋钢管逐根垂直放在固定位置上，钢管上端与平台平齐，用钢筋焊牢所有管桩，使其连成一个整体，并固定在平台四周模板框架上，再用木塞将钢管上端堵住。

浇注混凝土时，应注意不要碰撞预埋钢管，以免引起钢管位置偏移或不垂直。

(5) 地炉设置　图5-7所示为常用热煨钢管用地炉，呈长方形，长度为管子加热长度加100～150mm，宽度为同时加热管子根数加2～3根，再乘以管子外径所得尺寸，炉坑深300～500mm，用耐火砖砌筑，也可以内层用耐火砖，外层用砖砌筑，四周应高出地面50mm左右。

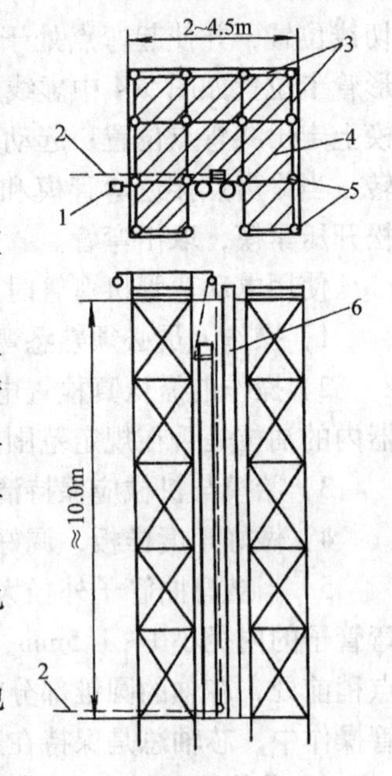

图5-5　充砂平台

1—滑轮吊架　2—钢丝绳
3—支承　4—木板平台
5—架木杆　6—吊杆

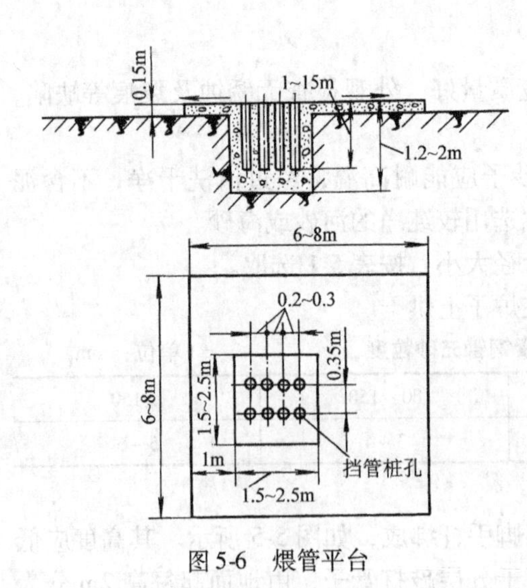

图5-6　煨管平台

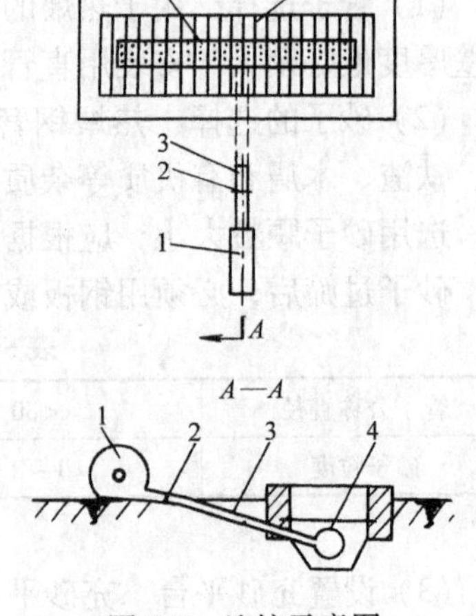

图5-7　地炉示意图

1—鼓风机　2—风管插板　3—送风管
4—配风花管　5—炉篦子

地炉用鼓风机设置在一侧中部距炉 1～1.5m 远处，送风管用钢板或钢管制作，由鼓风机出口接至炉篦下，风管大小可按鼓风机出口尺寸配制；在鼓风机出口风道上应设置调风插板，炉底配风管可做成丁字形花管，花管直径应大于送风管，一般为送风管直径的 1.5 倍，花眼孔径为 $\phi10\sim\phi15$mm，均布在配风管上部，如图 5-8 所示。

鼓风机功率根据被加热管子管径大小选用，管径在 100mm 以下为 1kW，100～200mm 为 1.8kW，200mm 以上为 2.5kW，煨 300mm 以上管子时，鼓风机功率还应适当加大。

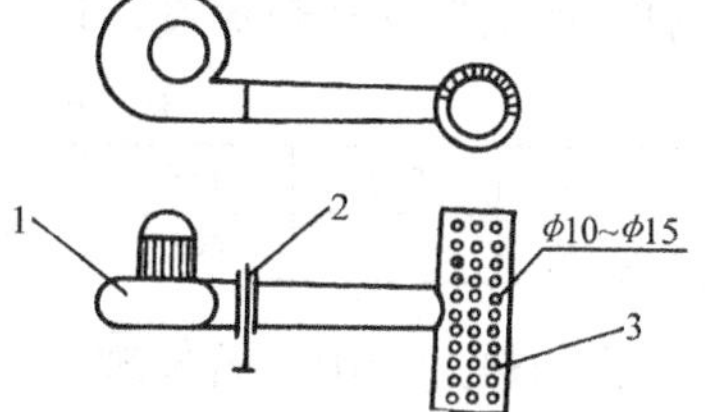

图 5-8　丁字形配风管
1—鼓风机　2—风管插板
3—配风管

2. 管子充砂、划线与加热

（1）充砂　充砂操作前，先将管子下端用木塞或活动堵板堵严，木塞长度为管子直径的 1.5～2 倍，锥度为 1∶25。然后把管子竖立起来，稍微倾斜地靠在充砂台上，管子上端用绳子系于充砂台顶部框架上。

把干燥好的砂子用卷扬机或人工提升到充砂台顶层平台上，用人工将砂子自上而下装入管内，边装边用锤子自下而上敲打管壁，捣实管内砂子。敲打时锤子的起落要与管子垂直，用力应均匀，管子周围各个部位都应敲打。管内砂子的密实程度，可由敲打管子时发出的声音来判断，如声音实而沉，表明砂子已打实，若声音空而尖，则还不实，需继续敲打。当整根管内装满砂子并打实后，用木塞或钢质活动堵板，将管子上端堵牢。放倒在地面上，划线并加热。

（2）划线　管子划线一般采用白铅油，从一端开始，先划出一段短的直管段，以便煨管时用来固定管子，使其处于两个挡管桩之间；公称直径大于 150mm 的管子，直管段长不应小于 400mm，公称直径大于、等于 150mm 的管子，直管段长不应小于 600mm；在紧接直管段的地方，划出加热长度，并标出起弯点、弯管中心线。

一般情况下，管子的加热长度为管子弯曲部分展开长度加上 2 倍管子外径，当管子的弯曲角度较小时（如 45°以下），加热长度通常取弯曲部分展开长度的 112%。

（3）加热　充砂、划线完毕，即可将管子放在地炉上加热。加热钢管常用焦炭作燃料，焦炭块一般为 50～70mm 大小。在把管子放到地炉上之前，应将炉内燃料加足，待炉内燃料燃烧正常以后，再将管子放入炉中心位置；地炉两端各放两根管子，将加热管子垫起，避免管子在加热转动时产生弯曲。燃料应沿管子周围在加热长度内均匀分布。加热时，管子上面加盖薄钢板或保护罩，以减少热损耗。加热过程中要经常转动管子，管子可用人工转动，大口径管子可用两把链条钳咬紧管子两端转动。

碳素钢钢管的加热温度为900~1000°C，即加热到桔红色或橙黄色；当管子开始呈淡红色时，不应立即取出，这时应停止鼓风，焖火加热，当砂子被加热到要求温度时，管子表面开始有蛇皮状的氧化皮脱落，此时，应马上取出管子运至平台上进行煨弯；若管子表面出现发白或冒汗现象时，则说明管壁开始熔化。为了更好地把握住加热温度，现将碳素钢钢管加热过程中发光颜色列于表5-2内。

表5-2　碳素钢钢管加热时的发光颜色

温度/°C	550	650	700	800	900	1000	1100	1200
发光颜色	微红	深红	樱红	浅红	桔红	橙黄	浅黄	发白

在加热过程中，若发现被加热管段颜色不均匀，出现局部温度过低时，一般是由于那部分的焦炭结焦、通风不良所造成，应清焦。

3. 煨制、清砂

（1）煨制　当管子被加热到需要的温度时，立即运到煨管平台上。公称直径不大于100mm的管子，可用人工抬运，抬管夹钳如图5-9所示，公称直径大于100mm的管子，一般用起重运输设备搬运。在运管过程中，要防止管子产生变形；如产生弯曲，应调直后再进行煨制。

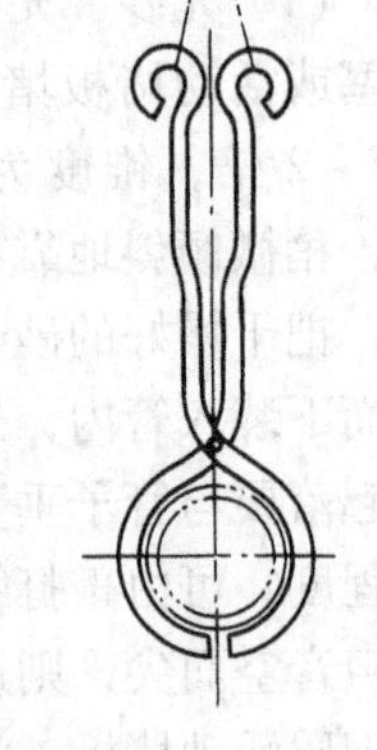

图5-9　抬管夹钳

管子运到平台上，一端夹在煨管平台挡管桩孔中的两根插杠之间，管柱与管子接触处用垫木隔离，并在管子下垫扁钢，使管外壁与平台之间保持一定距离，然后用绳索系住另一端，同时用冷水冷却不应加热的管段（注意：管子的所有支承点及牵引管子的绳索应在同一个平面上，起弯点应正好在弯管里侧的挡管桩处），然后开始煨弯。当一段管已煨弯到所要求的弯曲角度时，随即用冷水冷却该部分，继续煨弯其余部分，待煨弯到接近所需角度时，应把事先制作好的弯管样板放在弯管中性层上，以便随时掌握已经弯曲的程度，当煨弯到比样板角度大3°~5°时，即停止煨弯，将煨好的弯管取出，放在空气中自然冷却，并趁热在弯曲部分涂一层机油。搬运中应轻拿轻放，避免碰撞，防止变形。

煨管过程中，应注意以下几点：

1）牵引端管子轴线应与拉力方向垂直。用卷扬机牵引时，如图5-10所示，将滑轮2用一根长绳顺地桩绕三圈以上，用人工拉紧绳的一端，煨管过程中随时放松绳子，调节滑轮2的位置，保持拉力与管子轴线垂直。

2）在煨弯过程中，若管子弯得有少量过度，此时不必急于回弯，可沿弯管外侧浇水，使其冷却收缩，自行回弯。

3）在煨弯过程中，若发现管子圆度过大，鼓包或出现较大折皱，应立即停止煨弯，并趁热用锤子修整。

4）整个煨管过程应当均匀、慢速不间歇地进行，随时用样板检查弯曲角度，用浇水的方法控制弯曲。

5）当钢管温度下降到700°C（管子表面呈樱红色）时，应停止煨弯，若还没达到需要的角度，可重新放入地炉内加热后再煨，但加热次数一般不应超过两次。

6）在整个煨弯过程中，动作要迅速，否则管子会在空气中很快降温至700°C以下。

（2）清砂　弯管冷却后，去掉管子两端的管堵，将弯向上，管口朝下，吊在充砂台下部，用锤子敲打弯管，将管子内砂子倒出。砂倒完后，再用钢丝拉刷清除粘在管子内壁上的砂粒，有条件时可用压缩空气将管内吹扫一遍。

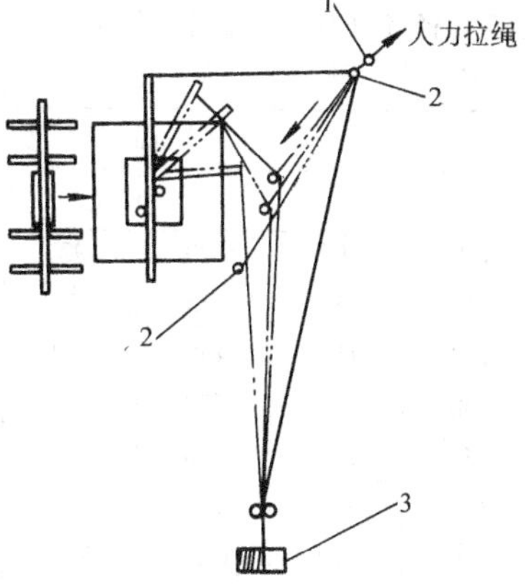

图5-10　煨管加力角度示意
1—地桩　2—滑轮　3—卷扬机

技能15　折皱弯管制作

折皱弯管制作分划线和煨制两道工序。

1. 折皱弯管的划线

折皱弯管的划线主要根据其弯曲部分外圆弧的展开长度进行，常用90°折皱弯管划线尺寸见表5-3。

表5-3　常用折皱弯管划线尺寸

公称直径 DN	管子外径 DW	弯曲半径 R	节距尺寸 a	外圆弧长度（取整数）L	折皱个数 n	加热部分最大宽度 b	不加热部分最小宽度 m	非加热区宽度 L_1
/mm						/mm		
$R=2.5DN$								
100	108	250	117	470	5	89	28	50
125	133	312	120	600	6	92	28	65
150	159	375	143	715	6	111	32	80
200	219	500	192	960	6	150	42	105
250	273	625	240	1200	6	191	49	130
300	325	750	238	1430	7	186	52	160
350	377	875	239	1670	8	183	56	190
400	426	1000	271	1900	8	208	53	210
450	480	1125	268	2140	9	205	63	240
500	530	1250	265	2380	10	202	63	260
600	630	1500	285	2850	11	215	70	320

（续）

公称直径 DN	管子外径 DW	弯曲半径 R	节距尺寸 a	外圆弧长度（取整数）L	折皱个数 n	加热部分最大宽度 b	不加热部分最小宽度 m	非加热区宽度 L_1
/mm					n	/mm		
$R=3DN$								
100	108	300	92	550	7	64	28	50
125	133	375	117	700	7	89	28	65
150	159	450	139	830	7	106	32	80
200	219	600	184	1100	7	142	42	105
250	273	750	199	1395	8	150	49	130
300	325	900	209	1670	9	153	56	160
350	377	1050	216	1945	10	160	56	190
400	426	1200	247	2220	10	184	63	210
450	480	1350	250	2500	11	187	63	240
500	530	1500	252	2770	12	189	63	260
600	630	1800	277	3320	13	207	70	320
$R=3.5DN$								
100	108	350	91	635	8	63	28	50
125	133	440	99	795	9	71	28	65
150	159	525	119	950	9	87	32	80
200	219	700	159	1270	9	117	42	105
250	273	875	199	1590	9	130	49	130
300	325	1050	191	1905	11	135	56	160
350	377	1225	202	2220	12	146	56	190
400	426	1400	231	2540	12	166	63	210
450	480	1575	237	2845	13	174	63	240
500	530	1750	225	3160	15	162	63	260
600	630	2100	253	3790	16	183	70	320
$R=4DN$								
100	108	400	89	710	9	61	28	50
125	133	500	99	890	10	71	28	65
150	159	600	119	1070	10	87	32	80
200	219	800	158	1425	10	116	42	105
250	273	1000	179	1785	11	130	49	130
300	325	1200	195	2140	12	139	56	160
350	377	1400	192	2500	14	136	56	190
400	426	1600	219	2850	14	156	63	210
450	480	1800	228	3200	15	165	63	240
500	530	2000	222	3560	17	159	63	260
600	630	2400	251	4260	18	181	70	320

划线时，先沿待煨管子轴线划两条平行线（图5-11）AA'和BB'，其长度都等于外圆弧的展开长度L，两平行线的起点与终点A、B、A'、B'，均应分别在两垂直于管子轴线的截面上，两平行线间圆弧长$\overset{\frown}{AB}$等于表5-3内非加热区宽度L_1。

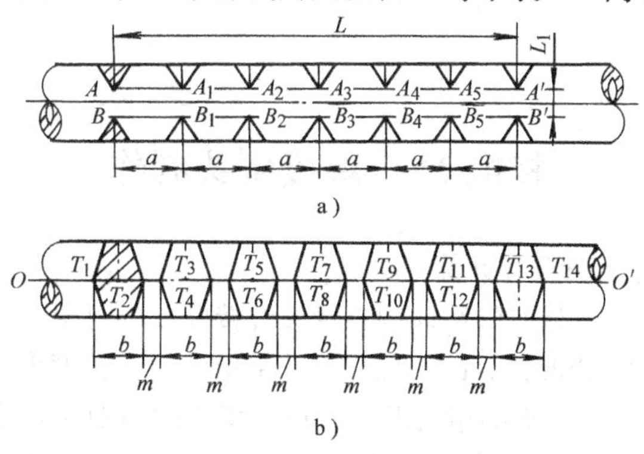

图5-11　折皱弯管的划线

再根据表5-3查出弯管折皱数n，将AA'和BB'两线均分为$n-1$等份，每等份的长度为节距尺寸a，得出A_1、A_2、…、及B_1、B_2、…、各等分点，如图5-11a所示。再在管子相反的一面正中划直线OO'，在直线OO'与AB、A_1B_1、A_2B_2、…、各圆弧的相交点两旁，各截取最大加热部分宽度的一半（即$b/2$），得T_1、T_2、T_3、T_4、…、各点，如图5-11b所示。然后将A、B两点分别与T_1、T_2相连，A_1、B_1两点分别与T_3、T_4相连，…，这些连线内的区域（图中带斜线部分）为加热区，也就是弯管的折皱部位。

2. 折皱弯管的煨制

煨弯前，先用木塞或活动堵板堵住划好线的管子的两端或一端，把管子放到煨管平台上，用氧乙炔割炬或焊炬对折皱处局部（即图5-11上划斜线部分区域）进行加热，管子公称直径小于、等于250mm的管子用两个割炬，公称直径大于250mm的管子用三个割炬。加热过程中，要经常用冷水冷却弯管背部非加热区，尤其在煨弯前更应加强冷却，以免煨弯时背部被拉直。

当管子被加热到900～950°C时，应立即进行煨弯。

煨弯时，管子外侧应用水冷却，煨好一个折皱后，必须用水将加热区冷却到呈黑色时，再进行下一个折皱的加热。每加热好一个折皱，就立即弯一个折皱，已煨好的折皱也应用水冷却。操作时，为了减小弯曲时对相邻折皱的影响，煨弯的顺序最好是先煨制第一、三、五……个折皱，然后煨制第二、四、六……个折皱。每煨一个折皱，都必须用活动量角器测量其角度，每个折皱的角度应为管子弯曲角度的$1/n$度。

第6讲 焊接管件的加工

技能16 焊接弯头制作

1. 焊接弯头的下料尺寸计算

焊接弯头由若干节带有斜截面的直管段焊接而成，每个弯头有两个端节和多个中间节，中间节两端带斜截面，端节一端带斜截面，长度为中间节的一半。

图6-1所示为焊接弯头的组成形式，每个弯头的节数不应少于表6-1的规定值；公称直径大于400mm的焊接弯头可增加中间节数量，但其内侧的最小宽度不得小于50mm。

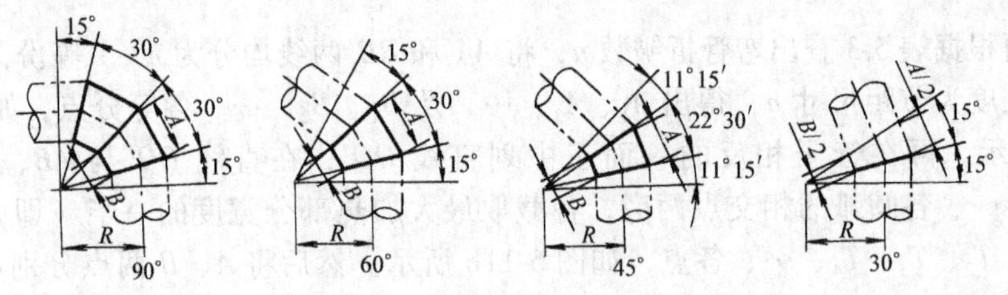

图6-1 焊接弯头的组成形式

表6-1 焊接弯头的最少节数

弯曲角度	节数	其中	
		中间节	端节
90°	4	2	2
60°	3	1	2
45°	3	1	2
30°	2	0	2
22°30′	2	0	2

常用焊接弯头的下料尺寸见表6-2。

表6-2 常用焊接弯头的下料尺寸 （单位：mm）

公称直径	管子外径	90°、60°、30°焊接弯头					
		最小弯曲半径下料尺寸			常用弯曲半径下料尺寸		
DN	DW	R	$\frac{A}{2}$	$\frac{B}{2}$	R	$\frac{A}{2}$	$\frac{B}{2}$
50	57	60	24	8.5	90	32	16.5
65	76	75	30	10	115	41	20.5

（续）

公称直径	管子外径	90°、60°、30°焊接弯头					
		最小弯曲半径下料尺寸			常用弯曲半径下料尺寸		
DN	DW	R	$\frac{A}{2}$	$\frac{B}{2}$	R	$\frac{A}{2}$	$\frac{B}{2}$
80	89	90	36	12	140	49. 5	25. 5
100	108	110	44	15	160	57. 5	28. 5
125	133	140	55. 5	20	200	71. 5	35. 5
150	159	160	64. 5	21. 5	220	80. 5	37. 5
200	219	220	88. 5	30	300	110	51
250	273	280	112	38. 5	400	144	71
300	325	330	132	45	450	164	77
350	377	380	152	51	530	198	92
400	426	430	173	58	600	218	104
50	57	60	17. 5	6. 5	90	23. 5	12
65	76	75	22. 5	7. 5	115	30. 5	15. 5
80	89	90	27	9	140	37	19
100	108	110	32. 5	11	160	42. 5	21
125	133	140	41	14. 5	200	53	26. 5
150	159	160	48	16	220	60	28
200	219	220	66	22	300	81. 5	38
250	273	280	83	29	400	107	52. 5
300	325	330	92	33	450	122	57
350	377	380	113	38	530	143	68
400	426	430	128	43	600	162	77

2. 下料样板的制作

焊接弯头下料样板一般用油毡纸（或样板纸）制作，其制作方法如图 6-2 所示。

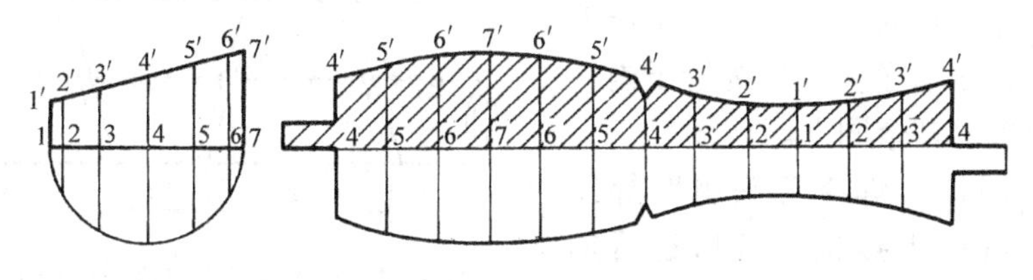

图 6-2　焊接弯头下料样板

1）在油毡纸上划直线段 1—7，其长度等于管子外径加油毡纸厚度，分别从端点 1 和 7 作直线 1—7 的垂线，在 1 点的垂线上截取 1—1′线段等于 $B/2$，在 7 点的垂线上截取 7—7′线段等于 $A/2$，作 1′、7′两点连线。

2）以1—7直线段长为直径划半圆，把半圆弧分为6等份（等份越多越精确），从各等分点向直径1—7作垂线，与直径1—7相交于2、3、4、5、6各点，与斜线1′—7′相应相交于2′、3′、4′、5′、6′各点。

3）在右边划直线段4—4等于管子外圆周长，把4—4分成12等份，各等分点依次为4、5、6、7、6、5、4、3、2、1、2、3、4，由各等分点作4—4的垂线，在这些垂线上分别截取4—4′、5—5′、6—6′、7—7′、6—6′、5—5′、4—4′、3—3′、2—2′、1—1′、2—2′、3—3′、4—4′与左边各相对应线段相等。

4）用光滑曲线把4′、5′、6′、7′、6′、5′、4′、3′、2′、1′、2′、3′、4′连接起来，得曲线4′—4′，由直线4—4与曲线4′—4′所围成的图形即为端节的展开图（图6-2中斜线部分）。

5）在直线段4—4下面画出上半部的对称图，所得图形即为中间节的展开图。

用剪刀将展开图剪下，即为下料样板。为了下料时找正方便，一般都在样板上对应中心线位置剪有缺口，并在样板的两端留一手柄，如图6-2所示。

3. 下料、焊接

(1) 下料　公称直径小于*DN*400的焊接弯头，一般根据设计要求，用无缝钢管或焊接钢管制作。下料时，先在管子上平行于管子轴线划两条对称直线，这两条直线间的弧距等于管子外圆周长的一半。然后将下料样板围在管子外表面上，使下料样板上剪缺口处及端头的4—4′线分别与管子上所划的两条直线重合，沿下料样板在管子上划出切割线，再把下料样板旋转180°，用上述方法划另一段切割线，两条切割线之间应留足割口宽度，用氧—乙炔焰切割时，可根据管壁厚度留出3~5mm间隙；若用锯或砂轮机切割，则割口宽度应为锯条或砂轮片的厚度，如图6-3所示。切割时，两个端节不割下来，应分别和一段直管连在一起，并在每段管节的中心线上用样冲打上记号。

公称直径大于*DN*400的焊接弯头，一般用钢板卷制。此时，制作下料样板所用的管子直径应为管子内径加钢板厚度，其余同上。

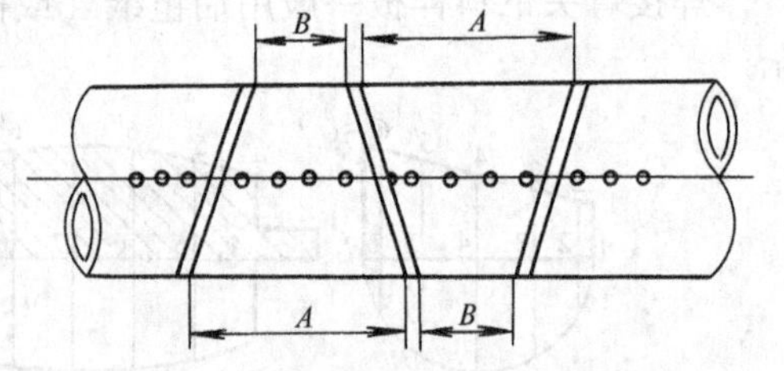

图6-3　用管子制作焊接弯头的下料

(2) 焊接　焊接弯头组对焊接前，应对各段焊接接头坡口进行加工。操作时，各节背部的坡口角度应开小一些，而腹部坡口角度应开大一些，否则弯头焊好后，会出现外侧焊缝宽、内侧焊缝窄的现象。

焊接接头坡口加工完毕，即可进行弯头组对。此时，应将各管节的中心线对准，先定位焊固定两侧的两点，将角度调整正确后，再定位焊几处。全部组对定位焊完毕，并经检查弯曲角度符合要求后，才可进行焊接。

对于90°焊接弯头，在组对定位焊时应将角度放大1°~2°，以便焊接收缩后得到准确的弯曲角度。

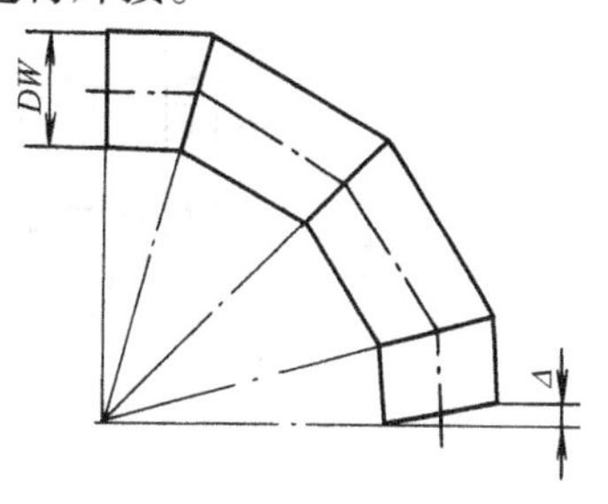

图6-4　焊接弯头端面垂直偏差

（3）有关要求

1）公称直径大于*DN*400的弯头可增加中间节数量，但其内侧的最小宽度不得小于50mm。

2）焊接弯头主要尺寸偏差应符合下列规定：

周长偏差：公称直径＞*DN*1000时不超过±6mm；

公称直径≤*DN*1000时不超过±4mm。

端面与中心线的垂直偏差Δ（图6-4），其值不应大于管子外径的1%，且不大于3mm。

3）焊接质量应符合管件焊接质量标准中的有关规定。

技能17　三 通 制 作

制作三通时，需先用展开法制作样板，然后根据样板在管子上划线切割、组对、焊接成形。

1. 样板制作

用展开法制作同径三通和异径三通样板的方法和步骤相同，现以异径三通为例，介绍其样板的制作方法。

1）在样板纸上画出三通的正面图和侧面图，分别通过两个投影图于小管端面画半圆并6等分半圆弧，等分点依序编号，如图6-5所示。通过等分点分别向大管引垂线，在侧面图中，垂线与大管的相交点向左引水平线与正面图相对应的垂线相交，用曲线连接相交点，即得两管接合线。

2）在Ⅱ图小管4—4线引的延长线上截取一线段*AB*，其长度等于小管圆周展开长度，并12等分，其相应各等分点编号如图6-5中Ⅳ图所示。把由各等分点引垂线与接合线各点向左所引水平线对应交点连成曲线，即得支管的展开图。

3）从Ⅱ图主管*E*、*F*点向下引延长线，在引长线上分别截取*EC*、*CD*及*FC′*、*C′D′*线段，并使*EC*＝*FC′*，*CD*与*C′D′*的长度为大管圆周长的一半。连接*CC′*和*DD′*，在*C′D′*中点4取1—2、2—3、3—4分别等于侧面图主管圆周1—2、2—3、3—4弧长。通过这些点向左引平行线与Ⅱ图所引的垂线对应相交，用封闭曲线连接相交的各点即为主管展开图。用剪刀将Ⅲ、Ⅳ展开图剪下，即得下料样板。

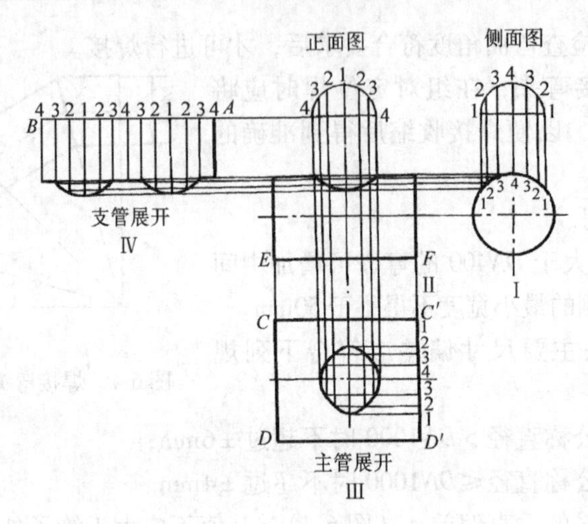

图 6-5　三通展开图

2. 划线、下料和拼焊

（1）划线、下料　样板制作好后，即可用它在主管和支管上划线切割。在主管上开孔时，可先在主管上划出十字中心线，使样板上的中心线与所划十字中心线对齐，然后按样板划线切割。

为了提高三通的强度，主管上开孔应按支管的内径划线切割。圆三通开孔时直接用割好的支管扣在主管上划出三通孔的线，再用此线向里减去一管壁厚度，即为三通孔的切割线。

主管上开孔切口边缘距管端不得小于 100mm。

（2）拼焊　焊接三通在拼焊前，先在对接焊缝处铲出坡口，间隙为 2 ~ 3mm；搭接焊缝应使管壁紧靠，间隙不得大于 1. 5mm。

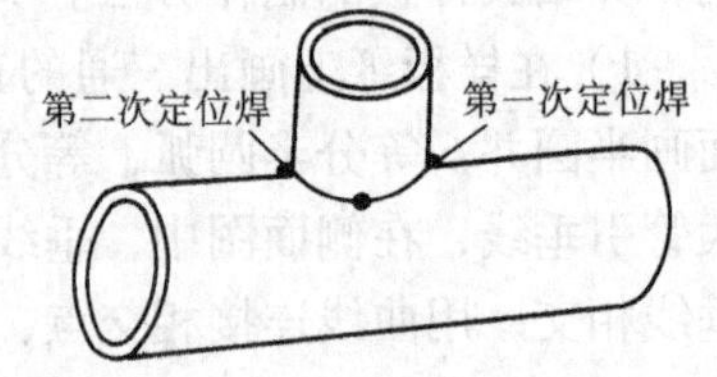

图 6-6　三通的定位焊

焊接时，先在主管顶部与支管交点处定位焊一处，用直角尺或水平尺沿主管中心线方向校正支管的垂直度，调整好后再定位焊相对的一处，并校正支管在另一方向的垂直度，支管的垂直偏差不应大于其高度的 1%，且不大于 3mm。符合要求后，定位焊 1 ~ 2 处固定，待主管与支管的相对位置检查合格后再进行焊接，如图 6-6 所示。

技能 18　异径管制作

1. 样板制作

（1）用钢板卷制异径管样板制作

1）在油毡纸或样板纸上画出异径管的立面图，如图6-7Ⅰ所示。

2）延长斜边 ab 及 cd，得交点 o。

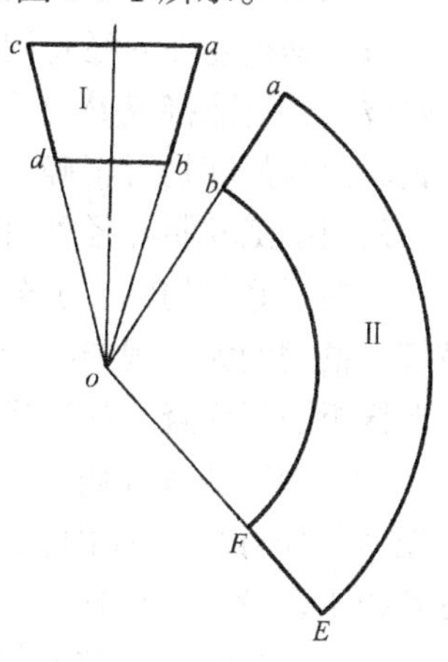

图6-7　钢板卷制异径管展开图

3）以 oa 及 ob 为半径画弧 $\overset{\frown}{aE}$、$\overset{\frown}{bF}$，使其分别等于大头及小头的圆周长；连接 a 与 b、F 与 E 各点，即得圆锥形异径管展开图，如图6-7Ⅱ所示。

用剪刀将图6-7Ⅱ展开图剪下，即得钢板卷制异径管下料样板。

若异径管的变径差很小，两斜边的交点很远时，常用近似法画出其展开图，简述如下：①画出立面图，如图6-8Ⅰ所示；②分别以 AB 和 CD 为直径，画半圆并6等分半圆弧；③以 a 弦的长为顶，b 弦的长为底，AC 长为高，做梯形样板，如图6-8Ⅱ所示；④将上述梯形样板拼连起来，即得异径管的展开图。

在梯形样板拼连起来后，须复查上底与下底的总长是否分别为异径管大头与小头的圆周长，若不符，应进行必要的修整。

（2）钢管抽条焊制异径管样板制作　钢管制同心异径管下料展开图，如图6-9所示，其中 A、B、L 的尺寸按下式确定

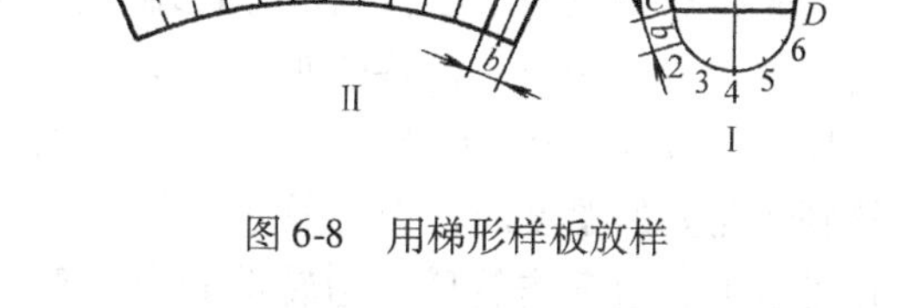

图6-8　用梯形样板放样

$$A = \frac{\pi DW}{n}$$

$$B = \frac{\pi dW}{n}$$

$$L = (3 \sim 4)(DW - dW)$$

式中　DW——大头外径（mm）；

dW——小头外径（mm）；

n——分瓣数，当管径为50～100mm时，n 取4～6；当管径为100～400mm时，n 取6～8。

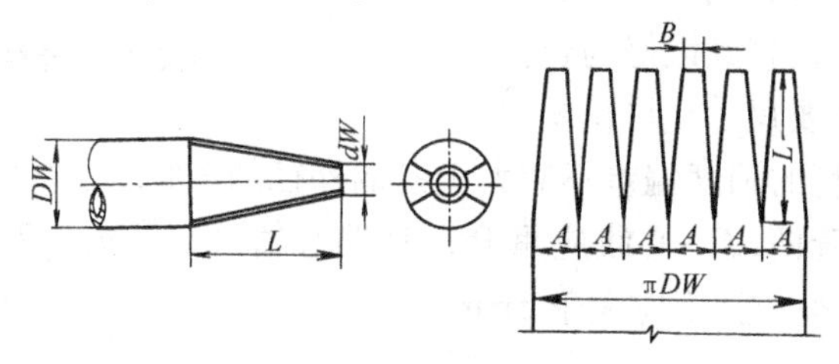

图6-9　钢管抽条焊制异径管下料展开图

2. 异径管制作

(1) 钢板卷焊异径管制作　先将异径管样板铺在钢板上划线切割，并按规定开好坡口，清除接缝处的毛刺，再用滚板机或压力机卷圆，用1/4圆的弧形样板检查其内圆弧度是否正确，经修整达到要求后，进行定位焊焊接。

采用手工卷制异径管时，其操作方法如下。

先在下好料的钢板上分区域划线条，然后将钢板放在槽钢上按区域弯制向内敲打，槽钢的大小视异径管直径的大小定。锤击力量要适中，并随时用1/4圆的弧形样板进行检查，如有扭曲不对口时，可用工具顶拉，如图6-10所示。

(2) 钢管抽条焊制异径管的制作　先将制作好的样板围在管子外面，对齐找正，沿下料样板在管子上划出切割线，划线时应注意根据所采用的切割方法留足割口宽度，然后进行切割，把多余的部分割去，并用焊炬或烘炉将留下部分的根部加热到800～950°C，再用锤子轻轻敲打，边敲打边转动管子，使留下的各瓣逐渐向中间靠拢，当其端头与小口径的直径一致时，用电焊将瓣间缝隙焊好。

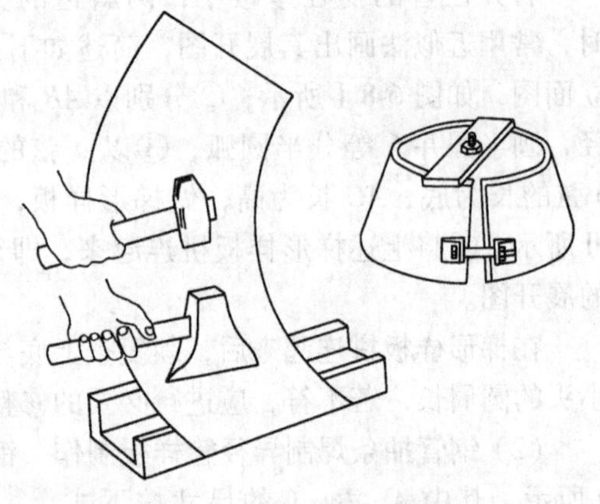
图6-10　手工卷制异径管

(3) 钢管锻制异径管的制作　管径较小或两端管径相差不大的异径管，一般用钢管锻制，其制作方法如下。

先根据异径管长度，确定好管端变径过渡部分所需加热的长度，然后将钢管放在烘炉上或用氧—乙炔焰加热，加热温度控制在800～950°C范围内为宜。当加热到所需要的温度时，取出管子，将其放在桩墩上，边锤击管壁，边转动管子；敲击时锤底应平起平落，以免在管壁上敲出凹坑；当管端温度过低时，可再加热，继续敲打；如此返复，直到锻好为止。

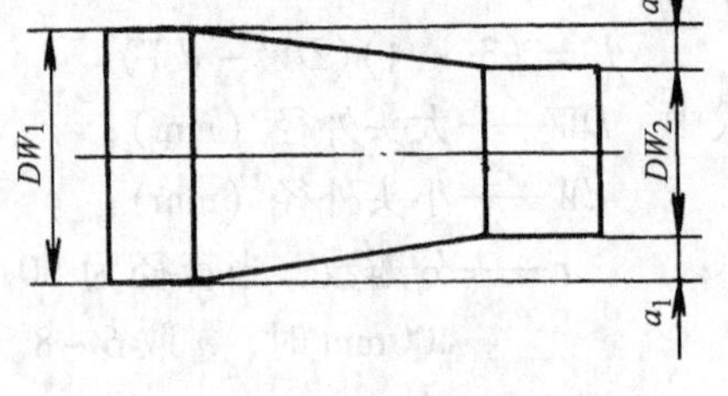

图6-11　异径管偏差

(4) 异径管主要尺寸允许偏差

1) 焊制异径管的圆度偏差不应大于各端外径的1%，且不大于5mm。

2) 同心异径管两端中心线应重合，其偏心值 $(a_1-a_2)/2$（图6-11）不应大于大端外径的1%，且不应大于5mm。

第7讲　管卡制作与支架制作安装

技能19　管 卡 制 作

1. 固定水平管、立管用U形管卡制作

（1）管卡形式　U形管卡由圆钢管卡、螺母和垫圈组成。U形管卡形式如图7-1所示。

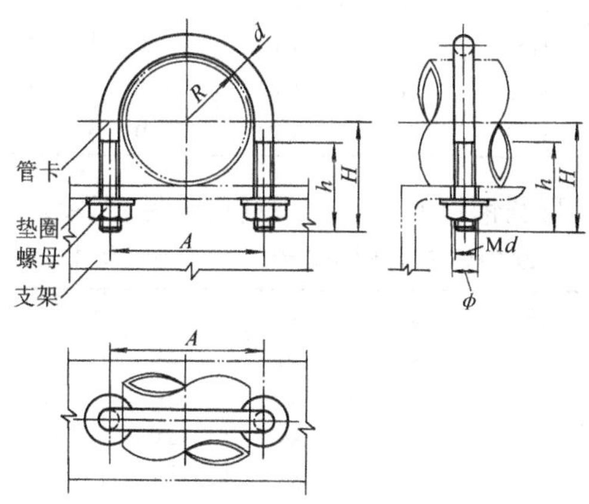

图7-1　U形管卡（一）

（2）管卡材料与下料

1）管卡材料及配件　U形管卡（一）所用材料及配件见表7-1。

表7-1　U形管卡（一）材料及配件

序号	公称直径 DN /mm	圆钢管卡			螺　母		垫　圈		
		规格（d）/mm	展开长 /mm	件数	质量 /kg	规格 /mm	个数	内径 /mm	个数
1	15	8	152	1	0.06	M8	2	8.5	2
2	20	8	160	1	0.06	M8	2	8.5	2
3	25	8	181	1	0.07	M8	2	8.5	2
4	32	8	205	1	0.08	M8	2	8.5	2
5	40	8	224	1	0.09	M8	2	8.5	2
6	50	8	253	1	0.10	M8	2	8.5	2
7	65	10	301	1	0.19	M10	2	10.5	2

（续）

序号	公称直径 DN /mm	圆钢管卡			螺母			垫圈	
		规格（d） /mm	展开长 /mm	件数	质量 /kg	规格 /mm	个数	内径 /mm	个数
8	80	10	342	1	0.21	M10	2	10.5	2
9	100	10	403	1	0.25	M10	2	10.5	2
10	125	12	477	1	0.42	M12	2	12.5	2
11	150	12	546	1	0.49	M12	2	12.5	2
12	200	12	681	1	0.61	M12	2	12.5	2
13	250	16	832	1	1.31	M16	2	16.5	2
14	300	16	964	1	1.52	M16	2	16.5	2
15	350	16	1107	1	1.75	M16	2	16.5	2
16	400	20	1250	1	3.09	M20	2	21.0	2
17	450	20	1385	1	3.42	M20	2	21.0	2
18	500	20	1513	1	3.74	M20	2	21.0	2

2）管卡下料　U形圆钢管卡（一）下料尺寸见表7-2。

表7-2　U形圆钢管卡（一）下料尺寸　（单位：mm）

序号	*DN*	2*R*	*d*	*H*	*h*	*A*	*ϕ*	Md
1	15	25	8	50	45	33	10	M8
2	20	30	8	50	45	38	10	M8
3	25	37	8	55	45	45	10	M8
4	32	46	8	60	50	54	10	M8
5	40	52	8	65	50	60	10	M8
6	50	64	8	70	50	72	10	M8
7	65	80	10	80	55	90	12	M10
8	80	93	10	90	55	103	12	M10
9	100	119	10	100	55	129	12	M10
10	125	145	12	115	60	157	14	M12
11	150	170	12	130	60	182	14	M12
12	200	224	12	155	60	236	14	M12
13	250	278	16	185	65	294	18	M16
14	300	330	16	210	65	346	18	M16
15	350	383	16	240	65	399	18	M16
16	400	432	20	270	70	452	22	M20
17	450	486	20	295	70	506	22	M20
18	500	536	20	320	70	556	22	M20

注：1. 本表适用于固定水平管及立管安装。

2. 水平管道的计算间距：*DN*15～*DN*100为3m，*DN*125～*DN*500为6m。

3. 表中各尺寸代号如图7-1所示。

（3）制作步骤与方法

1）选取需要规格的圆钢，按需要的长度锯割下料，不得用气割，并在坯料二等分处划上管卡中点标记。

2）将坯料夹持在台虎钳上，并在坯料两端分别套制出需要长度的螺纹。为避免磕碰螺纹，螺纹两端要旋上螺母。

3）对于直径较小的坯料，用冷弯法将坯料弯制成符合被卡管子外径大小的 U 形管卡。

4）对煨制直径稍大的坯料，可用氧—乙炔焰对坯料中段稍作加热（注意不要燎烤到两端螺纹）后，将坯料中点置于固定牢靠的与被卡管子同径钢管顶面，然后两手分握坯料两端同时向下缓慢施力，即可将坯料沿管子外缘煨成 U 形。煨制 U 形圆钢管卡操作如图 7-2 所示。

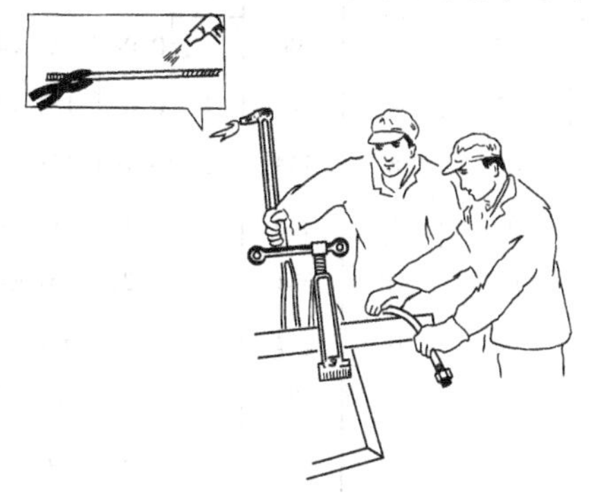

图 7-2　煨制 U 形圆钢管卡操作

2. 固定有振动的水平钢管及塑料立管用 U 形管卡的制作

（1）管卡形式　U 形管卡由圆钢管卡、钢弧形板、橡胶板、螺母和垫圈组成，U 形管卡形式如图 7-3 所示。

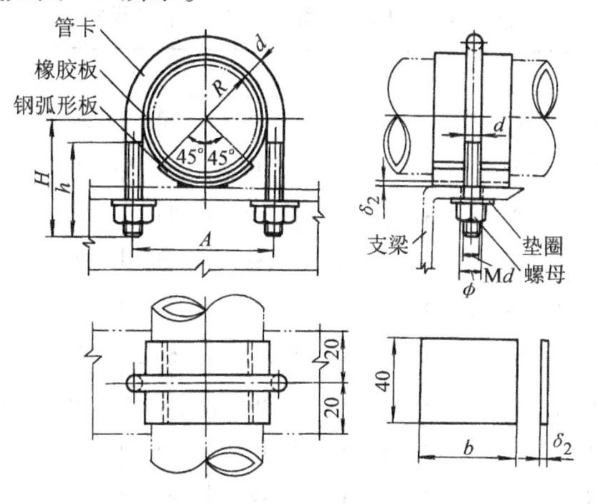

图 7-3　U 形管卡（二）

（2）管卡材料与下料

1）管卡材料及配件。U 形管卡（二）所用材料及配件见表 7-3。

2）管卡下料。U 形圆钢管卡（二）下料尺寸见表 7-4。

（3）制作步骤与方法　U 形圆钢管卡（二）制作步骤与方法同 U 形圆钢管卡（一），但 $2R$ 较 U 形圆钢管卡（一）长 6mm。

表 7-3　U 形管卡（二）材料及配件

序号	公称直径 DN /mm	圆钢管卡				橡胶板		钢板		螺母垫圈			
		规格 d /mm	展开长 /mm	件数 /件	质量 /kg	规格 /mm×mm×mm	块数 /块	规格 /mm×mm×mm	块数 /块	规格 /mm	个数 /个	内径 /mm	个数 /个
1	25	8	200	1	0.08	126×40×3	1	36×40×3	1	M8	2	8.5	2
2	32	8	244	1	0.09	154×40×3	1	42×40×3	1	M8	2	8.5	2
3	40	8	244	1	0.10	173×40×3	1	47×40×3	1	M8	2	8.5	2
4	50	8	283	1	0.11	210×40×3	1	58×40×3	1	M8	2	8.5	2
5	65	10	331	1	0.21	261×40×3	1	71×40×3	1	M10	2	10.5	2
6	80	10	371	1	0.23	302×40×3	1	82×40×3	1	M10	2	10.5	2
7	100	10	432	1	0.27	383×40×3	1	101×40×3	1	M10	2	10.5	2
8	125	12	496	1	0.44	465×40×3	1	124×40×3	1	M12	2	12.5	2
9	150	12	575	1	0.51	544×40×3	1	145×40×3	1	M12	2	12.5	2
10	200	12	700	1	0.62	713×40×3	1	187×40×3	1	M12	2	12.5	2
11	250	16	852	1	1.35	883×40×3	1	229×40×3	1	M16	2	16.5	2
12	300	16	993	1	1.57	1056×40×3	1	269×40×3	1	M16	2	16.5	2

表 7-4　U 形圆钢管卡（二）下料尺寸　　（单位：mm）

序号	DN	2R′	d	δ_1	δ_2	b	h	A	H	ϕ	Md
1	25	43	8	3	3	36	50	51	60	10	M8
2	32	52	8	3	3	42	55	60	65	10	M8
3	40	58	8	3	3	47	55	66	70	10	M8
4	50	70	8	3	3	58	55	78	80	10	M8
5	65	86	10	3	4	71	60	96	90	12	M10
6	80	99	10	3	4	82	60	109	100	12	M10
7	100	125	10	3	4	101	60	135	110	12	M10
8	125	151	12	3	6	124	65	163	120	14	M12
9	150	176	12	3	6	145	65	188	140	14	M12
10	200	230	12	3	6	187	65	242	160	14	M12
11	250	284	16	3	6	229	70	300	190	18	M16
12	300	336	16	3	6	269	70	352	220	18	M16

注：1. 本表适用于环境有振动的水平钢管及塑料立管固定安装。

2. 水平管道的计算间距：DN25 ~ DN100 为 3m，DN125 ~ DN300 为 6m。

3. 表中尺寸代号如图 7-3 所示。

3. 水平支座用U形管卡制作

（1）管卡形式　水平管支座用管卡，由U形扁钢管卡、地脚螺栓、螺母和垫圈组成，U形管卡形式如图7-4所示。

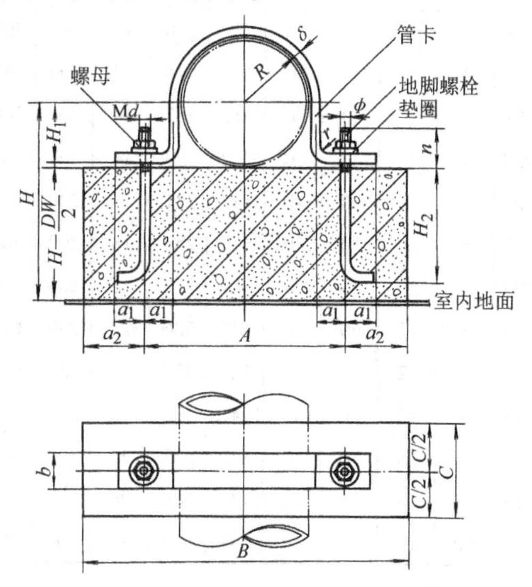

图7-4　U形管卡（三）

（2）管卡材料与下料

1）管卡材料及配件。U形管卡（三）所用材料及配件见表7-5。

表7-5　U形管卡（三）材料及配件

序号	公称直径 DN /mm	扁钢管卡				地脚螺栓				螺母		垫圈	
		规格 /mm	展开长 /mm	件数 /件	质量 /kg	规格 /mm	个数 /个	单质量/kg	总质量/kg	规格 /mm	个数 /个	内径 /mm	个数 /个
1	50	-30×4	255	1	0.24	M12×300	2	0.27	0.54	M12	2	12.5	2
2	65	-40×4	316	1	0.40	M12×300	2	0.27	0.54	M12	2	12.5	2
3	80	-40×4	348	1	0.44	M12×300	2	0.27	0.54	M12	2	12.5	2
4	100	-40×4	415	1	0.52	M12×300	2	0.27	0.54	M12	2	12.5	2
5	125	-50×6	521	1	1.23	M16×380	2	0.60	1.20	M16	2	16.5	2
6	150	-50×6	586	1	1.38	M16×380	2	0.60	1.20	M16	2	16.5	2
7	200	-50×6	725	1	1.71	M16×380	2	0.60	1.20	M16	2	16.5	2
8	250	-60×8	905	1	3.41	M20×470	2	1.16	2.32	M20	2	21.0	2
9	300	-60×8	1039	1	3.91	M20×470	2	1.16	2.32	M20	2	21.0	2
10	350	-60×8	1172	1	4.42	M20×470	2	1.16	2.32	M20	2	21.0	2
11	400	-70×10	1338	1	7.35	M24×560	2	1.99	3.98	M24	2	25	2
12	450	-70×10	1447	1	8.12	M24×560	2	1.99	3.98	M24	2	25	2
13	500	-70×10	1606	1	8.82	M24×560	23	1.99	3.98	M24	2	25	2

注：管卡承受的管道卡度为 $DN50 \sim DN100$ 为3m，$DN125 \sim DN500$ 为6m。

2）管卡下料。U形扁钢管卡下料尺寸见表7-6。

表7-6　U形扁钢管卡下料尺寸　（单位：mm）

序号	DN	$2R$	H_1	H	δ	r	b	a_1	a_2	A	ϕ	C	B	n	H_2	$Md \times L$
1	50	64	26	≤400	4	6	30	25	91	118	14	200	300	60	240	M12×300
2	65	80	34	≤400	4	6	40	30	108	144	14	200	360	60	240	M12×300
3	80	93	40	≤400	4	6	40	30	101.5	157	14	200	360	60	240	M12×300
4	100	119	53	≤400	4	6	40	30	88.5	183	14	200	360	60	240	M12×300
5	125	145	65	≤400	6	9	50	40	114.5	231	18	200	460	60	320	M16×380
6	150	170	78	≤400	6	9	50	40	102	256	18	200	460	60	320	M16×380
7	200	224	105	≤500	6	9	50	40	95	310	18	200	500	60	320	M16×380
8	250	278	132	≤500	8	12	60	50	127	386	22	250	640	780	400	M20×470
9	300	330	158	≤500	8	12	60	50	126	438	22	250	690	70	400	M20×470
10	350	383	133	≤500	8	12	60	50	124.5	491	22	250	740	70	400	M20×470
11	400	432	207	≤600	10	15	70	60	149	562	26	300	860	80	480	M24×560
12	450	486	234	≤600	10	15	70	60	147	616	26	300	910	80	480	M24×560
13	500	536	259	≤600	10	15	70	60	147	666	26	300	960	80	480	M24×560

注：表中尺寸代号如图7-4所示。

（3）制作步骤与方法

1）选料与下料。根据管径查表7-6，选取与管径相对应规格的扁钢，并按表中提供的管卡展开长度，用锯割或磨割等方法下料，但不准采用气割。

2）划线。用钢直尺和石笔，按 $b/2$ 划出坯料中心线，分别在坯料两端，按 a_1 确定螺栓孔中心，并划出孔中心线。

3）钻孔。用锤子和样冲在孔中心冲出中心孔。根据 ϕ 选取与其相对应的钻头并钻孔。

4）煨制U形弯。煨制方法同U形管卡（一）制作步骤与方法。

5）打折边。按 $2a_1$ 将坯料一端夹持在台虎钳上，然后用锤子击打靠近夹持处的坯料，分别打成方向相背的直角形折边，打折边操作如图7-5所示。

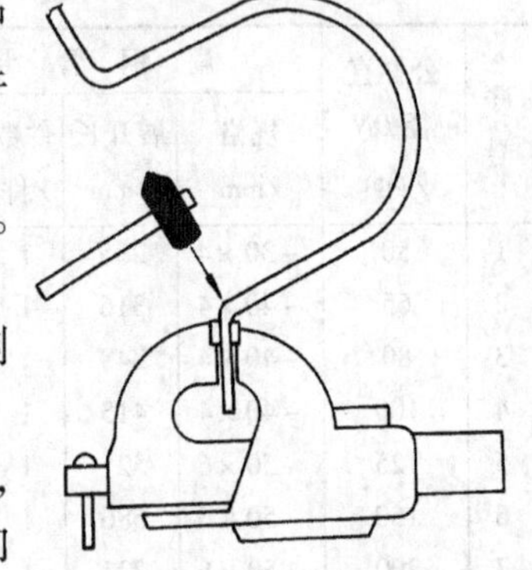

图7-5　打折边操作

技能20　一般支架制作

1. 单管立式支架（一）制作

（1）支架形式　单管立式支架（一）有Ⅰ、Ⅱ两种形式。Ⅰ型用于钢筋混凝土墙，即将圆钢制作的立式支架与设于钢筋混凝土墙上的预埋件焊接，如图7-6a所示；Ⅱ型支架用于砖墙，即将扁钢制作的立式支架埋设在砖墙洞内，如图7-6b所示。

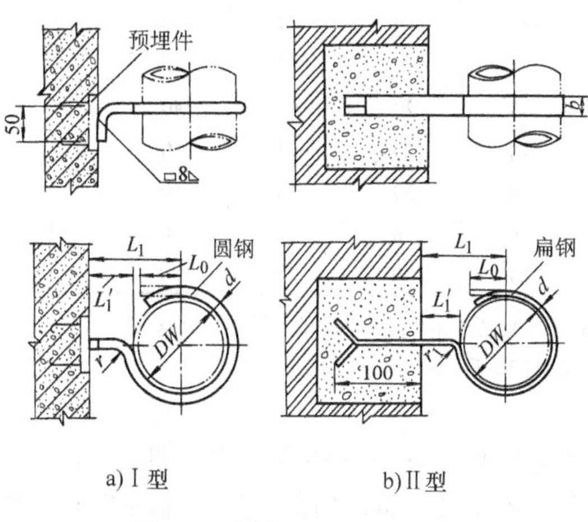

a) Ⅰ型　b) Ⅱ型

图7-6　单管立式支架（一）

（2）支架材料与下料

1）支架材料。单管立式支架（一）所用材料见表7-7。

表7-7　单管立式支架（一）材料

序号	公称直径 DN/mm	Ⅰ型				Ⅱ型			
		圆钢规格/mm	展开长/mm	件数/件	质量/kg	扁钢规格/mm	展开长/mm	件数/件	质量/kg
1	15	ϕ10	175	1	0.11	-20×3	209	1	0.10
2	20	ϕ10	191	1	0.12	-20×3	221	1	0.10
3	25	ϕ10	204	1	0.13	-20×3	237	1	0.11
4	32	ϕ10	235	1	0.14	-20×3	268	1	0.13
5	40	ϕ10	247	1	0.15	-20×3	280	1	0.14
6	50	ϕ12	285	1	0.25	-20×3	318	1	0.15
7	65	ϕ14	327	1	0.40	-20×3	358	1	0.17
8	80	ϕ16	377	1	0.60	-25×3	397	1	0.24

2）支架下料。单管立式支架（一）下料尺寸见表7-8。

（3）制作步骤与方法

1）Ⅰ型单管立式支架制作

①选料与下料。根据立管公称直径查表7-7，选取与管子相对应规格的圆钢，并按表提供的支架展开长度锯割下料。

②划线。按表7-8提供的L_0及L_1'，在坯料上划出相应标记。

表 7-8　单管立式支架（一）下料尺寸　（单位：mm）

序号	DN	DW	L_0	L_1	L_1'	t	d	b
1	15	22	10	51	40	3	10	20
2	20	27	10	54	40	3	10	20
3	25	34	10	57	40	3	10	20
4	32	43	20	62	40	3	10	20
5	40	48	20	64	40	3	10	20
6	50	60	30	70	40	3	12	20
7	65	76	30	78	40	3	14	20
8	80	89	40	85	40	3	16	25

注：1. 单管立式支架（一）适用不大于 DN80 的不保温立管安装。
2. 表中尺寸代号如图 7-6 所示。

③打制。将与立管同规格的钢管固定在管压钳上，然后一手持坯料，将 L_0 点置于管子顶面，另一手持锤子将坯料紧贴管子并沿外缘依次敲打成形。

④折弯。一手持坯料放在铁砧上，另一手用锤子在 L_1'标记处，按 $r = d$ 将坯料折 90°弯。

2）Ⅱ型单管立式支架制作。根据管子公称直径查表 7-7，选取与管子相对应规格的扁钢，并按展开长度下料、划线、煨制、折弯操作，同Ⅰ型单管立式支架制作步骤与方法。然后用扁錾和锤子錾切，在坯料尾部沿 $b/2$ 錾切长约 20mm，用锤子向相反方向敲击尾翼，使其分别与支架成45°。

2. 单管立式支架（二）制作

（1）支架形式　单管立式支架（二）有Ⅰ、Ⅱ两种形式。Ⅰ型用于钢筋混凝土墙，即将扁钢制作的立式支架焊牢在钢筋混凝土内的预埋件上，如图 7-7a 所示；Ⅱ型用于砖墙，即将扁钢制作的立式支架埋设在砖墙内，如图 7-7b 所示。

（2）支架材料与下料

1）支架材料及配件。单管立式支架（二）由扁钢制作的 2 个卡板、六角螺栓和垫圈组成。支架所用材料见表 7-9。

表 7-9　单管立式支架（二）材料及配件

序号	公称直径 DN/mm	扁钢				支架质量/kg		六角螺栓			
		规格（保温/不保温）/mm	卡板一展开长 l_1/mm	卡板二展开长 l_2/mm Ⅰ型	Ⅱ型	Ⅰ型	Ⅱ型	螺栓规格 M$d \times L$ /mm × mm	螺母规格 /mm	垫圈内径 /mm	个数 /个
1	15	−30 × 3	102	135	235	0.17	0.24	M8 × 40	M8	8.5	1
		−25 × 3	100	95	195	0.12	0.17	M8 × 40	M8	8.5	1

（续）

序号	公称直径 DN/mm	扁钢				支架质量 /kg		六角螺栓			
		规格 $\left(\frac{保温}{不保温}\right)$ /mm	卡板一展开长 l_1/mm	卡板二展开长 l_2/mm				螺栓规格 M$d \times L$ /mm × mm	螺母规格 /mm	垫圈内径 /mm	个数 /个
				Ⅰ型	Ⅱ型	Ⅰ型	Ⅱ型				
2	20	－30×3	110	141	241	0.18	0.25	M8×40	M8	8.5	1
		－25×3	108	111	211	0.13	0.19	M8×40	M8	8.5	1
3	25	－30×3	124	158	258	0.23	0.38	M8×40	M8	8.5	1
		－25×3	119	118	218	0.14	0.20	M8×40	M8	8.5	1
4	32	－35×4	148	165	268	0.35	0.46	M10×45	M10	10.5	1
		－25×3	133	137	237	0.16	0.22	M8×40	M8	8.5	1
5	40	－35×4	158	184	284	0.68	0.49	M10×45	M10	10.5	1
		－25×3	142	154	254	0.17	0.23	M8×40	M8	8.5	1
6	30	－35×4	177	197	297	0.41	0.52	M10×45	M10	10.5	1
		－25×3	161	166	266	0.19	0.25	M8×40	M8	8.5	1
7	65	－40×4	204	226	326	0.54	0.66	M10×45	M10	10.5	1
		－25×3	186	193	293	0.22	0.28	M8×40	M8	8.5	1
8	80	－45×4	228	247	348	0.67	0.81	M10×45	M10	10.5	1
		－30×3	209	227	327	0.31	0.38	M8×40	M8	8.5	1

2）支架下料。单管立式支架（二）的下料尺寸见表7-10。

表7-10　单管立式支架（二）下料尺寸　　（单位：mm）

序号	DN	$2R$	F	H		L_1		δ_0		ϕ		a		b		r
				保温	不保温	保温	不保温	保温	不保温	保温	不保温	保温	不保温	保温	不保温	
1	15	25	10	35.40	35.40	110	70	3	3	10	10	20	20	30	25	3
2	20	30	10	38.17	38.17	110	80	3	3	10	10	20	20	30	25	3
3	25	37	10	41.91	41.91	120	80	3	3	10	10	20	20	35	25	3
4	32	46	10	52.00	46.62	120	90	4	3	12	10	24	20	35	25	4
5	40	52	10	55.11	49.72	130	100	4	3	12	10	24	20	35	25	4
6	50	64	10	61.27	55.86	130	100	4	3	12	10	24	20	35	25	4
7	65	80	10	69.41	63.99	140	110	4	3	12	10	24	20	40	25	4
8	80	93	10	75.99	70.56	140	130	4	3	12	10	24	20	45	30	4

注：1. 本支架可承受不大于3m长的管道。

2. 表中尺寸代号如图7-7所示。

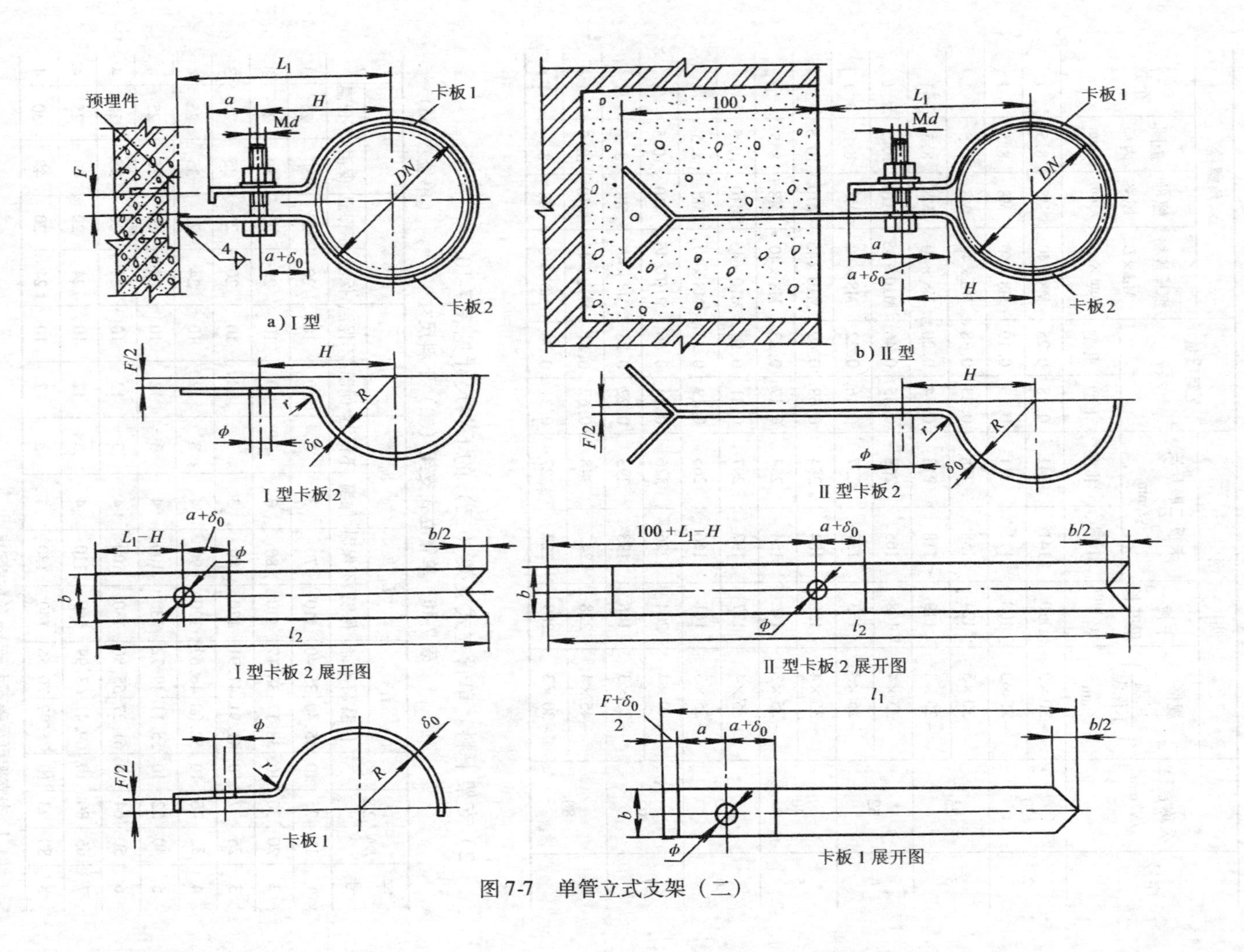
预埋件
L1
a
H
Md
卡板1
DN
F
4
a+δ0
卡板2
a) I 型
100
b) II 型
F/2
r
R
φ
δ0
I 型卡板 2
II 型卡板 2
L1−H
b/2
b
l2
100+L1−H
I 型卡板 2 展开图
II 型卡板 2 展开图
F+δ0
2
l1
卡板 1
卡板 1 展开图

图 7-7 单管立式支架（二）

（3）制作步骤与方法

1）选料与下料。首先根据支架使用条件，确定支架类型，然后按立管公称直径查表7-9，选取与立管相对应规格的扁钢，并按表提供的卡板一、二展开长度分别下料。

2）划线。取来一卡板坯料，按 $b/2$ 划出中心线，然后在坯料一端依次按表7-10有关尺寸，分别划出折边线、孔中心线及折弯点，在坯料另一端按 $b/2$ 划出箭头状线；取来卡板二坯料，在其一端按表7-10有关尺寸，依次划出中心线、劈叉线、孔中心线及折弯点，并在坯料另一端按 $b/2$ 划出箭尾状线。

3）钻孔。首先在螺栓孔中心冲出中心坑。然后根据直径选取与其相应规格的钻头并钻孔。

4）錾切。用扁錾和锤子，分别将卡板一、二坯料始端錾切成箭头形及箭尾形，将卡板坯料二末端錾切约20mm，并用锤子向相反方向敲打尾翼，使其分别与支架成45°。

5）折弯。将卡板坯料一的 $F/2$ 短边夹牢在台虎钳上，用锤子将其打折90°弯。用同样方法，分别在坯料一、二的折弯点，将其折成弧形弯。

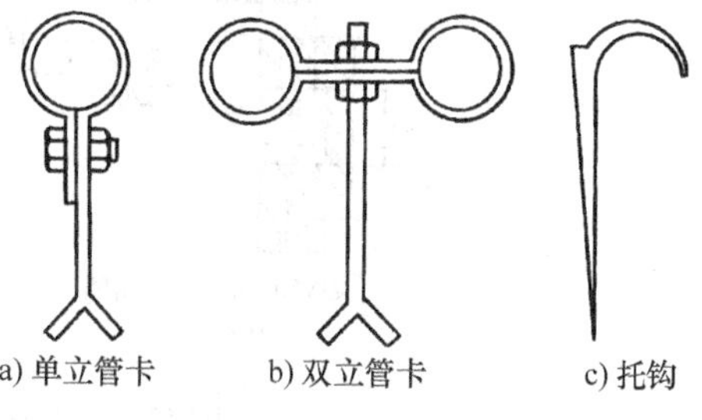

a) 单立管卡　b) 双立管卡　c) 托钩

图7-8　立管卡、托钩

6）打半环。一手持坯料，将打环部分坯料中点置于与立管同规格的钢管顶面，另一手持锤子将坯料紧贴管子，并沿管子外缘敲击坯料至成形。

除上述类型管卡外，还有单立管卡、双立管卡和托钩（图7-8）、膨胀螺栓式单管卡子、双管卡子、管道托钩和散热器托钩（图7-9）。这类管卡，已批量生产，市场有成品出售。

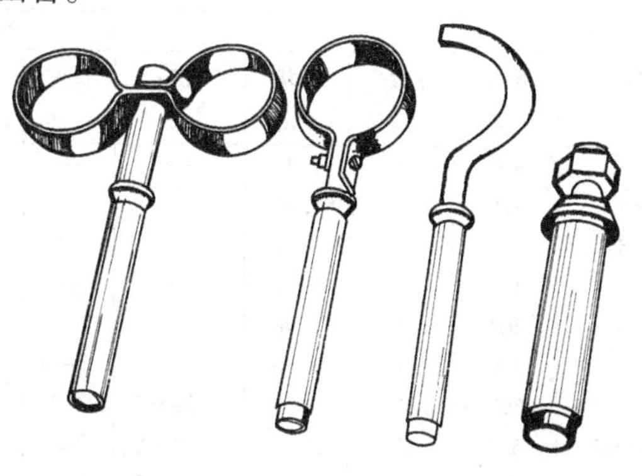

a) 双管卡　b) 单管卡　c) 托钩　d) 膨胀螺栓

图7-9　膨胀螺栓式管卡、托钩

3. 单管立式支架（三）制作

（1）支架形式　单管立式支架（三）用于砖墙上固定立管安装，有Ⅰ、Ⅱ两种形式。Ⅰ型由支承角钢、U 形圆钢管卡、螺母及垫圈组成，如图 7-10a 所示，适用于固定 *DN*50 ~ *DN*150 立管安装；Ⅱ型由支承角钢、固定角钢、U 形圆钢管卡、螺母及垫圈组成，如图 7-10b 所示，适用于 *DN*200 ~ *DN*400 立管安装。

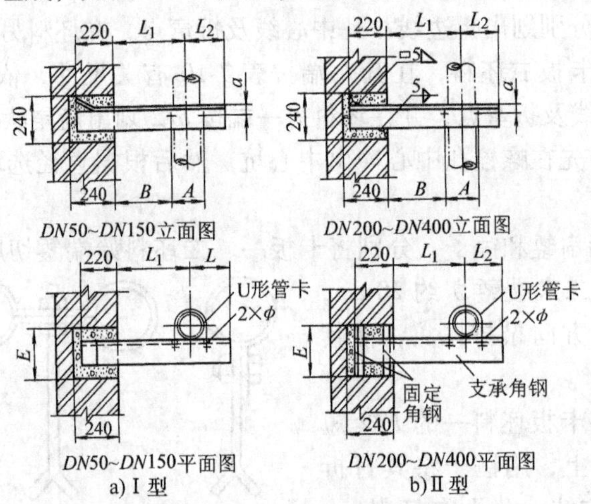

图 7-10　单管立式支架（三）

（2）支架材料与下料

1）支架材料。单管立式支架（三）所用材料见表 7-11。

2）支架下料。单管立式支架（三）的支承角钢和固定角钢下料尺寸见表 7-12。

表 7-11　单管立式支架（三）材料

序号	公称直径 *DN*/mm	支承角钢				固定角钢				
		规格 /mm	长度 /mm	件数 /件	质量 /kg	规格 /mm	长度 /mm	件数 /件	质量 /kg	总质量 /kg
1	50	∠45×5	397	1	1.34	—	—	—	—	—
2	65	∠45×5	415	1	1.40	—	—	—	—	—
3	80	∠45×5	442	1	1.50	—	—	—	—	—
4	100	∠50×5	471	1	1.78	—	—	—	—	—
5	125	∠50×5	504	1	1.90	—	—	—	—	—
6	150	∠50×5	526	1	1.98	—	—	—	—	—
7	200	∠63×40×5	590	1	2.31	∠50×5	240	2	0.90	1.80
8	250	∠63×40×5	647	1	2.54	∠50×5	240	2	0.90	1.80
9	300	∠63×40×5	713	1	2.80	∠50×5	240	2	0.90	1.80
10	350	∠75×50×5	777	1	3.74	∠50×5	370	2	1.39	2.78
11	400	∠75×50×5	831	1	4.00	∠50×5	370	2	1.39	2.78

表7-12　单管立式支架（三）下料尺寸　　（单位：mm）

序号	DN	L_1	L_2	E	B	A	ϕ	a
1	50	100	60	240	63	72	12	见表注
2	65	110	70	240	63	90	12	
3	80	130	80	240	78.5	103	12	
4	100	140	90	240	74.5	129	14	
5	125	160	110	240	81.5	157	14	
6	150	170	120	240	79	182	14	
7	200	200	150	240	80	236	18	
8	250	230	190	240	83	294	18	
9	300	270	210	240	97	346	18	
10	350	300	240	370	98.5	399	22	
11	400	330	270	370	104	452	22	

注：a值见下表：

角钢	∠45×5	∠50×5	∠63×40×5	∠75×50×5
a	25	30	35	45

（3）制作步骤与方法

1）选料与下料。根据立管公称直径，首先确定支架类型。查表7-11，选取与管子相对应规格的角钢，并按表提供的长度，分别作支承角钢和固定角钢（Ⅱ型支架用）下料。

2）划线。按表7-12提供的L_2及a值，在角钢侧面划出孔中心线；在Ⅰ型支架用支承角钢另一端划出錾切折弯线。

3）钻孔。首先用中心冲在孔中心处打出中心坑，然后按表7-12中ϕ值选取相应规格的钻头并钻孔。

4）Ⅰ型支架劈叉。用氧乙炔焰将支承角钢末端，沿距角钢面5mm处切割至折弯线，然后用锤子将切开的部分，沿折弯线向外侧敲击，使其与原角钢面成30°。

5）Ⅱ型支架焊接。首先将1件固定角钢平置于支承角钢末端，使其与支承角钢垂直并被2等分，然后由焊工作定位焊，经找正后再用E4300电焊条与支承角钢焊牢，将另一固定角钢置于距支承角钢端220mm处下面，用上述步骤与方法将其焊牢。

6）U形圆钢管卡制作步骤与方法。详见技能19。

4. 管子吊架吊杆制作

（1）吊杆形式　管道吊架由吊杆、管卡及吊架根部三部分组成。管道安装常用的吊杆形式如图7-11所示。

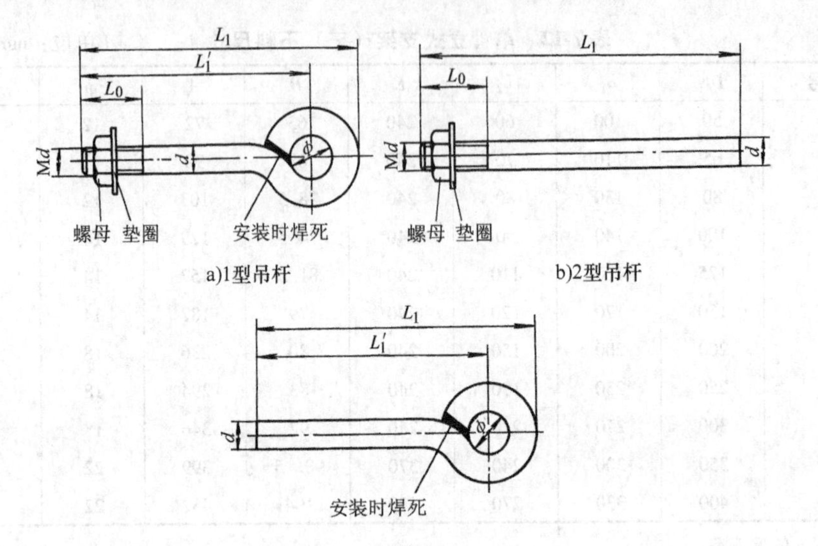

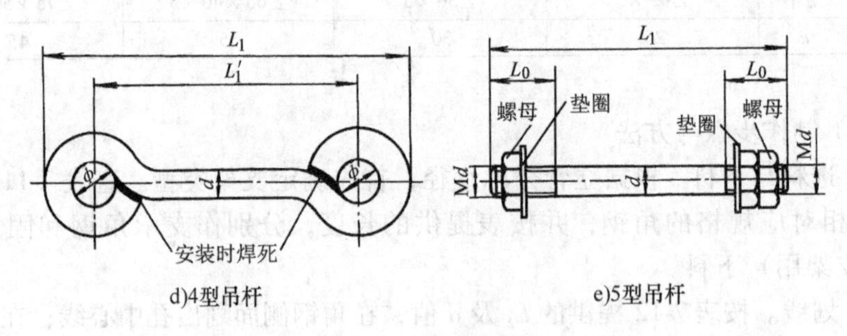

图 7-11　常用吊杆

（2）吊杆材料与下料

1）吊杆材料及配件。常用吊杆由吊杆、螺母及垫圈组成。常用吊杆材料见表 7-13。

表 7-13　常用吊杆材料及配件

序号	公称直径 DN/mm	吊架间距/m		吊杆			螺母		垫圈	
		保温	不保温	直径 d/mm	件数 /件	质量 /(kg/m)	规格 /mm	个数 /个	内径 /mm	个数 /个
1	15 ~ 50	1.5	1.5	8	1	0.40	M8	1	8.5	1
2	65 ~ 125	1.5	3	8	1	0.40	M8	1	8.5	1
3	150	3	3	10	1	0.62	M10	1	10.5	1
4	200 ~ 250	3	3	12	1	0.89	M12	1	12.5	1
5	300	3	3	16	1	1.58	M16	1	16.5	1
6	20 ~ 32	—	3	8	1	0.40	M8	1	8.5	1
7	40 ~ 50	3	3	8	1	0.40	M8	1	8.5	1
8	65 ~ 100	3	6	8	1	0.40	M8	1	8.5	1
9	125	3	6	10	1	0.62	M10	1	10.5	1

（续）

序号	公称直径 DN/mm	吊架间距/m		吊　杆			螺　母		垫　圈	
		保温	不保温	直径 d/mm	件数/件	质量/(kg/m)	规格/mm	个数/个	内径/mm	个数/个
10	150	—	6	10	1	0.62	M10	1	10.5	1
11	150	6	—	12	1	0.89	M12	1	12.5	1
12	200	—	6	12	1	0.89	M12	1	12.5	1
13	200	6	—	16	1	1.58	M16	1	16.5	1
14	250	6	6	16	1	1.58	M16	1	16.5	1
15	300	—	6	16	1	1.58	M16	1	16.5	1
16	300	6	—	20	1	2.47	M20	1	21	1

2）吊杆下料。常用吊杆下料尺寸见表7-14。

表7-14　常用吊杆下料尺寸　（单位：mm）

序号	d	ϕ	Md	L_0	展开长度 L		
					c、d	a	b、e
1	8	13	M8	80	$L_1'+50$	$L_1'+100$	$L=L_1$
2	10	15	M10	90	$L_1'+60$	$L_1'+120$	
3	12	17	M12	100	$L_1'+69$	$L_1'+133$	
4	16	21	M16	120	$L_1'+88$	$L_1'+176$	
5	20	25	M20	120	$L_1'+107$	$L_1'+214$	

注：1. 吊杆长度 L_1'（中心距）及 L_1（安装长度）由设计或现场确定。
2. 表中尺寸代号如图7-11所示。

（3）吊杆制作

1）吊杆制作要求

①吊杆穿螺栓的圆环心须圆、光、平。

②吊杆两端的圆环须向相反方向扣环，且两圆环须在同一平面内。

③吊杆端头套螺纹，不偏牙，不乱牙，光滑，无毛刺，螺纹长度应符合规定要求。

2）制作步骤与方法

①选取需要规格的圆钢，并按需要的长度下料。

②将坯料预制圆环的一端送进烘炉（或用氧—乙炔焰）加热，待呈红色时取出，放在铁砧上，用锤子将其端部打成圆环，使圆环的内径以能穿入与圆环相应的螺栓且有适当的活动余地为宜。圆环要圆、光、平。用锤子打制吊杆端圆环操作，如图7-12所示。

③制作双环吊杆时，注意两环需向相反方向扣环，且两环要在同一平面内。

图7-12　用锤子打制吊杆端圆环操作

④制作两环相扣的吊杆时，在即将打成圆环之际，穿入另一吊杆的圆环，随即将圆环封闭。

⑤对需要套螺纹的吊杆，按需要的长度套制螺纹。

⑥对需要由搭接后组成的吊杆，按要求搭接长度施以焊接。任意搭接后的吊杆须成一条直线。

⑦圆环上凡须焊死的部位，均须在安装前进行定位焊。

5. 管道吊架用圆钢管卡的制作

（1）管卡形式　管道吊架用圆钢管卡，只适用于 *DN*80 以内保温和不保温水平安装的管道，管卡形式如图 7-13 所示。

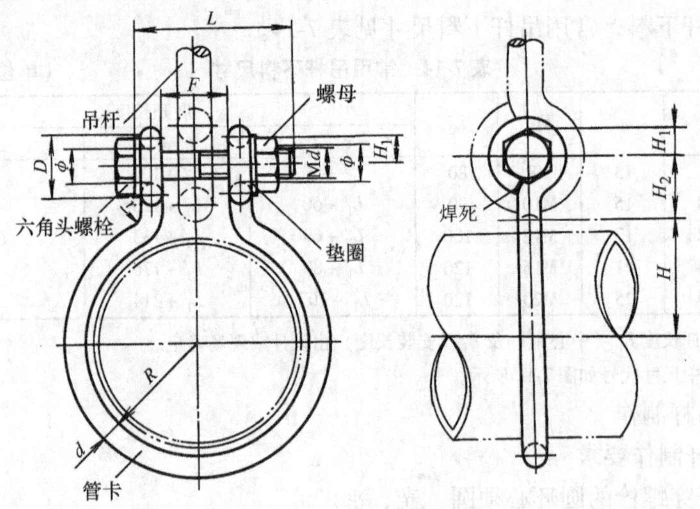

图 7-13　管道吊架用圆钢管卡

（2）管卡材料与下料

1）管卡材料及配件。管道吊架用圆钢管卡，由圆钢管卡、六角头螺栓、螺母及垫圈组成，所用材料及配件见表 7-15。

表 7-15　吊架用圆钢管卡材料及配件

序号	公称直径 *DN* /mm	圆钢管卡				六角头螺栓		螺母		垫圈	
		规格 *d*/mm	展开长 /mm	件数 /件	质量 /kg	规格 /mm	个数 /个	规格 /mm	个数 /个	内径 /mm	个数 /个
1	15	8	230	1	0.09	M8×50	1	M8	1	9.5	2
2	20	8	246	1	0.10	M8×50	1	M8	1	9.5	2
3	25	8	269	1	0.11	M8×50	1	M8	1	9.5	2
4	32	8	297	1	0.12	M10×55	1	M10	1	11.5	2
5	40	8	315	1	0.13	M10×55	1	M10	1	11.5	2
6	50	8	353	1	0.14	M10×55	1	M10	1	11.5	2
7	65	10	437	1	0.27	M12×60	1	M12	1	13.5	2
8	80	10	478	1	0.30	M12×60	1	M12	1	13.5	2

注：本管卡承受 3m 以内管道的长度。

2）管卡下料　圆钢管卡下料尺寸见表7-16。

表7-16　吊架用圆钢管卡下料尺寸　（单位：mm）

序号	DN	$2R$	d	H	H_1	H_2	D	F	r	ϕ	M$d\times L$
1	15	25	8	12.73	10.5	19	22	13	8	13	M8×50
2	20	30	8	15.84	10.5	19	22	13	8	13	M8×50
3	25	37	8	19.90	10.5	19	22	13	8	13	M8×50
4	32	46	8	24.87	10.5	19	28	13	8	13	M10×55
5	40	52	8	27.91	10.5	19	28	14	8	13	M10×55
6	50	64	8	34.28	10.5	19	28	14	8	13	M10×55
7	65	80	10	43.37	12.5	23	35	14	10	15	M12×60
8	80	93	10	50.08	12.5	23	35	14	10	15	M12×60

注：表中尺寸代号如图7-13所示。

（3）管卡制作

1）制作要求

①穿螺栓的两个小圆环须圆、光、平，中心应相对，并与大环相垂直。小环内径需较所穿螺栓稍大，但不得过大。

②管卡大环的内圆，必须适合被卡钢管的外圆，其对口部分应留有吊杆间隙，但不宜过大。

③用于保温管道时，应留出保温厚度所需要的颈长。

2）制作步骤与方法

①选取需要规格的圆钢，并按需要长度下料。

②将坯料两端在烘炉里（或用氧—乙炔焰）加热，待呈红色时取出，放在铁砧上，用锤子将坯料两端分别打成小圆环（注意两小圆环需向相反方向扣环），使小环内径能穿进相应的螺栓，且有一定的活动范围为宜。小环要圆、光、平。

③悬吊较大直径的管道时，需将小环端头与卡环颈部用定位焊焊死。

④在铁砧上用锤子在其两端，按需要颈长分别打出90°弯。

⑤第二次加热后，用两把钳子夹住两个小环（或用两根圆钢插进小环），在与悬吊管同直径的管子上，施压力扣合，冷却后即成。

6. 管道吊架用整合式扁钢管卡制作

（1）管卡形式　管道吊架用整合式扁钢管卡，只适用于水平管道安装，管卡形式如图7-14所示。

（2）管卡材料与下料

1）管卡材料及配件。管道吊架用整合式扁钢管卡由扁钢管卡、六角头螺栓、螺母及垫圈组成，所用材料及配件见表7-17。

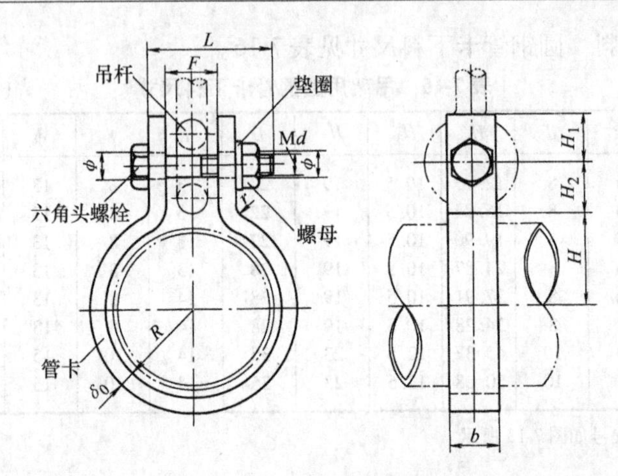

图 7-14　整合式扁钢管卡

表 7-17　整合式扁钢管卡材料及配件

序号	公称直径 DN /mm	扁钢管卡				六角头螺栓		螺母		垫圈	
		规格 /mm	展开长 /mm	件数 /个	质量 /kg	规格 /mm	个数 /个	规格 /mm	个数 /个	内径 /mm	个数 /个
1	15	−25×4	161	1	0.13	M8×40	1	M8	1	8.5	1
2	20	−25×4	177	1	0.14	M8×40	1	M8	1	10.5	1
3	25	−25×4	199	1	0.16	M8×40	1	M8	1	8.5	1
4	32	−30×4	248	1	0.23	M10×45	1	M10	1	10.5	1
5	40	−30×4	266	1	0.25	M10×45	1	M10	1	10.5	1
6	50	−30×4	303	1	0.29	M10×45	1	M10	1	10.5	1
7	65	−40×4	374	1	0.47	M12×50	1	M12	1	12.5	1
8	80	−40×4	415	1	0.52	M12×50	1	M12	1	12.5	1
9	100	−40×4	495	1	0.62	M12×50	1	M12	1	12.5	1
10	125	−50×6	625	1	1.47	M16×60	1	M16	1	16.5	1
11	150	−50×6	702	1	1.65	M16×60	1	M16	1	16.5	1
12	200	−50×6	870	1	2.05	M16×60	1	M16	1	16.5	1
13	250	−60×8	1087	1	4.10	M20×70	1	M20	1	21.0	1
14	300	−60×8	1247	1	4.70	M20×70	1	M20	1	21.0	1

2）管卡下料。整合式扁钢管卡下料尺寸见表 7-18。

表 7-18　整合式扁钢管卡下料尺寸　（单位：mm）

序号	DN	$2R$	t_0	b	H	H_1	H_2	L	F	r	ϕ	$Md \times L$
1	15	25	4	25	11.75	20	24	40	13	4	10	M8×40
2	20	30	4	25	14.72	20	24	40	13	4	10	M8×40
3	25	37	4	25	18.65	20	24	40	13	4	10	M8×40
4	32	46	4	30	23.51	25	29	45	13	4	12	M10×45
5	40	52	4	30	26.51	25	29	45	14	4	12	M10×45
6	50	64	4	30	32.79	25	29	45	14	4	12	M10×45
7	65	80	4	40	41.02	30	34	50	14	4	14	M12×50

（续）

序号	DN	$2R$	t_0	b	H	H_1	H_2	L	F	r	ϕ	M$d \times L$
8	80	93	4	40	47.66	30	34	50	14	4	14	M12×50
9	109	119	4	40	60.76	30	34	50	15	4	14	M12×50
10	125	145	6	50	74.77	40	46	60	15	6	18	M16×60
11	150	170	6	50	87.25	40	46	60	17	6	18	M16×60
12	200	224	6	50	114.32	40	46	60	19	6	18	M16×60
13	250	278	8	60	142.36	50	58	70	19	3	22	M20×70
14	300	330	8	60	168.29	50	58	70	23	8	22	M20×70

注：1. 本管卡承受的管道长度：*DN*15 ~ *DN*100 为3m，*DN*125 ~ *DN*300 为6m。

2. 表中尺寸代号见图7-14。

（3）制作步骤与方法

1）选取需要规格的扁钢，并按需要长度下料。

2）将坯料送进烘炉（或用氧—乙炔焰）加热，待呈红色时取出，用两把钳子分别夹持坯料两端，在与悬吊管同直径的管子上扣合。

3）待冷却后，在坯料两端按需要的颈长尺寸，划出折边线、螺栓孔中心线，并用样冲冲出中心孔。

4）按配用螺栓规格，选取相应规格钻头并钻孔。

5）在孔的下端划好颈长边线，沿边线夹持在台虎钳上，然后用锤子敲制并弯出 r 弧度。

7. 管道吊架用双合式扁钢管卡制作

（1）管卡形式　管道吊架用双合式扁钢管卡，*DN*15 ~ *DN*100 适用于管道串吊安装，*DN*50 ~ *DN*200 适用于固定立管安装。管卡形式如图7-15所示。

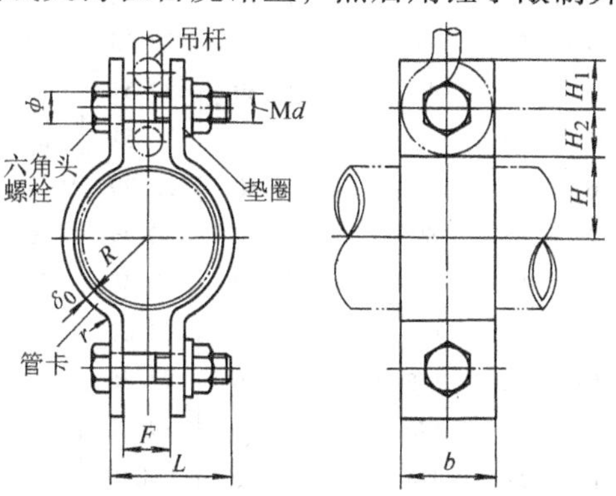

图7-15　双合式扁钢管卡

（2）管卡材料与下料

1）管卡材料及配件。双合式扁钢管卡由扁钢管卡、六角头螺栓、螺母及垫圈组成，所用材料及配件见表7-19。

表7-19　双合式扁钢管卡材料及配件

序号	DN /mm	扁钢管卡					六角头螺栓		螺母		垫圈	
		规格 /mm	展开长 /mm	件数 /个	质量 /kg	总质量 /kg	规格 /mm	个数	规格 /mm	个数	内径 /mm	个数
1	15	-25×4	115	2	0.09	0.18	M8×40	2	M8	2	8.5	2
2	20	-25×4	124	2	0.10	0.20	M8×40	2	M8	2	8.5	2

（续）

序号	DN /mm	扁钢管卡					六角头螺栓		螺母		垫圈	
		规格 /mm	展开长 /mm	件数 /个	质量 /kg	总质量 /kg	规格 /mm	个数	规格 /mm	个数	内径 /mm	个数
3	25	−25×4	135	2	0.11	0.22	M8×40	2	M8	2	8.5	2
4	32	−30×4	169	2	0.16	0.32	M10×45	2	M10	2	10.5	2
5	40	−30×4	178	2	0.17	0.34	M10×45	2	M10	2	10.5	2
6	50	−30×4	197	2	0.19	0.38	M10×45	2	M10	2	10.5	2
7	65	−40×4	240	2	0.30	0.60	M12×50	2	M12	2	12.5	2
8	80	−40×4	260	2	0.33	0.66	M12×50	2	M12	2	12.5	2
9	100	−40×4	300	2	0.38	0.76	M12×50	2	M12	2	12.5	2
10	125	−50×6	384	2	0.90	1.80	M16×60	2	M16	2	16.5	2
11	150	−50×6	423	2	1.00	2.00	M16×60	2	M16	2	16.5	2
12	200	−50×6	504	2	1.19	2.38	M16×60	2	M16	2	16.5	2

2）管卡下料。双合式扁钢管卡下料尺寸见表7-20。

表7-20　双合式扁钢管卡下料尺寸　（单位：mm）

序号	DN	2R	δ_0	b	H	H_1	H_2	L	F	r	ϕ	Md×L
1	15	25	4	25	11.75	20	24	40	13	4	10	M8×40
2	20	30	4	25	14.72	20	24	40	13	4	10	M8×40
3	25	37	4	25	18.65	20	24	40	13	4	10	M8×40
4	32	46	4	30	23.51	25	29	45	13	4	12	M10×45
5	40	52	4	30	26.51	25	29	45	14	4	12	M10×45
6	50	64	4	30	32.79	25	29	45	14	4	12	M10×45
7	65	80	4	40	40.79	30	34	50	16	4	14	M12×50
8	80	93	4	40	47.46	30	34	50	16	4	14	M12×50
9	100	119	4	40	60.60	30	34	50	17	4	14	M16×60
10	125	145	6	50	74.46	40	46	60	19	6	18	M16×60
11	150	170	6	50	87.11	40	46	60	19	6	18	M16×60
12	200	224	6	50	114.08	40	46	60	23	6	18	M16×60

注：1. 本管卡承受的管道长度：*DN*15～*DN*100为3m，*DN*125～*DN*200为6m。
2. 表中尺寸代号见图7-15。

（3）制作步骤与方法　双合式扁钢管卡制作步骤与方法同整合式扁钢管卡，详见本技能中6。

8. 沿墙安装单管支架制作

（1）支架形式　沿墙安装单管托架，适用于沿墙敷设的*DN*15～*DN*300保温和不保温单根管道安装，支架形式如图7-16所示。

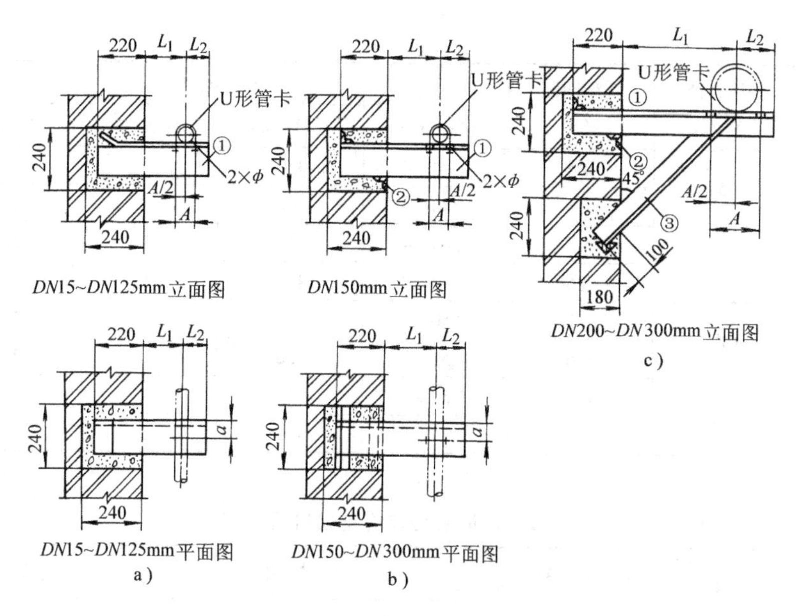

图7-16 沿墙安装单管支架

（2）支架材料与下料

1）支架材料。沿墙敷设 *DN*15～*DN*125 单管用支架，由支承角钢和U形管卡组成；*DN*150 单管支架由支承角钢、固定角钢和U形管卡组成；*DN*200～*DN*300 单管支架由支承角钢、固定角钢、斜撑角钢及U形管卡组成，支架用材料见表7-21和表7-22。

表7-21 沿墙安装单管托架材料（一）

序号	公称直径 *DN*/mm	支架间距 /m	支承角钢①			
			规格/mm	长度/mm	件数/件	质量/kg
1	15	1.5	∠40×4	370	1	0.90
		1.5	∠40×4	330	1	0.80
2	20	1.5	∠40×4	370	1	0.90
		≤3	∠40×4	340	1	0.82
3	25	1.5	∠40×4	390	1	0.94
		≤3	∠40×4	350	1	0.85
4	32	1.5	∠40×4	390	1	0.94
		≤3	∠40×4	360	1	0.87
5	40	≤3	∠40×4	400	1	0.97
		≤3	∠40×4	370	1	0.90
6	50	≤3	∠40×4	410	1	0.99
		≤3	∠40×4	380	1	0.92

（续）

序号	公称直径 *DN*/mm	支架间距 /m	支承角钢①			
			规格/mm	长度/mm	件数/件	质量/kg
7	65	≤3	∠40×4	430	1	1.04
		≤6	∠40×4	400	1	0.97
8	80	≤3	∠40×4	450	1	1.09
		≤6	∠40×4	430	1	1.04
9	100	≤3	∠50×5	480	1	1.81
		≤6	∠50×5	450	1	1.70
10	125	≤3	∠50×5	510	1	1.92
		≤6	∠50×5	490	1	1.85

表 7-22　沿墙安装单管支架材料（二）

序号	公称直径 *DN* /mm	托架间距 /m	支承角钢				固定角钢					斜撑角钢			
			规格 /mm	长度 /mm	件数 /件	质量 /kg	规格 /mm	长度 /mm	件数 /件	质量 /kg	总质量 /kg	规格 /mm	长度 /mm	件数 /件	质量 /kg
11	150	3	∠63×6	540	1	3.09	∠40×4	240	2	0.58	1.16	—	—	—	—
		3	∠50×5	510	1	1.92	∠40×4	240	2	0.58	1.16	—	—	—	—
12	200	3	∠50×5	600	1	2.26	∠40×4	240	3	0.58	1.74	∠50×5	418	1	1.58
		3	∠50×5	570	1	2.15	∠40×4	240	3	0.58	1.74	∠50×5	376	1	1.42
13	250	3	∠63×6	670	1	3.83	∠50×5	240	3	0.90	2.70	∠63×6	459	1	2.63
		3	∠63×6	640	1	3.66	∠50×5	240	3	0.90	2.70	∠63×6	417	1	2.39
14	300	3	∠63×6	720	1	4.12	∠50×5	240	3	0.90	2.70	∠63×6	502	1	2.87
		3	∠63×6	700	1	4.00	∠50×5	240	3	0.90	2.70	∠63×6	473	1	2.71
15	150	6	∠75×7	540	1	4.31	∠40×4	240	3	0.58	1.16	—	—	—	—
		6	∠63×6	510	1	2.92	∠40×4	240	3	0.58	1.16	—	—	—	—
16	200	6	∠63×6	600	1	3.43	∠50×5	240	3	0.90	2.70	∠63×6	417	1	2.39
		6	∠50×5	570	1	2.15	∠40×4	240	3	0.58	1.74	∠50×5	376	1	1.42
17	250	6	∠75×7	670	1	5.35	∠50×5	240	3	0.90	2.70	∠75×7	461	1	3.68
		6	∠63×6	640	1	3.66	∠50×5	240	3	0.90	2.70	∠63×6	417	1	2.39
18	300	6	∠75×7	720	1	5.75	∠50×5	240	3	0.90	2.70	∠75×7	502	1	4.00
		6	∠75×7	700	1	5.59	∠50×5	240	3	0.90	2.70	∠75×7	472	1	3.77

2）支架下料。沿墙安装单管支架下料尺寸见表 7-23。

表7-23　沿墙安装单管支架下料尺寸　　（单位：mm）

序号	公称直径 DN	L_1 保温/不保温	L_2	h_f		A	ϕ	a
1	15	110/70	40	—		33	10	见表注
2	20	110/80	40	—		38	10	
3	25	120/80	50	—		45	10	
4	32	120/90	50	—		54	10	
5	40	130/100	50	—		60	10	
6	50	130/100	60	—		60	10	
7	65	140/110	65	—		70	12	
8	80	150/130	80	—		80	12	
9	100	170/140	90	—		90	12	
10	125	180/160	110	—		110	14	
11	150	200/170	120	—	—	182	14	
12	200	230/200	150	5	6/5	236	14	
13	250	260/230	190	6	6	294	18	
14	300	290/270	210	6	6	346	18	

注：1. a 值见下表：

角钢	∠40×4	∠50×5	∠63×6	∠75×7
a	22	30	35	45

2. 表中尺寸代号如图7-16所示。

（3）制作步骤与方法

1）支承角钢、固定角钢制作。单管支架的支承角钢和固定角钢制作步骤与方法，同单管立式支架（三），详见本技能中3。

2）U形管卡制作。U形管卡制作步骤与方法，同U形管卡（一），详见技能19。

3）斜撑角钢制作

①根据沿墙敷设单管管径，查表7-21，选取相应规格角钢，并按其展开长度下料。

②在角钢端部划出分别与支承角钢顶、底面均成45°相交的切割线。

③用氧乙炔焰沿切割线切割。

④将斜撑角钢底边的顶端，由下向上置于支承角钢两螺纹孔中间，经调正两角钢间呈45°夹角后，用电焊作定位焊，确认无误后用E4300电焊条焊牢。

⑤在斜撑角钢底边下角处，将固定角钢焊牢。

技能21　一般支架安装

（1）支架安装的一般要求　安装支、吊架应符合以下要求：

1）固定支架应严格按设计要求安装，并在补偿器预拉伸前固定。无补偿装置、有位移的直管段上，只可安装一个固定支架。

2）固定支架位置应正确，应使管道平稳地放在支架上，管道没有悬空现象，管卡应紧卡在管道上。

3）无热位移的管道，其吊杆应垂直安装，有热位移的管道，吊杆应在位移相反方向，按位移长度的一半倾斜安装。

4）两根热位移方向相反或位移值不等的管道，除设计有规定外，不得使用同一吊杆。

5）导向支架或滑动支架的滑动面，应光洁、平整，不得有歪斜和卡涩现象，其安装位置应从支承面中心向位移反向偏移，偏移值为位移长度的一半。

6）活动支架应保证在热胀冷缩时，管道能自由移动，并保证活动部分不扭斜，互不相咬。

7）埋入墙内的支架，填塞砂浆稳固后，要使砂浆饱满而不突出墙面。埋墙深度一般不小于120mm。

8）埋墙支架须牢固可靠，不活动后方可承受负荷。

9）支架上部应水平，不允许有上翘、下垂或扭斜现象。

10）各支架连线的坡度必须一致。

11）支、吊架上，不允许有管道焊缝接头、管件或活接件。

12）抱柱式支架的螺栓一定要拧紧，保证支架受力后不活动，同时承托面要水平。

13）在预埋钢板上安装支架时，要将钢板表面砂浆刷净，焊接要牢固。

14）在木梁上安装吊架时，不允许在木梁上钻孔，可用扁钢夹住木梁安装吊架。

15）立管卡埋墙深度不小于100mm，每层设置1个，楼层较高时，可增设1个。

16）在木砖上钉钩钉时，不能用锤子打在环弯上，要打在根部承力处。

17）管道安装时，不宜使用临时支、吊架，如必须使用时，应有明显标记，并不得与正式支、吊架位置发生冲突。安装完毕时，应及时拆除。

（2）支架安装前的准备工作

1）确定支架位置。室外管道安装在专用的支架、支柱或支墩上，也可安装在别的土建结构物上。这些支柱一般采用金属结构或钢筋混凝土结构；支墩一般采用砖砌体或混凝土。这些虽都属于土建工程，但在施工过程中，管道工要主动配合。对室外管道的支架、支柱或支墩，应测量其顶面的标高，检查其坡度是否符合设计要求。

室内管道支架，应按设计图样上的管道标高，将同一水平直管段两端的支架（或控制点）位置确定在墙或柱子上。安装有坡度的管道时，应按设计管道起点（或末点）标高与坡度要求，通过水准仪测量，在墙或柱子上确定若干个控制点，钉上用 ϕ4mm 或 ϕ6mm 圆钢打制的铁钎子，然后在铁钎之间拉上白线绳，从一端看过去，白线绳应呈一条直线。在校正好坡度后（如系供热或蒸汽等有热胀冷缩的管道，应按图样规定的轴线位置，首先确定固定支架和补偿器的位置），按设计要求的支架间距，依次确定各支架的轴线位置，并划出支架位置的十字线，十字线的长度要超过墙上预埋支架孔的大小，以便固定支架时作为定位标准。如图样对支架间距无明确要求时，钢管管道支架最大间距按表 7-24 确定。

表 7-24　钢管管道支架最大间距

公称直径/mm		15	20	25	32	40	50	65	80	100	125	150	200	250	300
管子支架最大间距/m	保温管道	1.5	2	2	2.5	3	3	4	4	4.5	5	6	7	8	8.5
	不保温管道	2.5	3	3.5	4	4.5	5	6	6	6.5	7	8	9.5	11	11.5

对于土建施工时已在墙上预留了埋设支架的孔洞，或在钢筋混凝土构件上预留了焊接支架用的钢板，均应逐个地检查预留孔洞或预埋钢板的位置与标高是否符合设计要求。预埋钢板上的砂浆或油垢，应清除干净。

2）下料。首先根据设计图样（或标准图集、施工图册）的要求，确定制作管卡所需要的型钢类型、规格及长度，然后按每个支架上、支承管子的根数和规格，确定卡子的形式及支架面上钻孔的位置。下料后，应在型钢上划线、钻孔，并用氧—乙炔焰将型钢栽入墙壁的一端，按要求长度割开，然后用锤子沿两个不同方向击打其端头，使其錾切，并将露在外面一端上的毛刺磨光。当承托较重的管道、附件或设备时，按要求在托架的下面加斜撑或做直角三角形的托架。

3）凿墙眼。埋设支架的洞眼不宜过大，深度一般不小于 120mm。如支架两端均需埋入时，深度可不小于 100mm。打墙孔一般用自制的锯齿状钢管或斜口钢管如图 7-17 所示。用锤子击打钢管顶头时，宜打一下转动一下钢管，并不断地将钢管里的砖渣倒出来，直至达到要求的深度。

(3) 支架安装步骤与方法

1) 埋入式支架安装

①用水将预留洞或墙洞里的砖渣、灰土冲洗干净，并将洞壁用水浇湿。

②填入 1∶3 水泥砂浆，按规定或要求深度栽入支承角钢，同时找好距墙面的距离。

③一面将碎石子塞进洞里，将支架四周挤紧，一面可用水平仪找好支架安装的水平度。

④在确认无误后，将水泥砂浆灌满洞孔，并捣实、抹平。灰面应略低于墙面，便于土建修补粉刷面的平整。

埋入式支架安装如图 7-18 所示。

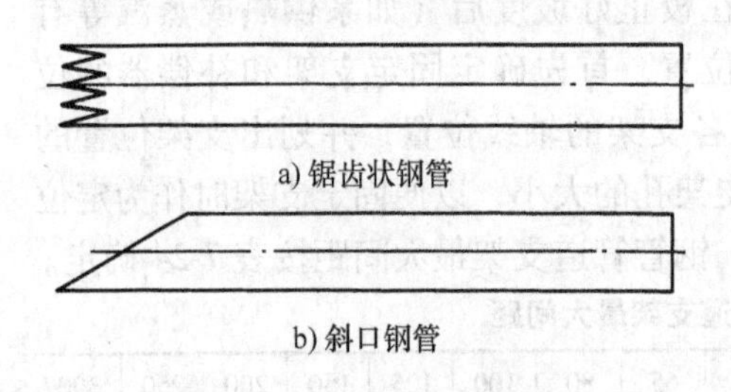

图 7-17　打墙孔用的钢管

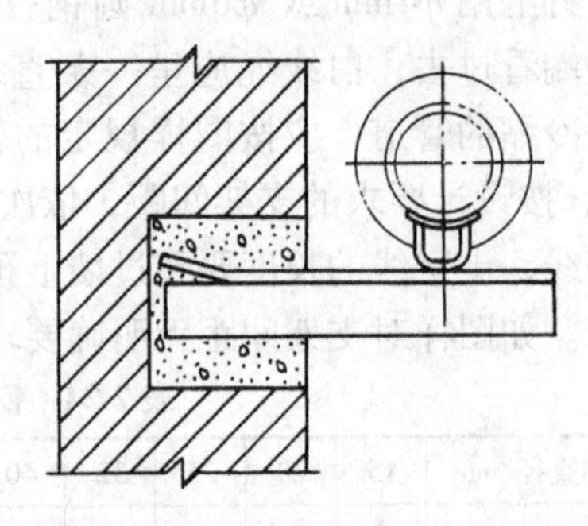

图 7-18　埋入式支架安装

2) 焊接式支架安装

①将预埋在钢筋混凝土墙（柱）内钢板表面上的砂浆、铁锈用钢丝刷刷掉。

②在预埋钢板上确定并划出支架中心线及标高位置。

③一面将支架对正钢板上的支架中心线及标高位置，一面可用水平仪找好支架安装的水平并作定位焊。

④在确认无误后，用 E4300 电焊条按焊接要求，将支架牢固地焊接在预埋钢板上。

焊接式支架安装如图 7-19 所示。

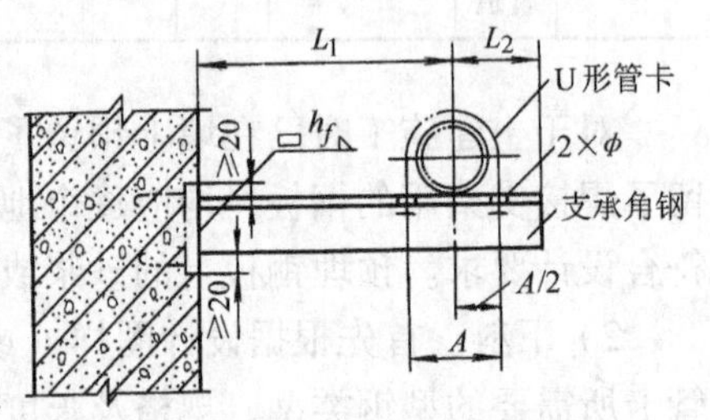

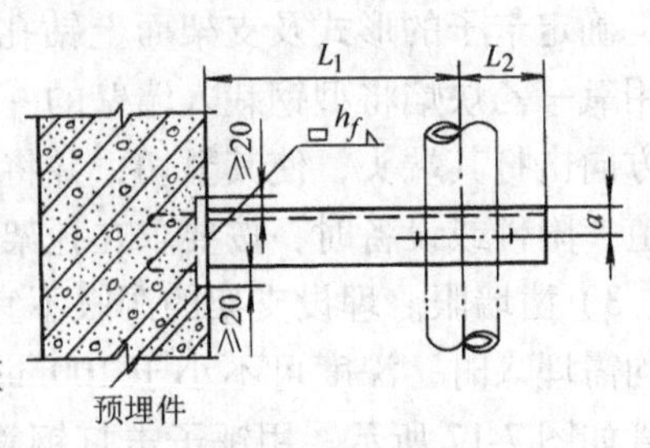

图 7-19　焊接式支架安装

3) 抱柱式支架安装

①在柱子上确定支架安装位置，并弹出水平线。

②一面用长杆螺栓将支架初步固定在柱子上，一面可用水平仪找正支架安装的水平。

③待确认无误后，将螺母拧紧，保证支架受力后不产生松动现象。

抱柱式支架安装如图7-20所示。

4）膨胀螺栓固定支架安装

①在钢筋混凝土墙（柱）上，确定并划出螺栓孔位十字线。

②用电锤或手提式电钻，在螺栓孔位处钻孔，钻孔直径同膨胀螺栓套管外径，钻孔深度同膨胀螺栓长度。

③将套管套在膨胀螺栓上，带上螺母后一并轻轻地打入孔内。

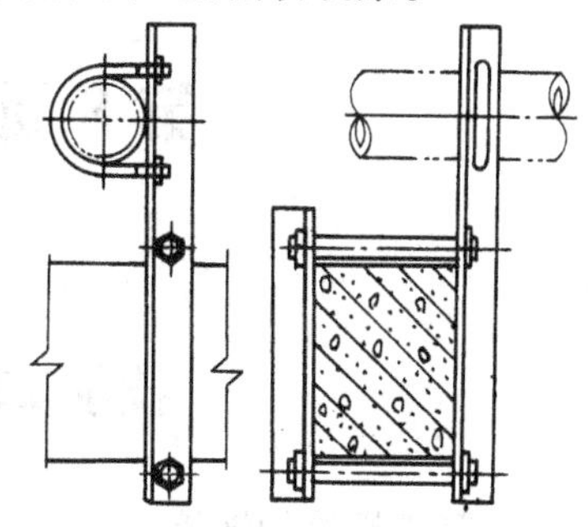

图7-20　抱柱式支架安装

④待螺母接近孔口时，卸下螺母，将支架上的孔对正并套入螺栓后，套上螺母。

⑤经找正确认支架不偏斜且水平后，用扳手逐渐拧紧螺母，迫使膨胀螺栓锥形尾部将开口形套管尾部胀开，螺栓便与套管一起被紧固在孔内，从而支架即被牢固地固定在混凝土墙（柱）上。

膨胀螺栓固定支架安装如图7-21所示。

5）活动式支架安装。安装活动式支架的目的，是在管道运行中，允许管道沿管道轴线方向，向安装补偿器的一侧有热伸长的移动，为保持支架中心与支座中心的一致或不使活动支架偏移过多，靠近补偿器的几个支架应偏心安装，其偏心长度应是该支架距固定支架间管道热伸长ΔL的一半。

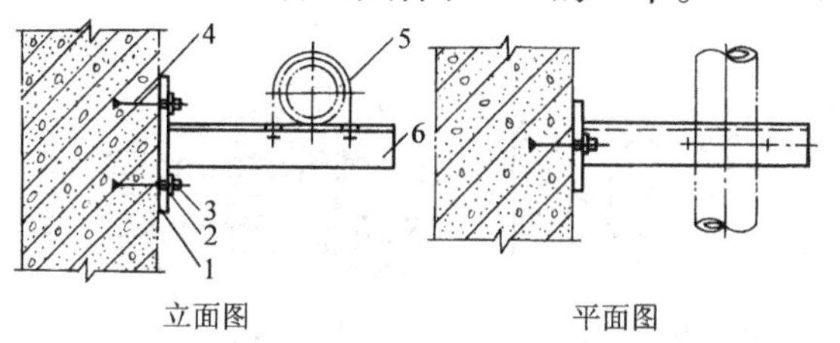

图7-21　膨胀螺栓固定支架安装

1—钢板　2—垫圈　3—螺母　4—膨胀螺栓

5—U形管卡　6—支承角钢

补偿器两侧活动支架偏心安装如图7-22所示。

6）管道托钩安装。管道托钩适用于小直径水平支管安装。安装前，先在预安装的墙上錾洞，并将浸过沥青的木砖预埋墙内，待管道安装后，再将托钩打入木砖内。注意锤子应打在托钩根部。

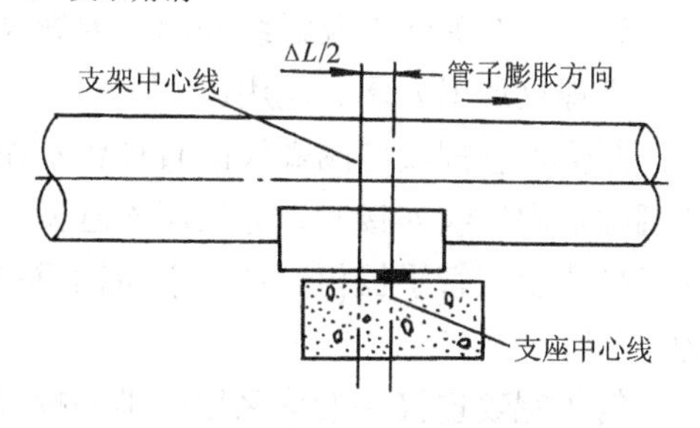

图7-22　补偿器两侧活动支架偏心安装

第8讲　管道连接

技能22　管道的螺纹连接

1. 管道螺纹的连接

一般管径在100mm以下，尤其是管径≤*DN*50的低压流体输送管（即水、燃气管），常采用螺纹连接的方法。对于定期检修的设备，其管道连接也宜采用螺纹连接。螺纹连接的管道、设备拆卸较为方便。

钢管螺纹连接，是指在管段端部加工成螺纹，然后拧上带内螺纹的管子配件，如管箍、三通、弯头、活接头等，再和其他管段端、部带螺纹的部分连接起来，构成管路系统。

螺纹的形状有多种，对于管道螺纹连接应采用的是管螺纹。管螺纹有圆锥形和圆柱形两种，如图8-1所示。

圆柱形管螺纹，其螺纹深度及每圈螺纹的直径皆相等，只是螺尾部分较粗一些。这种管螺纹接口严密性较差，常用于长丝活接代替活接头，长丝活接如图8-2所示。

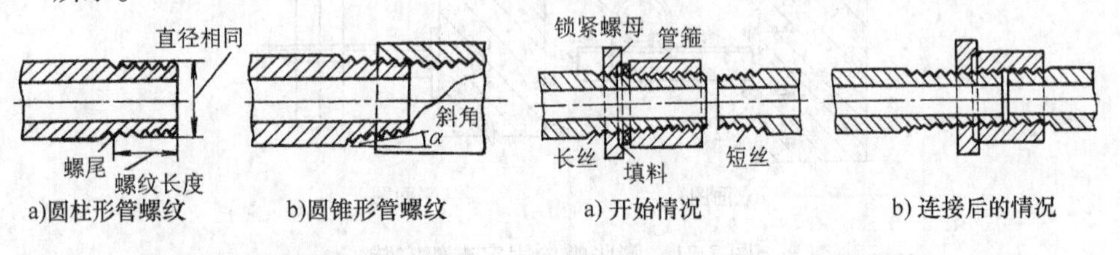

图8-1　圆柱形管螺纹及圆锥形管螺纹　　图8-2　长丝活接

管子的有关配件及螺纹阀门的内螺纹，也均为圆柱形螺纹。

管螺纹加工方便，应用广。

圆锥形管螺纹各圈螺纹的直径皆不相等，从螺纹的端头到根部成锥台形，它与圆柱形内螺纹连接时，螺纹越拧越紧，使接口较为严密。圆锥形管螺纹用电动套丝机或手工管子铰板（带丝）加工而成，因为铰板上的板牙是带有一定锥度的。

管子螺纹连接一般均采用圆锥外螺纹与圆柱内螺纹连接（简称锥接柱），一般不用圆柱形外螺纹与圆柱形内螺纹连接（即柱接柱）。螺栓与螺母的螺纹连接是柱接柱，因其连接在于压紧而不要求严密。圆锥形外螺纹与圆锥形内螺纹连接（简称锥接锥）最严密，但因加工内锥螺纹较困难，所以这种连接很少用。

加工管螺纹，其规格应符合有关规定，圆柱形短螺纹及长螺纹尺寸见表8-1。

表8-1　圆柱形短螺纹及长螺纹尺寸

连接管配件用的长、短管螺纹尺寸					
序号	管子公称直径/mm	短螺纹		长螺纹	
		长度/mm	螺纹牙数/牙	长度/mm	螺纹牙数/牙
1	15	14	8	50	28
2	20	16	9	55	30
3	25	18	8	60	26
4	32	20	9	65	28
5	40	22	10	70	30
6	50	24	11	75	33
7	65	27	12	85	37
8	80	30	13	100	44

连接阀门的短螺纹					
序号	管子公称直径/mm	螺纹长度/mm	序号	管子公称直径/mm	螺纹长度/mm
1	15	12	5	40	19
2	20	13.5	6	50	21
3	25	15	7	65	23.5
4	32	17	8	80	26

圆锥形管螺纹尺寸，见表8-2。

表8-2　圆锥形管螺纹尺寸

连接管配件的圆锥形管螺纹					
序号	管子公称直径/mm	螺纹有效长度（不计螺尾）/mm	由管端至基面间螺纹长度/mm	25mm长度内的螺纹牙数/牙	管端螺纹内径/mm
1	15	15	7.5	14	18.163
2	20	17	9.5	14	23.524
3	25	19	11	11	29.605
4	32	22	13	11	38.142
5	40	23	14	11	43.972
6	50	26	16	11	55.659
7	65	30	18.5	11	71.074
8	80	32	20.5	11	83.649

（续）

连接阀门的圆锥形管螺纹			
序号	管子公称直径 /mm	螺纹有效长度（不计螺尾）/mm	由管端至基面间的螺纹长度 /mm
1	15	12	4.5
2	20	13.5	6
3	25	15	7
4	32	17	8
5	40	19	10
6	50	21	11
7	65	23.5	12
8	80	26	14.5

管子和内螺纹阀门连接时，管子上的外螺纹长度，应比阀门上的内螺纹长度短1~2扣螺纹，以免因管子螺纹拧过量而顶坏阀芯。同理，其他螺纹连接的管子外螺纹，也应比所连接的管配件的内螺纹长度略短些。

2. 管道螺纹连接的常用工具及填料

管道螺纹连接时需对管子、管配件或阀门进行旋转拧进，最常用的手工工具是管钳。

管钳种类有张开式管钳和链条式管钳两种，如图8-3所示。

张开式管钳应用最广，其规格有8种，工作范围应根据管径大小选择，请见表2-2。

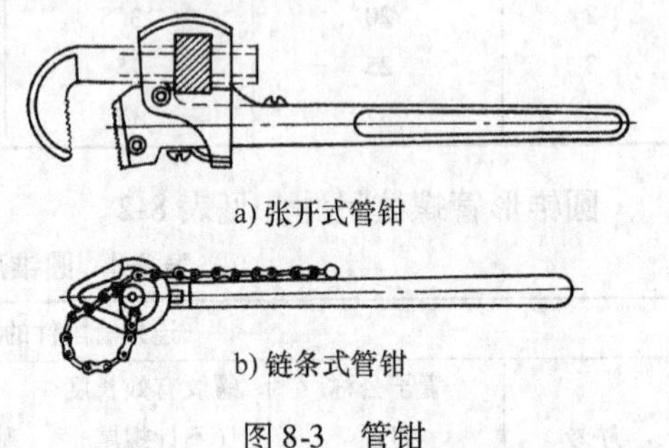

a) 张开式管钳

b) 链条式管钳

图8-3　管钳

管钳的规格是以钳头张口中心到手柄尾端的长度来标称的，此长度代表转动力臂的大小，长度越大，转动力臂越大，长度越小，转动力臂也越小。在使用管钳时，应注意：小直径的管子若用大规格的管钳拧紧，虽因手柄长省力，但也容易用力过大拧得过紧而胀破管件及阀门。大直径的管子用小规格的管钳，费力且不容易拧紧，而且易损坏管钳。所以安装不同直径的管子，应选用相应规格的管钳。

使用管钳时，绝对不允许把管子套在管钳手柄上加大力臂，以免把钳颈拉断或使钳颚损坏。另外，采用管子套在管钳手柄上操作，虽然省力，但钳头易歪倒，使管子与手柄脱落而砸伤操作者手脚。

链条式管钳又称链钳子，主要应用于大直径的管子，或因施工场地受限制。当用张开式管钳手柄旋转不开时，如在地沟中操作，或安装管子离墙较近，可用链条式管钳。在高空作业时，采用链条式管钳较安全，便于操作。

链条式管钳操作方法是，先把链条与管子箍紧后，再用手柄回转管子，使管子与管配件或螺纹阀门拧紧。常见有5种规格，使用范围的管径可达200mm。请见第2讲表2-3。

为了增加管子螺纹的接口严密性和维修时不致因螺纹锈蚀而不易拆卸，螺纹处一般要加填充材料。填充材料有两个作用，既能填充螺纹间的空隙，又能使螺纹防腐蚀。

保证螺纹连接接口的严密性，不能把管子螺纹套得过松，如果过松，应切去螺纹头部重新套螺纹，而不能采用多加填充材料来防止渗漏。

螺纹连接常用的填充材料，对冷水管道或热水采暖管道，可以采用聚四氟乙烯胶带或麻丝沾白铅油（铅丹粉拌干性油）。聚四氟乙烯胶带使用方便，只要缠绕在螺纹上1~3圈即可，使接口清洁整齐。对于介质温度超过115°C的管路螺纹接口，可采用黑铅油（石墨粉拌干性油）和石棉绳。对于氧气管路螺纹接口，用黄丹粉拌甘油（甘油有防火性能），氨管路螺纹接口用氧化铝粉拌甘油。

3. 管道螺纹连接操作

管道螺纹连接有“短丝”连接、“长丝”连接及活接头连接等形式。

（1）“短丝”连接 “短丝”连接属于固定性连接。其连接方法是：在连接前清除外螺纹管端上的污物，且缠绕填料前，在螺纹上涂上一层铅油，以保护螺纹不锈蚀，使填料易粘附在螺纹上，提高接口严密性，然后再缠麻丝或胶带，其量应适当，如果填料缠得少，起的作用不大，缠得多会被螺纹挤压出来，同样不起多大作用。缠填料的方向很重要，一定要从螺纹管端沿与螺纹旋紧相逆的方向向着螺纹深处缠，如图8-4所示。

这样缠绕填料，在拧紧管子时，会使填料越缠越紧，而不致从螺纹上松脱下来。

缠好填料后，先用手把带内螺纹的管件或阀门拧入“短丝”上2~3牙，这一过程称带扣。

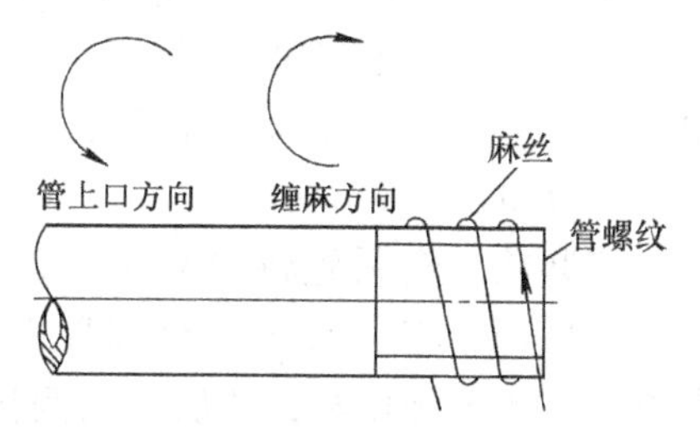

图8-4 缠绕方向

带完扣后，可利用台虎钳夹住带短丝的管段，用管钳中部或后部牙口咬紧管件或阀门（有的咬紧带扣的管子），同时用一只手扶稳管钳头部，不使钳口打滑和歪倒，用另一只手压钳把渐渐用力。扳转钳把要稳，不可用力过猛或用身体加力于钳把，防止管钳牙脱落打滑而伤人，特别是双手用力时（一只手也没按在钳头上），更应该注意避免发生上述情况。

如果是三通、弯头、管箍之类的管件，拧劲可稍大些，但阀门之类的控制件，拧劲不可过大，否则极易将其撑裂。

某管段中间处需安装螺纹阀门，如图 8-5 所示。

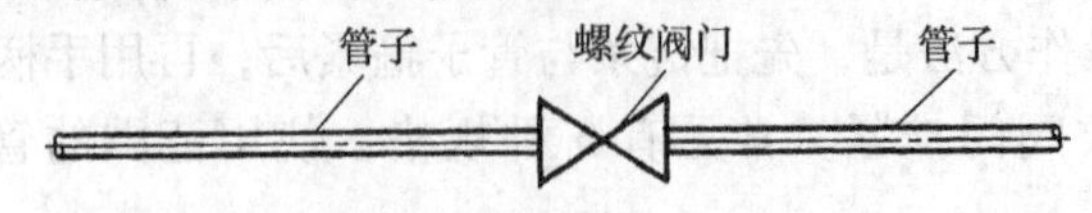

图 8-5　管道中间处安阀门

操作步骤简述如下：

1）两管段连接的管段，预先套“短丝”。

2）将其中一管段带螺纹的管端固定在台钳上，使螺纹端离台钳 100mm 左右，并缠好填充材料。

3）用手使阀门螺纹与管端螺纹带扣，再用管钳夹住靠管端螺纹的阀门端部，按顺时针方向拧紧阀门。

4）在另一管段带螺纹端，缠好填充材料，并与台钳上已连接好的阀门带扣。

5）一人首先用管钳夹住已经拧紧的阀门的一端，另一人再用管钳拧所需拧紧的管段。前一人始终保持阀门位置不变，后一人按前述方法慢慢拧紧管段，如图 8-6 所示。

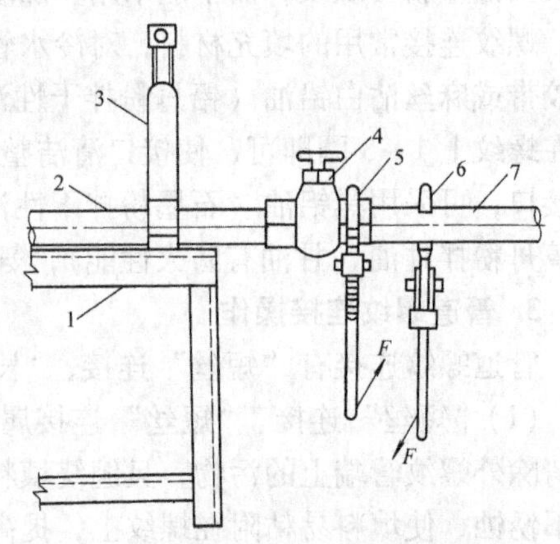

图 8-6　上完阀门后再上管段的实际操作

1—台架　2、7—管　3—管子台虎钳　4—阀门　5、6—管钳

（2）“长丝”连接　“长丝”用作管道的活连接部件，代替活接头，易于拆卸，且管道严密性好。“长丝”由一头是短螺纹而另一头为长螺纹的管子和一个相应直径的锁紧螺母组成，其在散热器支管与立管连接处最为常见。“长丝”连接如图 8-7 所示。

安装前，应预先将锁紧螺母拧到长丝的底部，将“长丝”全部拧入散热器内，不要缠填料，然后往回倒扣，在倒扣的同时，使管子的另一端的“短丝”按“短丝”连接方法拧入管箍中，最后拧转长丝上面的锁紧螺母，使锁紧螺母靠近散热器。当锁紧螺母与散热器有 3 ~ 5mm 间隙时，在间隙中缠以适量的麻丝或石棉绳，缠绕方向要与锁紧螺母旋紧的方向相同，以防填料松脱，再用合适的扳手拧转锁紧螺母，并压紧填料。

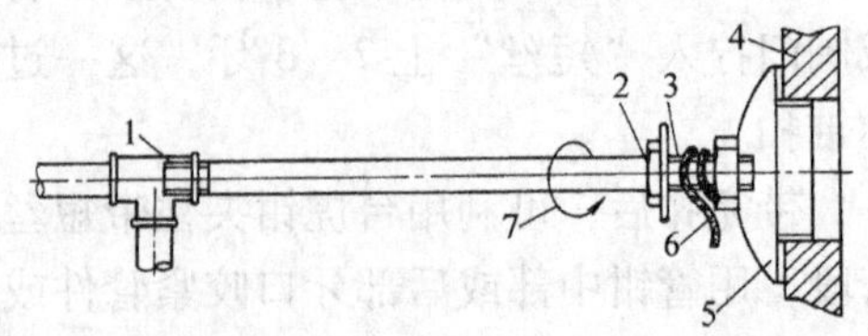

图 8-7　“长丝”连接

1—短丝　2—锁紧螺母　3—长丝　4—散热器　5—补心　6—填料　7—锁紧螺母锁紧方向和石棉绳缠绕方向

拆“长丝”时，操作顺序与安装的顺序相反，即先拧锁紧螺母至底部，去除填料，把“长丝”拧入散热器直至“短丝”的一端与管箍离开，最后把“长丝”从散热器内全部退出。

(3) 活接头连接　活接头由三个单件组成，即公口、母口和套母，如图8-8所示。

公口为一头带插嘴与母口承嘴相配，一头挂内螺纹与管子外螺纹“短丝”连接。

母口为一头带承嘴与公口插嘴相配，一头挂内螺纹也与管子外螺纹短丝连接。

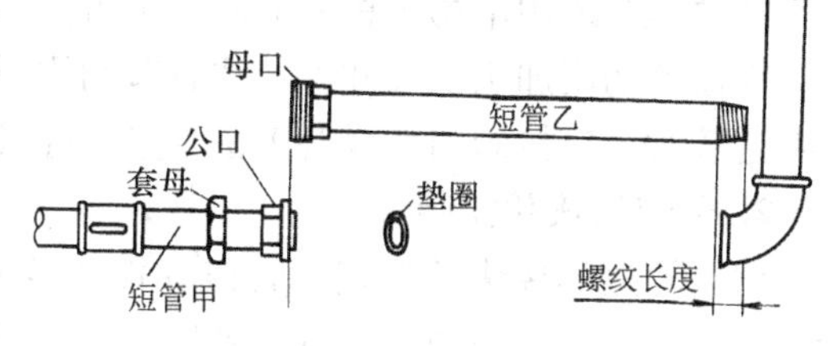

图8-8　活接头

套母外表面呈六角形，内表面有内螺纹，内螺纹与母口上的外螺纹配合。

如果活接头安装在阀门附近，当阀门损坏需要更换时，从活接处拆开很方便。如果阀门附近未安装活接头，拆换阀门时必须从管子的尽头拆起，直拆到阀门，这样费时费力。

活接头的公口和母口应分别与管端的“短丝”连接，其方法是先将套母放在公口一端，并使套母挂内螺纹的一面向着母口（如果忘记装套母或将套母的方向放颠倒了，还得将公口拆下来返工），分别将公口、母口与管子“短丝”连接好，其方法同短丝连接方法一样。在锁紧套母前，在公口处加上垫（常见有石棉纸板垫和胶板垫），垫的内、外径应与插口相符，然后将公口和母口对平对正，再用套母联接公口和母口。如果公口、母口不对平找正，容易使活接头滑扣而造成渗漏现象。

(4) 锁母连接　锁母连接也是管道连接中的一种活接形式。它的形状是一头有内螺纹，另一头有一个与小管外径相同的小孔。连接时，先使锁母有小孔的一头把小管穿进去，再把小管管端插入要连接带外螺纹的管件或控制件内，在连接处加好石棉绳或橡胶圈填料，再用扳手将锁母锁紧在连接件上即可，如图8-9所示。

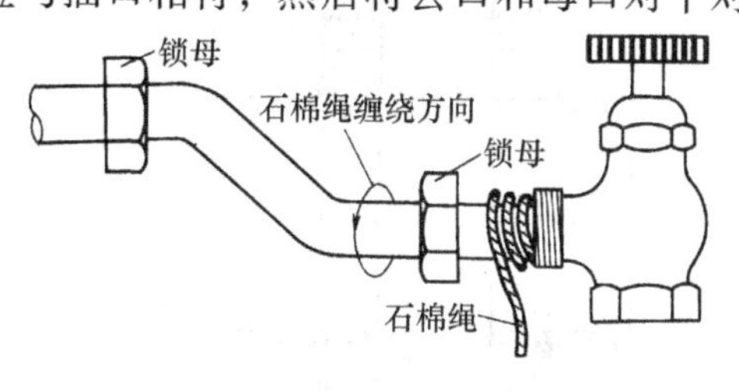

图8-9　锁母连接

技能23　管道的法兰连接

1. 管道法兰连接的应用及法兰盘的选择

管道法兰连接主要用于需经常拆卸、检修的管路上，例如水泵、水表、法兰阀门等法兰接头部位。

法兰盘一般用钢板加工而成，也有铸铁法兰和铸铁螺纹法兰。根据法兰盘与管子连接方法，法兰盘可分平焊法兰、对焊法兰、平焊松套法兰、对焊松套法兰、翻边松套法兰、螺纹法兰等，其中尤以平焊法兰用得最为广泛。

法兰盘可采用市场出售的成品，也可按国家标准加工而成。法兰盘划线下料时，应注意切削加工的尺寸，并注意节约用料。管道与阀门或带法兰的设备采用法兰连接时，应按阀门或设备上法兰盘尺寸及螺栓孔个数、尺寸加工制作。

2. 管道的法兰安装

(1) 管道焊接法兰安装。管道焊接法兰安装指在需要的两管端先焊接法兰盘，然后在两法兰间加垫，再用螺栓固定，使两管段连成一体。安装操作步骤和要求如下：

1) 在管端焊接法兰盘。当管道的工作压力在0.25~1.0MPa时，采用普通焊接法兰，工作压力在1.6~2.5MPa时，采用加强焊接法兰。普通焊接法兰和加强焊接法兰，如图8-10所示。

加强焊接法兰与普通焊接法兰不同处是，前者法兰端面靠管孔周边开坡口焊接。

正确地焊接法兰和保证法兰与管端面的焊接要求，对于管道连接至关重要。焊接法兰时，必须使管子与法兰端面垂直，可用法兰靠尺检查其垂直度，无法兰靠尺可用直角尺代替，检查方法如图8-11所示。

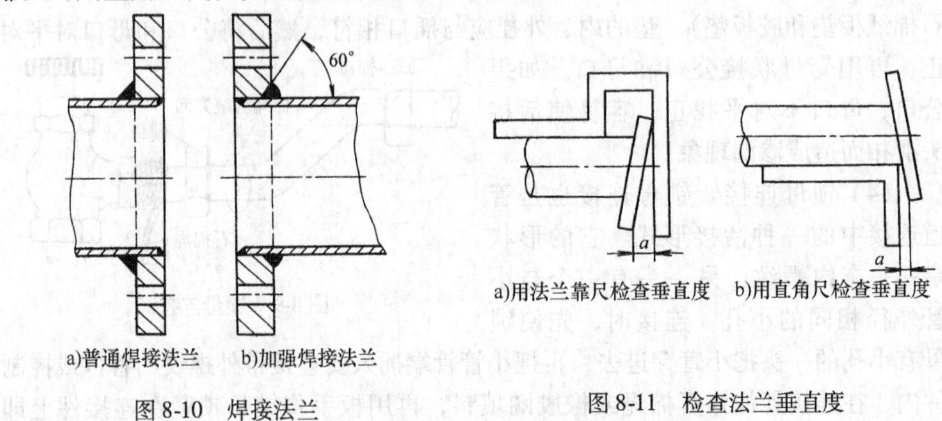

a)普通焊接法兰　b)加强焊接法兰

图8-10　焊接法兰

a)用法兰靠尺检查垂直度　b)用直角尺检查垂直度

图8-11　检查法兰垂直度

法兰连接的允许偏差值见表8-3。

表8-3　法兰焊接允许偏差值　（单位：mm）

图示	公称直径	≤80	100~250	300~350	400~500
见图8-11 a、b	法兰盘允许偏差值 a	±1.5	±2	±2.5	±3

在焊法兰的连接面上，焊肉不得突出，飞溅在表面上的焊渣或形成的焊瘤应铲除干净，管口不得与法兰连接面平齐，应凹进1.3～1.5倍管壁厚度。

如果两个管口用法兰连接时，可以先焊好一个管口的法兰盘，另一个管口可套上法兰盘，将两法兰安装就位、对准螺栓孔再焊接。焊接的两个法兰盘连接面应平正且互相平行，其允许偏差值见表8-4。

表8-4 法兰密封面平行度允许偏差值 （单位：mm）

图示	公称直径	允许偏差值（$a-b$）	
		$PN<1.6$MPa	$PN=1.6\sim4.0$MPa
a(最大间隙) b(最小间隙)	≤100 >100	0.20 0.30	0.10 0.15

表8-4中偏差值，应在法兰连接螺栓全部拧紧后，测量a和b的数值。法兰盘的密封面应符合加工标准。

2）两个法兰连接　两个管口的法兰焊接和对正完成后，即可加垫、穿螺栓、拧紧螺栓和螺母。

在加垫时，垫料和垫片的大小应选用合适。法兰的垫料应根据管道的介质是冷水、热水、还是蒸汽，分别选用普通胶板、耐热胶皮和石棉橡胶板等。蒸汽管道绝不允许使用胶板作垫料，因为胶板在高温时易变形和软化。垫的内径不应小于管子的内径，垫的外径不应妨碍螺栓穿过法兰的螺栓孔。

用石棉垫时，为了加强法兰连接的严密性，应将制好的密封垫预先放在机油中浸泡，再晾干。安装时，把用铝粉和机油调成的粥状物，涂抹在垫的两面。

穿螺栓前，要选择好螺栓、螺母。一般说来，螺栓不能过细过短，否则会影响法兰的连接强度。过长会增加拧紧螺栓的工作量，而且可能会遇到螺栓穿不进螺孔的现象，在装法兰阀门时，常见这种情况。即使能将螺栓穿进螺孔，待装紧后因螺栓露出法兰盘外过长，一则影响美观，二则外露部分易锈蚀，造成拆卸困难，三则浪费材料，所以螺栓的长度以螺栓拧紧后，露出螺母外的长度为螺栓外径一半为宜。螺栓在穿孔前应预先刷防锈漆1～2遍，面漆与管道一致。安装时，螺栓的朝向应一致。

穿螺栓时，预穿几根螺栓，如四孔法兰预穿三根，六孔法兰预穿四根，将制备好的密封垫插入两法兰之间，再穿好余下螺栓，把垫调正后，即可用扳手紧固。

紧固螺栓时，一定要按对角进行，其顺序如图 8-12 所示。不应将螺栓一次紧到底，而应把每个螺栓分 2 ~ 3 次，按对角拧到底，以保证法兰垫受力均匀，严密性好，法兰也不易损坏。

法兰螺栓的螺母需加钢垫圈。在拧螺栓的螺母时，注意螺栓不要转动，如果转动，需再用一把扳手固定螺栓，然后拧紧螺母。

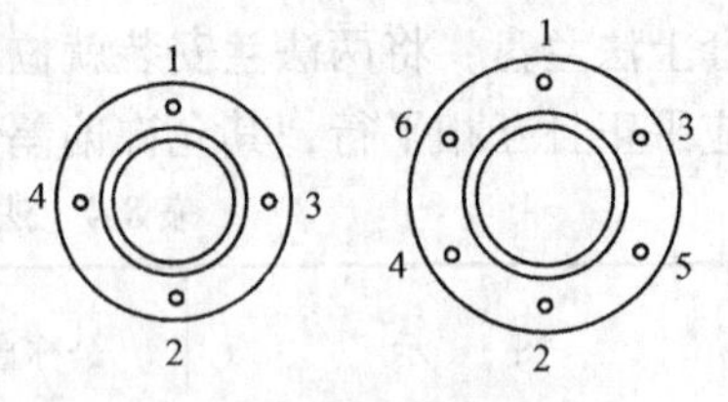

图 8-12　法兰螺栓拧紧顺序

（2）管道螺纹法兰连接　管道螺纹法兰连接与管道焊接法兰连接不同之处是，管口端先套成短丝，再按短丝连接方法把管端螺纹与螺纹法兰连接起来。

使管端螺纹与法兰螺纹连接一起，最简便的方法有两种。

第一种方法是：把带短丝的管子固定在管子台虎钳上，管端螺纹伸出管子台虎钳 100mm 左右，将管端螺纹缠上填料后，用手把法兰螺纹与管子带上扣，最后用与法兰外径相适应的管钳夹住法兰，按顺时针方向拧紧，如图 8-13 所示。

这种方法适用于连接直径较小的法兰。

第二种方法是：在连接直径较大的法兰时，找不到合适的管钳，同第一种方法一样，先将螺纹法兰与管子带上扣，然后用两根强度较大、外径稍小于螺孔的铁棍，插入法兰螺孔内，再用一根较粗的铁棍交错上两根铁棍，并靠近法兰平面，按顺时针方向把螺纹法兰上紧，如图 8-14 所示。

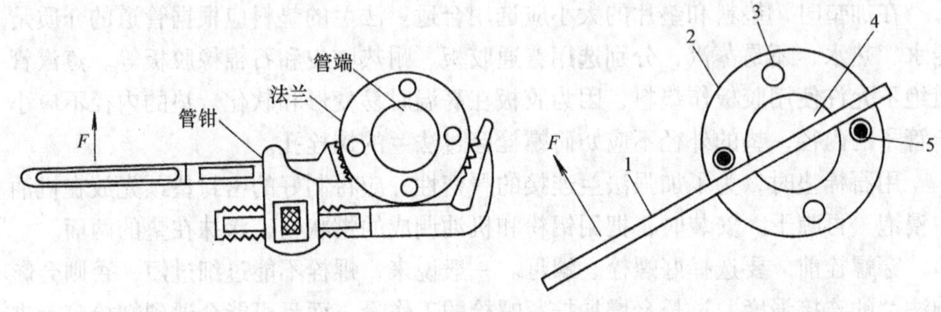

图 8-13　管钳连接法兰

图 8-14　铁棍连接法兰
1—铁棍　2—法兰　3—法兰螺栓孔
4—管端　5—螺栓孔铁棍

技能 24　管道的焊接连接

1. 管道焊接连接的应用和焊接要求

焊接是管道连接的一种常用方法，常用于大直径的钢管连接，埋地钢管、架空钢管及敷设在地沟内的钢管连接。管道焊接连接的优点是，接头紧密不漏水，不需要管道配件，施工速度快；但拆卸困难。镀锌钢管不允许焊接。

焊接的焊缝有两种，应根据管壁厚度选用。第一种焊缝是对焊，把两管口靠在一起，中间留1~2mm缝，再施以气焊或电焊。对焊适用于管壁厚度等于或小于5mm的管子，而大多数施以气焊。第二种焊缝为切边焊（又称坡口焊），其焊缝强度比对焊高，用于管壁厚度大于5mm的管子，多施以电焊。

为了提高焊缝强度，应将焊口两侧各不少于10mm范围内的铁锈、污垢、油脂等，用钢刷刷除或用气焊在焊接前烧除。

直径较大的钢管，焊接前应对所焊管口的圆度进行检查。圆度误差不应大于规范规定的允许值，否则应用气焊、锤子等在焊接前整圆。

焊接时两管端对口应尽量对平，其允许错口量见图8-15和表8-5。

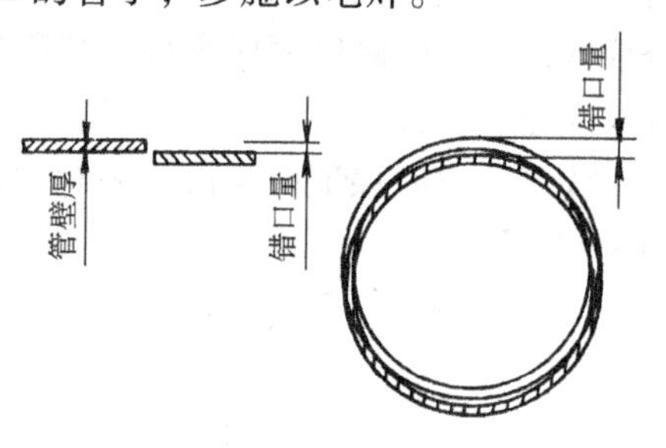

图8-15　管端对口的错口量

表8-5　焊接管口的错口允许值　（单位：mm）

管壁厚度	2.5	3.0	3.5	4.0	5.0	6.0	7.0	8.5	10
允许误差	0.25	0.30	0.35	0.40	0.50	0.60	0.70	0.80	0.90

焊接管口间留有一定间隙，两管口的间隙值，见图8-16和表8-6。

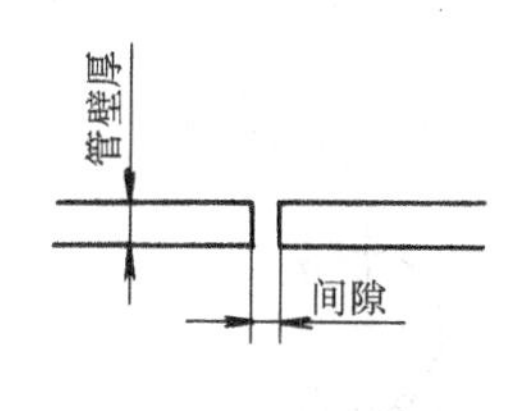

图8-16　两管口间的间隙

表8-6　管口间隙值

（单位：mm）

管壁厚	间隙值
4~6	1.5
7~9	2
10~12	2.5

2. 管道焊接操作方法

管道焊接根据焊条与管子间的相对位置，有平焊、立焊、横焊和仰焊，而焊缝依此分别称为平焊缝、立焊缝、横焊缝和仰焊缝，如图8-17所示。

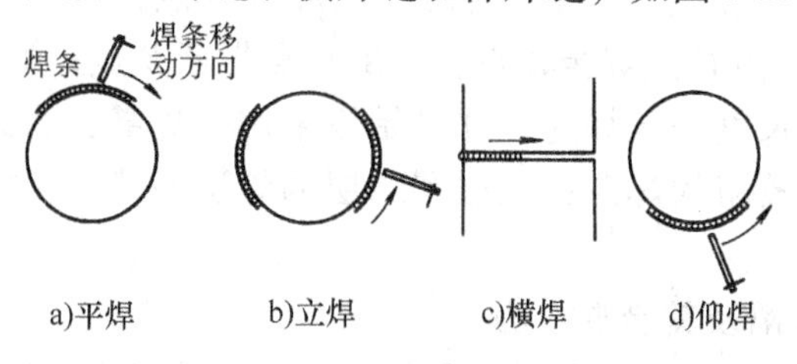

图8-17　焊接方法

管道焊接时应尽量采用平焊，因平焊易于施焊，焊接质量能得到保证，且施焊方便。为此，采用转动管子的装置使管子转动，变换管口的位置，满足平焊的要求。转动管子的装置，如图 8-18 所示。

焊接口在熔融金属冷却过程中会产生收缩应力，为了减少收缩应力，焊前可将每个管口预热 150 ~ 200mm 的宽度，或采用分段焊接法。分段焊接法是将管周分成四段，按间隔段顺序焊接。分段焊是一种较好的减小收缩应力的管口焊接方法，应予以掌握。

为了焊接时保证两管口的相对位置不变，应先在焊缝上定位焊 3 ~ 4 处，如图 8-19 所示。

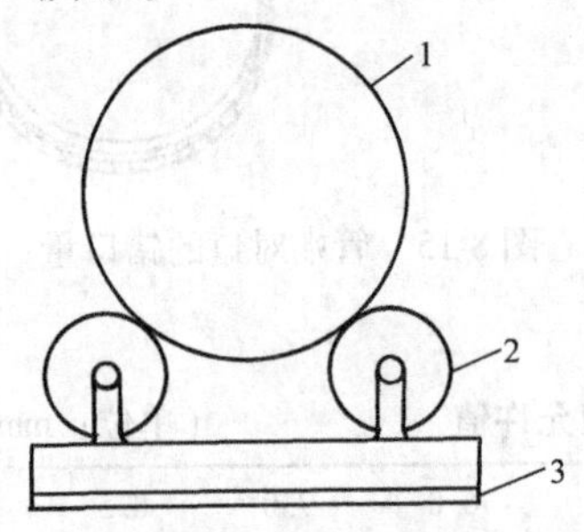

图 8-18　转动管子的装置
1—管子　2—滚筒　3—底座

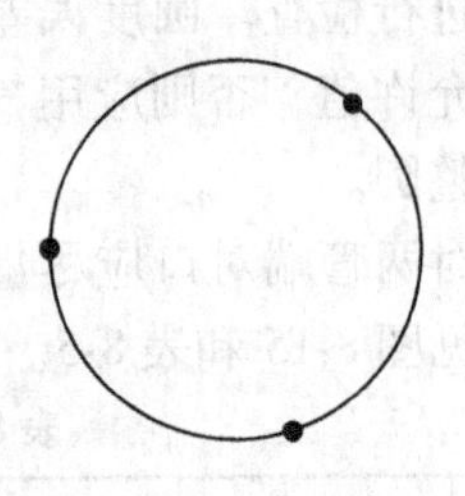

图 8-19　管口焊缝上三个焊接点位置

焊接口的强度一般不应低于管材本身的强度，因此要求焊缝为连续焊缝，并可用多层焊接，如果管直径较大，则应采用加强焊。

以某管口三层焊缝分段焊接为例，其焊接顺序如图 8-20 所示。

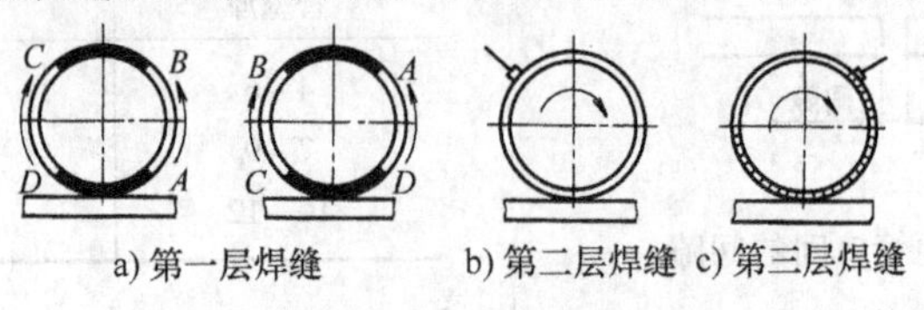

a) 第一层焊缝　b) 第二层焊缝　c) 第三层焊缝

图 8-20　管道三层焊缝转动焊

施焊过程如下：第一层焊缝，先由 *A* 点焊至 *B* 点，再由 *B* 点焊至 *C* 点，然后将管子旋转 90°，由 *D* 点焊至 *A* 点，再由 *C* 点焊至 *B* 点；第二层是沿着一个方向将管周全部焊口长度一次焊完，并可始终采用平焊缝，为此应将管子转动四次，该层焊缝可用较粗的焊条；三层和二层的焊法一样，但管子转动的方向相反，以减小收缩应力。

3. 管道焊接缺陷及其检查方法

管道焊接完毕后，应进行焊缝质量检查，包括外观检查和内部检查。

外观缺陷主要有焊缝形状不好、咬边、焊瘤、弧坑、裂缝等，应加以修补、剔除。

内部缺陷有未焊透、夹渣、气孔等，可采用X射线、γ射线或超声波检查。低压管道通常采用简单易行的煤油检查方法，即在焊缝一侧（一般为外侧）涂刷大白浆，在焊缝的另一侧（管内侧）涂刷煤油，经过一定时间后，如在大白浆面上渗出煤油斑点，表明焊缝质量有缺陷。有缺陷处应进行局部修补，直到检查合格。涂刷大白浆和煤油应全部复盖焊缝，防止漏检。

技能25 管道的承插连接

1. 管道承插连接的应用及要求

铸铁管、混凝土管、缸瓦管等，常采用承插接口连接，它与这类管的制造和形状有关。承插管一端为承口，另一端为插口。把一管子的插口插入另一管子的承口内，且灌注填料，这种方法称为承插连接。

铸铁承插管如图8-21所示。

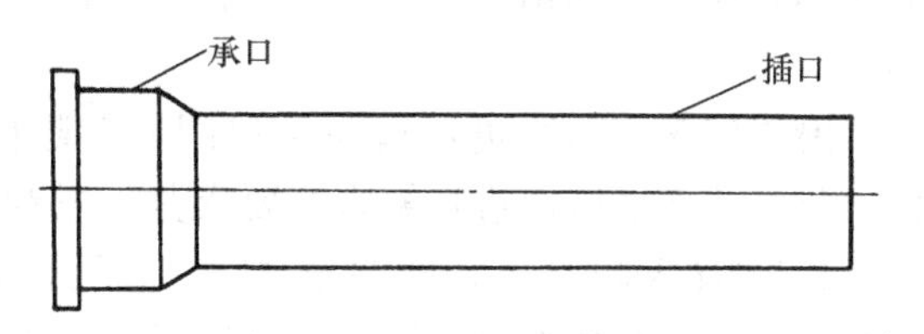

图8-21 铸铁承插管形状

承插管连接配件也是承插口式，如图8-22所示。图中有承插弯头、承插大小头、承插四通、承插乙字管、双承管、承插三通等。

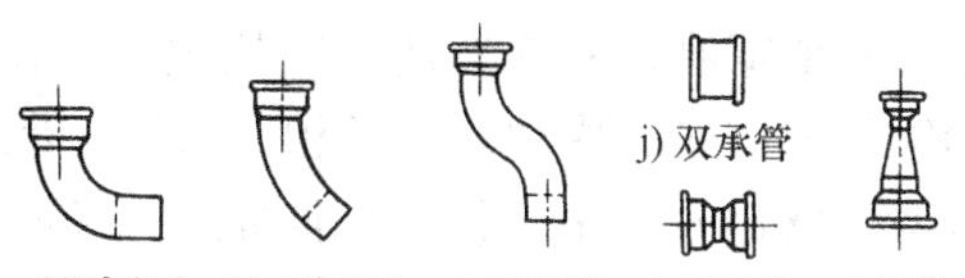

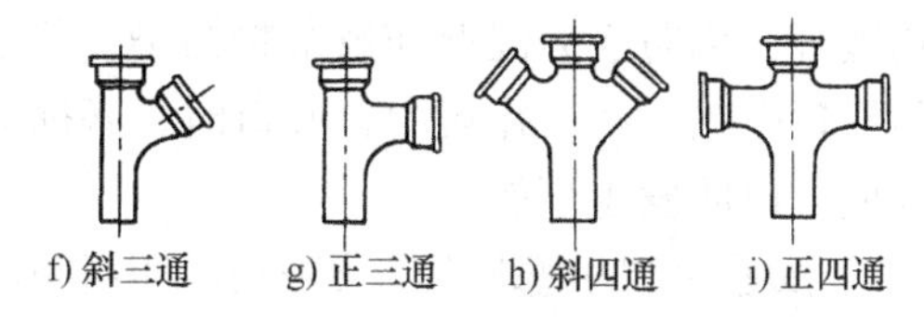

图8-22 铸铁管承插连接配件

承插接口根据使用的填料分铅接口、石棉水泥接口、沥青水泥砂浆接口、膨胀性填料接口、水泥砂浆接口和柔性胶圈接口等。采用何种填料接口，应根据工程要求确定。

在承插接口前，有以下要求：

对管子本身进行质量检查和清理。对于铸铁管，先将管子悬空支起，用锤子轻轻敲打，如发出清脆的声响，说明管子完好，如有吵哑声，说明管子有裂纹。对于有裂纹的管子，应将有裂纹的部分管段截去方可使用，截管方法如图8-23所示。

检查管内壁有无泥砂等异物，如有此类异物，可用一端捆有棉丝或布条的铁丝，沿同一方向在管内拖、拉几次，直到清除干净。

对管口要进行清理。一般用棉丝或布条将承插口部分擦净；对于使用水泥填料层，为了加强填料与管壁间的附着力，最好将承插口处的沥青用气焊的割炬火焰烤去，然后用钢丝刷刷净被烧焦的沥青，最后用钢丝刷刷净。

排水塑料管多采用承插连接，在连接前，清扫承口、插口，再涂抹粘接剂进行粘接。

2. 管道承插接口的操作

图 8-23 铸铁管截管方法

（1）铸铁管承插接口　铸铁管承插接口分刚性接口和柔性接口。刚性接口填料经常采用麻—快硬水泥、麻—铅、橡胶圈—麻—铅、橡胶圈—膨胀水泥砂浆等。

1）油麻填塞操作。油麻是用线麻（大麻）在5%的3号或4号石油沥青和95%的2号汽油的混合液体内浸透、晾干而成的，这样的油麻具备防渗能力。油麻在承插口的作用是管内充水后，油麻浸水，纤维膨胀，纤维中间的孔隙度变小，水分子毛细管附着力增大，起到防止压力水渗透的作用。如果在灌铅和填充水泥填料前，打上油麻，能起阻止填料进入管内的作用。

麻以麻辫形状塞进承口与插口间的缝隙内。麻辫的直径约为缝隙宽的1.5倍，打麻前要对麻辫进行检查，要求其干燥和无污染。打麻时，麻辫分2~4圈从承口间隙两侧自下而上紧密打入，不许打断，每圈长度比管周长长50~100mm，以保持各圈均匀搭接，也可用长段的麻辫逐次绕圈打入，所使用的主要工具有捻錾和锤子。捻錾用于打麻及捣实填料用，其形状如图8-24所示。

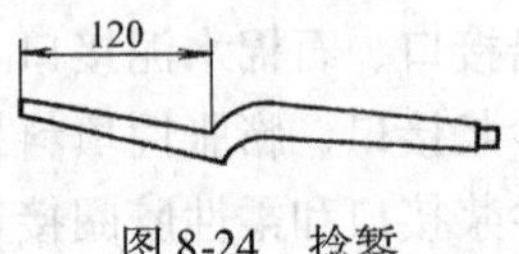

图 8-24 捻錾

油麻填塞前，要选择适当的捻錾。用捻錾打麻时，把捻錾放平，逐次移动，每凿相压1/3，借助锤子把人力传递到捻錾上，锤子要打得准而稳，麻辫被打得平直见油黑光泽为止。麻口打完后若不立即打灰，应用草绳等物塞好，以防水分浸湿和被杂物污染。打麻口处应距正在下管处三个口以上，以防管口受振。在工作坑中打麻口时，必须戴好安全帽和手套，随时检查锤头是否牢固，以防发生事故。

2）膨胀水泥填塞操作。膨胀水泥由硅酸盐膨胀水泥、矾土水泥和石膏组成。膨胀水泥砂浆质量配合比一般采用：膨胀水泥∶砂∶水=1∶1∶0.3。当气温较高或风力较大时，用水量可酌量增加，但最大水灰比不宜超过0.35。

用膨胀水泥接口不需要打口，只要用膨胀水泥把承插口间隙内填塞密实即可，因而操作省力。接口操作时，膨胀水泥分层填塞，每层用捻錾捣实，最外一层找平，比承口边缘凹进1~2mm。

3）铅接口操作。铅接口的优点是具有刚性、抗振性和弹性，不需干燥和养护，口捻好后，立即可以通水，但接口费工，填料价高，一般用于穿越铁路、公路和易受振动的地段或管道抢修处。灌铅是在油麻打完之后进行的，其步骤有熔铅、灌铅和打铅。

①熔铅。把铅锭切成小块，其大小是能装入铅锅即可，铅锅一般用铸铁铸造，也可用钢板焊制。不同管径的管子，其接口用铅量不同，要求铅锅至少能容纳一个接口的用铅熔量，所以如灌不同直径的管接口，应准备大小不同的几个铅锅，常见铅锅的形状如图8-25所示。

除了铅锅外，还要准备铅勺，用于补充灌铅量。

熔铅时，支一临时小灶，用木炭或焦炭火焰熔铅，当铅熔化呈紫红色时，说明铅已熔化好。如果当铅熔化后发现铅水太少，不足浇灌一个接口，应立即向铅锅内添加铅块。但当向锅里的铅水补加铅块时，应把铅锅从火上抬下，并将铅块放在火上烧热再用火钳夹住慢慢放入锅内。如不这样，把冷铅块，特别是铅块表面有水，直接扔进锅里时，将会发生铅水飞溅而烫伤周围的工作人员。放铅进锅内时，宜把铅块用火钳夹住从锅边壁滑下。

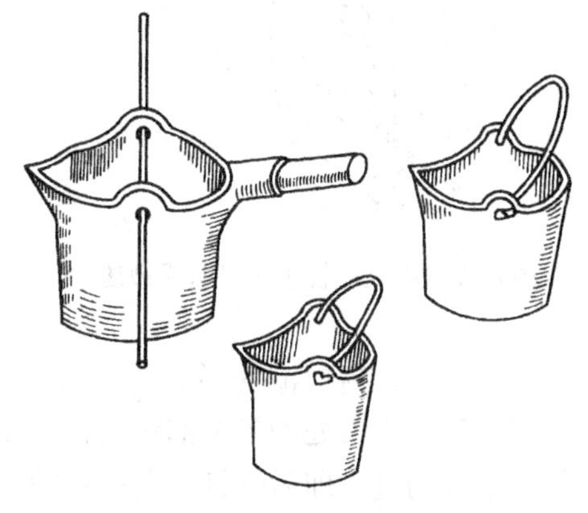

图8-25　铅锅

②灌铅。为了使铅水能灌入接口内，灌铅前要把承口封闭，其简单方法是编一条麻辫，麻辫断面呈扁形，宽度大小比接口缝隙宽，套在承口处，在麻辫上涂上干粘泥，并用手抹光；麻辫外涂的粘泥不能出现明显的水或泥浆。麻辫围住承口，在管口上方做成一个浇灌口，应检查麻辫是否绑扎结实，粘泥涂抹是否严密，其做法如图8-26所示。

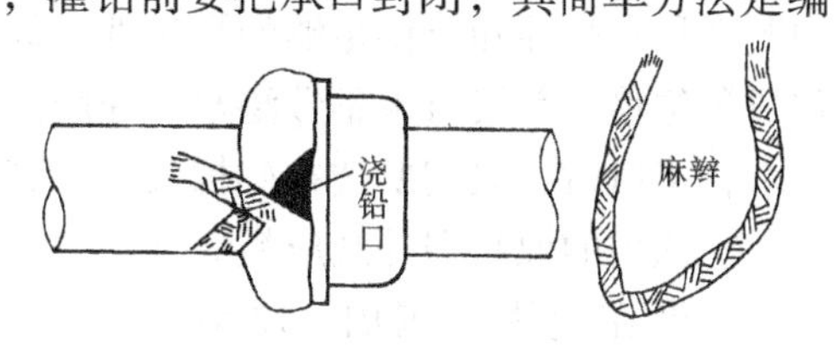

图8-26　用麻辫密封承口

在沟槽内向管口灌铅，管径较小，可先在沟槽上铺好跳板，沟上一人将铅锅用绳子慢慢送入沟槽内，浇灌人一手抓住锅上铁环，一手用管钳或其他特殊带柄的卡钳卡住铅锅，将铅水慢慢倒入浇灌口内，如图8-27所示。

在沟槽内浇灌大直径管子的铅口，按上面做法，因铅锅太重，一人提不起，就得使用吊车或有滑轮的三脚架，把铅锅送入沟内，还需多人进行灌铅。浇灌铅水时速度要快些，以避免铅水还未流至管口底部就因温度降低而终止流动，出现底部灌不进铅的质量事故；但灌铅速度不应过猛，而应适中，以便达到随铅灌入口内时承口内空气能及时排出，且一次能把承口灌满，不要中途停顿，其操作如

图 8-28 所示。

图 8-27 小直径管子接口灌铅做法

图 8-28 大直径管子灌铅接口操作

③打铅口。铅口灌完后，为了使铅口密实，需要用捻錾打实。打铅的方法是：将贴管外皮口处的铅全部铲起，把多余铅打到承口凸缘处铲掉。打铅时，要一钎压半钎的打，即后一钎压前一钎的半钎，打实打平，打至表面光滑、发出油黑光泽。如果在打口中发现某处铅没灌足或出现缺铅现象时，可补打入铅条，把补加的铅条与原灌的铅打成一体，直至打平。打实后的铅口，会听到锤打时发出铿锵的金属声。打铅过程如图 8-29 所示。

4）橡胶圈接口。在管道接口工作大的地方，多采用 O 形橡胶圈嵌缝接口，橡胶圈具有弹性和提供足够的严密性，即使承口和插口产生一定量的相对轴向位移或角位移，其接口也不致渗水。橡胶圈接口前应检查管材、管基是否符合操作要求，接口时，关键要选择好橡胶圈。其要求是：

①选用的橡胶圈外观应粗细均匀，圆度在允许范围内，质地柔软，无气泡，无裂缝，无重皮，接口平整牢固。

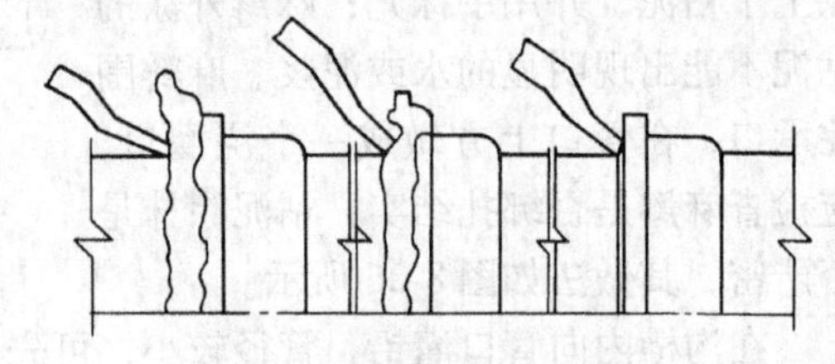

图 8-29 打铅口的操作程序

②对实心圆形橡胶圈的物理性能要求：邵氏硬度 45 ~ 55 度；伸长率≥500%；拉断强度≥16MPa；永久变形 <20%；老化系数 >0.8，70°C ×144h。

③对橡胶圈的尺寸要求：橡胶圈内环直径为管插口外径的 0.85 ~ 0.9 倍，当口径小于等于 300mm 时为 0.85 倍，否则为 0.9 倍。半连铸普压管嵌缝胶圈尺寸的选择参考表 8-7。

按表选用时，由于管道承插口本身尺寸并非完全一致，应通过实测、复核选用合适的胶圈。

橡胶圈嵌塞有胶圈推进器、填捻和锤击三种方法。

采用胶圈推进器使胶圈在装口时滚入接口内的方法：在管插口部位临时安装一个卡环，下管入沟时把胶圈套在插口端部，用顶挤或牵引管使插口上的胶圈滚入承口内，然后拆除推进器。操作时要求沟槽平整，管中心一致，用力均匀，不可冲击，使胶圈慢慢滚进。

表8-7　胶圈尺寸

口径 D/mm	150	200	250	300	350	400	450	500	600	700	800	900	1000	1200	1500
胶圈直径 d /mm	18	18	19	19	19	19	19	21	21	23	23	23	25	25	25
胶圈中心长度 /mm	451	588	725	862	1058	1023	1348	1493	1784	2073	2364	2655	2943	3523	4394
压缩比①	44.4	44.4	42.1	42.1	42.1	42.1	42.1	42.9	42.9	47.8	47.8	47.8	48	48	48

①　压缩比 $=\dfrac{\text{胶圈截面直径}-\text{接口间隙}}{\text{胶圈截面直径}}\times 100\%$。

采用填捻、锤击的方法：在管插口端部附近套上胶圈，下管入沟时把插口插入承口内，并使胶圈靠近承口，用楔錾将接口下方楔大，使之嵌入胶圈，然后由下而上逐渐移动楔钻，用捻錾均匀施力錾胶圈，錾子贴插口壁锤击，使胶圈沿一个方向依次均匀滚入。錾胶圈时，需往下拉着捻扎，避免出现“麻花”现象。胶圈一次不宜滚入承口太多，以免当胶圈快捻扎完一圈时，多余一段形成疙瘩（囊鼻）或胶圈填捻的深浅不一。一般第一次将胶圈捻錾入承口内三角槽处，然后分2~3次捻錾到位，并要求胶圈到承口外边缘的距离均匀。遇到在管承插口有凸台的情况时，胶圈捻錾至凸台即可，否则捻錾至距插口边缘10~20mm处为宜，以防胶圈捻錾过分而掉入管内。

采用胶圈嵌缝、青铅填料的接口，在捻錾胶圈后，必须填錾油麻1~2圈，以填至比距承口内三角槽深5mm处为好。

对于水泥—橡胶接口，在胶圈嵌缝后，其外侧可直接填塞石棉水泥或膨胀水泥。

铸铁管承插柔性接口，能解决刚性接口的抗应变性差、受外力作用产生填料碎裂、管内水外渗等问题，故该种接口在弱地基区、地基不均匀沉陷区和地震区常常被采用。其有下述几种接口方法。

1）楔形橡胶圈接口。楔形胶圈是一种特制形状的胶圈，要求与承口、插口的形状相配合，承口内壁为斜形槽，插口端部加工成坡形，安装时在承口斜槽内先嵌入楔形橡胶圈，由于斜形槽的限制作用，当插口插入承口内，使承插口起密封作用，橡胶圈在管内水压的作用下与管壁压紧，具有自密性，使接口对于承插口的圆度、尺寸公差及承、插口轴向相对位移和角位移，具有一定的适应性，其接口如图 8-30 所示。

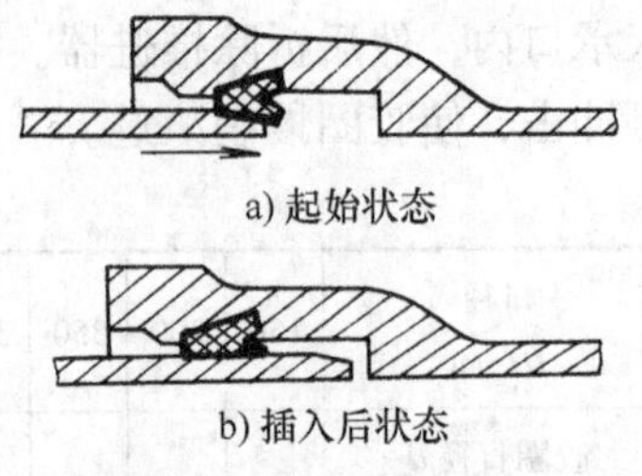

图 8-30　铸铁管承插口楔形橡胶圈接口

2）螺栓压盖接口。螺栓压盖接口适用于法兰承口铸铁管。先把承口加工成坡形，使橡胶圈断面形状适合于承口坡形状，并套在承口处，然后将插口插入承口内，再用螺栓压盖压紧橡胶圈且与承口法兰用螺栓紧固，如图 8-31 所示。

该种接口抗振性能好，安装与检修方便，但配件多、造价高。

3）中缺形胶圈接口。中缺形胶圈是插入式接口，接口仅需一个橡胶圈，先把承口加工成中突形，橡胶圈则成中缺形，并套在承口内，插口插入承口内，将橡胶圈挤压密实，如图 8-32 所示。

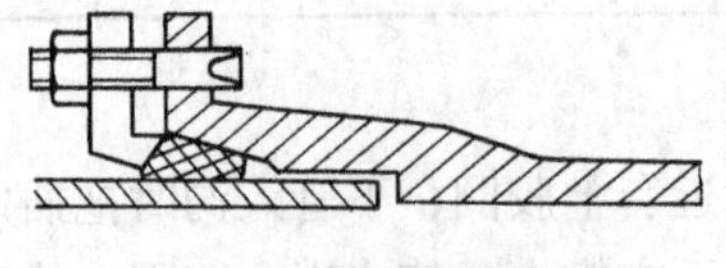
图 8-31　螺栓压盖接口

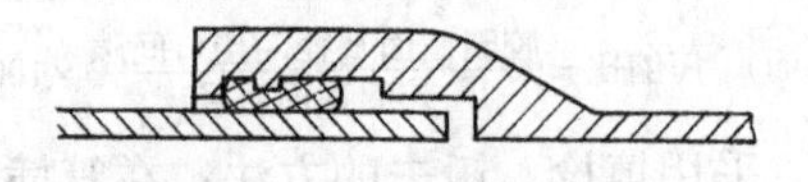
图 8-32　中缺形胶圈接口

该种接口对承口、橡胶圈的制作要求较高。

4）角唇形胶圈接口。角唇形胶圈接口，是把承口和橡胶圈加工制作成角唇形，并先把橡胶圈套入插口内，插口插入承口内，将橡胶圈挤压密实，如图 8-33 所示。

该种接口承口可以固定安装橡胶圈，但耗胶量大，造价较高。

5）圆形胶圈接口。圆形胶圈接口是将插口加工成台形，先把圆形胶圈套在插口上，插口插入承口内，将橡胶圈挤压密实，如图 8-34 所示。

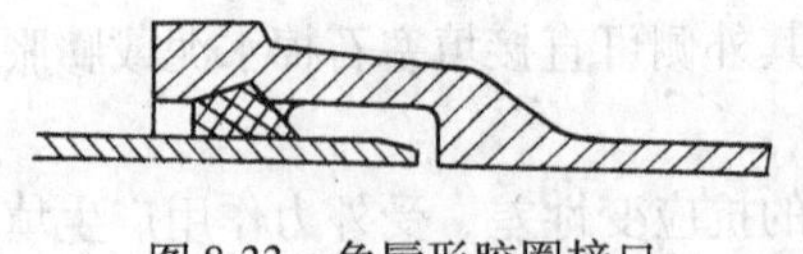
图 8-33　角唇形胶圈接口

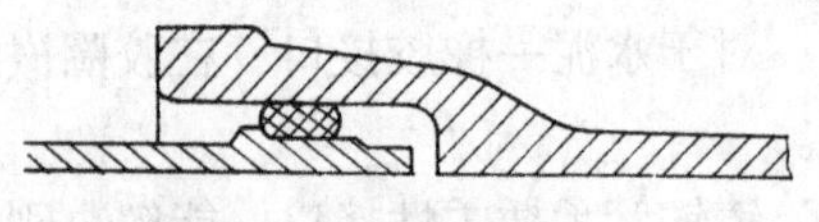
图 8-34　圆形胶圈接口

圆形胶圈具有耗胶量小、造价低的优点，但这种接口形式只适用于离心铸铁管。

（2）预应力钢筋混凝土承插管接口　预应力钢筋混凝土承插管可以代替钢管和铸铁管，用作压力给水管道，其接口形式采用较多的是橡胶圈承插接口，在管网转向、分枝、变径时，要采用金属承插配件的承插接口形式。

承插式预应力钢筋混凝土管胶圈接口的胶圈断面形状，有圆形、唇形、楔形等。接口操作步骤是选择胶圈、检查管质量和接口。其安装方法是：先把合适的胶圈套在插口内，用起重机吊起管子对口，利用钢筋拉杆将卡具和工字钢后背连接好，然后用千斤顶将插口顶入承口内。为了避免新安装的管子回弹，可用倒链把前后管子拉紧。

（3）钢筋混凝土承插管接口操作　钢筋混凝土承插管接口操作方法是，在承插接口打完油麻后，应填塞水泥砂浆。水泥砂浆除了起阻漏作用，还起承插接口的固结作用。填料仍为油麻，砂浆配比是：水泥∶细砂＝1∶2（体积比），要求使用P. O32.5硅酸盐水泥，细砂要干净，使用时，将水泥砂浆填入已打好油麻的承插间隙内，填满后捣实且在接口外侧抹成45°锥面，如图8-35所示。

抹好的砂浆带应用湿草袋盖好养生，经24h后再用湿土将砂浆带盖严养生。

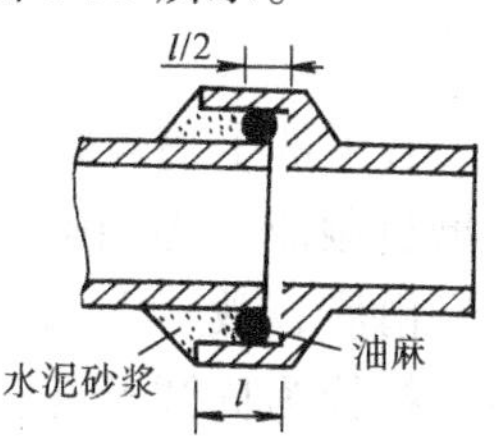

图8-35　钢筋混凝土承插管接口操作

（4）瓦管、缸瓦管和陶瓷管的承插接口　瓦管、缸瓦管和陶瓷管常用于排水管道，其接口形式多为承插接口，也分刚性和柔性接口。刚性接口材料有普通水泥砂浆、膨胀水泥、石棉水泥等。柔性接口材料有环氧聚酰、沥青砂浆、耐酸沥青玛瑞脂、硫磺水泥等。

刚性接口的质量要求：承口和插口之间缝隙要均匀，填料要填压密实；在管径较大时应将管内竖缝填满。为了防止填料漏入管内，应先填一圈阻挡材料，如麻、草绳等，然后在承插口缝隙内填接口材料，并稍微击实，进行湿养护。为了防止水泥砂浆裂缝，三角处应分两次压实抹光。

柔性接口填料配比要合适，如环氧浸胶填料为环氧树脂∶聚酰胺∶丙酮＝1∶0.3∶适量环氧胶，填料为环氧树脂∶聚酰胺＝1∶0.3，环氧胶泥填料为环氧胶∶耐酸水泥＝1∶2.5～4.8。环氧浸胶是胶结石棉绳的一种胶结材料，拌制时，先把环氧树脂与聚酰胺按上述比例拌匀，再慢慢加入丙酮继续拌匀，然后将石棉绳浸透、晒干。安装管子时，在承口的2/3深度中填入石棉绳，操作与给水管打麻相同，然后将余下的1/3深度分两次堵塞环氧胶泥。

沥青砂浆配比一般采用沥青∶石棉粉∶砂＝3∶2∶5，制备时，先将沥青熔至约180°C，然后加入混合均匀的石棉和砂且拌匀，加热到220～250°C。接口前，在管口处涂刷冷底子油，阴干后，在接口内塞入油麻，防止沥青砂浆漏进管内，然后在管口处安装模子。浇灌时，沥青砂浆温度应在200°C左右，使其具有良好的流动性。

耐酸沥青玛琋脂的配比为沥青: 耐酸水泥: 石棉绒: 砂子 = 24: 21: 2: 53，浇灌前同样做好模子，先在接口处填塞耐酸石棉绳，再浇灌耐酸沥青玛琋脂，最后用沥青砂浆封口。沥青砂浆在 140 ~ 160°C 时分层涂抹。

硫磺水泥接口的配比，一般为硫磺粉: 石英砂: 石棉绒: 聚硫橡胶 = 59: 39: 1: 1。接口时，先在接口处刷一道硫磺水泥作为底子，然后在管口支模，为防止硫磺水泥漏入管内，需填塞一圈油麻，每个接口要求一次灌完，并保证接口的严密性。硫磺水泥灌注完毕后养护 2 ~ 3d，养护时接口严禁洒水；冬季施工要保温，以免骤然冷却造成管口裂缝。

配制硫磺水泥时，所用化工原料具有较强的刺激性和腐蚀性，因此，操作时切实注意劳动保护，采取措施防止烫伤或火灾。

技能 26 管道的卡箍连接

管道的卡箍连接又称沟槽式卡箍连接，在管端加工成沟槽，沟槽由专用的压槽机制成，再用响应式密封圈套入两连接管端部，在套圈之前要将密封圈涂抹润滑脂，放上卡箍（图 8-36），卡箍紧扣在管的沟槽上，再在卡箍上拧紧螺栓，螺栓为椭圆颈螺栓，实现钢管密封连接。其工艺流程为：管端上加工沟槽→给密封圈涂润滑脂→密封圈套入管端→靠拢另一管段→密封圈套入另一管端→卡入管卡→上紧卡箍螺栓。卡箍是专用管件。卡箍连接广泛用于镀锌管的连接上。

卡箍如图 8-36 所示卡箍管道连接如 8-37 所示。现场卡箍管道连接步骤如图 8-38 所示。

图 8-36 卡箍

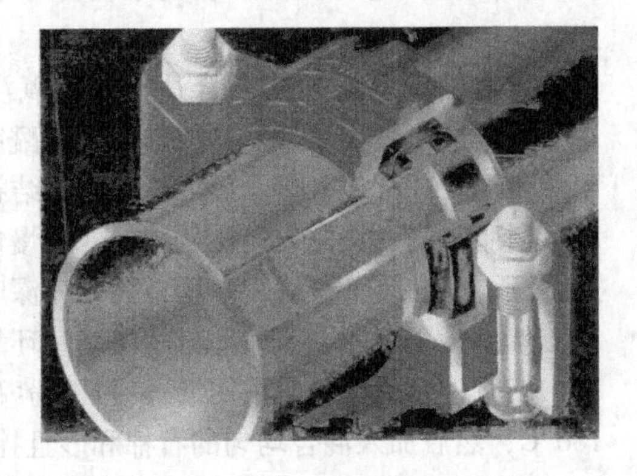

图 8-37 卡箍管道连接

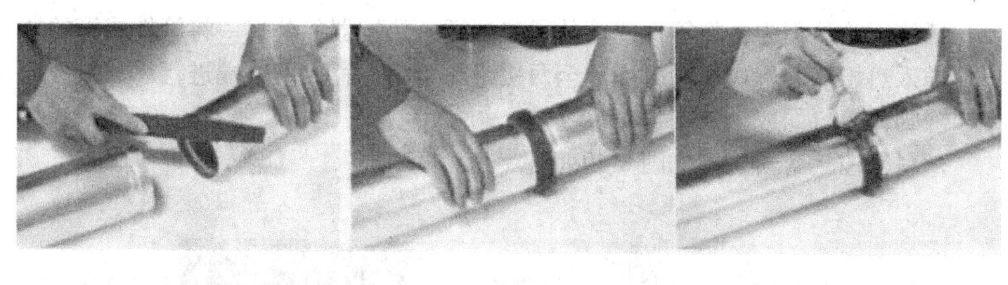

①去除钢管端部毛刺　②安装密封圈　③在密封圈外侧涂润滑剂

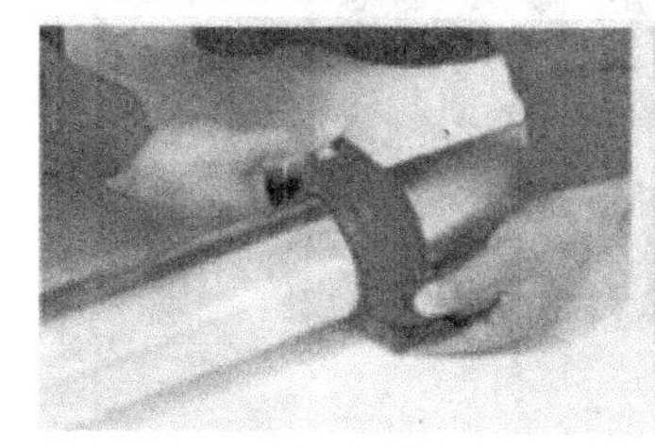

④卡入卡箍件　⑤均匀拧紧螺栓

图 8-38　连接步骤

技能 27　管道的热熔连接

管道的热熔连接广泛用于各种塑料管的连接，具有快速和连接强度大的特点。常见的热熔连接有对接和插接，用专用的电热熔工具使要连接部分加热熔融，再通过挤压使管端或管端与管件之间熔接。

对接工艺流程为：将两待接塑料管管端对好→用 50℃左右恒温电热板夹置于两管端之间→管端熔化后，将电热板移开→用力压紧熔化的管端面→冷却后接口即成。

塑料管热熔对接如图 8-39 所示。

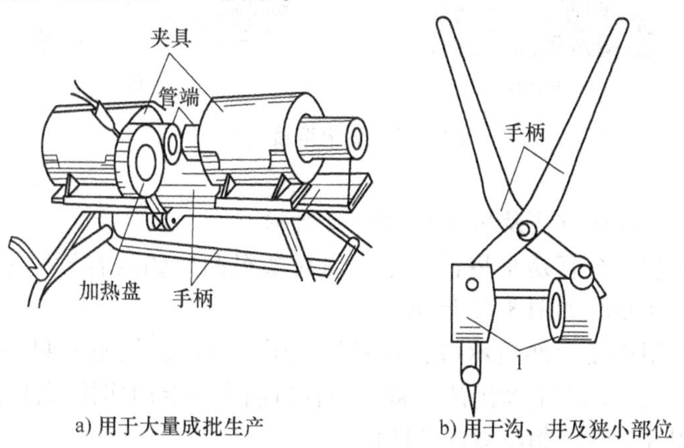

a) 用于大量成批生产　b) 用于沟、井及狭小部位

图 8-39　塑料管热熔对焊

插接工艺流程为：将管件或管的承口端插入热熔器的公口→将管件或管的插口端插入热熔器的母口→同时加热至两接口端熔化→移出两管端进行承插热熔连接→冷却口接口即成。

塑料管插接熔器实物如图 8-40 所示。

图 8-40　熔接器

采用熔接器的管道熔接过程如图 8-41 所示。

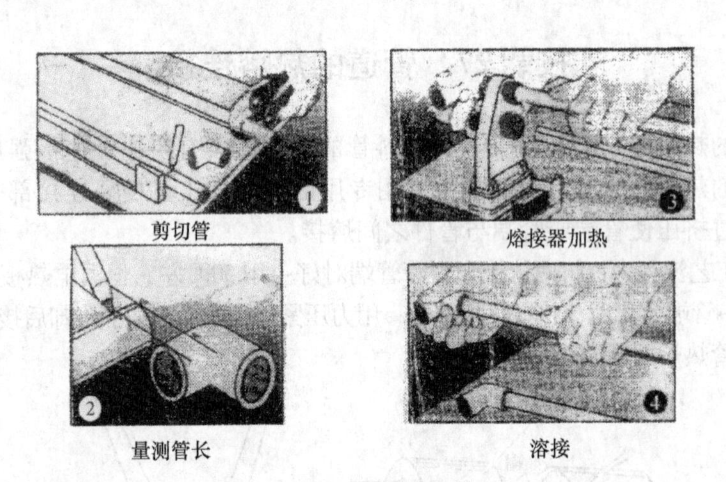

图 8-41　管道熔接过程

塑料管熔接操作方法及步骤如图 8-42 所示。

铝合金衬塑复合管是采用铝合金、内衬塑料制成的复合管，采用承插热熔接，其安装操作步骤如图 8-43 所示。

铝塑管专用连接管件由承口、紧固件、压片组成，如图 8-44 所示。其连接流程是：在插入管端套上紧固片→将铝塑管口插入→专用连接管件接口处→在管件内嵌入紧固片→拧紧螺纹紧固件即成。

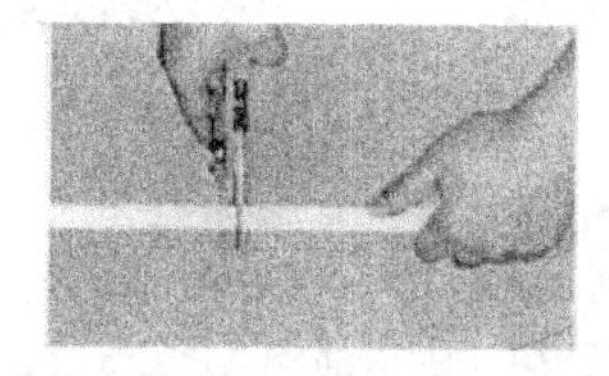

① 切管。用管剪切管。注意：切割时要把管子断面尽量剪平，否则会影响溶解效果。

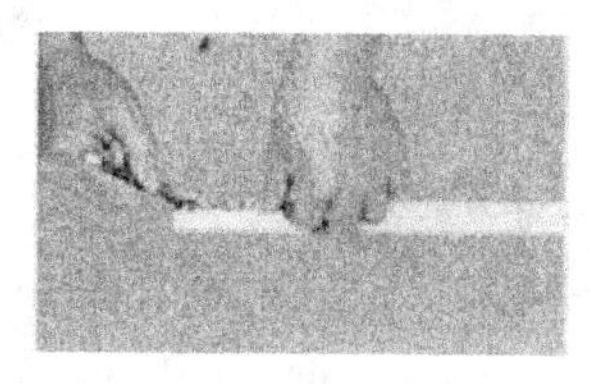

② 标线。在管材熔接口标上熔接深度线。

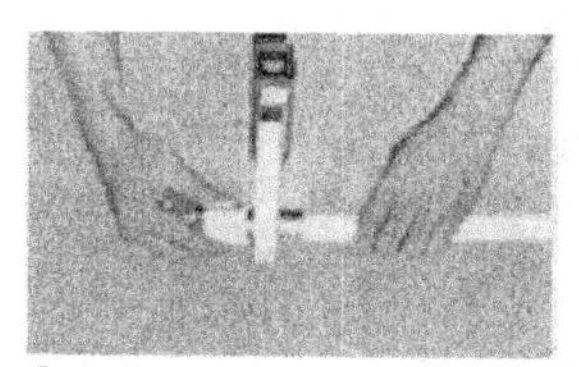

③ 加热。管材、管件同时插入模头。注意：加热过短，受热不充分；加热过长，会导致管件塌陷。

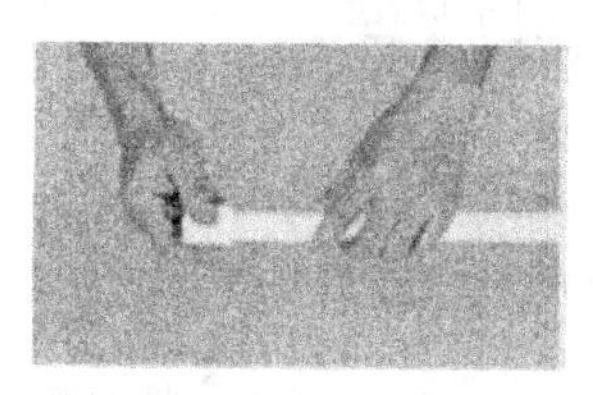

④ 熔接。管材管件从熔接器上取出，迅速、平稳、无旋转地插入到位。注意：连接时间过长，会导致连接强度不足或连接不到位。

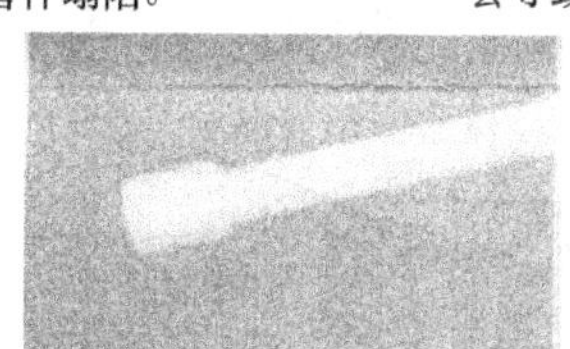

⑤ 冷却。熔接后必须冷却。注意：在没有充分冷却前，应避免受钮、受弯和受拉。

图 8-42 塑料管熔接操作方法及步骤

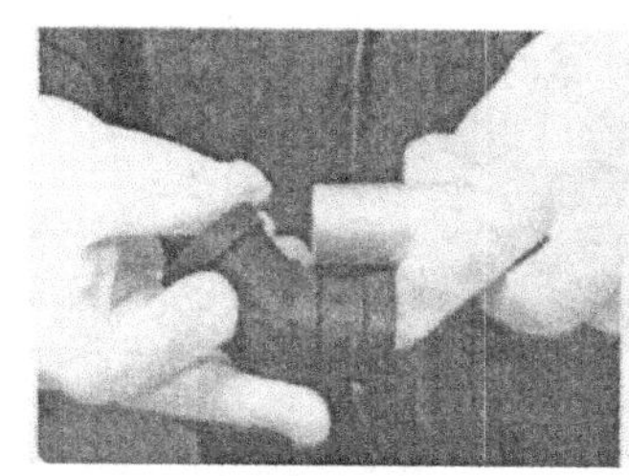

① 目测

② 标注熔接长度定位线

③ 标注承插深度定位线

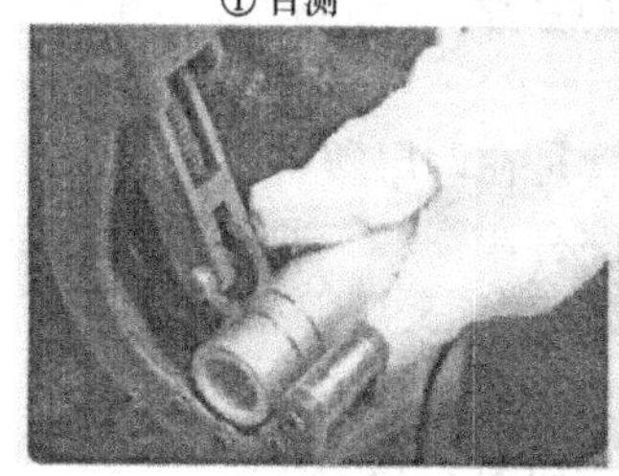

④ 按熔接长度定位线剥去外管(铝合金管)

图 8-43 铝合金衬塑管道安装操作步骤

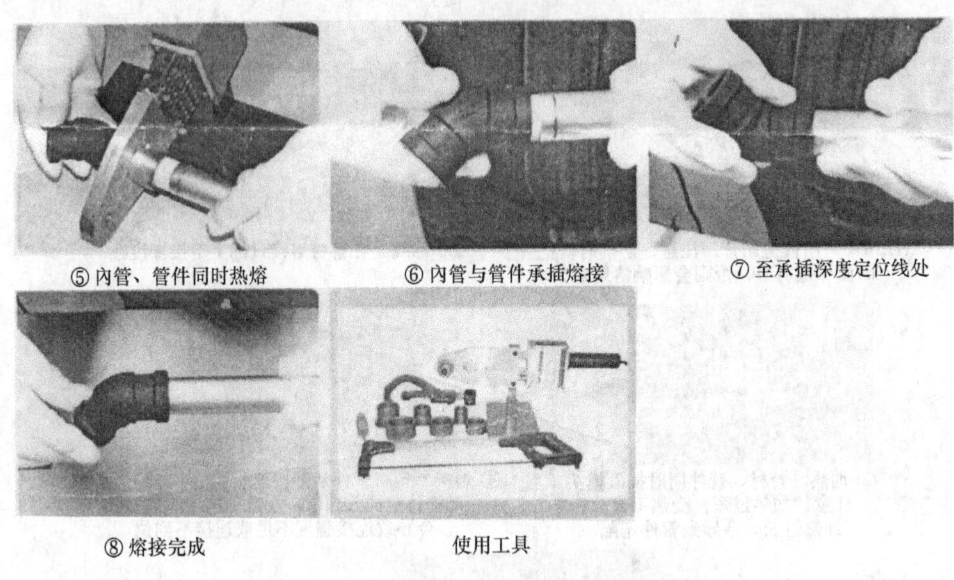

⑤ 内管、管件同时热熔　⑥ 内管与管件承插熔接　⑦ 至承插深度定位线处

⑧ 熔接完成　使用工具

图 8-43　铝合金衬塑管道安装操作步骤（续）

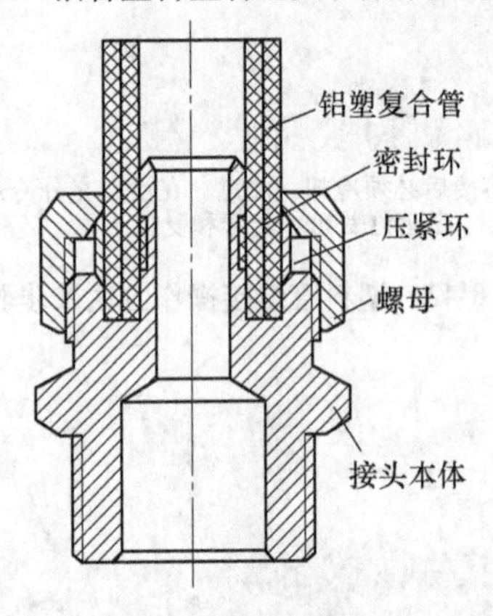

图 8-44　管件的组成

技能 28　管道的卡套挤压连接

管道的卡套挤压连接常用于铝塑管的连接。铝塑管是在两层塑料之间夹有一层薄铝片，其强度高，耐腐蚀，铝塑管口为平口，管件有弯头、三通、四通接头等，材料为铜质，管件如图 8-45 所示。

铝塑管的安装步骤：切管→管口整圆→连接→完成。

切管是根据所需管长进行切断，采用专剪刀切断，如图 8-46 所示。

管端切断后可能管口不成圆，为保证连接质量对管口整圆，采用整圆器整圆，将管子一头插入整圆器，按顺时针方向转动如图 8-47 所示。

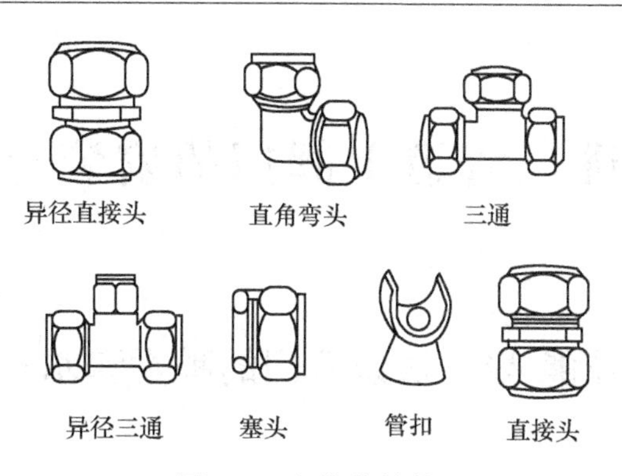

图 8-45　铝塑管管件

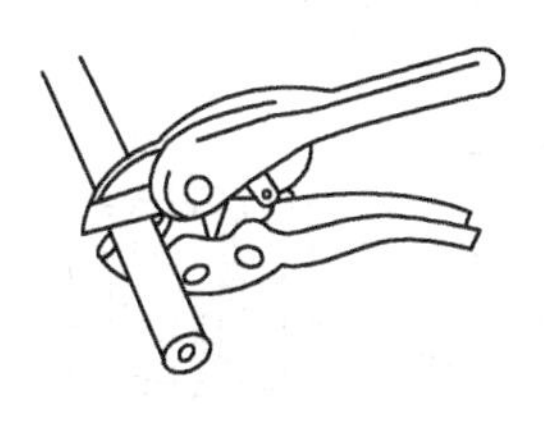

图 8-46　铝塑复合管切管

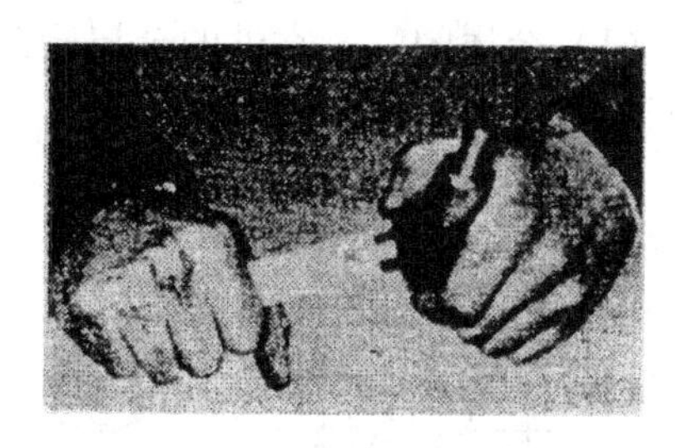

图 8-47　铝塑复合管整圆

连接是在管与管或管与管件连接时，在管上先穿上螺母，再穿入 C 型铜环，将管头插入连接件，最后锁紧螺母，如图 8-48 所示。

铝塑复合管刚柔兼备且每卷有 100m 长，可任意弯曲，不需弯头。

现场实物连接如图 8-49 所示。

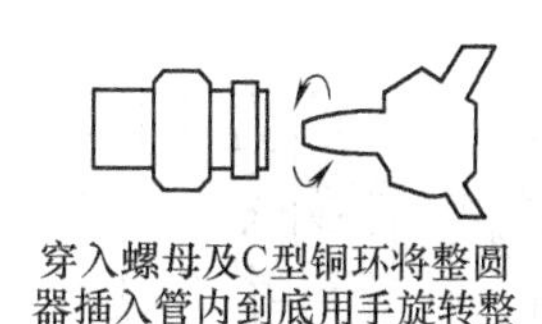

图 8-48　拧紧连接

图 8-49　铝塑复合管现场实物连接图

第9讲　管道上阀门的安装与检修

技能29　认识阀门的种类和水表

1. 阀门

阀门按材质不同分为金属阀门和塑料阀门。

（1）金属阀门　常见的金属阀门有闸阀、截止阀、止回阀、蝶阀、浮球阀和安全阀等，如图9-1所示。

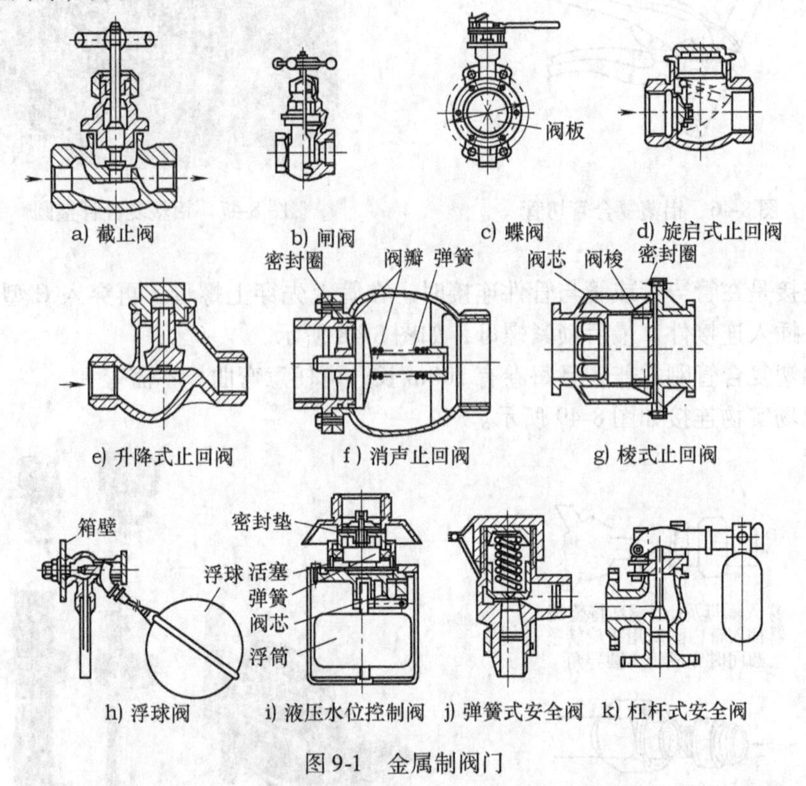

图9-1　金属制阀门

（2）塑料阀门　常见的塑料阀门有球阀、隔膜阀、蝶阀、止回阀和底阀等，如图9-2所示。

2. 水表

水表有旋翼式水表和螺翼式水表，如图9-3所示。

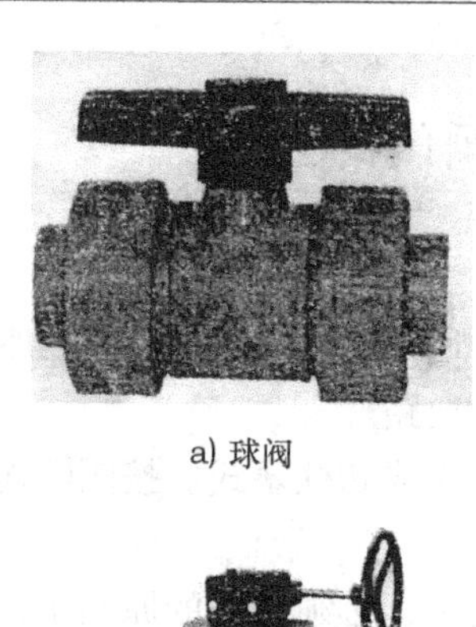

a) 球阀

b) 隔膜阀

c) 齿轮式蝶阀

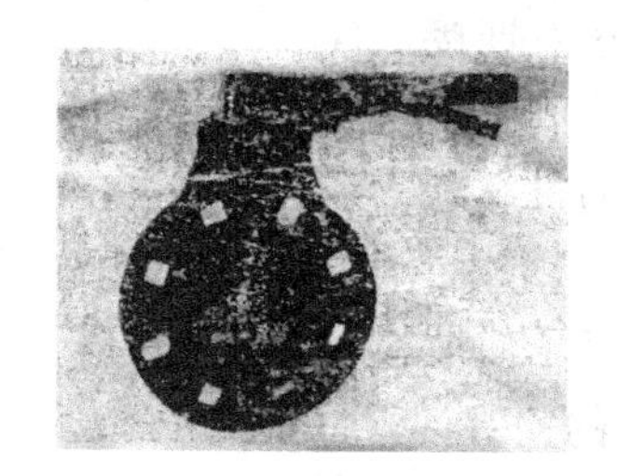

d) 手柄式蝶阀

e) 止回阀

f) 底阀

图9-2　塑料制阀门

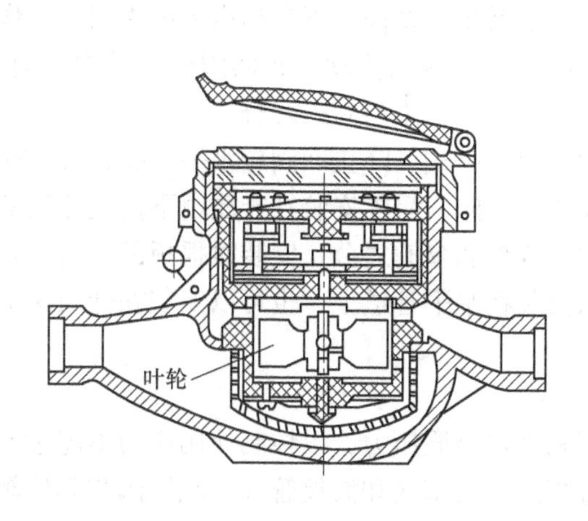

a) 旋翼式水表

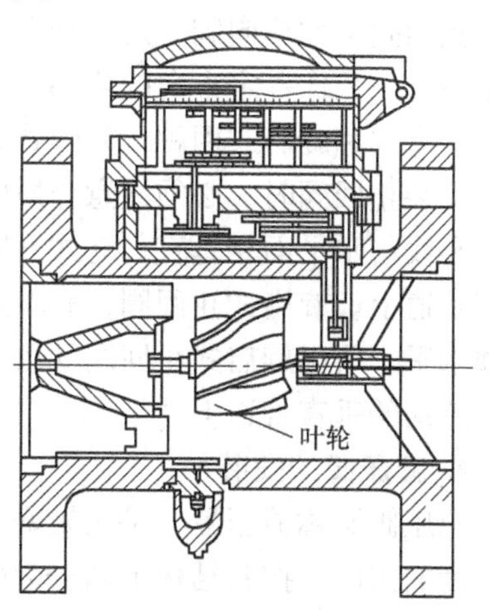

b) 螺翼式水表

图9-3　水表

技能 30　常用阀门的安装

1. 截止阀的安装

截止阀是利用阀盘来控制启闭的阀门。通过改变阀盘与阀座的距离，即改变通道截面的大小来调节介质流量或截断介质通路。

根据结构形式，截止阀分为直通式、直流式和柱塞式。按阀门连接形式分为螺纹连接和法兰连接。

安装截止阀必须注意流体的流向。安装时，必须遵守的原则是，管道中的流体由下而上通过阀盘，俗称低进高出，不许装反。只有这样安装，流体通过阀盘的阻力才最小，开启阀门才省力，且阀门关闭时，因填料函不与介质接触，既方便了检修，又不使填料和阀杆受损坏，从而延长了阀门的使用寿命。

2. 闸阀的安装

闸阀又称闸板阀，闸阀是利用闸板来控制启闭的阀门。通过改变横断面来调节管路流量或启闭管线。闸阀多用于对流体介质作全启或全闭操作的管路。按阀杆形式分为明杆式和暗杆式；按闸板形状分为平行式和楔式；按驱动方式分为手动、齿轮传动、液动及电动等。

闸阀安装一般无方向性要求，但不应倒装。倒装时，使介质长期存于阀体提升空间，且操作和检修都不方便。明杆闸阀适用于地面上或管道上方有足够空间的地方，暗杆闸阀多用于地下管道或管道上方没有足够空间的地方。为了防止阀杆锈蚀，明杆闸阀不许装在地下。

3. 止回阀的安装

止回阀又称单向阀，是一种在阀门前后压力差作用下自动启闭的阀门，其作用是使介质只作一定方向的流动，而阻止介质逆向流动。止回阀按其结构不同，分为升降式和旋启式两种，升降式止回阀又有卧式与立式之分。

安装止回阀时，必须注意介质的流向。卧式升降止回阀应水平安装，要求阀盘中心线与水平面相垂直。立式升降式止回阀，只能安装在介质由下向上流动的垂直管道上。旋启式止回阀，有单瓣、双瓣和多瓣之分，安装时摇板的旋转枢轴必须水平，所以旋启式止回阀既可以安装在水平管道上，也可以安装在介质由下向上流动的垂直管道上。

4. 减压阀的安装

减压阀又称减压器，是用来降低和稳定介质压力，以控制使用压力不超过允许限度的阀门。按其结构不同分为薄膜式、活塞式和波纹管式。减压阀与其他阀件及管道组合而成减压阀组。

减压阀组安装及注意事项如下：

1）垂直安装的减压阀组，一般沿墙设置在距地（楼）面适宜的高度处。水平安装的减压阀组，一般安装在永久性平台上。

2）安装时，应以型钢分别在两个截止阀的外侧栽入墙内，构成托架，旁通管卡于托架上，找平找正。减压阀中心距墙面不应小于200mm。

3）安装时，应采用焊接连接方法。旁通管采用弯管连接，截止阀采用法兰截止阀，其组成尺寸按设计图样要求，如无明确要求时，薄膜式减压阀安装，可参照图9-4施工。膜片—活塞式减压阀安装，可参照图9-5施工。两种减压阀组安装尺寸，可参照表9-1施工。

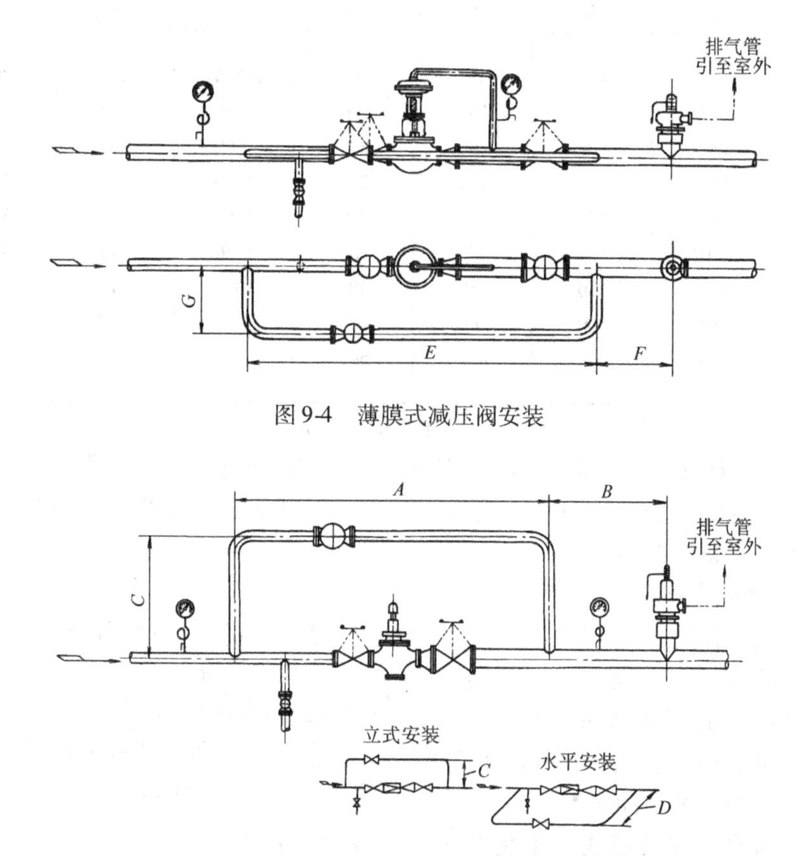

图9-4　薄膜式减压阀安装

图9-5　Y43H—16膜片—活塞式减压阀安装

4）减压阀应直立安装在水平管道上，阀盖要与水平管道垂直，阀体上的箭头应指向介质流动方向，不得装反。

5）减压阀的两侧应装设截止阀，减压阀后的管道直径应放大一级规格，并装上旁通管以便检修。

6）减压阀前后的高低压管道上，应设置压力表，以便观察阀前后的压力变化。

7）薄膜式减压阀的均压管，应装在低压管道上。

8）低压管道上，应设置安全阀，以保证管道系统的安全运行。

9）使用减压阀，一般要满足减压阀进、出口压力差不小于0.15MPa的要求。

10）用于蒸汽减压时，要设置泄水管。

表9-1　减压阀组安装尺寸　（单位：mm）

型号	A	B	C	D	E	F	G
DN25	1100	400	350	200	1350	250	200
DN32	1100	400	350	200	1350	250	200
DN40	1300	500	400	250	1500	300	250
DN50	1400	500	450	250	1600	300	250
DN65	1400	500	500	300	1650	350	300
DN80	1500	550	650	350	1750	350	350
DN100	1600	550	750	400	1850	400	400
DN125	1800	600	800	450	—	—	—
DN150	2000	650	850	500	—	—	—

注：膜片—活塞式减压阀水平安装时，尺寸C改为D。

11）对于净化程度要求较高的管道系统，在减压阀前设置过滤器。

12）减压阀组安装结束后，应按设计要求对减压阀、安全阀进行试压、调整，并做出调整后的标志。

5. 疏水阀的安装

疏水阀又称疏水器、回水器、阻汽排水阀等，是用于自动排泄系统中凝结水、阻止蒸汽通过的阀门。疏水阀有高压和低压（低压回水阀）之分。按其结构不同，疏水阀分浮筒式、倒吊桶式、热动力式及脉冲式等。

(1) 疏水阀安装形式　组装高压疏水阀时，应按设计图样进行施工。当设计无具体要求时，根据管件配置的不同，有以下3种安装形式，即浮筒式、倒吊桶式、热动力式。浮筒式疏水阀安装如图9-6所示，倒吊桶式疏水阀安装如图9-7所示，热动力式疏水阀安装如图9-8所示。

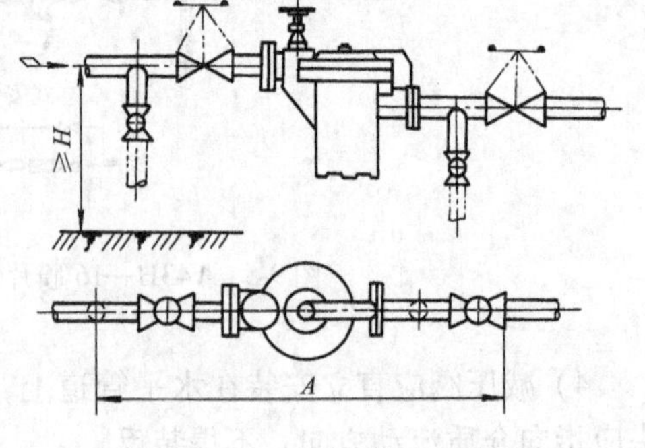

图9-6　浮筒式疏水阀安装

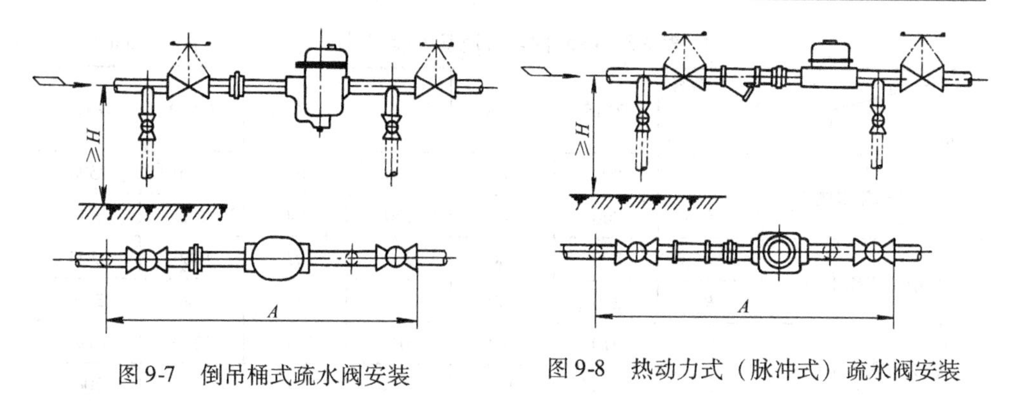

图9-7　倒吊桶式疏水阀安装　　图9-8　热动力式（脉冲式）疏水阀安装

（2）疏水阀安装尺寸

1）疏水阀不带旁通管安装尺寸　疏水阀不带旁通管安装尺寸见表9-2。

表9-2　疏水阀不带旁通管安装尺寸　（单位：mm）

规格 \ 型号		DN15	DN20	DN25	DN32	DN40	DN50
浮筒式疏水阀	A	680	740	840	930	1070	1340
	H	190	210	260	380	380	460
倒吊桶式疏水阀	A	680	740	830	900	960	1140
	H	180	190	210	230	260	290
热动力式疏水阀	A	790	860	940	1020	1130	1360
	H	170	170	180	190	210	230
脉冲式疏水阀	A	750	790	870	960	1050	1260
	H	170	180	180	190	210	230

2）疏水阀带旁通管安装尺寸　疏水阀带旁通管安装时，图9-6、图9-7、图9-8应与疏水阀旁通管安装图合并使用。疏水阀旁通管安装图如图9-9所示，疏水阀带旁通管安装尺寸见表9-3。

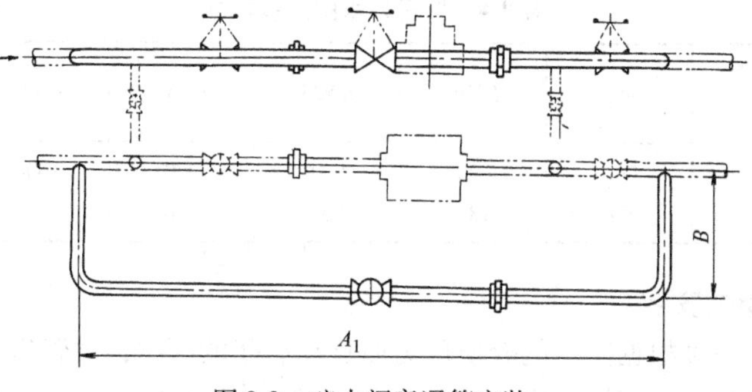

图9-9　疏水阀旁通管安装

表 9-3　疏水阀带旁通管安装尺寸　（单位：mm）

规格 \ 型号		DN15	DN20	DN25	DN32	DN40	DN50
浮筒式疏水阀	A_1	800	860	960	1050	1190	1500
	B	200	200	220	240	260	300
倒吊桶式疏水阀	A_1	800	860	950	1020	1080	1300
	B	200	200	220	240	260	300
热动力式疏水阀	A_1	910	980	1060	1140	1250	1520
	B	200	200	220	240	260	300
脉冲式疏水阀	A_1	870	910	990	1080	1170	1420
	B	200	200	220	240	260	300

（3）安装注意事项

1）组装高压疏水阀时，疏水阀应直立安装在冷凝水管道的最低处和便于检修的地方。阀盖应垂直，进、出口应同一水平，不得倾斜，以利阻气排水。安装时阀体上的箭头指向应与介质流动方向一致，不得反装。上述安装方式，都可使疏水阀在其两侧截止阀关闭后，进行自由拆卸，拆卸时还应将疏水阀出口的检查阀门打开，以排出余压，确保操作安全。

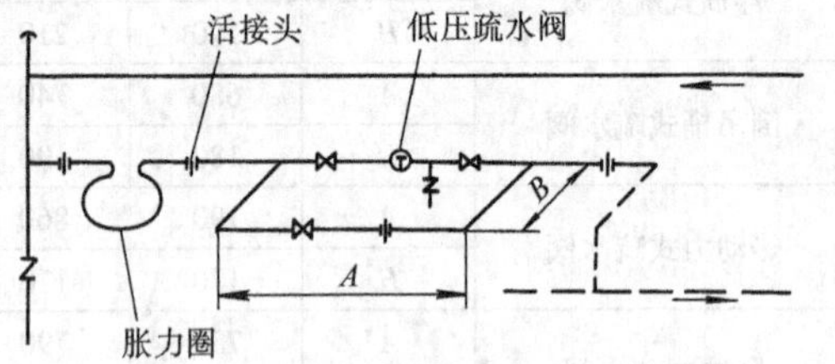

图 9-10　低压疏水阀组对安装

2）低压疏水阀（即地沟回水门）组对时，应按设计图样要求的形式和规格进行。$d < DN25$ 的，均应以螺纹连接，安装时应配置胀力圈，且两端应以活接头连接，阀门应垂直，间距应匀称，管道宜规整，胀力圈与旁通管应水平。低压疏水阀组对安装如图 9-10 所示，低压疏水阀安装尺寸见表 9-4。

表 9-4　低压疏水阀安装尺寸　（单位：mm）

规格 \ 型号	DN15	DN20	DN25	DN32	DN40	DN50
A	700	700	800	900	1000	1100
B	150	180	200	200	230	230

6. 安全阀的安装

安全阀是一种根据限定的介质压力而自动启闭的阀门，对管道、设备起安全保护作用。按其结构不同，安全阀分为杠杆式（即重锤式）安全阀和弹簧式安全阀两种。

（1）安全阀安装及注意事项

1）安全阀应按设计图样要求安装，如设计无具体要求时，安全阀应尽可能布置在平台附近或便于检修的地方。

2）工艺设备和管道上的安全阀应垂直安装，应使介质从下向上流出，并要检查阀杆的垂直度。

3）安装杠杆式安全阀，应使杠杆保持水平。

4）安全阀的入口管道直径，最小应等于阀门的入口直径，出口管道（如需设排出管时）直径，不得小于阀门的出口直径。

5）安全阀的前后，不得设置阀门，以保证安全可靠。

6）安全阀泄压。当介质为液体时，一般排入管道或其他密闭系统；当介质为气体时，一般排至室外大气。

7）安全阀安装后应进行试压，并校正开启压力，开启压力由设计及有关部门规定，一般为工作压力的1.05~1.1倍。

8）校正开启压力（又称定压）。对锅炉安全阀定压，必须在安全阀处于热状态时进行，若用冷水试验的压力作为正式定压，将会造成压力误差过大或安全阀失灵。

（2）安全阀定压方法　当工艺设备或管道内的介质压力达到规定压力时，才对安全阀定压。定压时应与安装在工艺设备或管道上的压力表相对照，边观察压力表指示数值边调整安全阀。

1）弹簧式安全阀定压。首先拆下安全阀顶盖和拉柄，然后转动调整螺钉。当调整螺钉被拧到规定的开启压力时，安全阀便自动放出介质来，再稍微拧紧些，即作为定完压。定压之后要试验其准确性，即稍微拉一下拉柄，如立即有大量介质冒出来时，即认定定压合格。定压后的安全阀要打上铅封，严禁乱动。

2）杠杆式安全阀定压。首先拧活重锤上的定位螺钉，然后缓慢地移动重锤，直移到安全阀出口自动排放介质时为止，即作为定完压。定压之后需当即试验其准确性，即用大拇指轻轻抬一下杠杆端，如立即有大量介质冒出来时，即认为定压合格。定压后的安全阀，应将重锤上的定位螺钉拧紧，防止重锤在杠杆上移动。

技能31　常用阀门的检修

1. 一般阀门常见故障与原因

一般阀门常见故障，主要表现在阀门填料函泄漏、密封面泄漏、阀杆失灵、垫圈泄漏、阀门开裂、手轮损坏、压盖断裂及闸板失灵等方面。

（1）填料函泄漏　填料函泄漏原因与维修方法见表9-5。

表9-5　填料函泄漏原因与维修方法

故障原因	维修方法
装填填料方法不正确（如整根盘旋入）	正确装填填料
阀杆变形或腐蚀生锈	修理或换新
填料老化	更换填料
操作用力不当或用力过猛	缓开缓闭，操作平稳

（2）密封面泄漏　密封面泄漏原因与维修方法见表9-6。

表9-6　密封面泄漏原因与维修方法

故障原因	维修方法
密封面磨损，轻度腐蚀	定期研磨
关闭不当，密封面接触不好	缓慢、反复启闭几次
阀杆弯曲，上、下密封面不对中心线	修理或更换
杂质堵住阀芯	开启，排除杂物，再缓慢关闭，必要时加过滤器
密封圈与阀座、阀瓣配合不严	修理
阀瓣与阀杆联接不牢	修理或换件

（3）阀杆失灵　阀杆失灵原因与维修方法见表9-7。

表9-7　阀杆失灵原因与维修方法

故障原因	维修方法
阀杆损伤、腐蚀、脱扣	更换阀件
阀杆弯扭	阀门不易开启时，不要用长器具撬别手轮，弯扭的阀杆需更换
阀杆螺母倾斜	更换阀件或阀门
露天阀门锈死	露天阀门应加罩，定期转动手轮

（4）其他故障　阀门其他故障、原因与维修方法见表9-8。

表9-8　其他故障、原因与维修方法

故障	故障原因	维修方法
垫圈泄漏	垫圈材质不适应或在日常使用中受介质影响失效	采用与工作条件相适应的垫圈或更换垫圈
阀门开裂	冻坏或螺纹阀门安装时用力过大	保温防冻，安装时用力均匀适当
手轮损坏	重物撞击，长杆撬别开启，内方孔磨损倒棱	避免撞击，开启时用力均匀，方向正确，锉方孔或更换手轮

（续）

故障	故障原因	维修方法
压盖断裂	紧压盖时用力不均	对称拧紧螺母
闸板失灵	楔形闸板因腐蚀而关不严，双闸板的顶楔损坏	定期研磨，更换成碳钢材质的顶楔

2. 自动阀门常见故障与原因

常见的自动阀门有止回阀、减压阀、疏水阀及安全阀等。

（1）止回阀常见故障　止回阀常见故障原因、预防及维修方法见表9-9。

表9-9　止回阀常见故障、原因、预防与维修

故障	故障原因	预防与维修
介质倒流	1. 阀芯与阀座间密封面损伤 2. 阀芯与阀座间有污物	1. 研磨密封面 2. 清除污物
阀芯不开启	1. 密封面被水垢粘住 2. 转轴锈住	1. 清除水垢 2. 打磨铁锈，使之灵活
阀瓣打碎	阀前、阀后的介质压力处于接近平衡的“拉锯”状态，使脆性材料制的阀瓣频繁受到拍打	采用韧性材料阀瓣

（2）减压阀常见故障　减压阀常见故障、原因、预防及维修方法见表9-10。

表9-10　减压阀常见故障、原因、预防与维修

故障	故障原因	预防与维修
阀后压力不稳	1. 脉冲式的是阀径选用不当，两端介质压差大 2. 弹簧式的调节弹簧选择不当	1. 更换合适的减压阀 2. 更换合适的调节弹簧
阀门不通	1. 控制通道被杂物堵塞 2. 活塞内锈迹卡住，在最高位置不能下移	1. 清除杂物，阀前安过滤器 2. 检修活塞，使其灵活
阀门直通	1. 活塞卡在某一位置 2. 主阀阀瓣下部弹簧断裂 3. 脉冲阀阀柄在密合位置外卡住 4. 主阀瓣与阀座密封面间有污物卡住或严重腐蚀 5. 薄膜片失效	1. 检修活塞，使其灵活 2. 更换弹簧 3. 检修，使其灵活 4. 清除污物，定期研磨密封面 5. 更换薄膜片
阀后压力不能调节	1. 调节弹簧失灵 2. 帽盖有泄漏，不能保持压力 3. 活塞、气缸磨损或腐蚀 4. 阀体内充满冷凝水	1. 更换调节弹簧 2. 及时检修，更换垫片 3. 检修气缸，更换活塞环 4. 松开丝堵，排净冷凝水

(3) 疏水阀常见故障　疏水阀常见故障、原因、预防与修理方法见表 9-11。

表 9-11　疏水阀常见故障、原因、预防与修理

故障	故障原因	预防与修理
不排水	1. 蒸汽压力太低 2. 蒸汽和冷凝水未进入疏水器 3. 浮筒式的浮筒太轻 4. 浮筒式的阀杆与套管卡住 5. 阀孔或通道堵塞 6. 恒温式阀芯断裂，堵塞阀孔	1. 调整蒸汽压力 2. 检查蒸汽管道阀门是否关闭堵塞 3. 适当加重或更换浮筒 4. 检修或更换，使其灵活 5. 清除堵塞杂物，阀前装过滤器 6. 更换阀芯
排汽	1. 阀芯和阀座磨损，漏汽 2. 排水孔不能自行关闭 3. 浮筒式浮筒体积小，不能浮起	1. 研磨密封面 2. 检查是否有污物堵塞 3. 适当加大浮筒体积
连续工作温度下降	1. 排水量低于凝结水量 2. 管道中凝结水量增加	1. 更换合适的疏水器 2. 加装疏水器

(4) 安全阀常见故障　安全阀常见故障、原因、预防与修理见表 9-12。

表 9-12　安全阀常见故障、原因、预防与修理

故障	故障原因	预防与修理
密封面渗漏	1. 阀芯与阀座密封面有污物或磨损 2. 阀杆中心线不正	1. 清除污物或研磨密封 2. 校正调直阀杆中心线
超过工作压力不开启	1. 杠杆被卡住或销子锈蚀 2. 杠杆式的重锤被移动 3. 弹簧式的弹簧受热变形或失效 4. 阀芯与阀座粘住	1. 检修杠杆或销子 2. 调整重锤位置 3. 更换弹簧 4. 定期做排气试验
不到工作压力就开启	1. 杠杆的重锤向内移动 2. 弹簧式的弹力不够	1. 调整重锤位置 2. 拧紧或更换弹簧
开启后阀芯不自动关闭	1. 杠杆式的杠杆偏斜 2. 弹簧式的弹簧弯曲 3. 阀芯或阀杆不正	1. 检修杠杆 2. 调整弹簧 3. 调整阀芯或阀杆

3. 常用阀门检修

阀件在安装和使用中，由于制造质量和磨损，容易产生泄漏和关闭不严等现象，为此需要对阀件进行检查与修理。

(1) 压盖泄漏检修　填料函中的填料受压盖的压力起密封作用，经过运行一

段后填料会老化变硬，特别是启闭频繁的阀门，因阀杆与填料之间摩擦力减小，易造成压盖漏汽、漏水，为此必须更换填料。

1）小型阀门压盖泄漏检修。小规格阀门采用压盖螺母式压盖螺母与阀体外螺纹连接，通过旋紧压盖螺母达到压实填料的目的。更换填料时，首先将压盖螺母卸下，然后用螺钉旋具将填料压盖撬下来，把填料函中的旧填料清理干净，将细石棉绳按顺时针方向，围绕阀杆缠上3~4圈装入填料函，放上填料压盖，旋紧盖母即可。小型阀门更换填料操作，如图9-11所示。操作中需注意，旋紧压盖螺母时不要过分用力，防止压盖螺母脱扣或造成破裂，如经更换后仍然泄漏时，可再拧紧盖母，直至不渗漏为止。

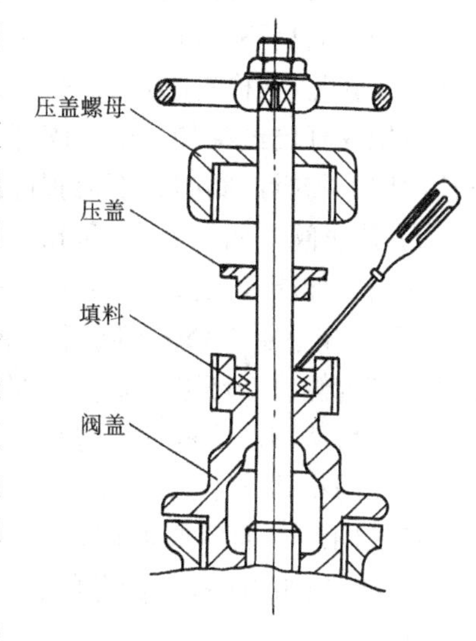

图9-11　小型阀门更换填料操作

对于不经常启闭的阀门，一经使用易产生泄漏，原因是填料变硬，阀门转动后，阀杆与填料间便产生了间隙。修理时，应首先按松扣方向将压盖螺母转动，然后按旋紧的方向旋紧压盖螺母即可。如用上述方法不见效果时，说明填料已失去了应有的弹性，应更换填料。

2）较大型阀门压盖泄漏检修。较大规格（一般大于*DN*50）阀门，采用一组螺栓夹紧法兰式压盖来压紧填料。更换填料时，首先拆卸螺栓，卸下法兰压盖，取出填料函中的旧填料并清理干净。填料前，用成形的石墨石棉绳或盘根绳（方形或圆形的均可），按需要的长度剪成小段，并预先做好填料圈，如图9-12a、b所示。放入填料圈时，注意各层填料要错开180°，如图9-12c所示，并同时转动阀杆，以便检查填料紧固阀杆的程度。更换填料时，除应保证良好的密封性外，还需保证阀杆转动灵活。

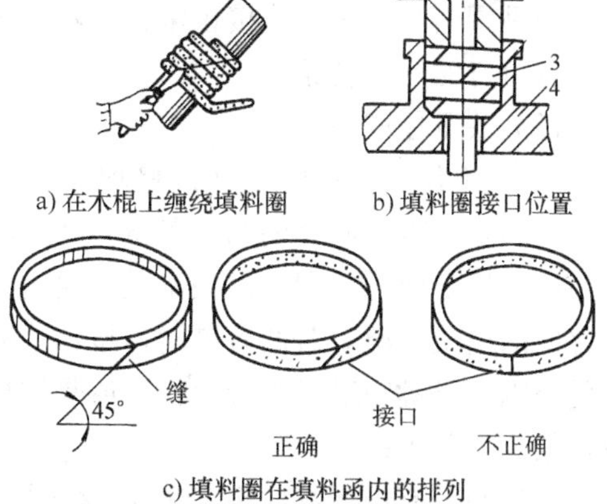

图9-12　制备填料圈及装填排列法

1—阀杆　2—填料函盖　3—填料圈　4—填料函套

（2）不能开启或开启后不通汽（气）、不通水　阀门长期关闭，由于锈蚀而不能开启，开启这类阀门时可采用振打方法，使阀杆与压盖螺母（或法兰压盖）

之间产生微量的间隙。如仍不能开启时，可用扳手或管钳转动手轮，转动时应缓慢加力，不得用力过猛，以免将阀杆扳弯或扭断。

阀门开启后不通汽（气）、不通水，可能有以下几种情况：

1）闸阀。从检查感观发现，阀门开启不能到头，关闭时也关不到底。这种现象表明阀杆已经滑扣，由于阀杆不能将闸板提上来，而导致阀门不通。遇到这种情况时，需拆卸阀门，更换阀杆或更换整个阀门。

2）截止阀。如有开启不到头或关闭不到底现象，属于阀杆滑扣，需更换阀杆或阀门。如能开到头或关到底，是阀芯与阀杆相脱节，采取下述方法修理：

*DN*50 和小于 *DN*50 的阀门，将阀盖拆下，将阀芯取出，阀芯的侧面有一个明槽，其内侧有个环形的暗槽与阀杆上的环形槽相对应。修理时，将阀芯顶到阀杆上，然后从阀芯明槽处，将直径与阀芯（或阀杆）环形槽直径相同的铜丝插入阀杆上的小孔（不透孔），当用手使阀杆与阀芯作相对转动时，铜丝就会自然地被卷入阀芯，如此阀芯就被连在阀杆上了。≤*DN*50 阀门阀杆与阀芯的连接，如图 9-13 所示。

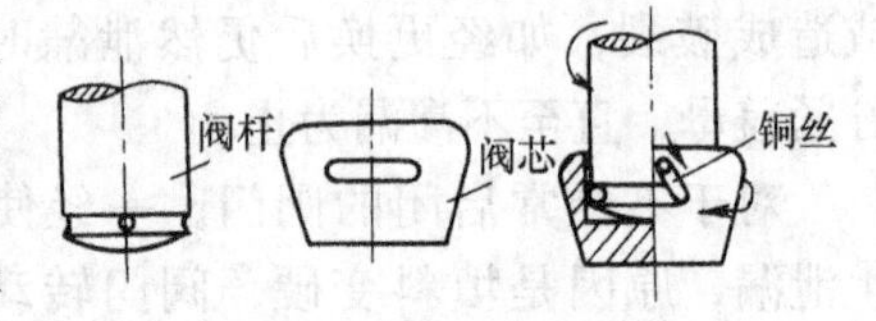

图 9-13 ≤*DN*50 阀门阀杆与阀芯的连接

大于 *DN*50 的阀门，因其阀芯与阀杆连接形式较多，需在阀门拆开后，根据其结构形式和特点进行修理。

3）阀门或管道堵塞　检查所见，阀门既能开启到头，又能关闭到底，且拆开阀门见阀门与阀芯间连接正常，这就证实阀门本身无故障，需要检查与阀门连接的管道有无堵塞现象。

(3) 关不住或关不严

1）关不住。明杆闸阀（规格均大于 *DN*50）工作时，外露的带螺纹阀杆是沿着与手轮垂直方向移动的，若虽转动手轮，阀杆却不再向下移动，且部分阀杆仍留在手轮上面时，即阀门关不上。遇这种现象，需检查手轮与带有内螺纹的铜套之间的连接情况。若两者属键连接，一般是因为键失去了作用。导致键失去作用的原因，是键与键槽咬合得松，或是键质量不符合要求。因此，修理时，需修理键槽或重新配键。

阀杆与带有内螺纹的铜套间非键连接的闸阀，易产生阀杆与铜套螺纹间的“咬死”现象，而导致手轮、铜套和阀杆“连轴转”。产生这种现象的原因，是在开启阀门时，由于用力过猛而开过了头。修理时，可用 8in㊀管钳咬住阀杆无螺纹处，然后用手按顺时针方向扳动手轮，即可将“咬”在一起的螺纹松脱开来，从而恢复阀杆的正常工作。

㊀ 1in = 2.54cm。

2）关不严。阀门产生关不严现象，对于闸阀和截止阀来说，可能是由于阀座与阀芯之间卡有脏物，如水垢之类，或是阀座、阀芯有被划伤、蚀伤之处，致使阀门无法关严。

修理时，需将阀盖拆下检查。如果是阀座与阀芯之间卡住了脏物，应清理干净，如属阀座或阀芯被划伤、蚀伤时，则需用研磨方法进行修理。

对于经常开启着的阀门，由于阀杆螺纹上积存有铁锈，当偶然关闭时也会产生关不严的现象。关闭这类阀门时，需采取将阀门“关了再开，开了再关”的方法，反复多次地进行后，即可将阀门关严。

对于少数垫有软垫圈的阀门，关不严多属垫圈被磨损，应拆开阀盖，更换软垫圈即可。

（4）其他故障

1）阀杆端部与启闭钥匙间旋转打滑　产生旋转打滑，是由于阀杆端部方头与启闭钥匙的规格不吻合，或因使用中阀杆端头的四方棱边被磨损。遇到这种情况，一般应就地修复。

2）阀杆折断　阀杆折断多数是由于把阀杆的开启和关闭旋转方向搞反了，即在阀门已经关到头，阀门已处于关闭的情况下，仍坚持用力旋转阀杆，而导致阀杆折断。

3）自动排气阀漏水或不排气　造成这种故障，除阀门本身结构上的缺陷外，还会由于自动排气阀的浮球变形或因锈蚀被卡住，对这类阀门应定期拆开阀体进行清洗，对变了形的浮球要及时修整或更换。

（5）阀门研磨　阀门由于制造质量不佳或在使用中被磨损和腐蚀，造成阀门关闭不严，因此必须对阀座和阀盘进行研磨。对于密封面上如撞痕、刀痕、压伤、不平和凹痕等缺陷，深度小于0.05mm时，均可用研磨方法消除。

1）研磨料。研磨阀门时，需用研磨料（俗称凡尔砂），研磨料有刚玉粉、人造刚玉粉、金刚砂、碳化硼、铁丹粉、氧化铬、滑石粉、硅藻土、玻璃粉、金刚石粉及研磨膏等，其中，常用的是金刚砂。常用研磨料成分见表9-13，研磨料号数及颗粒尺寸见表9-14。

表9-13　研磨料成分

名　称	主要成分（质量分数，%）	颜　色	粒度号	适用于被研磨的材料
人造刚玉	Al_2O_3	暗棕色到淡粉红色	F12～F1000W5	碳素钢、合金钢、可锻铸铁
人造白刚玉	Al_2O_3 97～98.5	白色	F16～F1000W5	软黄铜及其他（表面渗氮和硬质合金不适用）

（续）

名　称	主要成分（质量分数，%）	颜　色	粒度号	适用于被研磨的材料
人造碳化硅（人造金刚砂）	SiC 97 ~ 98.5	黑色	F16 ~ F1000W5	灰铸铁、软黄铜、青铜
人造碳化硼	B：72 ~ 78 C. 20 ~ 24	黑色	—	硬质合金与渗碳钢

注：1. 金刚砂不宜用于研磨阀门的密合面。

2. 表中粒度号数如 F12、F16 即粒度的尺寸，如 F12 的颗粒大小为 2000 ~ 1700μm；F16 为 1400 ~ 1200μm。表中 W 表示细研磨粉，字母下角的数字表示颗粒的大小，如 W5 表示细研磨粉的颗粒大小是 5 ~ 3.5μm。

表 9-14　研磨料号数与颗粒尺寸　（单位：μm）

粒度号数	颗粒尺寸	粒度号数	颗粒尺寸
F100	150 ~ 125	F320（W40）	42 ~ 28
F120	125 ~ 105	F360（W28）	28 ~ 20
	105 ~ 85	F400（W20）	20 ~ 14
F180	85 ~ 75	F500（W14）	14 ~ 10
F220	75 ~ 63	F600（W10）	10 ~ 7
F240（W50）	63 ~ 53	F800（W7）	7 ~ 5
F280（W40）	53 ~ 42	F1000（W5）	5 ~ 3.5

研磨阀门时，应根据阀门密封圈的结构、材料和用途的不同，采用不同的研磨料。研磨铸铁、钢、青铜及黄铜制的密封圈时，应采用人造刚玉粉和刚玉粉，研磨氮化处理的钢制密封圈时，应采用人造刚玉粉，研磨硬合金制的密封圈时，应采用金刚砂和碳化硼粉。

2）研磨工具。研磨阀门时，应根据阀门密封圈的结构、材料和用途的不同，选用不同的研磨工具。

研磨工具的硬度应比工件软一些，以便能嵌入磨料，同时又要求其本身具有一定的耐磨性。最好的研具材料是铸铁，其次是软钢、铜等。

研磨截止阀、升降式止回阀和安全阀时，可以直接将阀盘上的密封圈与阀座上的密封圈相互对着研磨，也可以分开研磨。分开研磨时，采用专用的铸铁研磨筒，分别对阀座和阀盘进行研磨，如图 9-14 所示。

研磨闸阀时，一般都是将闸板与阀座分开进行研磨，即用铸铁研磨盘来研磨阀座，如图 9-15a 所示，而闸板可以在研磨平台上进行研磨，如图 9-15b 所示。

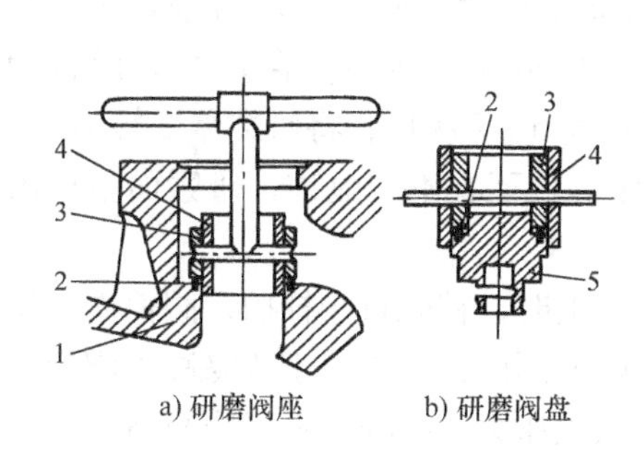

图 9-14　研磨截止阀
1—阀座　2—密封圈　3—研磨器
4—可更换套筒　5—阀盘

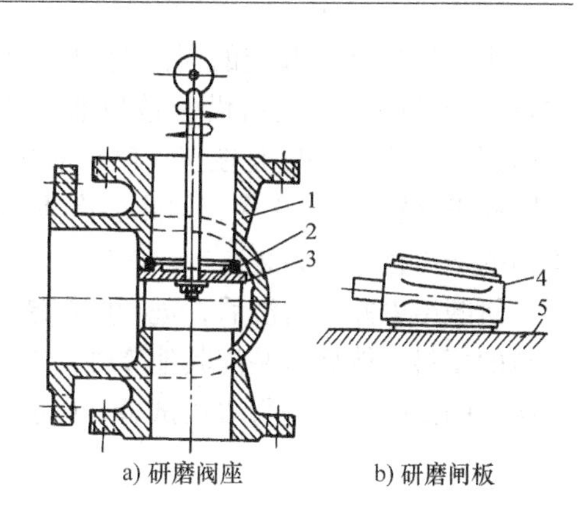

图 9-15　研磨闸阀
1—阀座　2—密封圈　3—研磨盘
4—闸板　5—研磨平台

研磨旋塞时，只能利用栓塞与阀体相互研磨的方法。

3）润滑剂。研磨阀门时多采用湿磨，即在研磨面上加润滑剂。不加润滑剂的干磨很少采用。

对不同的研磨工具，要求使用不同的润滑剂。使用铸铁研磨工具时，用煤油作润滑剂；使用软钢研磨工具时，用全损耗系统用油；使用铜研磨工具时，用全损耗系统用油、酒精或碱水。使用前将选定的润滑剂和研磨粉相混合，然后即可用来进行研磨。

4）研磨方法与操作。研磨前应根据密封面磨损的程度和阀门结构决定研磨方法。若损伤凹痕深度大于 0.05mm 时，应在车床上加工后再作研磨。不允许采用锉刀锉或砂纸磨等方法。

对表面粗糙度值低于 $Ra1.6\mu m$ 的密封面，研磨前宜将粗研磨分为两个阶段进行，先用较粗一点的（F220 ~ F240）研磨粉，然后再用较细的（W28 ~ W20）研磨粉进行研磨。中研磨和细研磨时，采用 W14 ~ W5 的研磨粉。当划痕、蚀痕深度为 0.05mm 以内时，为了加快研磨速度，可先用 F320 研磨粉进行粗磨后，再用 W28 ~ W14 研磨粉进行细研磨；当密封面上的划痕或蚀痕很浅时，可用 W28 ~ W10 较细研磨粉进行研磨。

对于一般的密封面，粗研时用 F120 研磨粉，中研时用 F220 研磨粉，细研时用 F320 研磨粉。每次更换研磨剂时，须将原有的研磨剂擦拭干净。

为了获得特别精密的密封表面，一般将研磨过程分为粗研磨、中研磨和细研磨 3 道工序进行。粗研时用 W28 ~ W20 细研磨粉，中研磨时用 W14 ~ W10 细研磨粉，细研磨时用 W7 ~ W5 细研磨粉。

研磨密封圈操作步骤与方法：首先，在铸铁研磨器（或阀盘与闸板的密封圈）上涂以用预先选定的润滑剂调好的研磨剂，两手以轻微的压力按着研磨盘（或阀盘与闸板），然后沿着被研磨的阀座密封圈（或研磨平台）的表面转动（或往复运动），一般是在正、反转动90°的弧度6~7次后，将研磨器旋转180°，再同样正反转动6~9次，如此多次重复操作，直至看不到痕迹，研磨面呈现出均匀的灰白色光泽为止。

研磨结束并作清洗后，进行阀门装配。装配时，首先将阀杆插入阀盖内，填装新的填料，然后再装配其他零件。对装配好的阀门，要以等于或略高于阀门工作压力的试验压力进行水压试验，以能保持试验压力3~5min不漏为合格。

第 10 讲　常用卫生器具的安装

技能 32　卫生器具安装的一般要求

1. 卫生器具安装前的准备工作

常用卫生器具有用于便溺用的大、小便器（槽），盥洗、淋浴用的洗脸盆、盥洗槽、浴盆、淋浴器和洗涤用的洗涤盆（池）、化验盆。

卫生器具多在土建的主体工程基本完工和室内给排水管道敷设完毕后进行安装。各种卫生器具的安装准备工作简述如下。

1）熟悉施工安装图样，分析图中尺寸和所需材料、配件的种类、规格、材质、数量。对所安装的卫生器具进行质量检查，凡不符合要求的卫生器具不能安装。熟悉现场环境并准备所用工具。

2）清理安装现场，确定卫生器具的位置，栽埋支、吊架。需打洞的应准确找出洞的位置，并打好洞再安装支、吊架。

2. 卫生器具安装的要求

卫生器具安装有严格的施工技术操作规程和质量检验评定标准，一般要求如下。

1）卫生器具安装时，应根据设计图样规定的位置要求进行安装。当设计无规定时，在同一房间内，同类型的阀件、管配件、卫生器具管，应以同样的方法安装在同一高度上。

2）瓷制的卫生器具应在管道安装完成后，最后一次粉刷前进行安装。

3）安装卫生器具时所用的木砖，应为梯形，且事先刷好防腐沥青，配合土建施工预先埋设，埋设时应小面向外。

4）在同一房间内的同一系统上，不得安装不同类型的阀件、器具和设备。

5）公共场所、医院、学校及儿童用厕所的冲洗水箱把手上，应装置限制器。

6）淋浴室内倾向水沟或地漏的地面坡度应为 0.01 ~ 0.02。由地面排除污水（淋浴、喷洒或刷地的污水等），应采用直径为 50 ~ 100mm 的地漏。

7）铸铁地漏装在楼板内时，在边缘接缝处应采取严格的防渗防漏措施。

8）在混凝土或磁砖地面上安装坐式大便器时，应先在地面内嵌入四块木砖（40mm × 40mm × 50mm），然后用木螺钉将大便器的底座固定在木砖上。

9）安装浴盆时，盆底距地面高度为 140 ~ 200mm，并应有排除污水的坡度。

以磁砖饰面的浴盆，应配置通向排水管和水封的检查门（300mm×300mm）。

10）卫生器具应经水封和检查口接至排水管。

11）不带水封装置的生活污水卫生器具和生产污水集水器，接往生活污水管网时，必须使用单独的水封。

12）水封和卫生器具连接处，可用涂油的麻丝塞紧，并用油灰填抹。

13）地漏应安装在不透水地面（水泥地面、有防水层的磁砖地面等）的最低处，其蓖子顶部比净地面低5～10mm。

14）卫生器具安装，如设计图样无明确要求时，卫生器具安装高度可参考表10-1规定，连接卫生器具的排水管管径及最小坡度参考表10-2规定，一般卫生器具给水配件的安装高度参考表10-3规定。

15）安装浴盆混合式挠性软管淋浴器挂勾的高度，如设计无要求，应距地面1.5m。

16）其他要求简述如下：

表10-1　卫生器具安装高度的规定

项次	卫生器具名称		卫生器具安装高度/mm		备　注
			居住和公共建筑	幼儿园	
1	污水盆（池）		架空式 落地式	800 500	自地面至器具上边缘
2	洗涤盆（池）		800	800	
3	洗脸盆和洗手盆		800	500	
4	盥洗槽		800	500	
5	浴盆		520	—	
6	蹲式大便器	高水箱	1800	1800	台阶面至水箱底
		低水箱	900	900	台阶面至水箱底
7	坐式大便器	高水箱	1800	1800	台阶面至水箱底
		外露排出管式	510	—	地面至水箱底
		虹吸喷射式	470	370	
8	小便器	立式	1000	—	地面至上边缘
		挂式	600	450	地面至下边缘
9	小便槽		200	150	地面至台阶面
10	小便槽冲洗水箱		不低于2000	—	台阶台至水箱底
11	妇女卫生盆		360	—	地面至器具上边缘
12	化验盆		800	—	地面至器具上边缘

表10-2　连接卫生器具的排水管管径及最小坡度

项　　次	卫生器具名称	排水管管径/mm	管道最小坡度
1	污水盆（池）	50	0.025
2	单双格洗涤盆（池）	50	0.025
3	洗手盆、洗脸盆	32～50	0.020
4	浴盆	50	0.020
5	淋浴器	50	0.020
6	大便器		
	高、低水箱	100	0.012
	自闭式冲洗阀	100	0.012
	拉管式冲洗阀	100	0.012
7	小便器		
	手动冲洗阀	40～50	0.020
	自动冲洗阀	40～50	0.020
8	妇女卫生盆	40～50	0.020
9	饮水器	25～50	0.01～0.02

表10-3　一般卫生器具给水配件的安装高度

项次	卫生器具给水配件名称	给水配件中心距地面高度/mm	冷热水水嘴距离/mm
1	架空式污水盆（池）水嘴	1000	—
2	落地式污水盆（池）水嘴	800	—
3	洗涤盆（池）水嘴	1000	150
4	住宅集中给水水嘴	1000	—
5	洗手盆水嘴	1000	—
6	洗脸盆		
	水嘴（上配水）	1000	150
	冷热水管上下并行其中		
	热水水嘴	1100	—
	水嘴（下配水）	800	150
	角阀（下配水）	450	—
7	盥洗槽水嘴	1000	150
	冷热水管上下并行其中热水水嘴	1100	150
8	浴盆水嘴（上配水）	670	
	冷热水管上下并行其中热水水嘴	770	
9	淋浴器		
	截止阀	1150	95（成品）
	莲蓬头下沿	2100	—
10	蹲式大便器		

（续）

项次	卫生器具给水配件名称	给水配件中心距地面高度/mm	冷热水水嘴距离/mm
	高水箱角阀及截止阀	2040	—
	低水箱角阀	250	—
	手动式自闭冲洗阀	600	—
	脚踏式自闭冲洗阀	150	—
	拉管式冲洗阀（从地面起）	1600	—
	带防污助冲器阀（从地面算起）	900	—
11	坐式大便器		
	高水箱角阀及截止阀	2040	—
	低水箱角阀	250	—
12	立式小便器角阀	1130	—
13	大便槽冲洗水箱截止阀（从台阶面算起）	不低于2400	—
14	挂式小便器角阀及截止阀	1050	—
15	小便槽多孔冲洗管	1100	—
16	实验室化验水嘴	1000	—
17	妇女卫生盆混合阀	360	—
18	饮水器喷嘴嘴口	1000	—

注：1. 水嘴，俗称水龙头。

2. 装设在幼儿园内的洗手盆、洗脸盆和盥洗槽水嘴中心离地面安装高度，应减少为700mm，其他卫生器具给水配件的安装高度，亦应按卫生器具的实际尺寸相应减少。

①卫生器具的连接管、煨弯应均匀一致，不得有凹凸等缺陷。

②卫生器具宜采用预埋螺栓或膨胀螺栓固定。如用木螺钉固定，预埋的木砖需做防腐处理，并应凹进净墙面10mm。

③卫生器具的支架安装应平整、牢固，且与卫生器具接触紧密。

④安装完的卫生器具，在使用前应采取保护措施。

总之，卫生器具安装应符合设计和规定的要求，达到平稳、牢固、美观、安全、不堵、不漏、不渗，并且能阻止下水道中的臭气返入室内，以免污染环境。

3. 卫生器具安装质量检验评定标准

卫生器具安装质量检验评定标准有三项：

（1）保证项目

1）卫生器具排水的排出口与排水管承口的连接处，必须严密不漏。检查数量为各抽查10%，但均不少于5个接口。检验方法为通水检查。

2）卫生器具的排水管径和最小坡度，必须符合设计要求和施工规范规定。检查数量为各抽查10%，但均不少于5处。检验方法为观察或测量检查。

（2）基本项目

1）排水栓、地漏的安装应符合以下规定：

合格：平正、牢固、低于排水表面，无渗漏。

优良：在合格基础上，排水栓低于盆、槽底表面2mm，低于地表面5mm；地漏低于安装处排水表面5mm。

检查数量：各抽查10%，但均不少于5个。

检验方法：观察和测量检查。

2）卫生器具安装应符合以下规定：

合格：木砖和支、托架防腐良好，埋设平整牢固，器具放置平稳。

优良：在合格的基础上，器具洁净，支架与器具接触紧密。

检查数量：各抽查10%，但均不少于5组。

检验方法：观察和手扳检查。

（3）允许偏差项目　卫生器具安装的允许偏差和检验方法应符合表10-4规定。

表10-4　卫生器具安装的允许偏差和检查方法

项次	项目		允许偏差/mm	检验方法
1	坐标	单独器具 成排器具	10 5	拉线、吊线和尺量检查
2	标高	单独器具 成排器具	±15 ±10	
3	器具水平度		2	用水平尺和尺量检查
4	器具垂直度		8	吊线和尺量检查

检查数量：各抽查10%，但均不少于5组。

技能33　大便器的安装

1. 蹲式大便器的安装

蹲式大便器分高、低水箱冲洗式两种，常见为高水箱蹲式大便器的安装，低水箱蹲式大便器与高水箱蹲式大便器安装方法差不多，此处重点介绍高水箱蹲式大便器的安装方法。

（1）高水箱蹲式大便器的组成　正确安装高水箱蹲式大便器，必须了解它的组成。

1）便盆及存水弯。便盆由陶瓷制成，中央呈盘形，盘中经常积存12~13mm深的水，防止粪便粘附在底盘上。冲洗时，便盆内粪便靠冲洗水箱的冲洗水由盘中冲下，常见的便盆形状如图10-1所示。

为防止下水道中的臭气返回室内，与便盆连接时需通过存水弯（水封），存水弯有 P 形和 S 形两种，如图 10-2 所示。

图 10-1　陶瓷蹲便盆　　　图 10-2　存水弯

便盆与存水弯连接用承插连接，接口内用油灰填塞。

P 形存水弯比 S 形存水弯高度要低，所以前者多用于建筑物楼层，后者多用于建筑物底层。存水弯与排水道连接也是承插连接。

2）冲洗水箱。冲洗水箱常用陶瓷、塑料制成，形状呈方形，有进水孔 ϕ15mm 和排水孔 ϕ32mm，水箱背上部留有 2 ~ 3 个孔，便于与预埋螺栓固定在墙上，常见的水箱形状如图 10-3 所示。

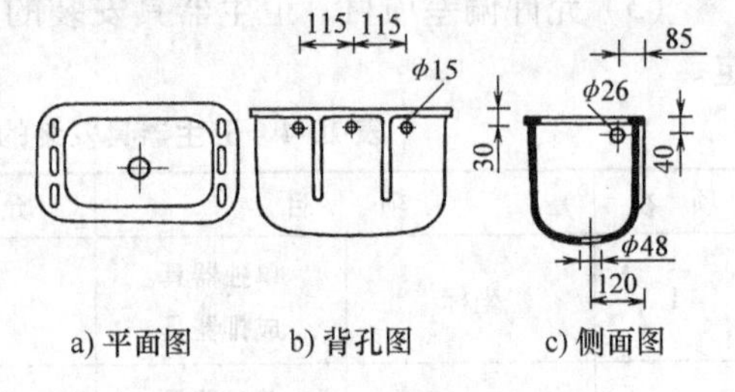

图 10-3　水箱形状

水箱内有虹吸冲洗装置，多由塑料零件配套而成。安装时，将成套冲洗装置直接装在水箱内即可。

3）水箱进、冲水管。水箱进水孔用于连接进水管。在进口处安装浮球阀，水箱水位达高水位时，进水管能自动关闭停水；水箱水位未达高水位时，浮球阀自动开启，可从进水管进水。进水管规格为 *DN*15，相应的有短管、阀门、活接、根母、锁母及浮球阀，均为螺纹连接组成。在水箱出口处安装冲洗管，冲洗管规格为 *DN*32，上管口直接与虹吸冲洗装置底端螺纹连接，且用出口根母加胶垫密封，上端煨成乙字弯，便于冲洗管靠墙，管材为钢管或塑料管，下端煨成 90° 弯，套上胶皮碗，与便盆进水口连接，采用铜丝绑扎，从而使冲洗水箱与便盆连成一体。

高水箱蹲式大便器的安装如图 10-4 所示。

（2）高水箱蹲式大便器的安装　安装高水箱蹲式大便器，可按先安装大便器、存水弯，其次高水箱，最后进水管、冲洗管的顺序进行。

1）大便器的安装。在安装大便器前，首先应对所安装的大便器及附属件进行检查，存水弯上、下口和大便器及下水道接口是否吻合，有无渗漏和破裂等现象。大便器安装时，根据厕所设计图样尺寸，事先按要求做好接水管，并堵灌好楼板眼。接水管的承口内先用油麻填塞，后用纸筋水泥（纸筋∶水泥 = 2∶8）塞

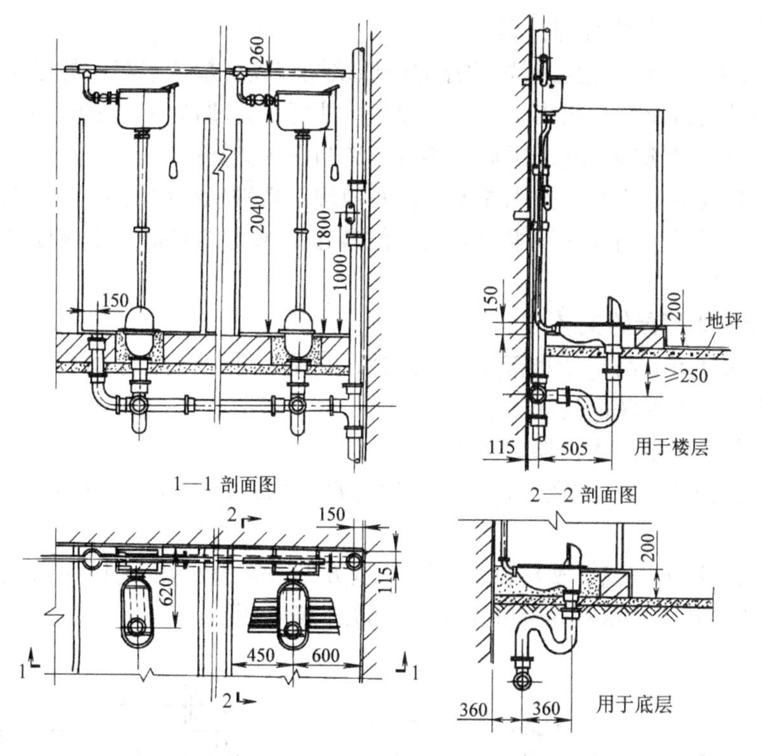

图10-4　高水箱蹲式大便器的安装图

满刮平，插入存水弯，再用水泥固定牢。存水弯装稳后，以存水弯承口中心为准，量好应距各墙的尺寸（在安装下水管甩头时应考虑大便器后串30～50mm为宜），将油灰或纸筋水泥涂在大便器出水口外面，再插入存水弯内，用手伸到大便器出口孔内，把挤出的油灰抹光。可临时用砖支撑住，核对位置，认为合适，用水泥砂浆砌筑托便器砖座，当其与底同高时，拿下便器，用油麻腻子将接下水管处抹严密，用砂子或炉渣填满存水弯周围空隙，再将便器安装上，用楔形砖稳平便器。砌砖墙时，墙边距大便器边不小于40mm，最好将便器与砖接触的两侧抹上砂浆，但便器进水口处应留出，不得妨碍安装胶皮碗。

2）高水箱的安装。按图样要求，在墙上划好水箱的横、竖中心线，以确定水箱的位置。在墙上确定挂孔位置，预埋木砖或预埋膨胀螺栓。在挂装水箱前，可首先在地上把箱内冲洗附件装好，使其使用灵活，然后将其用木螺钉或膨胀螺栓加胶垫紧固在墙上。

3）安装冲洗管。将冲洗管（已做好乙字弯）上端套上长丝，安装上管箍和根母，管头缠麻、抹铅油，使管箍与从水箱排出孔伸出的冲洗装置的管头联接，再用螺母锁紧。下端套上胶皮碗，并将胶皮碗的大头套在大便器进口管上，用

14 号铜丝把胶皮碗两端绑扎牢固。

4）安装进水管。把已装好的浮球阀螺纹端加胶皮垫从水箱内的进水孔穿出，再在水箱外的螺纹端加胶皮垫用根母锁紧，注意用力要适中。在进水管段处安装阀门、活接、管箍等，并采用短丝连接方法与浮球阀连接。

大便器稳固好之后，按土建要求做好地坪。特别应指出的是，胶皮碗处用砂土埋好，在砂土上面抹一层水泥砂浆，但禁止用水泥砂浆把胶皮碗处全部填死，以免维修不便。

2. 坐式大便器的安装

坐式大便器分高、低水箱冲洗式两种，常见为低水箱坐式大便器，现将低水箱坐式大便器的安装简述如下。

（1）低水箱坐式大便器的组成

1）坐式大便器简称坐便，其本体构造自带水封，所以不另安装存水弯，如图 10-5 所示。

2）低水箱由陶瓷、塑料制成，形状呈方形，有进水孔、排水孔，水箱背上部有 2～3 个孔。低水箱内部冲洗装置，如图 10-6 所示。

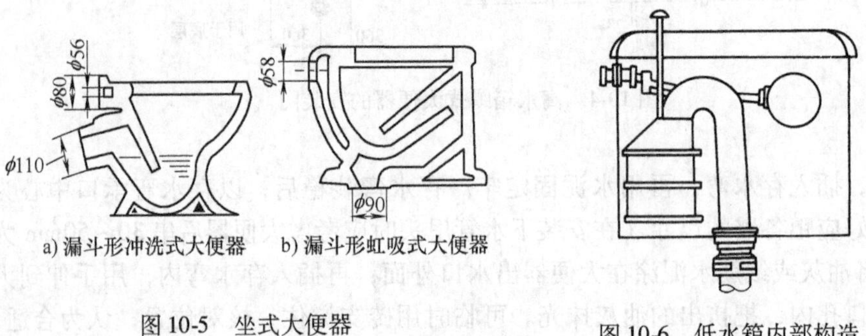

a) 漏斗形冲洗式大便器　b) 漏斗形虹吸式大便器

图 10-5　坐式大便器

图 10-6　低水箱内部构造

3）进水管和冲洗管。水箱进水管规格为 *DN*15，冲洗管规格为 *DN*50，冲洗管常为成品。

（2）低水箱坐式大便器的安装方法　安装低水箱坐式大便器的顺序也是大便器、水箱、进水管和冲洗管。

低水箱坐式大便器应根据设计图样所提供的尺寸安装，如图 10-7 所示。

1）坐式大便器的安装。坐式大便器置于卫生间的地面上，不设台阶。安装前将大便器的污水口插入预先在地面埋好的排水管内，再将大便器底座外廓和螺栓孔眼的位置，用石笔在地面上标出，移开大便器后，在孔眼位置处打洞（不凿穿），或预埋膨胀螺栓、或埋设木砖于洞内，用水泥砂浆固定。安装大便器时，取出大便器排水管口的管堵，把管口清理干净，并检查大便器内有无残留杂

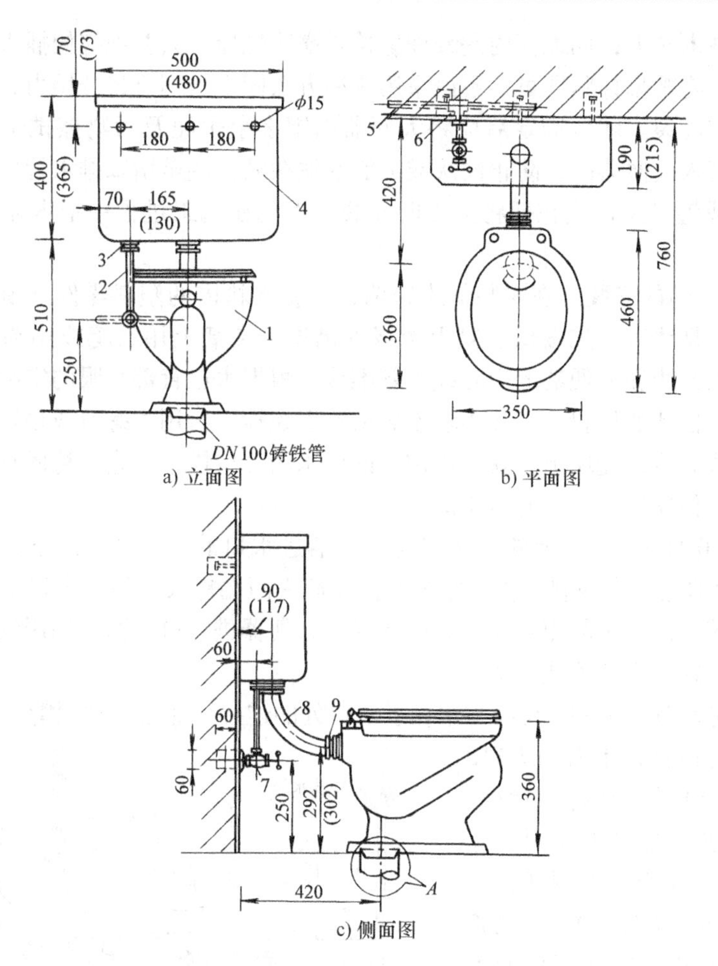

a) 立面图　b) 平面图

c) 侧面图

图10-7　低水箱坐式大便器的安装

1—坐式大便器　2—水箱进水管　3—浮球阀 DN15　4—低水箱

5—给水管　6—三通　7—角阀 DN15　8—冲洗管及配件 DN50

9—锁紧螺母 DN50

物。在大便器排水口周围和大便器底面抹以油灰或纸筋水泥，但不能涂抹得过多，按前所标出的外廓线将大便器的排水口插入 DN100 的排水管承口内，并用水平尺反复校正，慢慢嵌紧，使填料压实。图10-7中所示节点“A”安装，如图10-8所示。

如地坪内嵌入的是木楔，用长70mm木螺钉配上铅垫圈插入底座孔眼

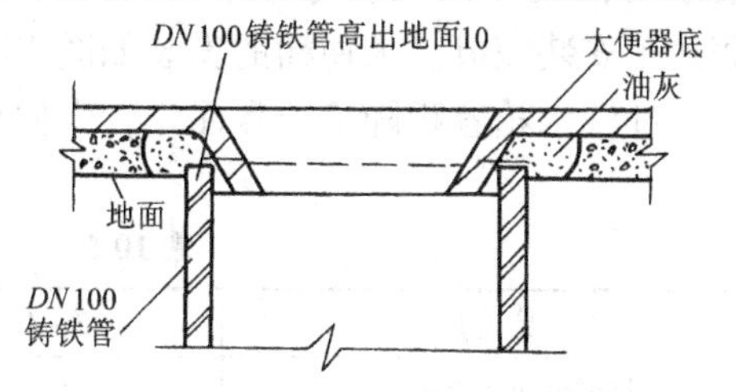

图10-8　大便器排水口与排水管口连接

内，拧紧在木砖上；如地面内是预埋螺栓或膨胀螺栓，只要把螺栓插入大便器底座孔眼内，将螺母拧紧即可。不论采用哪种方法固定，不可过分用力，以免瓷质大便器底部碎裂。就位固定后应将大便器周围多余水泥及污物擦拭干净，并用1～2桶水灌入大便器内，防止油灰或纸筋水泥粘贴，甚至堵塞排水管口。大便器的木盖（或塑料盖）应在即将交工时安装，以免在施工过程中把木盖（或塑料盖）损坏。

2）低水箱的安装。在安装低水箱前，可将水箱内的塑料零件，预先在地面上组装好。划线时，先按低水箱上边缘的高度，在墙上用石笔或用粉袋弹出横线，然后以此线和大便器的中心线为基准线，根据水箱背部孔眼的实际尺寸，在墙上标出螺栓孔的位置，打孔预埋木砖或预埋螺栓，再用木螺钉或预埋螺栓加铝垫圈等方法固定在光墙上。就位固定后的低水箱，应横平竖直、稳固贴墙，水箱出水口和大便器进水口中心对正。

3）管道的安装。将水箱出水口与大便器进水口的锁紧螺母卸下，背靠背地套在90°弯的塑料或钢制冲洗管弯头上，在弯头两端螺纹上涂上白铅油，并缠上麻丝，一端插入低水箱出水口，另一端插入大便器进水口，两端均用锁紧螺母拧紧，使低水箱和坐便连成一体。

水箱进水管上 *DN*15 角阀与水箱进水口处的连接，通常用黄铜管（ϕ14mm×1mm）进行镶接，也有用 *DN*15 镀锌钢管或塑料管的。如角阀与低水箱进水管口不在同一垂直线上时，应冷弯成来回弯，弯曲圆度不得大于10%，铜管或镀锌管或塑料管两端应缠上白漆麻丝，用锁紧螺母拧紧。

3. 大便槽辅助设备的安装

大便槽由土建砌筑而成，但冲洗水箱、水箱给水管、冲洗水管，大便槽的排水管，由管道工安装完成。大便槽的安装如图10-9所示。

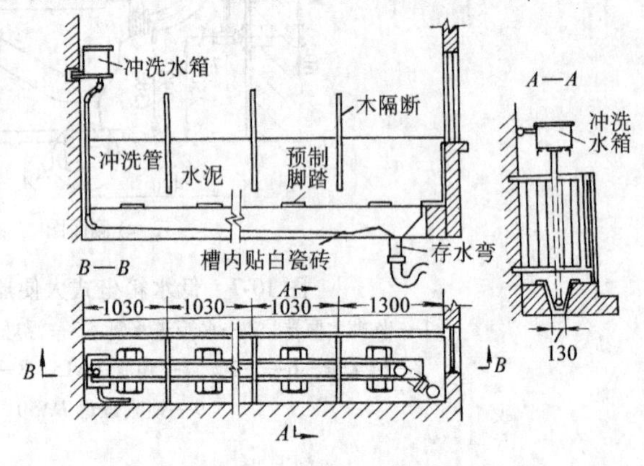

图10-9　大便槽的安装

冲洗水箱容积随蹲位数而定，大便槽冲洗水量见表10-5。

表10-5　大便槽冲洗水量

蹲位数	3～4	5～8	9～12
每蹲位冲洗水量（L）	12	10	9

冲洗水箱及水箱角钢支架规格见表10-6。安装水箱时，先按尺寸在砖墙上打洞，把角钢伸进墙洞，顶端做成开脚。洞内充填水泥砂浆前，先用水把洞内碎砖和泥灰冲净，待角钢支架放平正后，用水泥砂浆及浸湿的小砖块填满墙洞，直至洞口抹平。如果是钢筋混凝土墙壁，采用膨胀螺栓固定角钢支架。

表 10-6 冲洗水箱分类规格及水箱支架尺寸

水箱分类规格			水箱支架尺寸/mm					
容量/L	长/mm	宽/mm	高/mm	长	宽	支架脚长	冲洗管	进水管距箱底高度
30	450	250	340	460	260	260	40	280
45.6	470	300	400	480	310	260	40	340
57	550	300	400	560	310	260	50	340
68	600	350	400	610	360	260	50	340
83.6	620	350	450	630	360	260	65	380

冲洗水箱的进水管口高度，应根据水箱的大小及设置高度而定，一般离光地面 2850mm，偏大便槽中心 500mm。

冲洗管一般选用镀锌钢管或塑料管，冲洗管下端应装 45°弯头，以增强冲刷力。冲洗管应用管卡固定，有的冲洗管还安装阀门，用于控制冲洗水量。

大便槽的蹲位最多不超过 12 个，如果男、女厕所合用一只冲洗水箱及污水管排出口，应由男厕所往女厕所，不得反向。大便槽排水管径如设计无规定时，可按蹲位确定，3～4 个蹲位排水管径为 100mm，5～8 个及 9～12 个蹲位排水管径为 150mm。

大便槽排水口处需装存水弯，排水口中心与排水立管中心距离，视所采用的存水弯形式及三通、弯头配件尺寸而定。通常大便槽排水管中心离光墙面 400mm，另一面（进墙端）离光墙面不得大于 450～550mm。排水管管径为 100mm 时，应装排水铸铁管承口，承口的上口高出毛地面 70～80mm，不得装插口管；排水管管径为 150mm 时，应装排水铸铁管插口，插口的上口应高出毛地面 70～80mm，管口应平整。

技能 34 小便器的安装

1. 挂式小便器的安装

挂式小便器又称小便斗，用白色陶瓷制成，挂于墙上，边缘有小孔，进水后经小孔均匀分布淋洗斗内壁。小便斗现常配塑料制存水弯。装设小便斗的地面上应安装地漏，以排泄地面积水。成组装设小便斗时，斗间中心距 0.6～0.7m。

挂式小便器安装可按小便斗、存水弯、冲洗管顺序进行，如图 10-10 所示。

小便斗的安装方法简述如下。

(1) 小便斗的安装　根据设计图样上要求安装的位置和高度，在墙上划出横、竖中心线，找出小便斗两耳孔中心在墙上的具体位置，然后在此位置上打洞预埋木砖，木砖离光地面高710mm，平行的两块木砖中心距离340mm，木砖规格是50mm×100mm×100mm，最好在土建砌墙时砌入。小便斗安装时用4颗65mm长木螺钉配上铝垫片，穿过小便斗耳孔将其紧固在木砖上，小便斗上沿口离光地面高600mm。

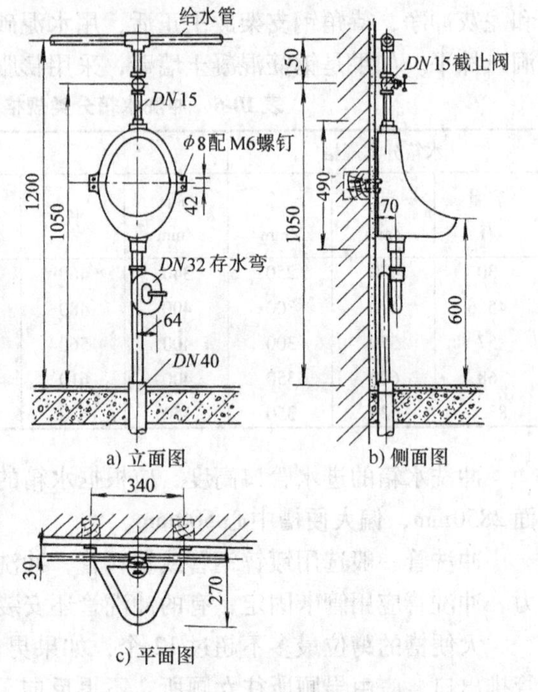

图10-10　挂式小便器的安装

(2) 存水弯管的安装　塑料存水弯直径为32mm，把其下端插入预留的排水管口内，上端套在已缠好麻和铅油的小便斗排水嘴上，将存水弯找正，上端用锁紧螺母加垫后拧紧，下端在存水弯与排水管间隙处，用铅油麻丝缠绕塞严。

(3) 安装进水管（阀）　将角阀安装在预留的给水管上，使护口盘紧靠墙壁面。用截好的小铜管背靠背地穿上铜碗和锁紧螺母，上端缠麻，抹好铅油插入角形阀内，下端插入小便斗的进水口内，用锁紧螺母与角阀锁紧，用铜碗压入油灰，将小便斗进水口与小铜管下端密封。

2. 立式小便器的安装

立式小便器用白色陶瓷制成，上有冲洗进水口，进水口下设扁形布水口（亦称喷水鸭嘴）下有排水口，靠墙竖立在地面上，如图10-11所示。

立式小便器安装前已安装好了排水管，存水弯在楼板（地面）下。安装时，将排水栓用3mm厚的橡胶圈及锁紧螺母固定在小便器的排水口上，再在其底部凹槽中嵌入纸筋水泥或石膏，排水栓突出部分涂抹油灰，即可将小便器垂直就位，使排水栓口与排水管口很好地接合，并用水平尺校正。如果小便器与墙面或地面不贴合时，用白水泥补齐、抹光。小便器与污水管连接，如图10-12所示。

小便器装稳后，安装冲洗水管。小便器上端镀铬冲洗管镶接时，先将角阀出水口对准铜质镀铬喷水鸭嘴锁口，测出实际尺寸，将铜管划线下料，套上锁紧螺母及扣碗，锁母与角阀连接，扣碗插入喷水鸭嘴内，缠绕好油浸盘根绳，拧紧锁紧螺母至松紧适度，在扣碗下加上油灰并抹平。

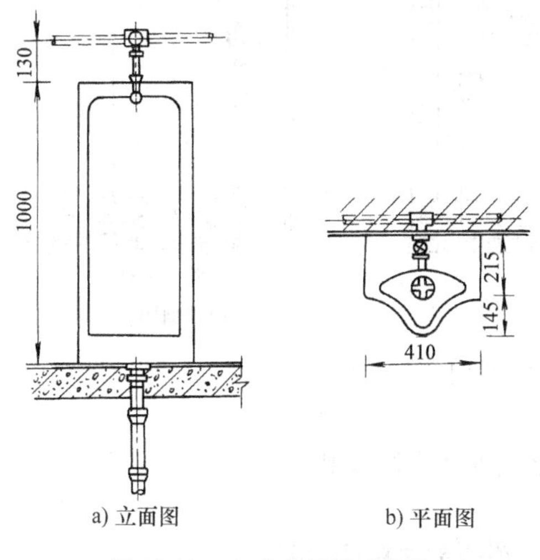

图 10-11　立式小便器的安装

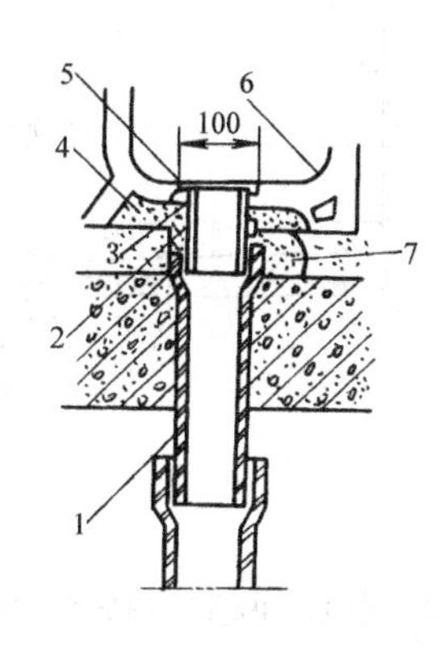

图 10-12　小便器与污水管的连接
1—铸铁管　2—根母　3—厚橡胶垫圈
4—白灰膏　5—排水栓
6—小便器　7—油灰

要求给水横管中心距光地坪 1130mm，而且最好为暗装。污水管口中心离墙面 140mm，管径为 *DN*50，承口上口在光地面下 20～30mm。

3. 小便槽辅助设备的安装

小便槽由土建砌筑而成，排水管管径为 *DN*75，且在排出处安装地漏。在砌筑小便槽时，污水排出口常用破布片扎好塞住，待土建完成后再安装地漏。

小便槽的冲洗形式分自动和手动两种。冲洗水箱下面连接多孔管（亦称雨淋管），连接管段不小于 *DN*20，多孔管安装在离地面上 1100mm 处，其管径应不小于 *DN*15，喷水孔径为 2mm，管端封死，管中心距瓷砖面 30mm，孔的出水方向与墙面成 45°角。小便槽长度不大于 3000mm，采用一端进水冲洗，如图 10-13 所示。

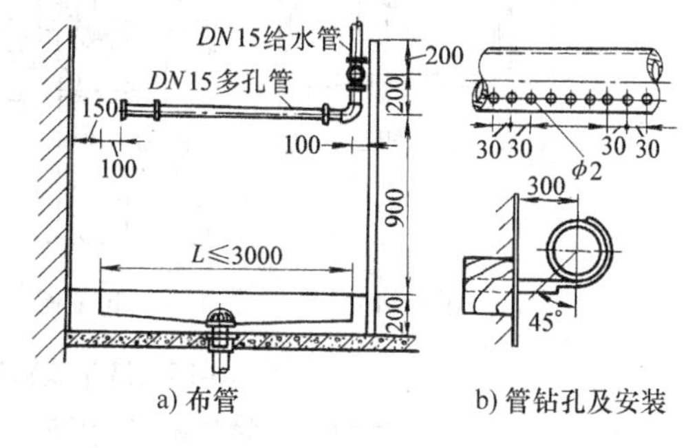

图 10-13　一端进水冲洗

小便槽长度小于等于 6000mm，采用中间进水冲洗，如图 10-14 所示。

小便槽冲洗水箱用 1.5mm 钢板制成，水箱内、外刷防锈漆两遍，

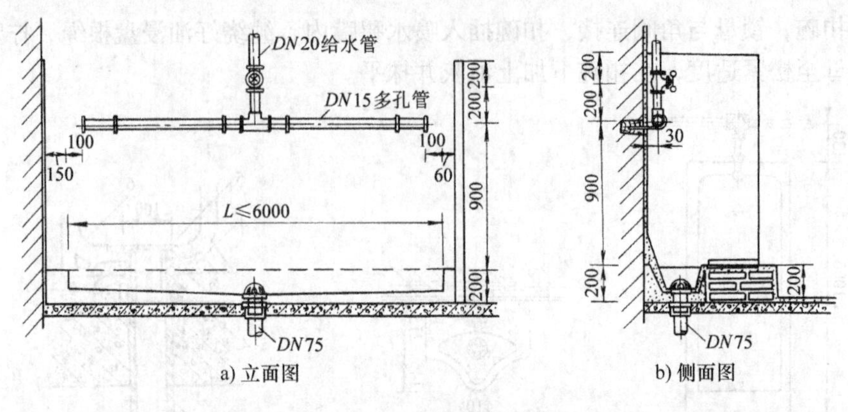

图 10-14 中间进水冲洗

水箱外刷色漆两遍。按大便槽冲洗水箱安装方法安装。

技能 35 洗脸盆的安装

洗脸盆又称洗面器，大多用陶瓷制成，颜色根据需要配制。盆形有长方形、椭圆形和三角形，其安装形式有墙架式、柱脚式。在洗脸盆上一般装有冷、热水水嘴各一只，其排水口通常靠盆底里侧，少数在盆底中心。排水口的关闭用橡胶塞头或用金属管状塞头。洗脸盆都有溢水口，设在盆内壁的后侧面。

一套完整的洗脸盆由脸盆、盆架、排水管、排水栓、链堵和脸盆水水嘴等组成。以墙架式脸盆为例，其安装顺序为脸盆架、脸盆、排水管、进水管。

墙架式洗脸盆的安装如图 10-15 所示。

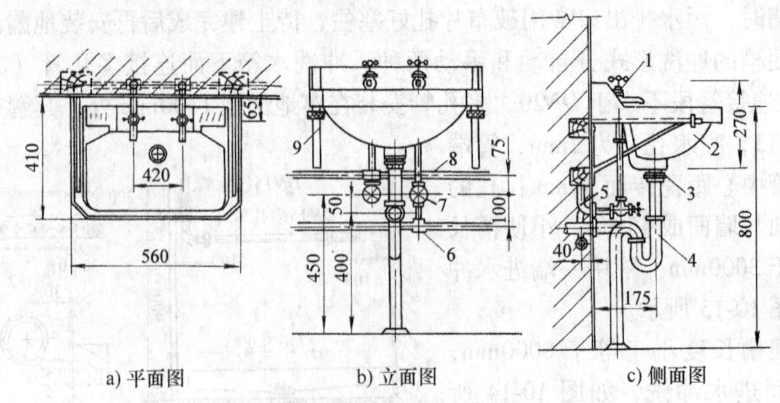

图 10-15 墙架式洗脸盆的安装

1—嘴 2—洗脸盆 3—排水栓 4—存水弯 5—弯头
6—三通 7—角式截止阀及冷水管 8—热水管 9—托架

（1）安装脸盆架　根据给水管道的甩口位置和安装高度，在墙上划出横、竖中心线，找出盆架的安装位置，照盆架上的孔在墙上打好洞，并预埋好木砖，如墙壁为钢筋混凝土结构，需预埋膨胀螺栓，再用木螺钉或膨胀螺栓固定。为了保证脸盆上沿口离光地面高800mm，预埋木砖的上口离光地面750mm，两木砖的中心距离应根据盆的实际大小而定。

（2）稳好洗脸盆　将脸盆在盆架上放稳，用水平尺测量平正，如盆放不平时，可用铅垫片垫平、垫稳。

（3）安装脸盆排水管　将排水栓加胶垫，由盆内排水口穿出，并加垫用根母紧固，注意使排水栓的保险口与脸盆的溢水口对正。排水管暗装时，用P形存水弯，明装时用S形存水弯。与存水弯连接的管口应套好螺纹，缠麻丝涂厚白漆，再用锁紧螺母分别锁紧。P形存水弯应用铜盖盖住，排水管穿插或穿地板处也应加铜盖压住。

（4）水管的安装　洗脸盆安装有冷、热水管，两管平行敷设，可以暗装，也可以明装。暗装管在出墙处用压盖盖住。冷水横管离光地面高350mm，热水管离光地面525mm，两管中心相距175mm。脸盆用水嘴垫上胶皮垫穿入脸盆的进水孔，然后加垫并用锁紧螺母紧固。冷、热水管的角阀中心应与脸盆上的两只水嘴的中心对直。脸盆水嘴与角阀之间用黄铜管镶接时，应避免铜管有较大弯曲。冷、热水管的角阀中心距地面高450mm，冷、热水嘴距离150mm。冷水竖管在右边，热水竖管在左边，分别与脸盆上的冷、热水水嘴镶接。脸盆水嘴的手柄中心处有冷、热水的标志，蓝色或绿色标志为冷水水嘴，红色标志为热水水嘴。如果脸盆仅装冷水水嘴，应装在右边水嘴的安装孔内，左边的水嘴安装孔用瓷压盖涂油灰封死。

水嘴安装应端正、牢固。

技能36　浴盆的安装

浴盆一般用陶瓷、铸铁搪瓷、塑料及水磨石等材料制成，形状多呈长方形，盆方头一端的盆沿下有溢水孔 ϕ25mm，同侧下盆底有排水孔 ϕ40mm。

搪瓷浴盆的安装如图10-16所示。

浴盆有溢、排水孔的一端和内侧靠墙壁放置，在盆底砌筑两条小砖墩，盆底距地面一般为120~140mm，并使盆底本身具有0.02坡度，坡向排水孔，以便排净盆内水。盆四周用水平尺校正，不得歪斜。在不靠墙的一侧，用砖块沿盆边砌平并贴瓷砖。盆的溢、排水管一端，池壁墙上应开一个检查门，尺寸不小于300mm×300mm，便于修理。

在浴盆的方头安装冷、热水水嘴，冷水横管中心高出盆面150mm，离光地

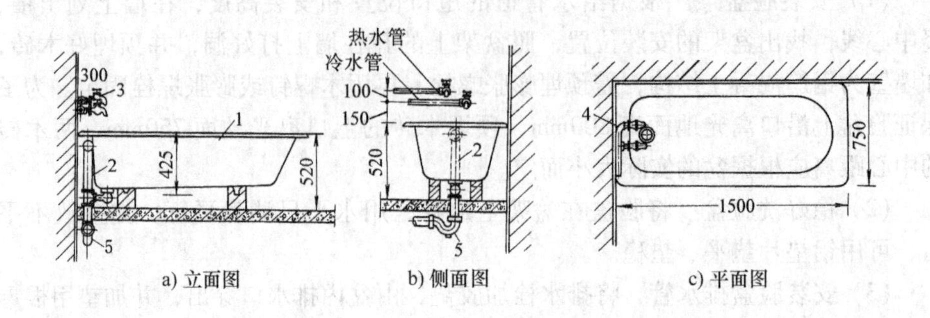

图 10-16　搪瓷浴盆的安装
1—浴盆　2—溢水口　3—水嘴　4—弯头　5—存水弯

面 670mm，热水横管中心比冷水横管中心高 100mm，两管平行敷设，管中心与光墙面距离为 30mm，冷水水嘴在右下方，热水水嘴在左上方，两水嘴的中心间距为 150mm。安装双联混合水嘴，冷、热水管应根据产品实际尺寸安装。安装混合式挠性软管淋浴器挂勾时，其高度应距地面 1.5m。

安装浴盆排水管时，先将溢水管铜管弯头、三通等预先准确量好各段的长度、下料。装配好把盆下排水栓涂上油灰（或水泥纸浆），垫上胶垫，由盆底穿出，并用锁紧螺母锁紧，多余油灰用手指刮平，再用管连接排水弯头和溢水管上三通。溢水管上的铜弯头用一端带短螺纹另一端带长螺纹的短管连接，短螺纹一端连接铜弯头，另一端长螺纹插入浴盆溢水口内，最后在溢水口内外壁加胶皮垫，并用锁紧螺母锁紧。三通与存水弯联接处配装一段短管，插入排水管内用水泥砂浆接口。

技能 37　淋浴器的安装

淋浴器有成套供应的成品，也有现场制作的。

淋浴器由莲蓬头、冷热水管、阀门及冷热水混合立管等组成，安装在墙上。

管式淋浴器的安装如图 10-17 所示。

安装时，在墙上先划出管子垂直中心线和阀门水平中心线。一般连接淋浴器的冷水横管中心距光地面 900mm，热水横管距光地面 1000mm，冷、热水管平行敷设，中心间距 100mm。由于冷水管在下、热水管在上，所以连接莲蓬头的冷水支管用元宝弯的形式绕过热水横管。明装淋浴器的进水管中心离墙面的间距为 40mm。元宝弯的弯曲半径为 50mm，与冷水横管夹角为 60°，淋浴器的冷、热水管采用镀锌钢管，管径一般为 *DN*15，在离地面 1800mm 处装管卡一只，将立管加以固定，不准用勾钉固定。

冷、热水截止阀中心距光地面的高度为1150mm，冷水竖管截止阀偏右边，热水竖管截止阀偏左边，同脸盆的水嘴一样，阀柄中心有红、蓝标志。紧靠截止阀的活接头应装在阀门的上面，不能装在阀门的下面。两立管阀门的中心距离镀铬淋浴器为950mm。连接莲蓬头的出水横管中心离光地面高，男的为2240mm，女的为2100mm。

2组以上淋浴器成组安装时，阀门、莲蓬头及管卡应保持在同一高度，两淋浴器间距一般为900～1000mm，安装时将两路冷、热水横管组装调直后，先按规定的高度尺寸，在墙上固定就位，再集中安装淋浴器的成排支、立管及莲蓬头。

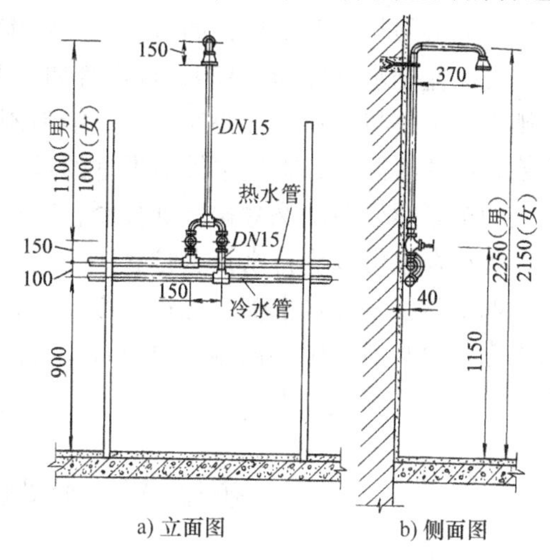

图10-17　淋浴器的安装

技能38　洗涤盆的安装

洗涤盆一般由陶瓷、水磨石制成，常见规格为610mm×410mm和610mm×460mm两种。陶瓷制洗涤盆安装，如图10-18所示。

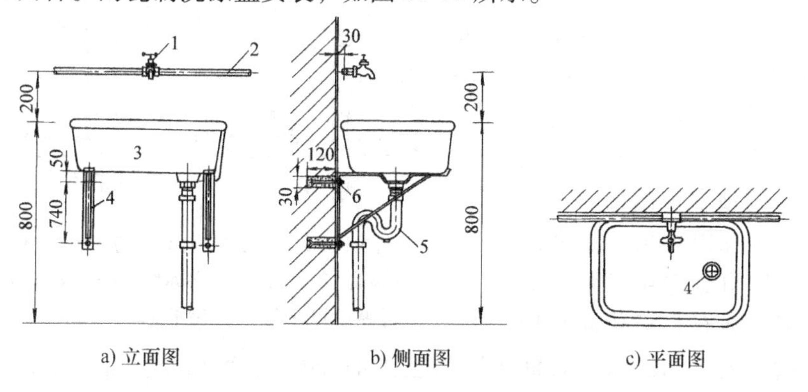

图10-18　洗涤盆的安装

1—水嘴　2—给水管　3—洗涤盆　4—托架　5—存水弯　6—木螺钉

洗涤盆上沿口距光地面800mm，其托架用40mm×5mm的扁钢或角钢制作，托架呈直角三角形，用预埋螺栓M10×100mm或膨胀螺栓M10×85mm加以固定。六角螺栓预埋在墙洞时，填塞的水泥砂浆比例为1∶9；如不用螺栓固定，也可用扁钢或角钢直接埋进墙洞，埋进部分应开脚，其长度不小于150mm，盆的内外边缘必须与墙面紧贴，如有缝隙（缝隙不得大于5mm）用白水泥嵌塞抹平。

洗涤盆排水管径为*DN*50，排水管如装P形存水弯，排水管要穿过墙体，盆的排水栓中心与排水管中心对正，不能偏斜。镀铬铜质或尼龙制排水栓安装时，要装胶垫并涂油灰，将排水栓对准盆的排水孔，慢慢用力将排水栓嵌紧，用排水栓上的锁紧螺母向洗涤盆排水处拧紧，直至油灰挤出。注意防止油灰将溢流孔堵塞，再将存水弯装到排水栓上拧紧。

如果盆仅装冷水水嘴，应在中心位置，其高度离地面1000mm。如装冷、热水水嘴，冷水横管中心离地面925mm，热水管在冷水管上150mm，冷水水嘴偏下方，热水水嘴偏上方。

技能39　化验盆的安装

化验盆通常为陶瓷制品，以台头式化验盆安装为例，如图10-19所示。

台头式化验盆已有水封，不需另设存水弯。安装时直接用木螺钉固定在实验台上，其他形式的化验盆需用40mm×4mm的角钢制作支架。

化验盆的排水管径为*DN*50，可采用塑料管、陶瓷管等。排水管的最小坡度为0.02。根据使用要求，化验盆上可装设单联、双联或三联鹅颈水嘴。鹅颈水嘴镶接时，为防止损坏表面镀铬层，不准用管钳，应用自制专用扳手或活扳手扳紧。装有2只化验水嘴时，水嘴间距为240mm，水嘴中心距地面960mm。水嘴出水呈宝塔形，可装橡胶管。安装水嘴的管子穿过木质化验台时，应用锁紧螺母加以固定，台面上还应加装炉口盘。其安装步骤是：固定支架、化验盆、管道安装。

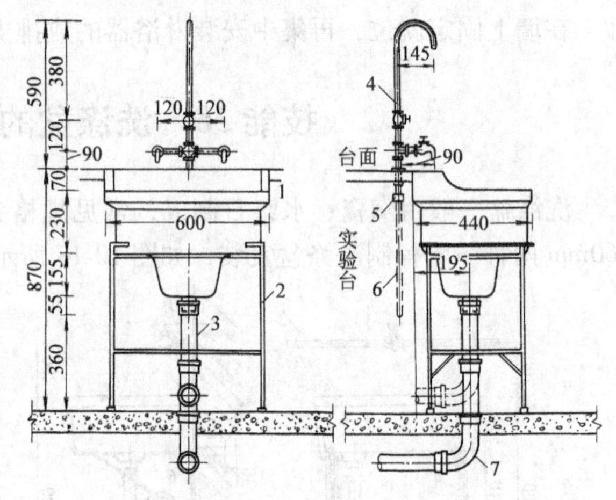

图10-19　台头式化验盆的安装

1—化验盆　2—支架　3—排水管　4—三联化验水嘴　5—管箍　6—给水管　7—弯头

第11讲　常用散热器的安装

技能40　散热器的组对

1. 铸铁散热器螺扣的组对

用螺扣组对的铸铁散热器常见的有柱型散热器。组对前应对有关材料和工具予以了解。

（1）组对用的材料　柱型散热器有二柱、四柱、五柱三种，它们都用对丝等连接件组对，常用的有以下连接件。

1）汽包对丝。对丝是片式散热器片与片之间的连接件，其两端有方向相反的螺纹，即一端是正螺纹，另一端是反螺纹，可以使两片散热器的螺纹端，在对丝同一方向旋转下连接上。对丝外径为ϕ40mm，形状如图11-1所示。

2）汽包螺塞。汽包螺塞是堵住散热器螺纹孔用的零件。由于散热器片组成组后有4个螺纹孔，都能用以与支管相连接，而每组只用两个螺纹孔就可满足进出支管的需要，则另外两个螺纹孔就需用汽包螺塞封闭。汽包螺塞也分正螺纹和反螺纹两种，上标有“左”、“右”字样，“右”为正螺纹，“左”为反螺纹，螺塞外径为ϕ40mm，便于与散热器不同方向的螺纹孔连接。汽包螺塞如图11-2所示。

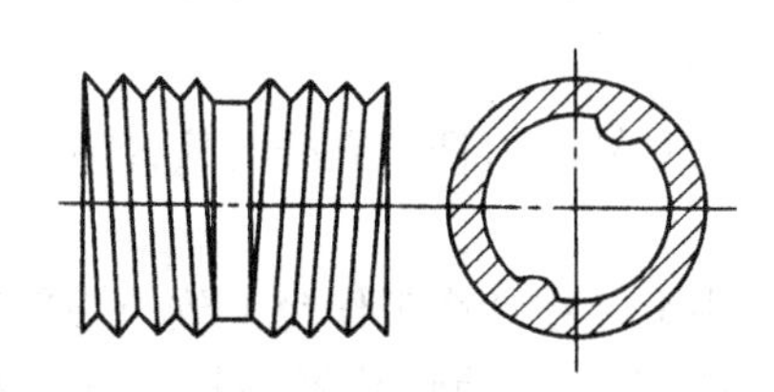

图11-1　汽包对丝

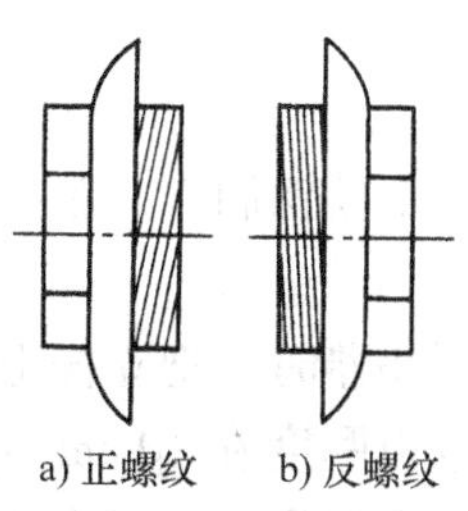

a) 正螺纹　b) 反螺纹

图11-2　汽包螺塞

3）汽包补心。汽包补心是散热器与支管的连接件，它有内、外丝，内丝用于连接支管，外丝与汽包连接，也分正螺纹和反螺纹，标有“右”和“左”字样，“右”字表示正螺纹，“左”字表示反螺纹。外螺纹直径为ϕ40mm，内螺纹直径有ϕ15mm、ϕ20mm、ϕ25mm、ϕ32mm几种规格，依连接支管管径选择。汽包补心形状如图11-3所示。

4）汽包垫片。汽包垫片是汽包对丝、螺塞、补心连接接口的密封材料。热水采暖用石棉板垫片或耐热橡胶垫片。当热媒温度超过100℃时，不得使用橡胶垫片，应用石棉制成的浸油后的垫片。垫片有市售或自制。垫片呈圆环形，内径为ϕ40mm，外径为ϕ50mm，如图11-4所示。

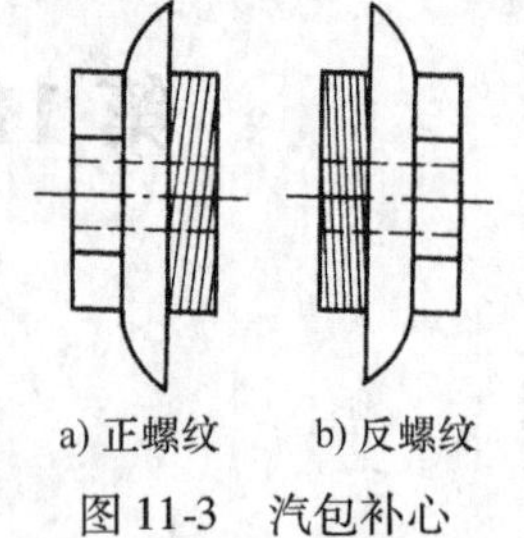

图11-3 汽包补心

自制石棉橡胶垫，选用1.5～2.0mm厚石棉板，如果用垫量较少，可用手工剪，但用垫量多时，需采用划垫器制作。

划垫器结构很简单，由立杆、顶针、横杆、刀杆、刀头等部分组成，如图11-5所示。

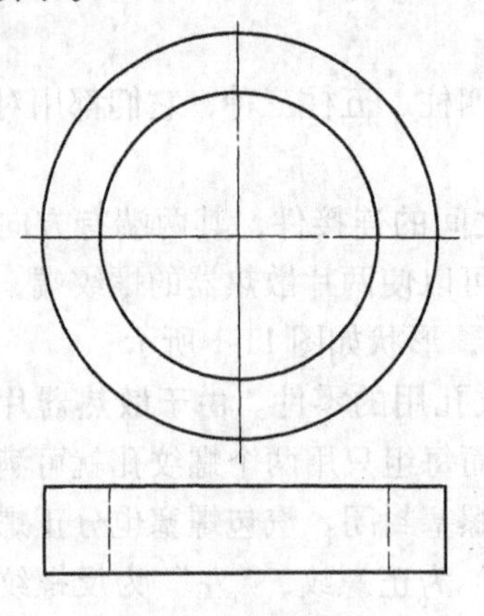
图11-4 汽包垫片

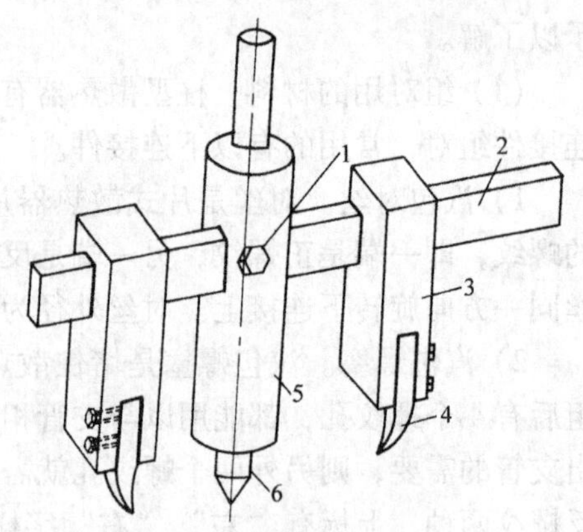

图11-5 划垫器
1—螺钉 2—横杆 3—刀杆
4—刀头 5—立杆 6—顶针

顶针用中碳钢制作，制好后应经淬火并压入立杆。刀杆、立杆与横杆为间隙配合。

使用划垫器时，把立杆上端夹牢在台钻卡头上，在钻床工作台上放一块平整的木板，木板厚度在10mm左右。摇动钻床进给手柄，使划垫器顶针抵在木板上，调整两个刀头，使两个刀尖均离开木板2～3mm，并保证两个刀尖高度一致。调整横杆、刀杆，使两个刀尖距离顶针的中心分别为汽包垫片内圆半径和外圆半径，用螺钉一一加以固紧。划垫器调整好后，摇动钻床进给手柄，使划垫器离开木板，将石棉橡胶板放在木板上，用手按平，然后开动钻床，摇动手柄进给，就能得到符合尺寸的汽包密封垫。

划割出一个垫以后，抬一下划垫器，将成品和料头清理一边，把料向前推送，就可划割第二个。

在划垫过程中，应注意勿使材料翘起，以防出现废品或造成事故。当刀头铰住材料时，要立即停机进行处理。

垫制成后，要放进油中浸透（或用油蒸煮）、晾干，以增加垫的弹性。

制好的垫用麻绳穿起，便于使用。

以柱型散热器为例，汽包丝对、补心、螺塞、垫片与散热器的相对位置，如图 11-6 所示。

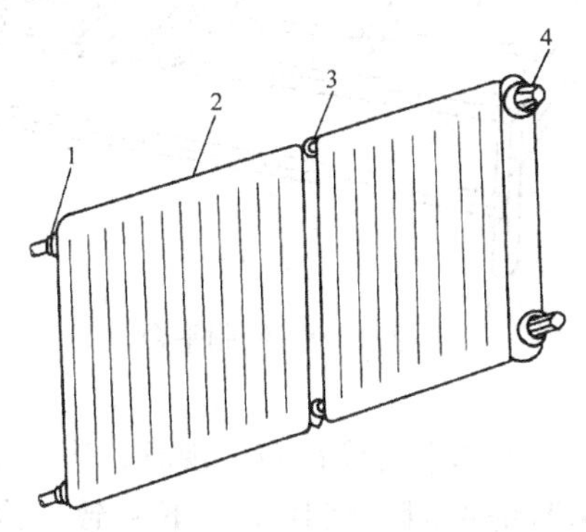

图 11-6　散热器组对器材相对位置
1—汽包补心　2—汽包片　3—汽包对丝、胶垫　4—汽包螺塞

（2）组对的常用工具　组对丝扣散热器常用组对钥匙和管钳两种工具。

组对钥匙用高碳钢加工制成，头部呈长方形，以便伸到汽包内能转动对丝，尾端呈圆形，用于穿管转动尾端组对。组对钥匙如图 11-7 所示。

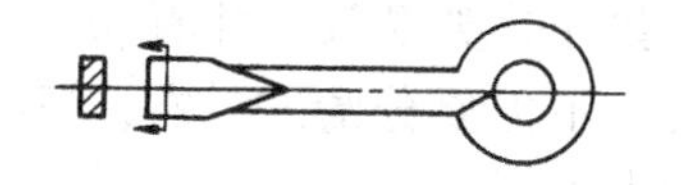
图 11-7　组对钥匙

组对钥匙应有三把，短的两把作为组对用，长的一把用于修理。短的长度依每片散热器长度（应大于）而定，长的长度与组对后片数多的那组散热器长度一样。

散热器组对时，组对钥匙使用情况如图 11-8 所示。

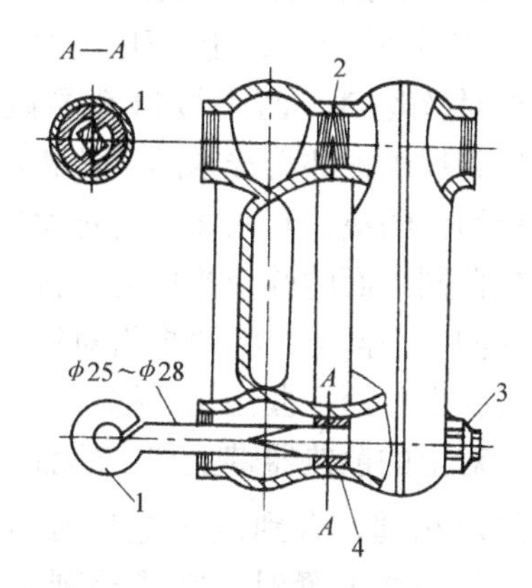

图 11-8　组对时的钥匙使用情况
1—组对钥匙　2—垫片　3—汽包补心　4—汽包对丝

（3）散热器组对前的准备　螺扣散热器组对成组的步骤可分为：选择和检查散热器、设置工作平台和组对。

1）选择和检查散热器。在组对前，应对所有散热器的型号、数量和外观进行检查。外观检查中发现散热器的翼片缺损不符要求的不能使用。对口不平的、散热器有砂眼或气孔的不能使用。经外观检查合格的散热器片上的铁锈必须除净，特别是对口处，更应用钢丝刷或砂布等刷出光面。

2）设置工作平台。组对散热器时应设置工作平台。工作平台有多种，永久性的工作平台是钢制平台，如图 11-9 所示。钢制平台能提高组对工作效率，保证组对质量。

简易工作平台是用两根平行放置在地面上的管子架制成的，如图 11-10 所示。还有用方木制作的工作平台，用木桩固定在地面上，如图 11-11 所示。

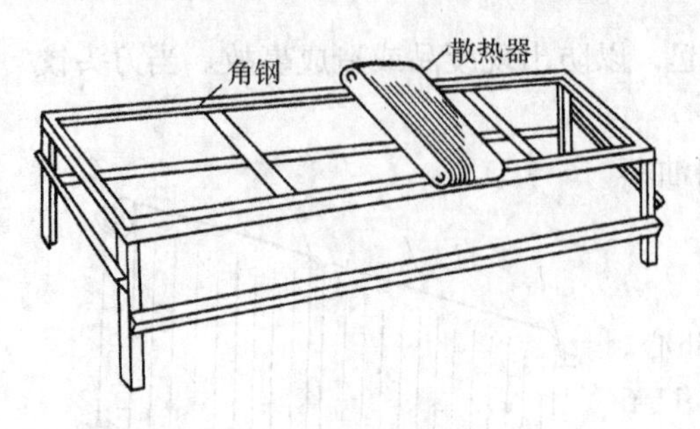

图 11-9　钢制平台

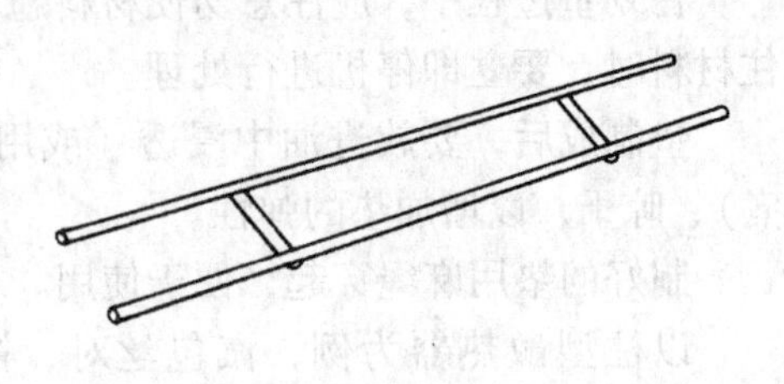

图 11-10　管子架制成的工作平台

工作平台设在施工现场，应尽量靠近散热器堆放处。为了提高工作效率，散热器堆放时，每片上、下一致，汽包正螺纹的一边和反螺纹的一边需对应。

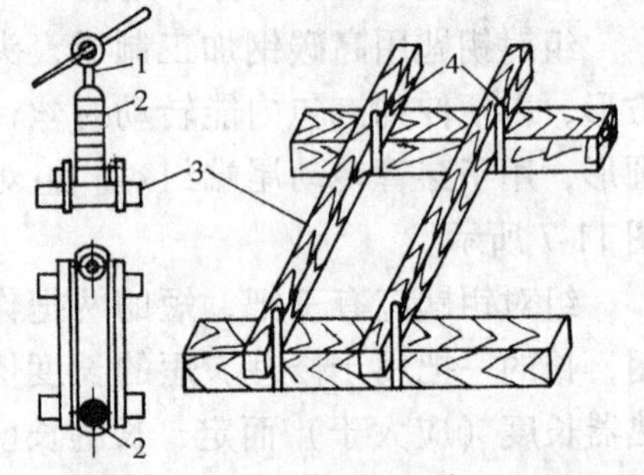

图 11-11　方木制成的工作平台
1—钥匙　2—散热器　3—木架　4—地桩

3）清理和分类摆放组对材料。把对丝、左螺塞、右螺塞、左补心、右补心、汽包垫片分类摆放，并有明显标志。对于补心，不但要分清左、右，还要分清管径孔的大小。

（4）散热器组对操作　把两片散热器摆上工作平台后，上、下与左、右对齐。试拧对丝丝口，两个接口都要试。用手不能旋到螺纹根部而拧紧的对丝和接口与对丝扣间隙过大的对丝不能用。把两面涂好白铅油的垫片套在试好的对丝中间，再将两个对丝连同垫片分别套在其中一片散热器同一面的两个接口上，再将另一片散热器两个不同方向的螺纹接口对上，且在同一平面上，将两把组对钥匙从其中一片散热器的另两个孔伸进去，与两个对丝扣上，用手握住钥匙把，分别试拧两个对丝，找出旋转方向，且让两个对丝与后对上的散热器带上扣，然后用两根管插进组对钥匙把尾圈，同时同向旋转两把组对钥匙，直到汽包把垫压出油来为止。如果在上紧时，突然感到旋转组对钥匙不费劲或发生轻微破裂声，这说明对丝已破扣或散热器接口出现问题，应重新更换汽包对丝或散热器。组对时的工作情况如图 11-12 所示。

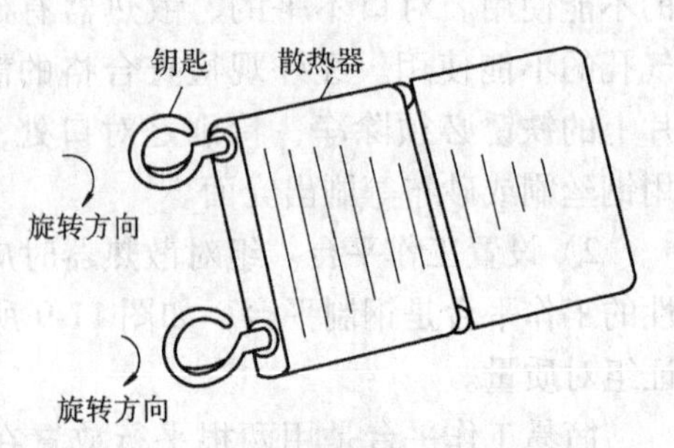

图 11-12　组对散热器时的工作情况

按上述方法，组对好两片以后，再组对其他片，直达到所规定的片数为止。

对丝组对好散热器之后，可以用管

钳分别把补心、螺塞加上涂好白铅油的垫一起拧紧在所要求的接口上。

以上工作完成后，再把不同片数的散热器组竖放在不同的地方，每组中间用细方木隔开。

柱型散热器组装好后，安装时常立于地面上，所以需组装带腿的汽包片。在片数较少时，带腿汽包片装于每组的两侧，如果片数较多，有 15 片以上时，为了增加支撑力量，在每组中间要加带腿汽包片。这一方面的规定是：组对 15 片以下的柱型汽包时，两侧各需一片带腿汽包片，片数在 15 ~ 25 片时，除两侧外，中间应加上一片带腿汽包片。

组对柱型散热器，每组片数有以下限制：①细柱型散热器（每片长度 50 ~ 60mm）不能多于 25 片；②粗柱型散热器（每片长度 82mm）不能多于 20 片。

2. 散热器的水压试验

散热器组对后是否符合使用要求，需进行水压试验。进行水压试验的压力值，根据具体情况而定。当散热器的工作压力为 0. 4MPa 时，其试验压力为 0. 6MPa；工作压力低于 0. 4MPa 时，试验压力为工作压力的 1. 5 倍。

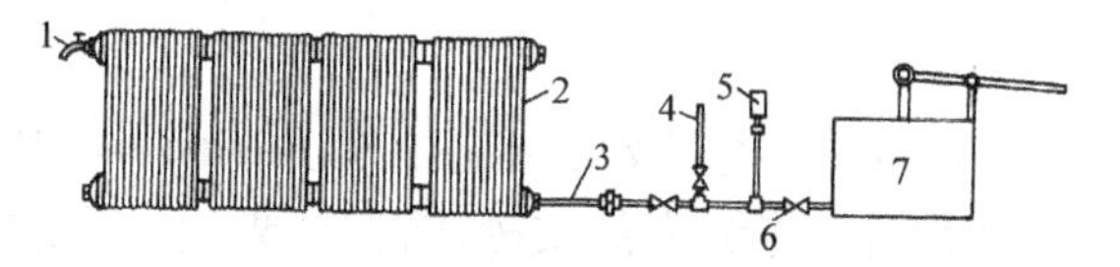

图 11-13　散热器水压试验情况
1—放水水嘴　2—散热器　3—散热器进水管
4—外来水源接管　5—压力表
6—止回阀　7—手压泵

进行水压试验的主要设备是试压泵，其水压试验如图 11-13 所示。

为了使试压泵能与汽包迅速连接，试压泵上装半个活接头。为了观察试验压力，试压泵管上装有压力表。试压前，打开排气阀，旁通管接自来水，并充灌汽包，直到排气阀出水，关闭旁通管阀。为防止压力水返回试压泵水箱内，试压泵出口装有止口阀和截止阀。由试压泵向汽包内进水加压，直至压力表指针达到规定的试验压力时停止。试验压力值持续保持时间一般为 10min，汽包上未出现渗漏，即认为试压合格。

技能 41　散热器的安装

1. 散热器的安装

柱型散热器的安装顺序是：①放线；②打洞；③栽钩；④挂片。安装操作方法简述如下：

放线可用自制划线尺，划线尺上、下的横尺上画有散热器片厚度（包括垫厚），竖尺上挂一垂线，用于保证散热器中心与窗中心线重合和垂直，如图 11-14 所示。

划线时，先将窗中心线划出，后把划线尺的竖尺中心线与之重合，再根据散热器片数及托钩数量，划出托钩打眼的位置。打托钩孔洞采用手电钻，既省力又能保证钩洞质量。

洞打完后，需选用托钩，托钩如图 11-15 所示。

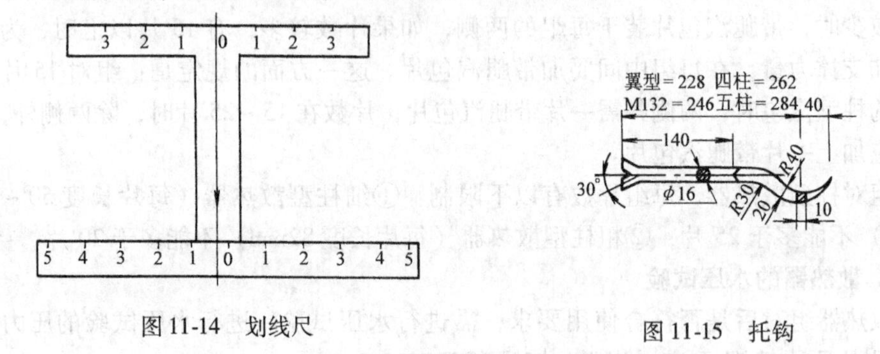

图 11-14 划线尺

图 11-15 托钩

要求托钩煨弯光滑，平正，伸入洞内一端处开牙。

栽钩时，将洞内的灰砂碎砖清理干净，用托钩试验，试验合格后，用水浇湿，并用1∶3 的水泥砂浆填入，填满后插入托钩，找好托钩有关尺寸。如果同时栽入两个托钩，为了找出两托钩的水平位置，在其上放一均匀的木棒，再在木棒上放水平仪，量其是否在一水平线上。若位置正确，再向洞内的水泥砂浆塞上砾石以固紧托钩。

托钩固紧且水泥砂浆达到强度后，便可挂散热器组。注意散热器要求的片数，上、下及左、右补心的方向。

柱型散热器也有挂于墙上的，如图 11-16 所示。

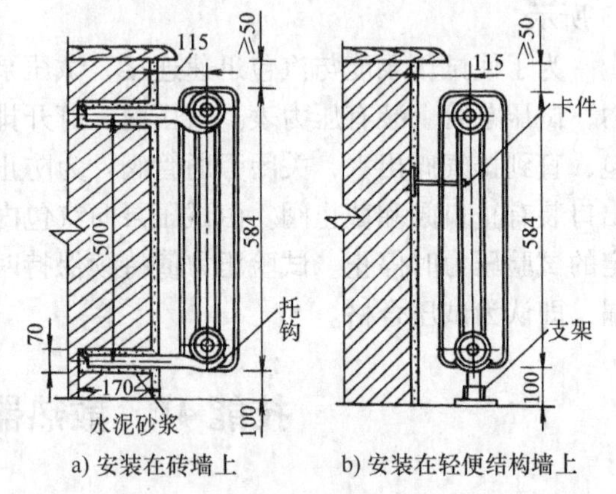

a) 安装在砖墙上　b) 安装在轻便结构墙上

图 11-16 柱型散热器挂于墙上

安装时也按打眼、栽钩、挂散热器的顺序进行。最简单的方法是将带足片的散热器直接置于安装位置，再找平、找正。

散热器支管安装，一般在散热器挂装完及立管安装完毕后进行。支管都是采用螺纹连接，安装要求简述如下：

1）连接散热器支管应有坡度，当支管全长不大于 500mm 时，坡度为 5mm，大于 500mm 时，坡度为 10mm。

2）支管长度超过1.5m时，支管中间应设托钩。

3）支管过墙时，应设套管且接头不准留在墙内。

4）支管安装阀门时，应靠近散热器，且应与可拆卸件连接。

2. 散热器安装质量检验评定标准

散热器安装质量检验评定标准，有保证项目、基本项目和允许偏差项目三项。

1）保证项目。散热器安装前的水压试验，必须符合设计要求和施工规范规定。检验方法：检查试验记录。

2）基本项目。散热器支、吊、托架安装，合格是：数量和构造符合设计要求和施工规范规定，位置正确、埋设平正牢固。优良：在合格基础上，支（吊、托）架排列整齐，与散热器接触紧密。检查数量不少于5组，检查方法：观察和手扳检查。

3）允许偏差项目。①坐标：内表面与墙面距离6mm，与窗口中心线20mm。②标高：底部距地面±15mm。③中心线垂直度3mm。④侧面倾斜度3mm。⑤全长内的弯曲偏差：M132柱型3～14片为4mm，15～24片为6mm。

检查数量：散热器抽查5%，但不少于10组。

第 12 讲　管道吊装与敷设

技能 42　管道吊装机具的使用

1. 起重设备的种类及使用方法

起重设备有绳索、倒链、滑轮、千斤顶及绞车等，它们可作为较复杂的起重设备和建筑机械中的组成部分，也可用做单独的最简单的起重机具，如倒链、千斤顶及绞车。

(1) 索具及其使用　索具指各种绳类，如麻绳、尼龙绳和钢丝绳等。

1) 麻绳和尼龙绳。麻绳和尼龙绳由多股组成，一般涂上油，以减少潮湿和腐化。麻绳和尼龙绳轻而柔软,但易磨损,机械强度低,一般用于起吊质量不大的管件和管子,能使起吊的管子和管件做水平或垂直移动,并广泛用于捆扎及悬吊管件。

在起吊管子、管件时，应注意绳索的长度和拉力。除此之外，管工应掌握绳索的绑扎和结扣的技能。在起吊管子、管件时，能绑扎结实，受力后不脱扣，吊装完后解扣简单。绳索有 8 种结扣法。

①平结法。麻绳、尼龙绳平结，采用两根绳各自围成的围端相套的结扣，如图 12-1 所示。

图 12-1　麻绳、尼龙绳平结

该种结扣方法分两步：第一步，先把两绳各围成围端；第二步，再把两个围端相压，即一围端压另一围端，且上面一绳的围端的两绳组在一起从另一绳的围端下面向上穿过去。方法简单，实践一次即会，平结常用于麻绳的接长。

②单、双滑圈结。麻绳、尼龙绳的单滑圈结是用一根绳先与管子围成圈，再由绳的一头从圈内绕过，如图 12-2 所示。

麻绳、尼龙绳的双滑圈结操作方法是，先用一根绳与管子围成圈，然后由绳的一头从该圈内通过，再用该绳头通过与绳本身绕一圈，并从此圈内通过，如图 12-3 所示。

图 12-2　单滑圈结

图 12-3　双滑圈结

这种结法在捆系管子起吊中常用。

③死套。麻绳、尼龙绳死套是先把绳围成圈铺在管子下，其一圈端位置固定，另一圈端绕过管子，并通过另一圈端，如图 12-4 所示。

麻绳、尼龙绳死套常用于钩吊或棍抬管子和管件时的扎结。

④梯绳结。麻绳、尼龙绳的梯绳结是先把绳拉直并与管子斜交后，再用绳的两端分别绕管一圈并均从绳与管斜交的一段之间穿过，如图 12-5 所示。

图 12-4　死套

图 12-5　梯绳结

这种结常用于起重杆上系结拉索或滑轮组。

⑤单、双圈展帆结。麻绳、尼龙绳的单圈展帆结是用两绳各自围成的圈端再相套而成，如图 12-6 所示。

单圈展帆结操作方法是：先把两绳各自围成圈端后，固定其中一根绳的圈，另一根绳的圈端置于其后且两圈端相交，再用其后的圈端向前的两绳头互相相交，再分别从固定的圈端的绳前后穿出。

麻绳的双圈展帆结是其中一根绳的圈端被另外一根绳成两个圈相结，如图 12-7 所示。

图 12-6　单圈展帆结

图 12-7　双圈展帆结

具体结法是：先固定其中一根绳圈端，另一根绳圈端与固定圈端相交，且其中一根绳头绕固定圈两绳一圈后，这两绳头再相交，分别从固定圈端的绳内、外穿过即成。

麻绳、尼龙绳的单、双圈展帆结常用于麻绳、尼龙绳端与索环或索套的扎结。

⑥双环绞缠结。麻绳、尼龙绳的双环绞缠结，是用一根绳的中间一段先绕管子一圈后，抽头向下再绕管子一圈，此头再与下圈绳内、外相绞缠而成，如图 12-8 所示。

双环绞缠结主要用于垂直提升管子时的扎结。

⑦麻绳、尼龙绳单套缠钩结。麻绳、尼龙绳单套缠钩结结法简单。它与钩颈

成圈后，再从钩的两边相交而下，如图 12-9 所示。

图 12-8　双环绞缠结

图 12-9　单套缠钩结

单套缠钩结用于将管子系结到起重钩上。

⑧麻绳、尼龙绳救生结。麻绳、尼龙绳救生结结法是：先用一根绳围成一个圈端，把其一端头卷上去，再用另一端头绕圈从内穿至其中一端卷上去的圈内，如图 12-10 所示。

救生结用于绳端结环套。

以上几种结法平时可用细绳练习几次，掌握其中要领，以便熟练操作。

图 12-10　救生结

2）钢丝绳　钢丝绳是用细钢丝捻绕而成的，它的强度大，对于骤加载荷（猛拉）时的拉力强，工作可靠，是起吊大直径管子和管件的绳索。常用国产钢丝绳规格有 6×19（绳纤维芯）、6×37（绳纤维芯）两种。

钢丝绳必须涂抹防氧化作用的润滑油，保存在干燥地区，以免生锈。使用前应进行检查，若发现钢丝绳在 1m 长的断丝数目，超过钢丝总丝数的 1/10 时，应更换新绳。

钢丝绳根据需要也可以打成如上述麻绳、尼龙绳那样的扎结。

（2）倒链及其使用　倒链由链条、链轮及差动齿轮组成，如图 12-11 所示。

倒链的起吊重力为 5～300kN，起吊高度最大可为 12m，起吊和搬运管子、管件很方便，工作时 1～2 个人即可操作。

起吊管子时，用绳索绑扎管子和缠结倒链起重钩，把倒链挂在人字架或龙门架上，手拉链条时，链轮和差动齿轮随之转动，起重钩上升，所吊管子等重物随之上升。若要将管子等重物下降，只要反拉链条的另一端即可达到目的。

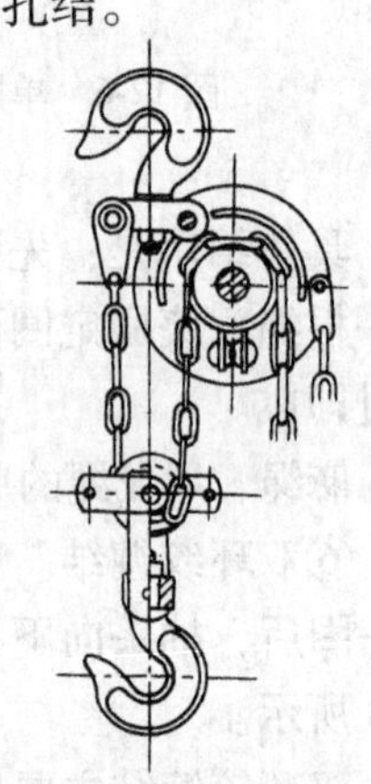
图 12-11　倒链

拉链时，注意使两链条不缠在一起，垂直自然分开，链条始终与链轮槽平行且让链条置于链槽内，用力均匀并有节奏，不可猛拉。拉链时，眼睛注视链轮和起吊重物。倒链起吊管子的工作情况如图 12-12 所示。

（3）滑轮及其使用　用滑轮起吊管子等重物，可减轻人力，也能改变施力方向。

滑轮主要由滑轮组、盖板、滑轮轴、横杆、拉紧螺栓、端圈、吊钩等组成。现场使用的滑轮有卸扣式、吊钩式、开口吊钩式 3 种，如图 12-13 所示。

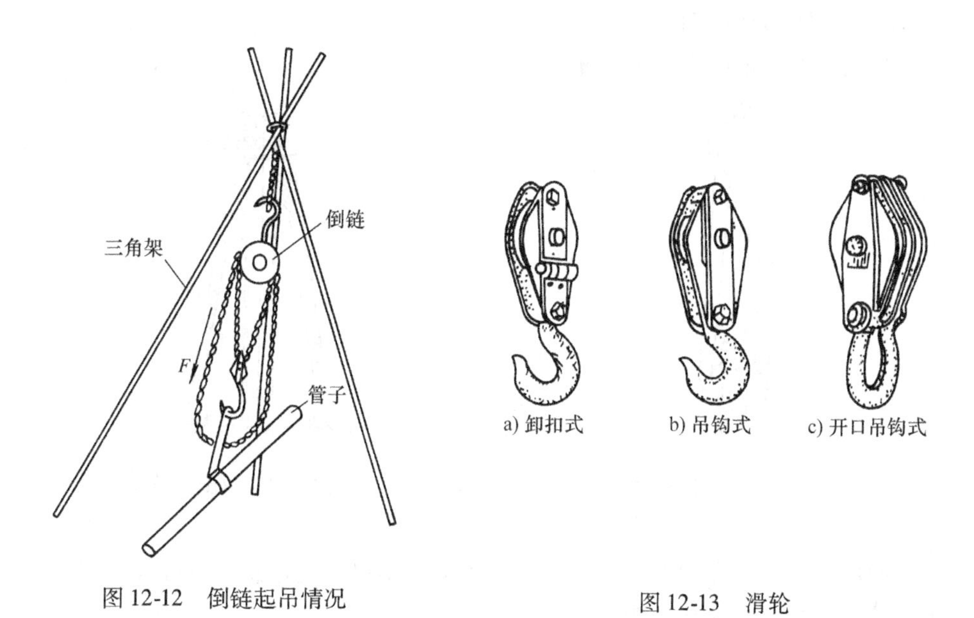

图 12-12　倒链起吊情况

图 12-13　滑轮

滑轮分定滑轮和动滑轮两种。前者当绳索受力时，轮子转动，轴的位置不变，这种滑轮能改变施力方向，但不省力。使用时，需用人字架、三角架、龙门架当起重架。定滑轮如图 12-14 所示。

动滑轮是在轮子转动时，轮轴也随之上升或下降，这种滑轮能省一半力，同样需要起重架。动滑轮如图 12-15 所示。

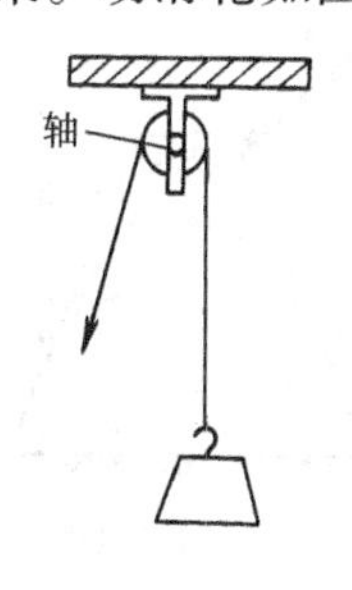

图 12-14　定滑轮

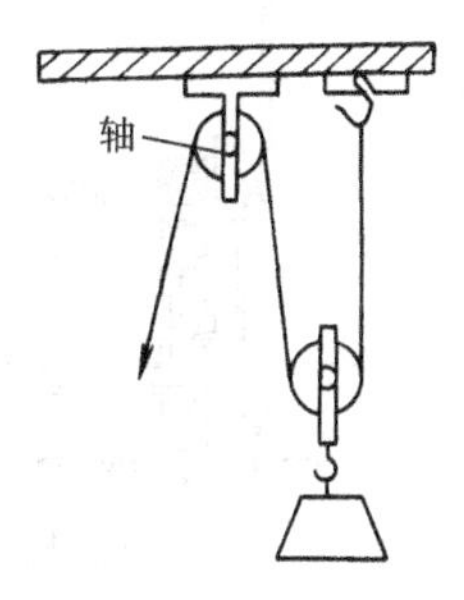

图 12-15　动滑轮

滑轮按其滑轮数分单滑轮和多滑轮几种。当起吊较大质量的管子时，为了省力，可把两个具有单滑轮或多滑轮的滑轮，用绳索上、下往复串连而成滑轮组，如图 12-16 所示。

用滑轮起吊管子管件，先支好起重架，起重架要求位置准确，基础结实牢固，再用绳索绑扎好管子和吊钩，最后用人力或卷扬机施力于传动绳。

(4) 千斤顶及其使用　千斤顶有螺旋式和液压式两种。前者利用螺纹传动，后者利用活塞移动传动。

螺旋式千斤顶如图 12-17 所示。

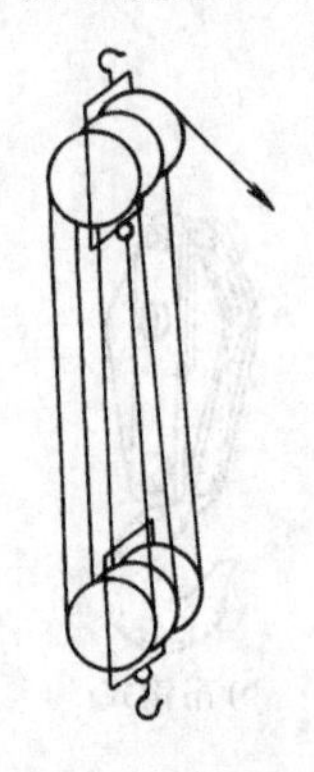

图 12-16　滑轮组

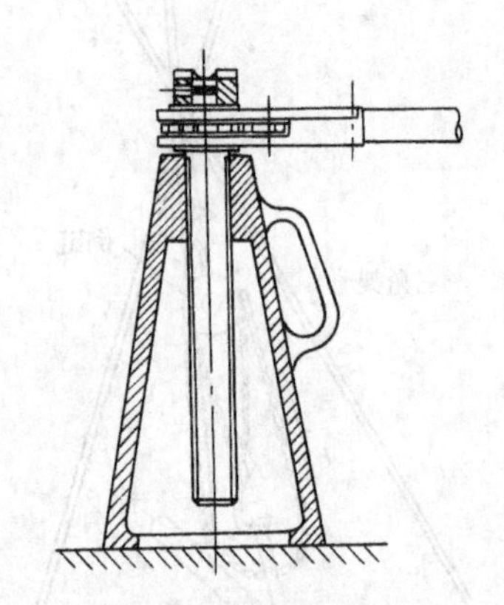

图 12-17　螺旋式千斤顶

使用螺旋式千斤顶时，手柄的上、下运动不可操之过急。螺旋式千斤顶常用于管堵的支承和管端较小距离的位移。

(5) 绞车及其使用　绞车可以起重和运输管子，其主要构成部分有鼓筒、传动机构和制动装置。工作时由传动装置带动鼓筒轴旋转，利用绕在鼓筒上的绳索牵引管子升降或移动。手动绞车如图 12-18 所示。

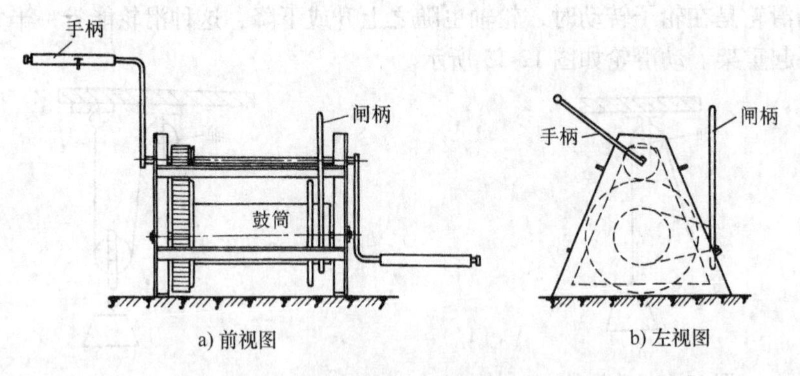

图 12-18　手动绞车

2. 垂直运输机具的种类及使用方法

垂直运输机具有桅杆、人字架、龙门架、三角架及各种起重机等。管道工在起吊管子和管件时，大直径管道常使用人字架及三角架等，它们主要起支承机具的作用。

（1）人字架　人字架是把两根较粗杆子的上端靠紧并用绳索绑扎一体，下端分开呈人字形立于立面上，故称人字架。为了在人字架上端悬挂滑轮、倒链等，常使人字架呈向前倾斜（不大于15°角）的状态，并在其后用两根互成45°～60°角的拉紧绳把人字架固定，以防倾倒。人字架的搭设和起吊如图12-19所示。

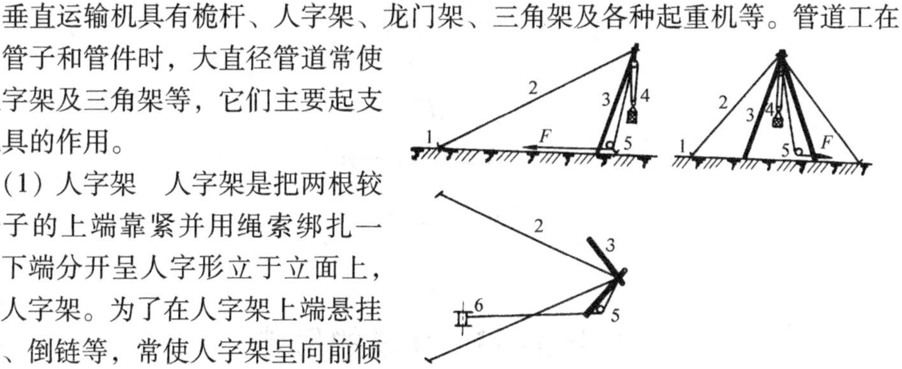

图12-19　人字架
1—锚桩　2—拉紧绳　3—人字架　4—起重滑轮　5—转向滑轮　6—卷扬机

搭设人字架的关键是选好木杆（或钢管）和绳索，坚固好架的基础。

圆木人字架的安全起重力，见表12-1，根据该表选用圆木。

表12-1　圆木人字架的安全起重力

中径/mm	160			200		300	
长度/m	4	6	7	6	8	8	10
最大吊重力/kN	100	45	30	110	60	310	190
拉紧绳的合力/kN	14	6	4	15	8	42	86

（2）三角架　三角架是把三根较粗的木杆或钢管的上端用绳索捆扎一起，下端三点在一个圆周上均匀分布，它可架立于立面上，不用其他拉绳，即可起吊管子和管件。使用时在交叉处悬挂滑轮或倒链，吊钩与管子用绳索单套缠钩结。与人字架比，较为稳当，常在沟槽敷设管子时使用，如图12-20所示。

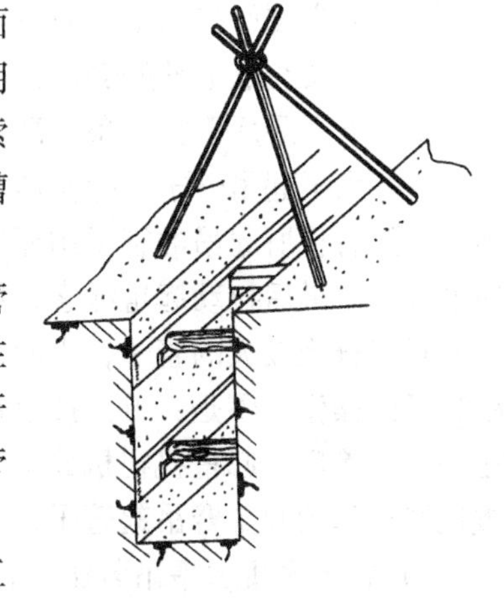

图12-20　三角架

（3）桅杆　桅杆是最简单的垂直运输管子管件的机具，由一根圆木或钢管用绳索将其固定在垂直或略微倾斜的位置，牵绳不得少于4根，杆顶挂有滑轮或倒链，拉动起重绳索，便可起吊管子和管件，如图12-21所示。

其他各种起重机配有专门的驾驶员，管道工在起吊管子或管件时，应相互配合。

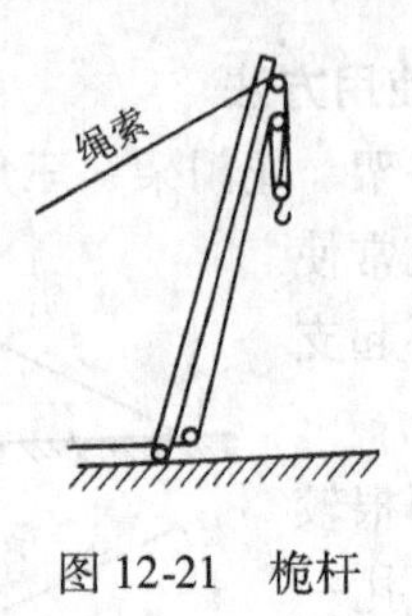

图 12-21　桅杆

技能 43　管道的吊装

管道吊装方法的种类很多，根据管道在吊装过程中，管子与地面的相对位置情况，分水平吊装法、垂直吊装法和倾斜吊装法；根据一次吊装时管子吊装的根数，分单管吊接法和多管吊装法；根据吊装时管子上有无连接零、部件，分单体吊装法和多体吊装法；根据吊装物件的名称，分管子吊装、管件吊装、管支架吊装管方法。现以吊装物件名称的吊装方法简述如下：

1. 管子吊装方法

（1）水平吊装法　水平吊装法常用于埋地管道敷设、地沟内管道敷设、水平支架上的管道敷设。可通过单机或多机起吊进行。

1）管子单机水平吊装法。管子单机水平吊装即用一台起重机，或一台人字架，或一台三角架，或一台桅杆，水平起吊管子。一般用于起吊长度较短（如单节管子）的管子，要求在管子上绑扎两处，绑扎的两点离管重心距离相等，然后用起重臂、桅杆或倒链吊起。如采用三角架在地沟内水平吊起管子，其操作步骤是：首先支好三角架，使三角架起吊高度适当，三角架支承地面基础牢靠，然后在三角架交点上挂好倒链，用绳索绑好管子，并使两绳索圈靠在一起挂在倒链的吊钩上，最后手拉链条，即可实现管子的水平起吊，如图 12-22 所示。

桅杆水平起吊管子的操作步骤是：首先支好桅杆、牵绳，桅杆顶挂好滑轮或倒链，然后将所起吊的管子用绳索绑好，使两绳索圈靠在一起并挂在滑轮或倒链的吊钩上，最后拉动起重绳索，便可达到管子的水平起吊，如图 12-23 所示。

对于直径较大的管子，当起吊较高时，常需采用起重机起吊。起重机水平起吊管子的操作步骤是：首先按上述方法绑扎好管子的起吊绳索，并把两绳索圈靠在一起，然后由起重机司机放下起重机吊臂，把吊钩挂在两绳索圈内，最后由起重机司机起动起重臂吊起管子，如图 12-24 所示。

2）管子多机水平吊装法。管子多机水平吊装即用多台起重机，或多台人字架，或多台三角架，或多台桅杆，水平起吊管子。一般用于管径较大、长度较长的管子。以两台起吊机具为例，两绑扎点应离管重心距离相等，且两点距离比单机起吊时的两绑扎点距离大。采用三角架在地沟内水平起吊管子，其操作步骤是：首先选好管子上两绑扎点的位置，然后在两绑扎点处支好三角架，三角架的顶点一定在绑扎点的垂直线上，并在顶点上挂好倒链，且用两绳索绑扎好管子，索圈挂在倒链的吊钩上，最后拉倒链链条起吊管子。拉链条时，两人应互相配合好，使管两端起吊高度相等，如图 12-25 所示。

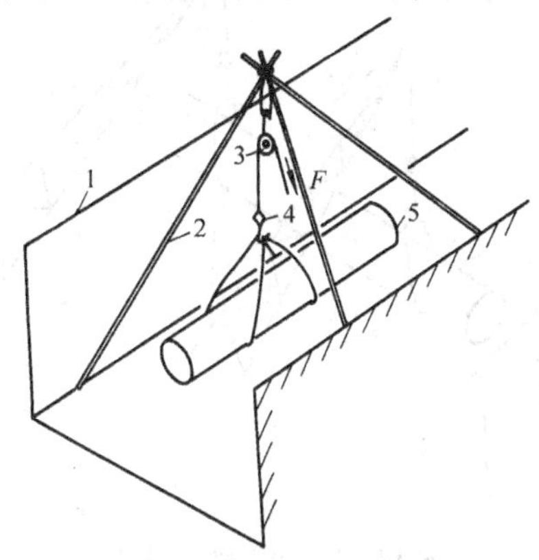

图 12-22　三角架在地沟内水平起吊管子

1—地沟壁　2—三角架　3—倒链

4—拉链　5—管子

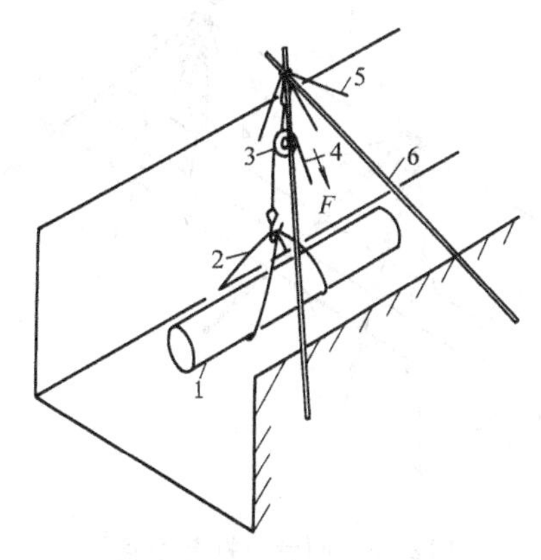

图 12-23　桅杆水平起吊管子

1—管子　2—起重绳索　3—倒链　4—拉链

5—桅杆拉绳　6—桅杆

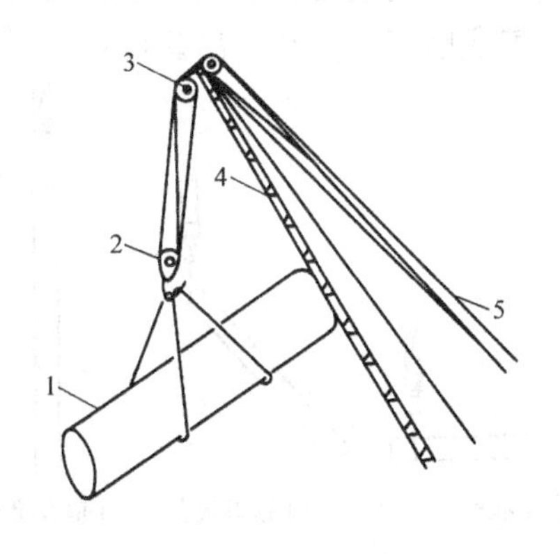

图 12-24　起重机水平起吊管子

1—管子　2—吊钩　3—滑轮

4—起重机吊臂　5—拉绳

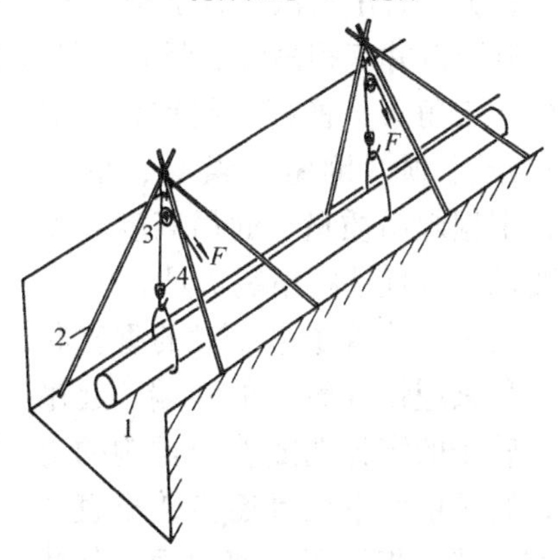

图 12-25　两台三角架起吊管子

1—管子　2—三角架　3—倒链　4—绑扎绳索

两台桅杆水平起吊管子的操作步骤是：首先在所确定的两绑扎点的同一管边支好桅杆、牵绳，两桅杆顶分别挂好滑轮或倒链，使倾斜后的桅杆顶点能到达管子绑扎点的正上方，然后在所起吊的管子上的绑扎点处绑扎好绳索，绳索圈分别挂在桅杆顶上的滑轮或倒链的吊钩上，最后拉动起重绳索起吊管子。注意两起吊绳索受力一致，即可保证起吊管子呈水平状态，如图 12-26 所示。

对于管径大，长度较长的管子常采用起重机吊装。吊装的基本操作程序是：分别绑扎绳索两处，分别用两台起重机吊起，然后吊装在沟内或架空支架上。采用两台起重机吊装，在架空支架上敷设管道如图 12-27 所示。

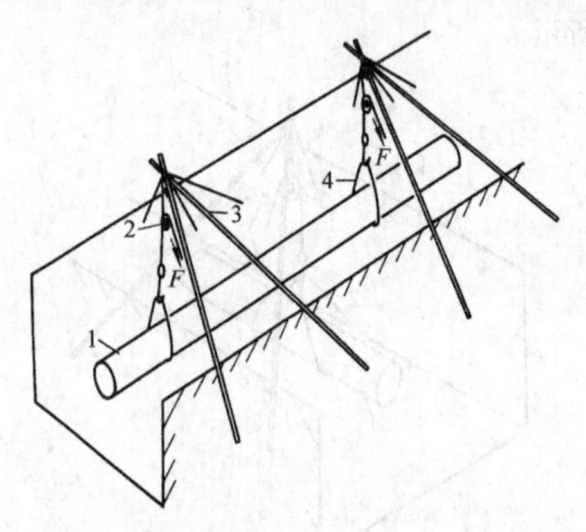

图 12-26　两台桅杆起吊管子

1—管子　2—倒链　3—桅杆　4—绑扎绳索

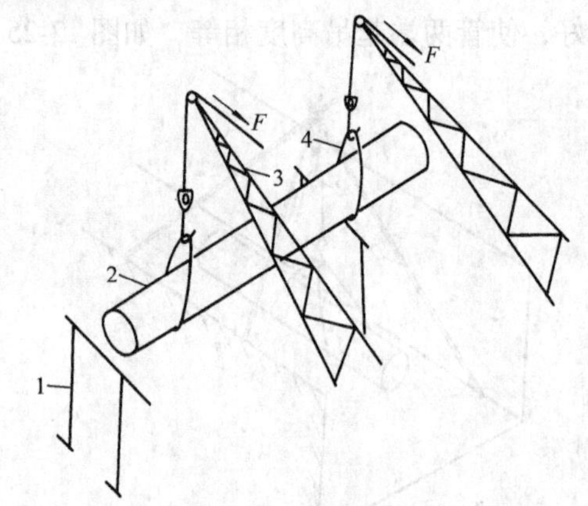

图 12-27　架空管道吊装

1—支架　2—管子　3—起重机吊臂　4—绳索

（2）垂直吊装法　管子垂直吊装常用于垂直管道的安装，如深井泵管道的安装、圆形沉井工程吊装、竖井内管道安装、装配式竖管的安装。吊装机具常用人字架、三角架、桅杆、起重机、滑轮、千斤顶、倒链、索具、撬棍等，根据起吊质量、起吊高度和安装要求，合理选择吊装机具。

为了保持管子吊装时的垂直状态，吊索应设在管子的一端，起吊时，管子的绑扎端随着起重钩的上升，管子由水平位置逐步转成直立状态，然后将管子提离地面，其状态变化如图 12-28 所示。

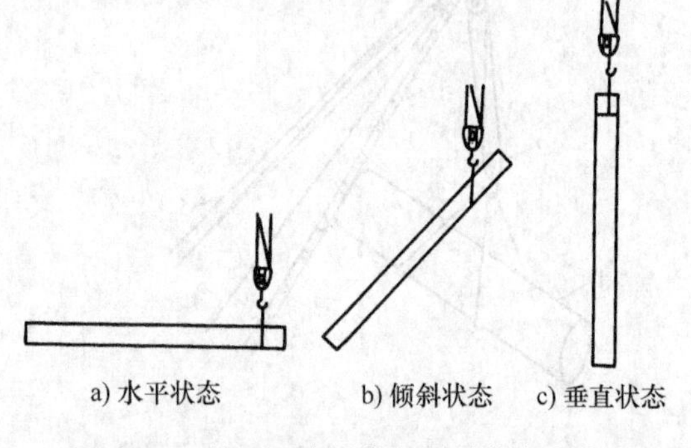

图 12-28　管子垂直吊装起吊时状态变化

综上所述，管子垂直吊装过程大致分两个步骤：首先把管子起吊呈垂直状态，然后把垂直状态下的管子垂直吊起。垂直起吊按操作方法不同又分以下两种：

1）旋转法。管子斜向布置，起重机在管子一侧，起吊时，未绑扎的管端不动，而随着起重钩的上升及起重杆的旋转，管子由水平位置逐步转成直立状态，如图 12-29 所示。

2）滑行法。用于起吊较重、较长的管子，且吊装地点、条件受限制的情况。其方法是：起吊时，起重机的起重臂不转动，起重钩缓缓上升，而未绑扎的管端则沿地面自然滑行至吊点下方，如图 12-30 所示。

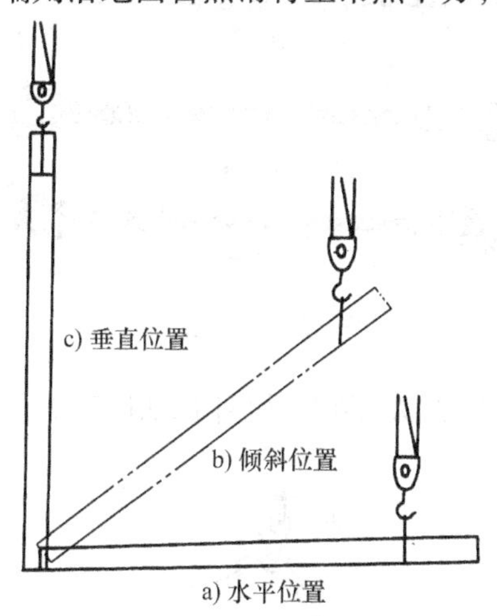

图 12-29　管子垂直起吊旋转法

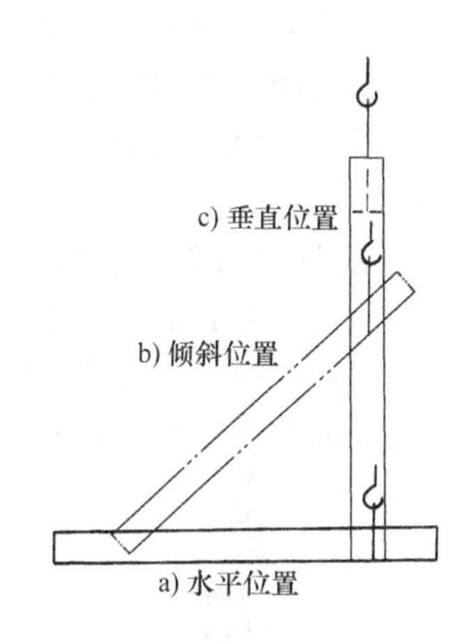

图 12-30　管子垂直吊起滑行法

对于较小直径的钢管，可采用双环绞缠结索具绑扎，进行垂直吊装。较大直径的水泥管，用索具吊起水泥管端预留的 2 ~ 3 个吊环，便可将水泥管垂直吊起，如图 12-31 所示。

（3）倾斜吊装　吊索绑扎偏于管重心，管子吊起后，管身与地面成倾斜状态。用于吊装较重、较长的管子，当起重机起重臂受到长度限制，无法水平或垂直起吊，一般需用人力扶正就位。

2. 管件吊装

大型管道工程施工，常用直径大的管件，往往需进行起重吊装。这些管件的特点是长度较短。对于地面以下的管道施工，管件吊装常分两个步骤进行：首先用起重机或桅杆吊起管件至沟（槽）内；然后可用人字架或三角架、起重机、桅杆、倒链、千斤顶等机具，在沟（槽）内起吊管件，与管道连接、绑扎的吊索有环形、双环、钩环等，如图 12-32 所示。

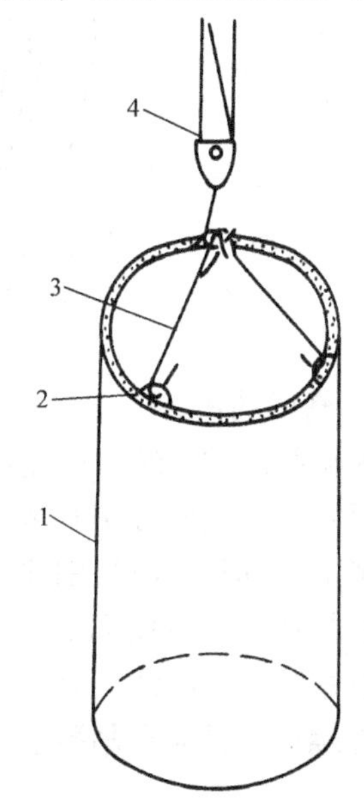

图 12-31　大直径水泥管垂直吊装
1—水泥管　2—水泥管端预留吊环
3—吊索　4—吊钩

管件绑扎方法有穿心绑扎、绳棍绑扎和管身绑扎等。

穿心绑扎即把吊索的一端，从管件的一端内穿至另一端，然后将吊索两端套在一起挂在吊钩上，如图 12-33 所示。

绳棍绑扎是穿心绑扎的一种，即把棍从管件一端穿至另一端，且棍两头露出两管端，然后用图 12-32 的吊索套住两棍端，吊索中间挂在吊钩上，如图 12-34 所示。

管身绑扎即用吊索绑扎在管件身上，绑扎时找出管件的重心，可以单点绑扎，也可绑扎在管件的两端，对于承插管，最简便的方法是用绳索套在管件承口（即大头）颈上，如图 12-35 所示。

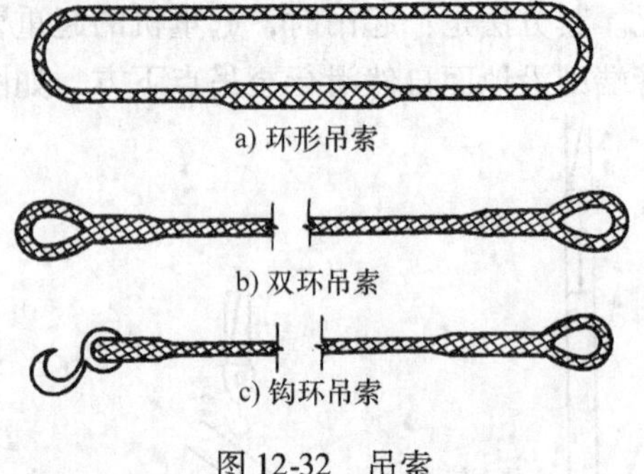

图 12-32　吊索

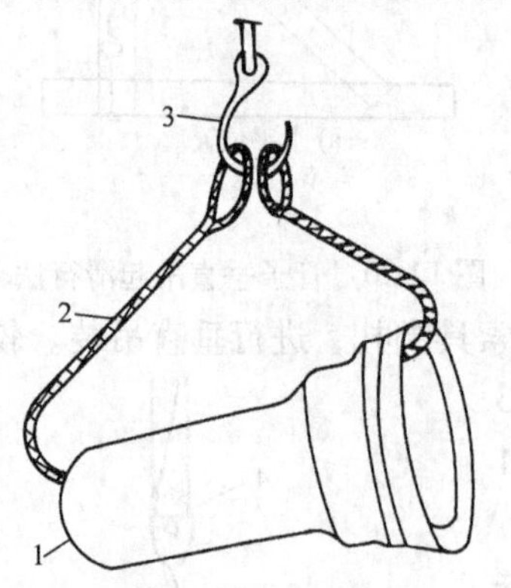

图 12-33　穿心绑扎
1—短管　2—吊索　3—吊钩

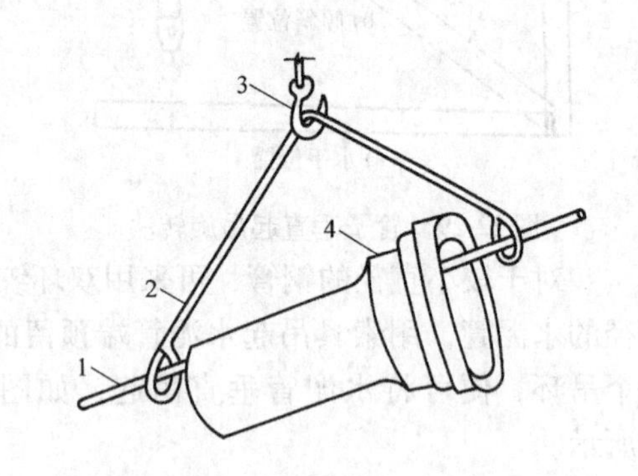

图 12-34　绳棍绑扎
1—铁棍　2—吊索　3—吊钩　4—管子

3. 阀门的吊装

大型阀门的吊装可采用起重机、桅杆、人字架、三角架、龙门架、倒链、索具等机具，绑扎的方法有多种，常用两吊环套在阀的两法兰内，并挂在吊钩上，以防滑落。绑扎时应特别注意：①索具不能绑扎在阀门的手轮上，以防手轮断裂或轴杆折断，不但损坏了阀门，也会发生吊装事故；②索具不能穿过法兰螺栓孔内进行吊装，以防法兰破坏而不能使用。在高空吊装时，避免因索具绑扎不妥而影响穿螺栓，且应在吊装前对阀门的全部零、部件及阀体本身的质量进行全面检查。

4. 支架吊装

大型的架空管道支架吊装可采用起重机、桅杆等机具。人字桅杆经常用于旋转垂直整体吊装，可使操作简便、比较稳妥、安全、经济可靠。其方法是在支架跟部立木，将人字桅杆横跨支架底部斜立于地面，桅杆中部和底部用横杆拉固，桅杆与支架身成60°角，在支架顶点处设拉点，使拉点与桅杆顶上吊钩用吊索绑扎连接，然后用力拉起桅杆，桅杆由一侧向另一侧慢慢卧倒，随之支架慢慢立起，如图12-36所示。

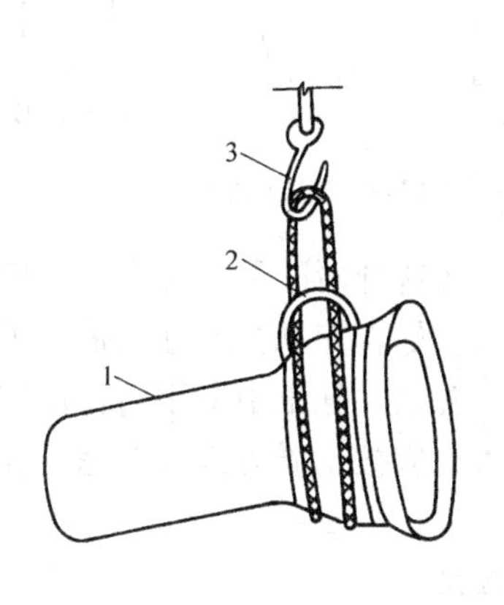

图12-35　承口颈吊索绑扎
1—管子　2—吊索　3—吊钩

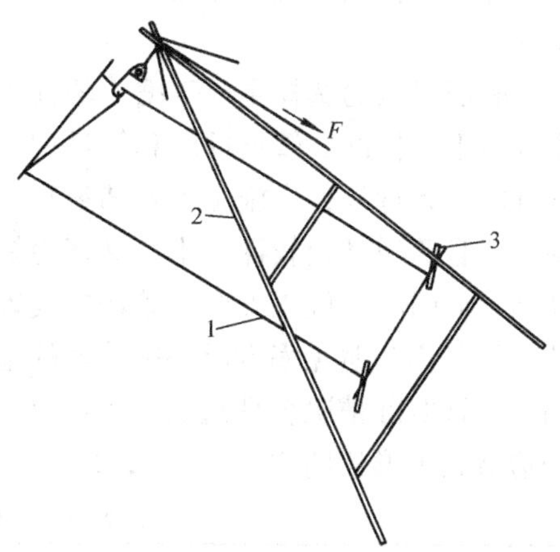

图12-36　架空支架吊装
1—支架　2—人字桅杆　3—立木

技能44　管道埋地敷设

1. 管道开槽埋地敷设

管道开槽埋地敷设是指管道开槽埋于地下，最后覆土夯实。

管道开槽埋地敷设常用于给、排水管道、燃气管道。

（1）管道开槽埋地敷设的操作过程　管道开槽埋地敷设的操作过程是：开挖沟槽、下管、稳管、接口、试压和覆土夯实。

1）测量放线。放线前应熟悉设计图样中所敷设管道的地点、管道的走向、管径、长度、管材和压力要求，以及管道接口方法、管道的埋深、坡度坡向、施工现场的地形地貌、水文地质、地下管道、构筑物等详细资料。

测量放线用的器材、用具，如经纬仪、水准仪、测量板、皮尺、板桩、锤子等应作好准备。用水准仪测出管道的变坡点，用经纬仪测出管道走向的转角点，分别栽桩、设龙门板、拉线放线。

2）管沟开挖。开挖方法有人工开挖、机械开挖和爆破开挖。这些方法依据施工场地的土质、开挖深度、宽度、气候、地下水位以及地下原有管道等确定。人工开挖是指开挖者用锹、镐等工具开挖，这种方法适用于土质软、沟槽浅、施工现场狭窄、地下水位低的条件；机械开挖是用挖土机械开挖，适用于土质软、土方量大、施工范围广的条件，有的地下水位高的地方也可采用机械开挖，但在地下管线密集或弄不清楚的地方，应特别慎重使用机械开挖。爆破开挖即采用炸药爆破，这种方法用于有岩石、坚硬土层地段，使用时应特别注意安全。

沟槽开挖时，其断面形状有矩形、梯形、混合形三种，如图 12-37 所示。

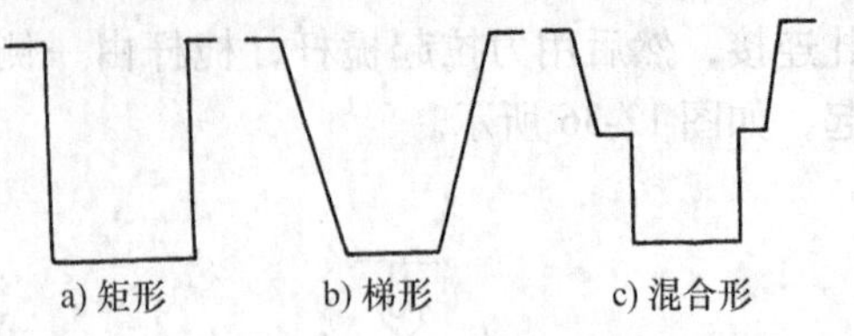

图 12-37　沟槽断面形状

断面形状的选择主要依据土的性质及地下水情况、管道埋深和管道埋设处施工条件等，在施工中若遇狭窄街道，且管道埋设较深，土质又多为炉渣回填，在这种情况下，又需要开挖矩形断面，此时为了施工安全，管沟要设置沟槽支承。尽管支承会给施工带来很多麻烦，但其仍为避免塌方所必须采取的施工措施。总之，施工中采用何种形式的断面，须视实际情况合理选定。当选定梯形断面时，应按土质等因素考虑选择合适的边坡，梯形槽的边坡见表 12-2。

表 12-2　梯形槽的边坡

土的类别	边坡 1∶n	
	槽深 <3m	槽深 3 ~5m
砂土	1∶0.75	1∶1.00
亚砂土	1∶0.50	1∶0.67
亚粘土	1∶0.33	1∶0.50
粘土	1∶0.25	1∶0.33
干黄土	1∶0.20	1∶0.25

例如：铺设管径 400mm 的给水管，深度为 4m，选用边坡为 1∶0.25，沟槽底挖宽为 1m，如图 12-38 所示。

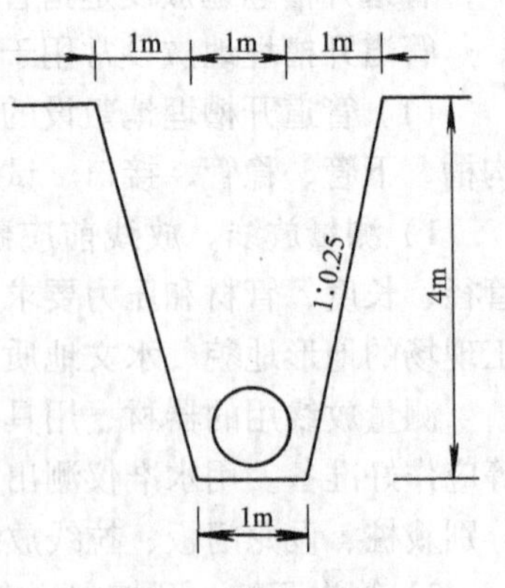

图 12-38　沟槽开挖断面尺寸示意图

沟槽上口开口宽度应为与底宽度相同尺寸加上边坡放宽的尺寸，即上口开口宽度等于 1m 加 (2 × 0.25 × 4) m，共计 3m。从图 12-38 可知，沟槽上口宽度为底宽再每一侧加上 1m，加出这 1m 是沟深 4m 时的加宽，这样便可得出沟深每米加宽 0.25m。如果边坡为 1∶0.75，则上口每一侧每米深加宽 0.75m，4m 深沟槽，上口一侧加宽 (0.75 ×4)m =3m。

3）沟槽清理和沟槽基础施工。为了满足施工要求，应对沟槽底和沟槽边进行清理，土质较差的沟槽，应对沟槽边进行支撑，对沟槽底设基础等。

4）下管、稳管和接口。沟槽开挖符合要求后，先下管，即把沟槽边上的管按要求下至沟槽底内；再稳管，即把管安稳在沟槽内的设计位置上，符合高程、坡度坡向及其他尺寸的要求；然后接口，即把各管子连接起来。

5）试压与回填。检查管子的接口质量，应对管子进行试压，在试压符合技术要求后，应及早对管沟回填，回填过程中，应分层夯实，并进行夯实质量的检查和验收，便于路面通行。

（2）管道敷设方法　管道工在管道开槽埋地敷设施工过程中，主要承担下管、稳管、接口和试压工作。

1）下管方法。下管方法有人工下管和机械下管两种。

①人工下管。首先把管子运到沟（槽）边，承插管的承口朝来水方向，沿沟（槽）边成单摆设。如果管距沟（槽）边较远，由管道工数人用撬杠从管的一边同时撬起管子滚动朝向沟（槽）边，对于大直径的管子，为了减少管子与地面的摩擦力，用撬杠撬起管端分别在管两端下面放置圆木或钢管，且与管子垂直，再撬起管子向沟（槽）边滚动，应注意用力和管子滚动的速度，靠近沟边2～3m时，随即将管子两端圈套绳索，两绳的一端栓固在地锚上，另一端要有足够的人力牵拉。分3组人，其中两组分别在管两端牵绳，另一组人在中间用撬杠移管，注意牵绳人与移管人用力时要互相配合，始终保持被移管平行于管沟。当管移至沟边接近沟内时，移管人应慢慢地移管，且牵绳人慢慢松绳，使管慢慢下至沟（槽）内。对于大直径管子，往往在沟内放置滑木杠。下管工作如图12-39所示。

下管时，严禁靠近下管的沟内站人，以防发生事故。

图12-39　人工下管

②机械下管。机械下管即用起重机下管，在重点工程中常采用。机械下管可减轻体力劳动和提高劳动生产率，保护管子不受损坏，甚至可在沟（槽）上把数根管道的接口连接好后，再用多台起重机起吊下管。机械下管应注意防止沟边塌陷。

2）稳管方法。下到沟内的管子，在人工下管时，一般下一节管，随即稳好。稳管的目的，是把管子固定在设计位置上。稳管前，先把管子中心与沟中心对齐，然后对口。人工对口有两种方法。

①机具起吊管子对口。先按敷设位置要求做好管基础，用起吊架（如三角架）和倒链、索具起吊管子两头，把管放在管基础上，接着用同样方法起吊另一根管子，让后一根管的插口对正前一根管的承口，使插口和承口对接固定。机具对口操作如图12-40所示。

②人工对口。数人站在已稳好的管上，先用绳索套住承口端，管的两端用撬杠撬管，靠绳索撬管的人主要掌握承口能否对上插口，另一端撬管的人起推力作用。工作时，站在已稳好的管上的人牵拉绳索，其他撬管人撬管协调配合，使承口插进插口内，碰到“碰”的一声即停。“碰”声起对口回弹作用，有利于接口。对口后还要找正管子在沟内的位置。人工对口如图 12-41 所示。

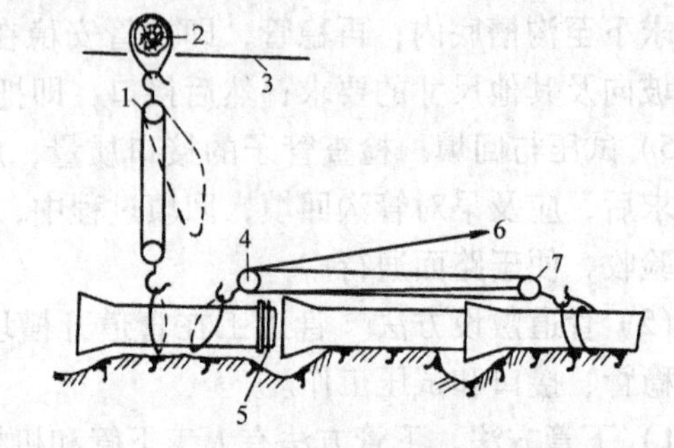

图 12-40　机具对口

1—倒链　2—圆木　3—沟槽上口　4—双滑轮
5—胶圈　6—卷扬机拉钢丝绳　7—单滑轮

3）接口。接口即向承插间隙内打填充材料，如麻—水泥砂浆、麻—铅等，详见第 8 讲技能 25 中 2。

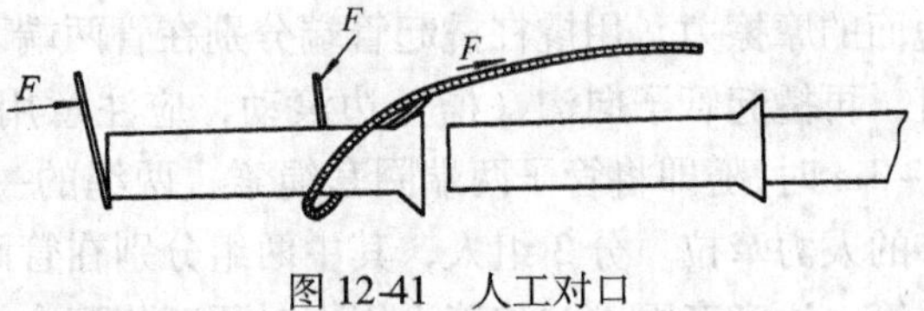

图 12-41　人工对口

4）试压。对已安装好的管道，应进行打压验收，详见第 13 讲技能 47 中 1、2。

5）回填土方法。回填土方法主要是：先向管两边填土夯实，后向管中心填土夯实，回填到管顶部后，逐层回填和逐层夯实。

2. 管道不开槽埋地敷设介绍

管道在穿越铁路、公路和隧道时，常采用不开槽敷管施工法，亦称顶管施工。

顶管施工步骤如下：

1）选择和开挖工作坑。工作坑是顶管的场所，它需安装千斤顶顶管设备，除此之外，需在坑内放置管子并进行管子的临时接口，还在坑内设置往外运土的设备。因此工作坑应设置支承且对基础有要求，在基础上设置导轨。

2）下管。把坑外的管子用起吊机具下至坑内导轨上。

3）前方挖土。管下至坑内，在管前方挖土，便于把管顶进。

4）顶管。在管后方安装千斤顶，把管顶进，边挖土边向前顶进，顶进一节，从坑外再下一节，管节之间采用临时接口（钢管采用永久性焊接），再顶管。

5）进行顶管质量检查。检查内容有管底标高，管中心线及管口有无错口发生，均应在顶管的每一过程中进行。

6）进行管口永久性接口。顶管过程完毕后，拆除临时性接口，然后可采用管口永久性接口。

以上是管道不开槽埋地敷设的基本方法。

技能45　管道地沟敷设

热媒管道、风管道或数量较多的管道，在同一地下敷设时常采用地沟敷设，地沟敷设管道便于检修。根据通行与否有通行、不通行和半通行地沟。地沟土建完成放线、开挖、砌筑等工作，管道工可在地沟砌筑时，配合预留孔洞或安装支架等工作。

管道在地沟内敷设的步骤如下所述。

1. 预留地沟孔洞和安装支架

孔洞尺寸和支架规格、尺寸及支架安装的间距，由设计图样定。管道工根据支架大样图制作支架，并按设计要求预埋支架。在沟内安装时，埋入沟壁内的长度要符合要求，并用水泥砂浆固定。沟内多排支架的安装，应从最下排支架自下而上安装。为了保证管子在沟内的坡度，各支架标高应符合要求。两支架高差可按下式计算

$$H = il$$

式中　H——两支架的标高差（m）；

i——管道坡度；

l——两支架间管道的长度（m）。

例如，有一段敷设在沟内支架上的管子，设计坡度为0.002，起点支架设计距沟底400mm，支架间距为6m，则两支架标高差为：

$$H = 0.002 \times 6\text{m} = 0.012\text{m}$$

若坡向起点，则该支架比起点支架高0.012m，距沟底高412mm。

2. 管道敷设前的工作

对于敷设在地沟内的管道，如热媒管道，在敷设前，应做除锈防腐和保温的工作。钢管接头处不必刷油保温，待沟内敷设时进行。

3. 下管和稳管

对于较小直径的管子，可用人抬的方法抬至沟内，大直径管子需用起吊设备吊入沟内。管子进入沟内，由人或用设备使之穿过支架从下层铺起，如管道较多，最好铺一排管子后即可进行接口，再安装管卡，最后试压，试压合格后再在接口处防腐保温，以免在所有多排管子铺成后出现问题，返工困难。

下管时，应避免撞击已固定好的支架。稳管时，应检查管子铺设的标高。

4. 试压

试压是检查管子接口质量的关键，应按试压要求进行。

不通行地沟的管道支架，常采用混凝土块形式，在土建打好的基础上，划出

地沟中心线，按规定距离安放混凝土块。如果在土建施工中，已将垫块在现场浇灌好，那么安装管子时要对垫块进行复查。复查的方法是：管道在沟边分段连接，连接后将管段放在垫块上，用水平尺初步找平、找正。如果垫块不平，在垫块上抹水泥砂浆，直至找平，待稳固后再进行一次找正。如果垫块还不平，可在钢管托下加钢板块垫平。

对于活动式混凝土垫块的找平、找正，可在垫块下铺水泥砂浆，直至垫平。

技能46　管道架空敷设

管道架空敷设是将管道敷设在地面以上的独立支架或钢桁架上，对于厂区，也可把管道敷设在栽入墙壁的支架上。

根据支架高度有低支架、中支架和高支架之分，但不管哪种管道的敷设，其步骤均是：

1）预制和埋设支架。支架的预制和埋设按设计图样进行，埋设支架的高度要严格检查。

2）起吊管道前的工作。钢管在起吊前做好除锈、刷油工作，在寒冷地区，对要求保温的管道进行保温，并分别留有接口位置。

3）吊装管道。按图样要求把所需安装的各种管道吊上支架并就位。一般架空管道均为单排排列，可以一次吊装成。

4）管道接口。将吊上支架的管道（一般为钢管）进行焊接接口。

5）质量检查。检查内容有坡度坡向和试压，按有关规定进行。

6）接口收尾。在高处试压合格后，对接口处管道除锈、刷油和保温。

架空敷设管道，应严格遵守有关操作规程。

第13讲　管道试压与清洗

技能47　管道试压

1. 给水管道试压和要求

室内、外给水管道安装结束后，应进行质量检查，水压试验是检查管道系统的强度和严密性是否达到设计要求的最基本和最可靠的手段。

（1）给水管道水压试验的有关规定

1）室内给水管道的水压试验必须符合设计要求，当设计未注明时，各种材质的给水管道试验压力均为工作压力的1.5倍，但不得小于0.6MPa。检验方法：金属及复合管给水管道系统在试验压力下观测10min，压力降不应大于0.02MPa，然后降到工作压力进行检查，应不渗不漏；塑料管给水系统应在试验压力下稳压1h，压力降不得超过0.05MPa，然后在工作压力的1.15倍状态下稳压2h，压力降不得超过0.03MPa，同时检查各连接处，不得渗漏。

室内消火栓自动喷水灭火给水系统管道试验可分层分段进行。上水时最高点要有排气装置，最高点装一块压力表，水压试验应采取防冻措施，试压环境温度不得低于5℃。当系统设计工作压力≤1.0MPa时，水压强度试验压力应为设计工作压力的1.5倍，并不低于1.4MPa；当系统设计压力>1.0MPa时，水压强度试验压力应为工作压力加0.4MPa。水压强度试验的测压点应设在系统管网的最低点，试压时应排气，缓慢升压。达到试验压力后，稳压30min，保证不渗、不漏、不变形，且压力降不大于0.05MPa。

建筑外给水管道的水压试验如下：

①塑料管内试验压力最低不宜小于0.05MPa，但不得超过工作压力的1.5倍。

②钢管试验压力等于工作压力加上0.05MPa，且不小于0.9MPa。

③当铸铁管工作压力小于0.5MPa，试验压力为工作压力的2倍；当铸铁管工作压力大于0.5MPa时，试验压力等于工作压力加上0.5MPa。

2）室外给水管道的压力试验，如设计无要求，应符合下列规定：①水压试验的管段长度一般不超过1000m；②应在管件支墩做完并达到要求强度后，再进行压力试验，未做支墩的管件应做临时后背；③埋地管道必须在管基检查合格，管道上部回填土不小于500mm后（管道接口工作坑除外），方可作压力试验；

④管道水压试验的压力应符合表 13-1 的要求。

（2）给水管道试压方法　给水管道应做好试压前的准备工作，对管道的接口、阀门、仪表、管本身及支架等需进行详尽的外观检查，合格后方可进行水压试验。

进行水压试验时，应划分试压与非试压管段，需试压的管段不宜过长，对于有特殊要求地段内的管段，如过河、架桥及其他通过障碍物的管段，要单独进行水压试验。

表 13-1　给水管道水压试验压力　（单位：MPa）

管材	工作压力	试验压力
碳素钢管		$p+0.5$（不小于 0.9）
铸铁管	$p\leqslant 0.5$	$2p$
	$p>0.5$	$p+0.5$
预、自应力钢筋混凝土管和钢筋混凝土管	$p\leqslant 0.6$	$1.5p$
	$p>0.6$	$p+0.3$

注：水压试验时，先升至试验压力，观测 10min，压力降不大于 0.05MPa，管道、附件和接口等未发生漏裂，然后将压力降至工作压力，进行外观检查，不漏为合格。

试压管段划分后，最重要的是封闭被试验的管段。管段封闭的方法有许多种，应根据管径、管材、埋设地点及试验压力确定。

对于较小直径的钢管，封闭端可用阀门、螺塞、法兰盲板、焊接钢堵板等。

对于较大直径的钢管，封闭端可用法兰阀门、焊接钢堵板、盖堵。

对于法兰铸铁管，封闭端可用法兰阀门、法兰盲板、盖堵等。

对于承插铸铁管，封闭端可用盖堵等。

对于钢筋混凝土给水管，封闭端可用盖堵、钢板封口、钢筋混凝板封口等。

当管径较大，试验压力较大，除了选用合适的封闭端外，还需在封闭端处设支承。以某承插铸铁给水管封闭端为例：试压用短管乙的一端插入铸铁管的承口内接口，其另一端采用法兰盖堵。由于试验压力较大，为防止法兰螺栓被拉断，设有支承。支承的后座墙原土夯实，立一排方木，横一排方木，再立一厚铁板，制成人工后座墙。在人工后座墙与法兰盖堵之间，用方木做基础，地基上设顶铁，顶铁间安装螺旋式千斤顶，顶住法兰盖堵，如图 13-1 所示。

给水管道试压方法有压力表降压试验和漏水量试验两种。

1）压力表降压试验方法。在封闭端安装进水管、排水管、压力表和排气阀，然后安装试压泵并连接自来水管，如图 13-2 所示。

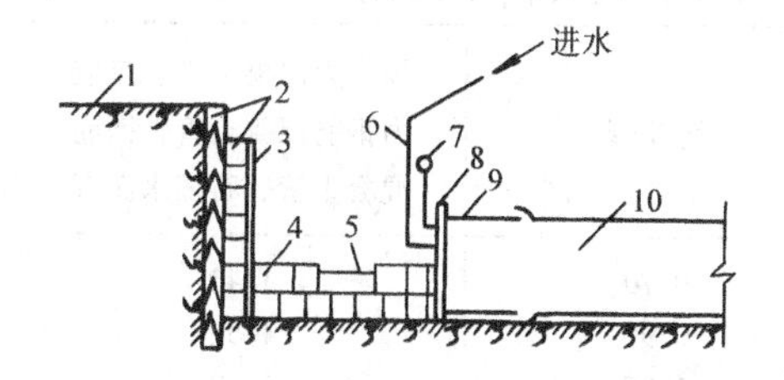

图13-1　给水管道水压试验封闭端

1—后座墙　2—方木　3—铁板　4—顶铁　5—千斤顶　6—进水管　7—压力表　8—法兰盖堵　9—短管　10—试压管段

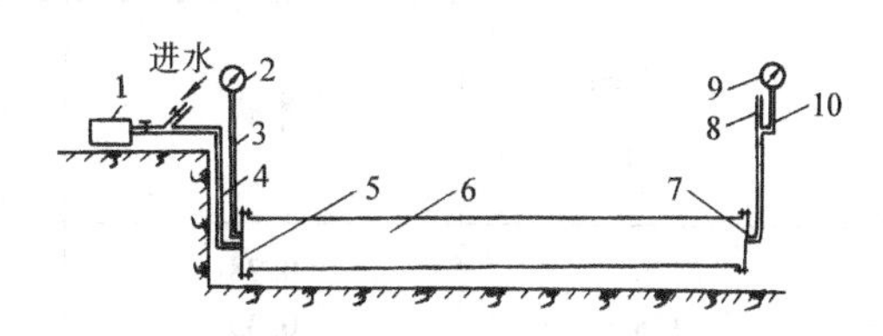

图13-2　水压试验设备布置

1—手摇泵　2—压力表　3—压力表管　4—进水管　5—盖板　6—试验管段　7—盖板　8—放气管　9—压力表　10—连接管

操作过程是：开启排气阀，同时开启自来水给水阀向试压管段充水，直至排气阀出水，同时关闭给水阀和排气阀，此过程说明试压管段内已灌满水，然后检查各接口有无明显漏水处，若无漏水处便可开始起动试压泵，将压力升高至试验压力，按前述管道试压规定进行试压，直至合格为止。

2）给水管道漏水量试验方法。该种方法常用于室外给水管道的试压，其试验方法如图13-3所示。

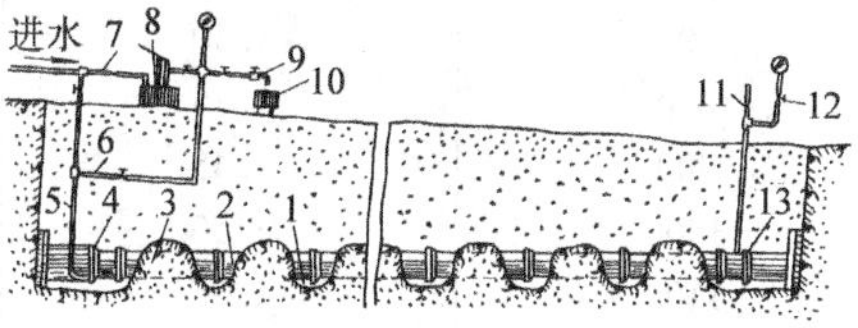

图13-3　漏水量试验

1—工作坑　2—试压管段　3—回填土　4—封闭端　5—进水管　6—压力表连接管　7—进水管　8—手摇泵　9—水嘴　10—量水筒　11—排气管　12—压力表连接管　13—封闭端

按压力表试压方法，用试压泵把试压管段加压到试验压力为止，同时记录压力表上压力下降0.1MPa所需时间T_1，然后重新把试压管段加压到试验压力，并打开放水嘴放水到量水筒内，使压力表值压力下降相同值0.1MPa，所需时间为T_2，如果量水筒内水量为W（L），可按下式求出漏水率q：

当漏水率q（L/min）不超过表13-2规定值时，即认为试验合格。

$$q = \frac{W}{T_1 - T_2}$$

2. 排水管道渗水试压

排水管道属于无压管道，安装结束后，应检查管道接口的渗漏性，检查方法采用闭水试验，即向试验的排水管段内充满水，并保持一定充水高度，在规定时间内测出漏水量，如果漏水量符合施工验收规范，则认为试验合格。

表 13-2　给水管道水压试验允许漏水率

管径/mm	1000m 长管道允许漏水率/（L/min）		
	钢管	铸铁管	预应力混凝土管、自应力钢筋混凝土管、钢筋混凝土管、石棉水泥管
100	0.28	0.70	1.40
125	0.35	0.90	1.56
150	0.42	1.05	1.72
200	0.56	1.40	1.98
250	0.70	1.55	2.22
300	0.85	1.70	2.42
350	0.90	1.80	2.62
400	1.00	1.95	2.80
450	1.05	2.10	2.96
500	1.10	2.20	3.14
600	1.20	2.40	3.44
700	1.30	2.55	3.70
800	1.35	2.70	3.96
900	1.45	2.90	4.20
1000	1.50	3.00	4.42
1100	1.55	3.10	4.60
1200	1.65	3.30	4.7
1300	1.70	—	4.90
1400	1.75	—	5.00
1500	1.80	—	5.20

注：试验管段长度小于 1000m 时，表中允许漏水量应按比例减少。

关于排水管道施工验收规范中的有关规定，简述如下。

（1）室内排水管道的试压规定

1）埋地的排水管道。其在隐蔽前必须做灌水试验，其灌水高度应不低于底层卫生器具的上边缘或管道及接口无渗漏底层地面高度，满水 15min 后，再灌满并保持 5min，液面不下降、为合格。隐蔽排水管道灌水试验的灌水高度不应低于服务层卫生器具的上边缘或该层地面高度，接口不渗不漏为合格。

2）室内雨水管道。其安装后，应做灌水试验，灌水高度必须到每根立管最上部的雨水漏斗。

（2）室外排水管道试压规定　对于非金属污水管道，应做渗水量试验。如设计无要求，应符合下列规定。

1）在潮湿土壤中，检查地下水渗入管中的水量，可根据地下水的水平线而定。地下水位超过管顶 2 ~ 4m，渗入管道内的水量不应超过表 13-3 规定；地下水位超过管顶 4m 以上，则每增加水头 1m，允许增加渗入水量的 10%。

2）在干燥土壤中，检查管道的渗出水量，其充水高度应高出上游检查井内管顶 4m，渗出的水量不应大于表 13-3 规定。

表 13-3　1000m 长管道在一昼夜内允许渗出或渗入水量　（单位：m^3）

管径/mm	<150	200	250	300	350	400	450	500	600
钢筋混凝土管、混凝土管或石棉水泥管	7.0	20	24	28	30	32	34	36	40
缸瓦管	7.0	12	15	18	20	21	22	23	23

3）在潮湿土壤中，当地下水位不高出管顶 2m 时，可按第 2）项规定做渗出水量试验。

对于雨水和与雨水性质相似的非金属排水管道，除敷设在大孔性土壤及水源地区外，可以不做渗出水量的试验。对于排除腐蚀性污水的排水管道绝对不允许污水渗漏。

非金属污水管道渗水量试验时间不应少于 30min。

遵照以上规定，排水管道进行试验的方法是先设封闭端，大型混凝土排水管可用砖砌水泥砂浆封口或木制堵板，封闭端常设于排水井内。例如：某排水管闭水试验，如图 13-4 所示。

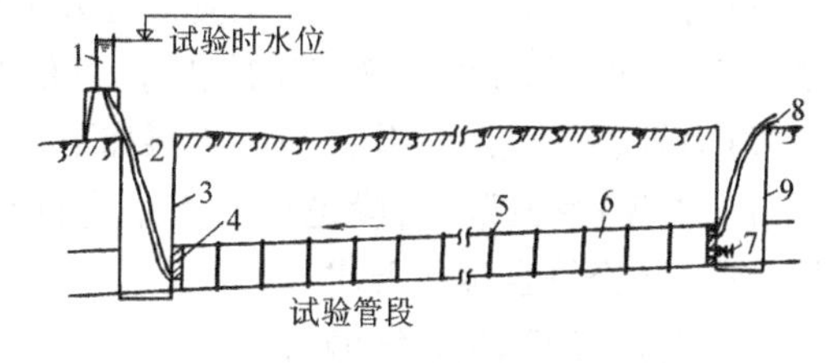

图 13-4　排水管道闭水试验

1—水筒　2、8—胶管　3、9—排水井　4—堵板　5—接口　6—试验管段　7—阀门

先封闭管段，向管段内充水直至排气管排水关闭排气阀，再充水使水位达到水筒内所要求的高度，记录时间和计算水筒内的降水量，符合验收规范要求，则试验合格。

3. 采暖管道水压试验和要求

采暖管道安装完毕后，要进行水压试验，以检查管道的强度和严密性，确保系统安全正常运行。

（1）采暖管道试压的有关规定　采暖管道试压分室内采暖管道试压和室外热网管道试压。

1）室内采暖管道试压。

①蒸汽、热水采暖系统，应以系统顶点工作压力加 0.1MPa 做水压试验，同时在系统顶点的试验压力不小于 0.3MPa。

②高温热水采暖系统，试验压力应为系统顶点工作压力 0.4MPa。

③使用塑料管及复合管的热水采暖系统，应以系统顶点工作压力 0.02MPa 做水压试验，同时在系统顶点的试验压力不小于 0.4MPa。

2）室外采暖管道试压。试验压力为工作压力的 1.5 倍，但不得小于 0.6MPa。做试验时，压力先升至试验压力，观测 10min，使压力降不大于 0.05MPa，然后降至工作压力，做外观检查，以不漏为合格。

（2）采暖管道系统试压方法　采暖管道系统试压，既可以分段试压，也可以整个系统试压。分段试压过的系统，在有条件的情况下，还需进行一次全系统试压。对于系统中的隐蔽管段，在分段试压和全系统试压前，应优先使隐蔽管段试压合格。

试压方法同散热器试压方法一样，先充水、排气，后试压泵加压并检查，直至符合上述规定为合格。

热水采暖系统试压，应隔断锅炉和膨胀水箱，冬季注意防冻。

4. 压力管道的气压试验

压缩空气管道、燃气管道、乙炔管道、氧气管道等输送气体介质的管道安装结束后，应进行气压试验。

进行气压试验的管道，首先应备有大于试验压力的气源，如空压机、储气瓶（罐）等。对于试验氧气管道的气体，应是无油脂的气体。

压力管道的气压试验，一般步骤如下：

1）首先检查试压管段是否形成完整的封闭系统，系统中连接的管件、阀门、吊、支架是否符合试压要求。

2）把试压管段与气源连接起来，中间安装封闭严密的阀门，如安全阀、减压阀、放空阀、压力表等，保证安全和严密。采用空气压缩机进行气压试验的管路系统装置，如图 13-5 所示。

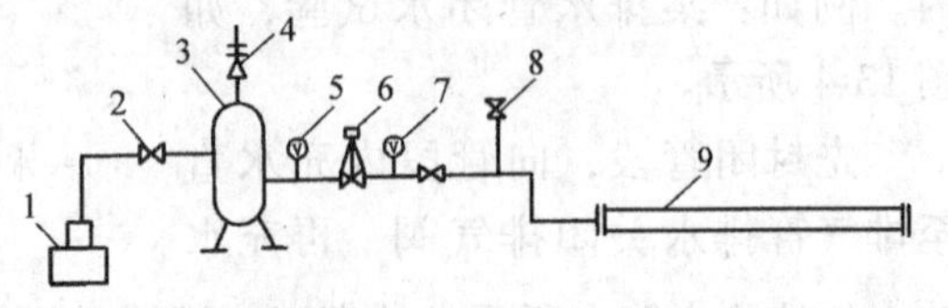

图 13-5　用空气压缩机进行气压试验的装置

1—空气压缩机　2—阀门　3—储气罐　4—安全阀　5、7—压力表　6—调压阀　8—排气阀　9—试压管段

起动空气压缩机向储气罐内输气，经减压阀进入试压管段，系统内压力在压力表上显示，进气可由进气阀和排气阀控制。如超压，可由安全阀自动泄压。

3）试压时，先起动空气压缩机向贮气罐内输气，使贮气罐内贮存一定量的高压气体，再缓慢地开启进气阀，随时注意压力表上压力的变化。当达到下述压力时，关闭进气阀，并进行 0.5h 的外观检查。

①若试验压力在 2.0MPa 以下，压力为 0.6 倍的试验压力。

②若试验压力在 2.0MPa 以上，压力分别为试验压力的 0.3 倍和 0.6 倍。

③检查焊缝、法兰等接口，必要时在接口处涂上肥皂水，无气泡出现，表明在以上压力时无气体渗漏。再开启进气阀系统升压到试验压力，并保持 30min，

若压力无下降即认为强度试压合格。

4）强度试压合格后，把试验压力降至工作压力，进行严密性试验（采用放气即可）。先用3～12h使管内温度与管外温度达到一样，再用24h测算漏气量。如果每小时平均漏气量不超过表13-4值，则认为严密性试验合格。

表13-4　气压严密性试验允许每小时平均漏气率

管道类别	氧气管道	乙炔管道	燃气管道压力≤6.4MPa	化工工艺管道			
				剧毒物质		易燃物质	
				室内管道	室外管道	室内管道	室外管道
允许漏气率（%）	1	0.5	0.05	0.15	0.3	0.25	0.5

管道每小时平均漏气率按下式计算

$$A = \frac{100}{t}\left(1 - \frac{p_2 T_1}{p_1 T_2}\right)\%$$

式中　A——每h平均漏气率（%）；

p_1、p_2——试验开始和结束时管道内的绝对压力（MPa）；

T_1、T_2——试验开始和结束时管道内绝对温度（K）；

t——试压所经历的时间（h）。

气压试验应注意安全和按操作规程进行。

5. 管道真空试验

管道真空试验是检查管道内在真空条件下（管道内压力小于管道外压力）的严密性试验，实际上也是气压试验。如制冷管道系统在管道安装结束后，要进行真空试验，以检查其严密性。

真空试验时常用真空泵，制冷管道系统还可用试验专用制冷机，采用真空表读数。

真空试验方法简述如下：

1）检查系统内的管件、阀门、仪表、管道支、吊架是否符合试压要求。

2）安装抽真空设备和真空仪表，且应符合有关安装要求。

3）起动抽真空设备并用专用阀门控制，阀门应缓慢开启，并注意真空表显示的数值，对于制冷系统，可把管道内气压抽至真空度较大气压低2.67～4kPa。

4）观察真空表，在一定时间内，其上升值如果符合设计标准为合格。一般以设计压力进行真空试验，时间为24h，增压率不大于5%即可。

6. 管道的渗透试验

渗透试验用于检查管道焊缝的严密性，试验方法是：

（1）采用煤油检查　可在焊缝一侧涂刷大白浆，另一侧涂刷煤油，经过一定时间，如果大白浆面上渗出煤油斑点，表明该处焊接质量有缺陷，需要修补。

(2) 采用氨气检查　先封闭管道或容器，在焊缝处贴上一条比焊缝略宽的硝酸汞溶液试纸，再向封闭管道内或封闭容器内通入含有10%氨的气体，如果在焊缝外侧试纸上出现黑色斑点，表明焊缝有缺陷，待修补。

采用煤油检查渗透较简单，为常用的一种方法。

技能48　管道清洗与吹扫

管道清洗与吹扫的目的是清除管道内的污物和有害物，防止管道堵塞和工作介质被污染。

1. 给水管道的清洗和消毒

给水管道用于输送自来水，为使所输送的水质不受污染，在管道使用前应进行清洗和消毒。

(1) 清洗操作方法

1) 划分清洗管段。将管道分成若干管段进行清洗和消毒，以便达到清洗和消毒目的。清洗管段的一端连接压力水水源，如加压水泵、储水池。如果自来水压力较高，能满足冲洗要求，可直接与自来水管连接。为了防止回流污染，应在连接管处设阀门，如闸阀和止回阀，管段的另一端设排水阀，控制排水量，并把冲洗后的水尽量排至排水道，以免影响周围环境。同时需注意节约用水。

2) 冲洗方法。先向冲洗管段灌满水，浸泡1～2h，使管壁上的污物溶于水中，然后开启压力水源阀门和排水阀，直至冲洗到排出清水时为止。

(2) 消毒　冲洗后，再将清洗管段充满水，浸泡24h，取水样检查细菌个数，1L水中大肠杆菌不超过3个和1mL水中杂菌不超过100个为合格。如果超值，用氯消毒。采用含氯质量分数为25%～30%的漂白粉溶液充注管内，使管内冬季含氯质量分数为2%，夏季的质量分数为1%，每1L水含活性氯30～50mg，浸泡12～24h排掉。然后再冲洗、再化验直至符合细菌数要求为止。

2. 热水采暖管道的清洗

热水采暖管道清洗的目的，在于去除污染物，防止管道堵塞。清洗是在试压合格后进行的。清洗前将系统上的流量孔板，滤网、温度计，止回阀等部件拆掉，清洗后再装上。清洗水常用自来水。如系统管路较长，最好分段冲洗 。例如某建筑内热水采暖系统，可在入口井内的供水管连接压力水向系统充水，在入口井内的回水管处设排水阀排水，直冲至冲洗水的水色透明为止。注意冲洗后的水不能进入锅炉和热水换热器，这类设备应单独清洗。

3. 管道蒸汽吹扫

蒸汽管道和燃油管道一般采用蒸汽吹扫来清除污物，因为蒸汽吹扫使管内较为干净。

（1）蒸汽吹扫管道的方法　蒸汽吹扫管道的方法一般是先吹主干管，再吹干管，最后吹支管及冷凝水管。

吹扫主干管和干管时，从总汽阀开始，沿蒸汽流向在末端打开一个或两个排汽阀排汽。吹扫支管时，同样从始端吹至末端。

（2）蒸汽吹扫管道应注意的事项

1）蒸汽开始通入管道时，蒸汽阀应先小开，对管道进行预热。待吹扫管段首尾温度接近时，才逐渐加大蒸汽量进行吹扫，以免使管道发生摇晃和汽—水混合噪声。

2）排汽阀口应引向室外，排汽管断面积不应小于被吹扫管断面的75%。

3）及时排除凝结水。

4. 管道其他气体吹扫

压缩空气管道、氧气管道、燃气管道等均可用压缩气体进行吹扫，常用压缩空气。其吹扫要求简述如下。

（1）压缩空气管道　可先用流速大于0.8m/s的清水冲洗干净，再用压缩空气吹干。

（2）乙炔、燃气管道　先用压缩空气吹扫，再在使用前分别用各自输送的气体进行吹扫，直至合格为止。

（3）氧气管道　其用气体吹扫要求较严，应采用流速为15～20m/s不带油的压缩空气或氮气先进行吹扫，吹扫过程中，可用一张贴有白纸的板，在排气口处停留3～5min，如果纸上无留脏物和水分，即可结束压缩空气吹扫。在投入使用前，应以3倍管道系统的氧气进行吹扫，吹扫的排气管要接到室外高空处，并远离火源。

第14讲　管道防腐与绝热

技能49　一般管道防腐施工

一般管道防腐施工，是按清理表面、涂漆和管道着色的程序进行的。

1. 清理表面

为了在管道涂漆后能在金属表面形成附着牢固的保护层，以期获得最佳防腐效果。涂漆前，除了管件两端及管道与设备连接处露在螺纹外面的麻丝用废锯条将其割断并清除外，必须采取措施彻底清除金属表面污物。除采用带锈底漆时允许金属表面残留厚40μm以下的锈层之外，一般均要求管子表面露出金属本色。清理管道表面，一般采用除锈法与除油法。

(1) 除锈法　管道除锈方法有人工除锈、机械除锈、喷砂除锈和酸洗除锈等。

1）人工除锈。人工除锈是一种简单易行的除锈法。人工除锈操作步骤与方法如下：

①当钢管或构件表面的浮锈较厚时，先用锤子轻轻敲打管子、敲掉锈层，使浮锈脱离管子表面。

②当锈层不厚时，首先用钢丝刷或粗砂纸擦拭管子表面，除掉浮锈。

③待露出金属本色后，再用破布或棉纱擦净锈末。

④钢管内壁的浮锈，可采用往复拉钢丝刷的方法予以清除。小管径钢管，可用大小相适应的钢丝刷；大管径钢管，可将几把钢丝刷组合在一起，在钢丝刷两端连接铁丝，送入钢管内，操作者站在管子两端，来回拉刷，待露出金属本色后，再换上废棉纱拉刷干净。

2）机械除锈。管道除锈工作量较大的施工现场，常采用机械除锈法。

除锈时，将需要除锈的管子放在专用的管架上，分别用外圆除锈机或软轴内圆除锈机，清除管子内壁或外壁上的浮锈。

3）喷砂除锈。喷砂除锈分干喷砂与湿喷砂两种方法。

①干喷砂。干喷砂一般采用粒径为0.5～1mm的石英砂与河砂相混合。要求砂粒要均匀、清洁，不含泥土、木屑等杂质，砂子应干燥（必要时要将砂粒炒干）。施工现场常采用简易喷砂法除锈。简易喷砂工艺流程，如图14-1所示。

a. 简易喷砂操作方法：ⓐ喷砂前，将砂装满砂斗；ⓑ检查所有设备是否良好，阀门等附件应启闭灵活；ⓒ起动空气压缩机，使压力表指示压力达0.3～0.5MPa；ⓓ开启压缩空气管道阀门，砂粒即被吸出，并通过喷枪喷射出来。

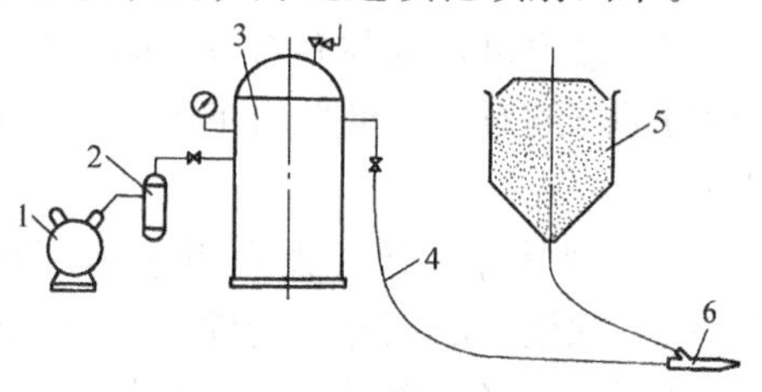

图14-1　简易喷砂工艺流程
1—空气压缩机　2—油水分离器　3—储气罐　4—胶管　5—砂斗　6—喷枪

b. 喷砂注意事项：ⓐ喷砂时，喷砂方向应为顺风方向；ⓑ喷嘴与工件之间应保持50°～70°夹角；ⓒ喷嘴与工件间保持100～200mm的距离。ⓓ当除锈的钢管或钢板厚度在1mm以内时，要将压缩空气压力降低到0.15MPa，并使用较细的干砂，喷射角为30°；ⓔ干喷砂作业时灰尘大，操作人员应穿戴好防护用品，如防尘口罩、防护镜或防尘面具等。

②湿喷砂。湿喷砂应采用粒径为0.2～1mm的建筑用砂。水与砂的流量比例约为1:2。湿喷砂工艺流程，如图14-2所示。

a. 喷砂操作方法。双室砂罐分上、下两室（图14-2）。当向砂罐投入砂料时，砂料靠重力打开上室顶部的进砂阀5，进入砂罐上室，直至装满，进砂阀靠弹簧弹力可随时自行关闭；此时下室顶部的自动进砂阀6，由于被下室内压缩空气压力顶住而无法开启，为此逐渐开启上室进气阀7，向上室通入压缩空气；当上、下室内压力达到平衡时，自动进砂阀在上室砂料重力作用下自动开启，砂料即落入下室，同时自动进砂阀借弹簧弹力自动关闭。砂罐内的工作压力可控制在0.4～0.5MPa。

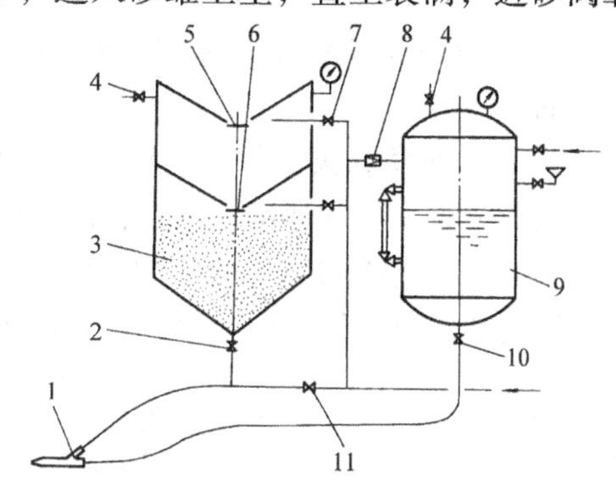

图14-2　湿喷砂工艺流程
1—喷枪　2—出砂旋塞　3—双室砂罐　4—放空阀　5—进砂阀　6—自动进砂阀　7—上室进气阀　8—减压阀　9—水罐　10—出水阀门　11—压缩空气阀门

水罐内工作压力为0.2～0.3MPa。砂罐与水罐9间的压力关系，应按实际使用情况进行调节。水罐内压力由通入的压缩空气来保证。在水罐的进气管上，可装减压阀8。

喷砂时，用内径25mm的夹层胶管，将喷枪软管接头与砂罐出砂旋塞2相连，用较细的胶管将喷枪进水口与水罐出水阀门相连。喷砂时依次开启压缩空气阀门11、出砂旋塞2和出水阀门10，压缩空气即夹带着砂粒和水进入喷枪，连续地进行喷砂除锈作业。

喷砂用的喷嘴一般用45钢制作，内径为6～8mm，并作淬火处理，以增加硬度。为了减少喷嘴磨损，宜采用嵌有硬质陶瓷内套的喷嘴。湿喷砂用喷嘴结构如图14-3所示。

湿喷砂也可将水与砂料置于同一个罐中，混合后通入喷枪，在罐底出口处通入少量的压缩空气，使砂料不致沉积堵塞罐体出口，但喷砂过程中，需适时进行调节。

b. 喷砂操作时应注意以下事项：ⓐ湿喷砂不能在气温较低的环境下作业；ⓑ经喷砂除锈后的钢管、构件等，应及时喷刷涂料，不可久置，防止锈蚀；ⓒ为防止金属表面经湿喷砂后再次生锈，可在水中加入质量分数为1%～1.5%碳酸钠、磷酸三钠或肥皂水为防锈剂，并在喷砂作业前，由水罐投药口投入罐内。

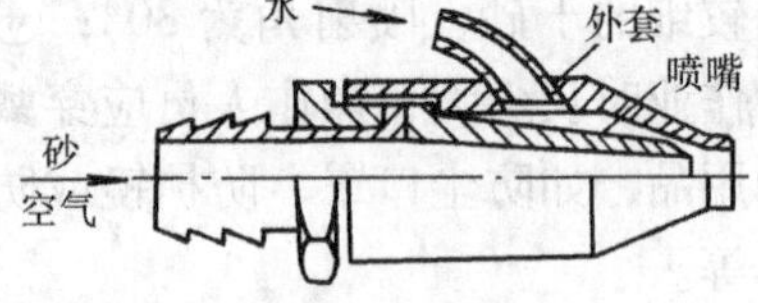

图14-3　湿喷砂用喷嘴结构

4）酸洗除锈。钢铁酸洗一般用硫酸或盐酸，有时也用磷酸。由于硫酸成本较盐酸低，故常采用硫酸进行酸洗除锈。

①酸洗操作条件。

a. 为保证酸洗质量，提高效率，酸洗前应对管子或工件表面进行清理，除去污物。如管子或工件表面有油污时，应先用碱水作除油处理。

b. 为减轻酸洗液对金属的溶解，可加入质量分数约2%的乌洛托品或若丁作缓蚀剂。

c. 酸洗速度取决于氧化物的组成、酸的种类、含酸的质量分数与温度。含酸的质量分数大可加速酸洗进程，但工件将发生过多的金属溶解，即产生浸蚀过度现象，且含硫酸的质量分数超过25%时，酸洗速度反而下降。酸液温度升高时，酸洗速度可加快，但温度不宜超过70℃。钢材酸洗操作条件见表14-1。

表14-1　钢材酸洗操作条件

酸液种类	质量分数（%）	温度/℃	时间/min
硫　酸	10～20	50～70	10～40
盐　酸	10～15	34～40	10～50
磷　酸	10～20	60～65	10～50

②操作步骤与方法。

a. 首先将水注入酸洗槽中，然后将酸液以细流缓慢地注入水中，切不可先倒入酸液而后加水，以免因酸液溅出伤人。

b. 对酸液进行不停地搅拌，并同时加热。

c. 当酸液达到合适的温度后，将管材浸入酸洗槽中，并记下酸洗开始时间。操作者应视工件被锈蚀的程度，适当地掌握酸洗时间，既要注意酸洗质量，又要避免出现金属过蚀现象。

d. 经酸洗后的管材或工件，必须立即投入盛有质量分数为 5% 的碳酸钠或氢氧化钠等稀碱液的中和槽内进行中和。

e. 将中和后的管材或工件放入热水槽中，用热水将金属表面洗涤干净，使其保持中性。

f. 将酸洗后的管材或工件晾干或烘干。

g. 干后立即喷刷涂料，切不可久置，防止再次锈蚀。

酸洗、中和、热水冲洗、干燥直至涂漆等工序，应连续进行，以防减低效率、影响酸洗效果，并避免再次锈蚀。

对只要求洗清内壁的管材，可将调好浓度、温度的酸溶液灌入管内，待达到规定的酸洗时间后，将酸溶液倒出来，并立即灌入中和溶液。作中和处理后，将其倒出，再用清水冲洗，干燥后及时喷刷涂料。

③铜及铜合金工件酸洗。对铜及铜合金工件表面氧化物等的酸洗操作条件见表 14-2。

表 14-2 铜及铜合金酸洗条件

配 方	溶液组成（质量分数,%）	温度/℃	时间/min
Ⅰ	硫 酸 10 水 90	15 ~ 30	3 ~ 5
Ⅱ	磷 酸 4 硅酸钠 0.5 水 95	15 ~ 30	10 ~ 15

注：配方Ⅰ不适于处理青铜及铅青铜。

操作中，经上述配方酸洗过的铜及铜合金材料，必须先用冷水冲洗后再用热水冲洗。冲洗后，最好经纯化处理，纯化液的配方及操作条件见表 14-3。

表 14-3 纯化液配方及操作条件

溶液组成	温度/℃	时间/min
硫 酸 30mL 铬酸酐 90g 氯化钠 1g 水 1L	15 ~ 30	2 ~ 3

操作中，经纯化处理后的管材或工件，应先用冷水冲洗后再用热水冲洗，并进行烘干。

④铝及铝合金工件酸洗。铝及铝合金工件表面酸洗操作条件见表 14-4。

表 14-4　铝及铝合金酸洗操作条件

配　方	溶液组成	温度/℃	时间/min
Ⅰ	铬酸酐　80g 磷　酸　200mL 水　1L	15 ~ 30	5 ~ 10
Ⅱ	硝　酸　5%（质量分数） 水　95%（质量分数）	15 ~ 30	3 ~ 5

操作中，对按上述配方酸洗后的工件，应先用冷水冲洗后再用热水冲洗，并晾干或烘干。

酸溶液对人体和衣服有强烈的腐蚀作用，所以在酸洗操作过程中，操作人员必须穿戴好防护用品，如戴好耐酸手套，扎好围裙，绑好脚盖等，严防酸液飞溅损害人体造成事故。酸洗场地应通风良好，保持空气畅通。

（2）除油法　用碱液脱脂法除油最为常用。被油类污染的金属表面，可用氢氧化钠、磷酸三钠或碳酸钠等碱类的稀释溶液进行处理。除油操作方法如下。

1）根据金属表面油污的多少，选用溶液质量分数为 3% ~6% 或更高一些的上述稀溶液。

2）较小工件用浸渍法，较大工件可用淋洗法。处理时间为 3 ~5min。

3）若将溶液加热至 70 ~100℃时，则除油效果更好。

4）经除油处理后的工件，先用冷水冲洗，再用 70℃左右的热水冲洗。

5）将除油后的工件晾干或烘干。

2. 涂漆

涂漆是对管道和设备进行防腐的主要方法。涂漆质量的优劣，将直接关系到防腐效果，为确保涂漆质量，管道工必须掌握技术要求、作业程序、操作方法及注意事项。

（1）涂漆要求

1）涂漆施工一般应在管道试压合格后进行。未经试压的大直径钢板卷管如需涂漆，应留出焊缝部位及有关标记。

2）管道、设备安装后，凡不易涂漆的部位，应预先涂漆，如散热器靠墙的一侧。

3）涂漆前，管道和设备表面必须除锈，露出金属本色。铸铁散热器、钢管散热器涂漆前，必须将表面的铁锈、毛刺和内部的砂芯、砂粒等污物清除干净。

4）涂漆的种类、颜色、层数应按设计规定和要求施工。

5）涂漆宜在 5 ~40℃环境温度下进行，并应有防火、防雨及防冻措施。

6）当遇雨、雾、露、霜及大风天气时，不宜在室外涂漆施工。

7）涂层质量应符合下列要求：漆膜附着牢固，无剥落、皱纹、气泡、针孔等缺陷，涂层完整、均匀、无损坏、无漏涂，颜色一致。

8）涂漆层数为两层或两层以上时，涂层未经充分干燥，不得进行下道工序施工。

9）施工前已做了防腐处理的管道，施工中经连接和试压后，要对管道连接的部位进行补涂，防止漏涂。

（2）涂漆准备

1）涂漆前，首先必须熟悉所使用涂料的用途、性能和技术条件。

2）检查涂料有无产品合格证明书，过期的涂料必须重新检验，确认合格后方可使用。

3）涂料不可随意混合，否则将会产生不良后果。

4）涂料开封后，必须进行搅拌才能使用，如不搅拌或搅拌不均匀，将影响涂料的遮盖率和漆膜性能。

5）涂料中如有漆皮或粒状物，应用0.125mm钢丝网过滤后方可使用。

6）根据选用涂漆方式和要求，对选用的涂料进行调配。

（3）涂料的调配

1）调配用料。涂料（俗称油漆）用催干剂、稀释剂和干性油进行调配，通常使用的催干剂有氧化铅、氧化锰及醋酸化合物，调配中，催干剂的添加量不大于5%。常用的稀释剂有挥发性强、能溶解各种油类的松节油（又称松香水、香蕉水）和200号汽油。干性油又称溶剂，是油漆中用来粘结各种颜料的基本原料，其中天然干性油有桐油、亚麻仁油及混合干性油。添加天然干性油的油漆，油膜表面光亮，能耐酸、耐碱、耐潮湿，故应广泛采用。

调配油漆时，添入催干剂、稀释剂和干性油量的多与少不是一成不变的，应根据油漆的黏度及其他要求灵活掌握，调制出来的油漆，既不可过稠也不可过稀，太稠或太稀均要影响油漆与金属表面的附着力，且油漆太稠了，会拉不开刷子，影响涂漆进度。

2）油漆黏度测试　油漆黏度用涂—4黏度计测试，涂—4黏度计如图14-4所示。

涂—4黏度计可用金属或塑料制成，容积为100cm^3。

油漆黏度测试方法如下：

①先将黏度计放平，将底部的出口塞住。

②将已调配好并静置10min的漆液注入黏度计。

③打开出口塞，同时用秒表计时，到第一次出现断流时，立即停止计时。

④所测得的时间（s）即为涂—4黏度值。

(4) 涂漆操作步骤与方法

1) 清灰。除完锈的工件，在涂刷底漆前要用干布将金属表面的锈粉、灰尘擦拭干净，并在表面干燥条件下立即涂刷底漆。

2) 涂底漆。涂底漆有刷漆、喷漆、浸漆和浇漆等方法。管道工程中，一般多采用刷漆和喷漆方法。涂刷底漆操作步骤与方法如下：

①用 70mm 或 100mm 油刷，蘸取调配好的底漆，注意蘸取时不宜过饱，在干燥的金属表面上涂刷。

②涂刷时要沿着一个方向涂刷，依次往复地涂刷，务使油漆全部覆盖金属表面。

③涂刷要均匀，每遍不应涂得太厚，以免油漆起皱和附着不牢。

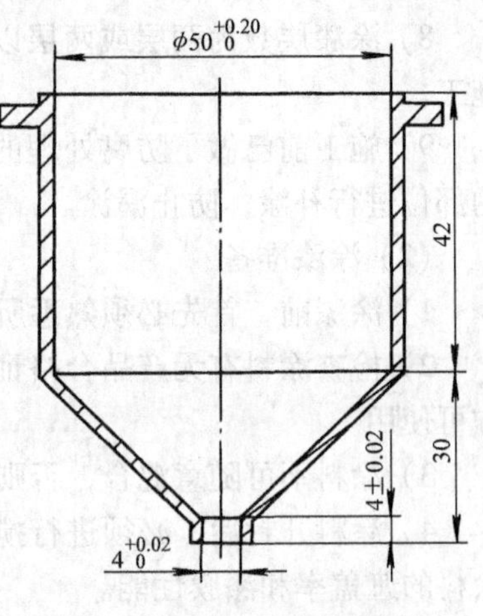

图 14-4　涂—4 黏度计

④采用机械喷涂时，如喷涂面为平面，喷嘴与喷涂面要保持 250 ~ 350mm 的距离；当喷涂面为弧形面时，喷嘴与喷涂面的距离约为 400mm。

⑤喷嘴喷射出的漆流，应与喷涂面保持垂直。

⑥移动喷嘴时，应平稳、均匀，移动速度为 10 ~ 18m/min。

⑦需要配置的压缩空气压力，一般为 0.2 ~ 0.4MPa。

3) 抹腻子。为增加防腐层与管道、构件表面的附着力，并使金属表面光滑，在涂底漆后，对于涂漆面的凸凹不平处，可用过氯乙烯腻子抹平。腻子抹得越薄越好。若涂漆比较平整，一般可以省略这道工序。

4) 涂刷带锈底漆。带锈底漆目前有稳定型和转化型两种，都可直接涂在带锈的钢铁表面上作底漆用。使用稳定型带锈底漆时，应注意下列各点：

①涂刷前，先用扁铲、钢丝刷等将待涂金属面的片状锈、浮锈、砂土、油污等除掉，使金属表面锈层厚度不大于 40μm。

②使用前应将底漆搅拌均匀。如底漆黏度过大时，可酌情加入二甲苯、松节油或 200 号溶剂汽油进行稀释，使底漆黏度为 60 ~ 70s。

③一般金属表面（刷漆、喷漆均可）应涂带锈底漆两遍，待干燥后再涂与其配套使用的磁漆或醇酸漆、油性漆、酚醛漆等面漆，但不宜与含强溶剂的过氯乙烯、硝基漆配套使用。

④涂刷完带锈底漆后，一般要在 24h 后再涂面漆。冬季施工时，晾干时间应适当延长，但最长不得超过两个月。

使用 H06—18 环氧缩醛转化型带锈底漆时，按转化液（磷酸、亚铁氰化钾)∶成膜液（聚丁烯醇缩丁酸和环氧树脂）=7∶3，并使其混合均匀，然后直接涂在带锈的金属表面上。涂刷时刷子蘸漆不宜太饱，且只能涂刷一层，不允许重复操作，如涂漆过多，涂漆质量反而降低。一般需在 24h 后再进行下道工序。

3. 管道着色及其标志

（1）管道着色　管道着色应按设计规定和要求施工。如设计无具体规定和要求时，可参照表 14-5 施工。

（2）涂色环标志　色环的颜色应按设计规定施工。如设计无具体规定和要求时，可参照表 14-5 施工，色环宽度按表 14-6 施工。

表 14-5　管道涂漆及色环的颜色

管道名称	颜色		管道名称	颜色	
	基本色	色环		基本色	色环
蒸汽管道 1MPa	红	—	热水采暖供水管	绿	黄
蒸汽管道 0.8MPa	红	黄	热水采暖回水管	绿	—
蒸汽废汽管道	红	绿	自流凝结水管	绿	蓝
压力凝结水管	绿	红	油管	黄	红
压缩空气管	浅蓝	—	通风管	灰	—
上水管	蓝	—	软化水管	绿	白
循环热水管	蓝	红	氨吸入管	蓝	黄
循环冷水管	蓝	白	氨液管	黄	绿
下水管	黑	—	氨排气管	红	白
氧气管	深蓝	—	进盐水管	绿	黑
乙炔管道	白	—	出盐水管	棕	—
乳白液管	白	褐	酸管	褐	白
苏达水管	白	深紫	高热燃气管	黄	蓝
液化气管	黄	—	低热燃气管	黄	褐
重油管	褐	—	保护气体管	黄	白

注：1. 通行地沟内每隔 20m 刷 1m 色漆。

2. 不通行地沟，在附件室内刷色漆。

表 14-6　色环宽度

管道或管道保温层外径/mm	色环宽度/mm
<150	50
150～300	70
>300	100

（3）涂流向标志　管道表面或管道保温层表面，还应标出箭头标志，以指示管道输送介质的流动方向。当介质可能有两个方向流动时，应标出两个相反方向的箭头。箭头一般漆成白色或黄色，当底色浅时，箭头应漆成深色。

管道支架涂漆，除设计有具体规定外，一律漆成灰色。

技能 50　埋地金属管道防腐施工

1. 配制冷底子油

（1）材料与配比　配制冷底子油，一般用 30 号建筑石油沥青或与防腐层同标号的沥青。沥青与汽油的配比见表 14-7。

表 14-7　冷底子油配合比

使用条件	沥青∶汽油（质量比）	沥青∶汽油（体积比）
气温在 +5℃以上	1∶2.25～2.5	1∶3
气温在 +5℃以下	1∶2	1∶2.5

（2）配制步骤与方法

1）将沥清敲碎成 1.5kg 以下的小块，投进干净的沥青锅里。

2）将沥青锅加热，随熔化的沥青升温适时进行搅拌。

3）使被加热的沥青温度保持在 170～200℃（不得超过 220℃），连续熬制 1.5～2.5h，至不再产生气泡，达到完全脱水程度。

4）将溶化好的热沥青倒入桶内，进行自然冷却。

5）当热沥青温度降至 60℃时，将按配合比称量过的无铅汽油，慢慢地倒入热沥青桶内，并用木棒不停地搅拌，至完全均匀混合为止。

2. 配制沥青玛琋脂

（1）材料与配比　沥青玛琋脂由沥青与无机填料组成。沥青用 30 号甲建筑石油沥青或 30 号甲与 10 号建筑石油沥青各 50% 的混合物，无机填料用高岭土、石灰石粉、石棉粉或滑石粉等。埋地天然气管道防腐也可用橡胶粉作填充料。

沥青玛琋脂的配合比（质量比）为：沥青∶高岭土 =3∶1，或沥青∶橡胶粉 = 95∶5。热沥青中所加填料的多少并无严格规定，应视选用沥青与填料的品种、施工工艺及操作温度而定，以使防腐层能达到规定的厚度为原则。

施工中，选择填料应首先考虑经济实用，并尽可能做到就地取材。寒冷季节施工，为保证在 -15℃低温下也不致产生脆裂，应使用橡胶粉作填料。如需使用冷沥青胶时，可按表 14-8 进行配制。

表 14-8　冷沥青胶配合比　（%）

材　料	10 号沥青	轻柴油	油　酸	熟石灰粉	6～7 级石棉
质量比	50	25～27	1	14～15	7～10

（2）配制步骤与方法

1）将沥青打碎成 1.5kg 以下的小块，放入沥青锅内。

2）将沥青锅加热，为除去水分，将熔化的热沥青加热至 160 ~ 180℃，为防止沥青产生焦化，加热温度不得超过 220℃。

3）热沥青熬煮温度达 180℃时，连续熬制 1h；熬煮温度 160℃时，要持续 3h。

4）向沥青锅里逐渐加入干燥的并预热到 120 ~ 140℃（橡胶粉预热温度为 60 ~ 80℃）的填充料，并不断搅拌，以使其均匀混合。

5）测定沥青玛𤥎脂的软化点、延伸度及针入度 3 个技术指标，达到表 14-9 所列指标时即为合格。

表 14-9　沥青玛𤥎脂技术指标

施工环境温度 /℃	输送介质温度 /℃	环球法测得软化点 /℃	延伸度 /cm	针入度 /0.1mm
-25 ~ +5	-25 ~ +25	+56 ~ +75	3 ~ 4	—
	+25 ~ +56	+80 ~ +90	2 ~ 3	25 ~ 35
	+56 ~ +70	+85 ~ +90	2 ~ 3	20 ~ 25
+5 ~ +30	-25 ~ +25	+70 ~ +80	2.5 ~ 3.5	15 ~ 25
	+25 ~ +56	+80 ~ +90	2 ~ 3	10 ~ 20
	+56 ~ +70	+90 ~ +95	1.5 ~ 2.5	10 ~ 20
+30 以上	-25 ~ +25	+80 ~ +90	2 ~ 3	—
	+25 ~ +56	+90 ~ +95	1.5 ~ 2.5	10 ~ 20
	+56 ~ +70	+90 ~ +95	1.5 ~ 2.5	10 ~ 20

（3）注意事项

1）熬制沥青现场周围应无易燃品，并须备有薄钢板、干砂及灭火器等专用消防器材。

2）配制各种冷底子油时，只将沥青熔化即可，熬制温度不可过高。

3）在填加溶剂时，要根据溶剂的品种控制沥青的温度。对挥发性（挥发时间 5 ~ 12h）溶剂，如汽油、苯、沥青温度不能超过 110℃；当需要填加慢挥发性（挥发时间 12 ~ 48h）溶剂时，如轻柴油、煤油，沥青温度不得超过 140℃。

4）沥青锅不可装满，以容量的 3/4 为宜。

5）加热过程中，沥青首先起沫脱水，到 160 ~ 180℃时，水分基本蒸发完，此时注意控制温度不能过高。超过 220℃时，沥青由冒黄烟转为冒青烟，说明沥青处于焦化状态，有着火燃烧的危险。

6）如沥青着火，应立即用薄钢板或干砂盖住，并立即停止鼓风、封闭炉门，使炉火熄灭。

7）严禁在沥青燃烧时用水灭火。

3. 防腐层施工

（1）施工步骤与方法

1）采用机械法或酸洗法除尽管子表面铁锈和污垢。

2）将管子或设备架起，将调配好的冷底子油在20～30℃时，用漆刷涂刷在除锈后的金属表面上。涂层要均匀，厚度为0.1～0.15mm。

3）将调配好的沥青玛瑺脂，在60℃以上时用专用设备向管面浇洒，同时使管子以一定的速度旋转，浇洒设备沿管线移动，在管子表面均匀地浇上一层沥青玛瑺脂。

4）若浇洒沥青玛瑺脂设备能起吊、旋转时，宜在水平浇洒沥青玛瑺脂后，再用漆刷平摊开来；如不可能，只能用漆刷涂刷沥青玛瑺脂。

5）最内层的沥青玛瑺脂，采用人工或半机械化涂抹时，应分为两层，每层厚度1.5～2mm，涂层应均匀、光滑。

6）用矿棉纸油毡或浸有冷底子油的玻璃丝布制成的防水卷材，应呈螺旋形缠绕在热沥青玛瑺脂层上，相互搭接的压头宽度应不小于50mm，卷材纵向搭接长度为80～100mm，并用热沥青玛瑺脂将接头粘合。

7）缠包牛皮纸或缠包没有涂冷底子油的玻璃丝布时，每圈之间应有15～20mm的搭边，前后两卷的搭接长度不得小于100mm，接头处用冷底子油或热沥青玛瑺脂粘合。

8）当管道外壁做特加强防腐层时，两道防水卷材宜向相反的方向缠绕。

9）涂抹热沥青玛瑺脂时，其温度应保持在160～180℃，当施工环境气温高于30℃时，其温度可降至150℃。

10）正常、加强和特加强防腐层的最小厚度分别为3mm、6mm、9mm，其厚度公差分别为-0.3mm、-0.5mm、-0.5mm。

（2）施工质量检查

1）外观检查。外观检查按施工程序进行，冷底子油要涂刷均匀，不允许有空白、凝块和滴落等缺陷；沥青玛瑺脂不允许有气孔、裂纹、凸瘤等缺陷；防水卷材应与沥青玛瑺脂紧密粘合，不允许有气泡、折皱及混入杂质等缺陷。

2）厚度检查。防腐层厚度最少每100m检查1处，每处沿圆周上、下、左、右测4点，其厚度偏差在-0.5～-0.3mm为合格。

3）粘着力试验。每隔500m或在有怀疑处检查1处，检查方法是用小刀在防腐层上切出一夹角为45°～60°的切口，然后从角尖处撕开，如防腐层不呈块片状剥落时即为合格。

4）绝缘性能检查。管子放入管沟在填土前，应用电火花检验器对防腐层的绝缘性能进行检测。检测时用的电压，正常防腐层为12kV，加强防腐层为24kV；特加强防腐层为36kV。

（3）施工注意事项

1）吊运已涂敷防腐层的管子时，应采用软吊带（如钢丝帆布带）或不损坏防腐层的绳索。

2）防腐层上的一切缺陷、不合格处以及检查和下沟时碰坏的部位，都应在管沟回填前修补好。

3）管子下沟前要清理管沟，使沟底平整、无石块、砖瓦或其他硬物，上层如很硬时，应先在沟底铺垫100mm松软细土。

4）管子下沟后，不许用撬杠移管，更不得直接推管下沟。

5）管沟回填土时，宜先用人工回填一层细土并埋过管顶，然后再用机械回填。

6）冬季施工时要测定沥青的脆化温度。当气温接近或低于沥青脆化温度时，不得进行吊装运输和下沟敷设。

7）沥青防腐施工工序间检查及最后全面检查，都应做详细记录，作为隐蔽工程资料。其内容包括管径、管长、坐标、防腐层结构类型、防腐方法与质量、所用防腐材料的种类、性能、配比、各层厚度、质量以及工程质量的总鉴定等。冬季施工时，还应记录天气的气温、晴、雨、雪、风等气象数据。

技能51　管道绝热施工

管道绝热由保温层、防潮层和保护层组成。

管道绝热施工，按其用途可分为保温、保冷和加热保护3种。

绝热施工一般要求如下：

1）管道绝热应按设计规定的形式、材质和要求进行施工。

2）管道绝热施工，应在管道试压及涂漆合格后进行。如特殊需要，一定要在试压前施工时，应将试压时需作检查的部位，如焊点、法兰、阀门及其他配件处露在外面，暂缓施工，以便试验时检查。

3）绝热施工前，管道应清理干净并保持干燥。冬、雨季施工，应有防冻和防雨措施。不适应潮湿环境的绝热材料，雨天不可露天施工。

4）绝热工程所用的主要材料，应有生产厂家的合格证明书或分析检验报告，材料种类、规格、性能均应符合设计要求。

5）绝热层施工，一般按绝热层、防潮层、保护层的顺序进行。施工中除伴热管外，一般应单根进行。

6）热保温层厚度大于100mm，冷保温层厚度大于75mm时，应分层施工。

7）非水平管道的绝热施工，应自下而上地进行。防潮层、保护层搭接时，其搭接宽度为 30～50mm。

8）应按设计的位置、大小及数量设置绝热膨胀缝，并填塞热导率相近的软质材料。

9）热、冷绝热层，同层的预制管壳应相互错缝，内外层应盖缝，外层的水平接缝应在侧面。预制管壳缝隙，热保温层应小于 5mm，冷保温层应小于 2mm，缝隙应用胶泥填充密实。每个预制管壳上的镀锌铁丝或箍带，应不小于 2 个，不得采用螺旋形捆扎。

10）绝热层用的毡席材料，应紧贴在被绝热的管道表面，但注意不得将绝热用的毡席材料填塞到伴热管与主管之间的加热空间里。绝热层毡席的环缝和纵缝接头处，不得有空隙。捆扎的镀锌铁丝或箍带间距为 150～200mm，疏松的毡席制品，宜作分层施工并扎紧。

11）与冷管道连接的支管及金属件，也应做冷保温层，这段冷保温层的长度，不应少于冷保温层厚度的 4 倍或到垫木的距离。

12）阀门与法兰处的绝热施工，当有热紧或冷紧要求时，应在管道热、冷紧完毕后进行。需要绝热施工的管道配件、设备上的接管及法兰等附件，不应与管子包扎成一体，应在管道绝热施工完毕后，再单独进行施工。

13）绝热层结构应易于拆装。法兰一侧应留出比螺栓长度大 25mm 的可拆卸螺栓的距离。阀门的绝热层，不得将填料盒埋住，以免妨碍填料更换。

14）对于中、小直径的热介质管道，除室外架空敷设外，阀门、法兰盘一般不做保温；蒸汽管道上的疏水器、活接头处，可不做保温，在管道支架两边留出 100mm 的间隙不做保温；在管道拐弯处或膨胀器拐角处，应留出 20mm 的伸缩缝并填充石棉绳。

15）对于冷介质管道，保冷要求严格。除阀门手轮外，其余管件都应做保冷。

16）冷保温管道或地沟内的热保温管道应有防潮层，防潮层应在干燥的绝热层上施工。防潮层在管道连接支管及金属件上的施工范围，应由绝热层边缘向外伸展出 150mm 或至垫木处，并予以封闭。

17）油毡防潮层应做搭接，搭接宽度为 30～50mm，接口应朝下，并用沥青玛琋脂粘结密封，每 300mm 捆扎镀锌铁丝或铁箍 1 道。

18）玻璃布防潮层应粘接在 3mm 厚的沥青玛琋脂层上，该防潮层应作搭接，搭接宽度 30～50mm，防潮层外再涂 3mm 厚的沥青玛琋脂。

19）防潮层应完整、严密、厚度均匀，无气孔、鼓泡或开裂等缺陷。

20）采用石棉水泥保护层时，应有镀锌铁丝网。保护层抹面应分两次进行，抹灰要求平整、圆滑，端部棱角整齐，且无明显裂纹。

21）采用缠绕式保护层也有镀锌铁丝网，外涂沥青橡胶粉玛瑞脂，外面再缠绕玻璃布。缠绕时，重叠部分为带宽的一半，缠绕应裹紧，不得有翻边、松脱、皱摺和鼓包，玻璃布的起始和结束处，须用镀锌铁丝捆扎牢固，并应密封。

22）金属保护层、塑胶保护层应压边、箍紧，不得有脱壳或凹凸不平，其环缝和纵缝应搭接或咬口，注意缝口应朝下。当采用自攻螺钉紧固时，不得刺破防潮层，螺钉间距不应大于 200mm。保护层末端应予以封闭。

23）绝热层施工，绝热层厚度不应有负偏差。其他质量要求应符合表 14-10 规定。

1. 保温层施工

由于保温材料形状不同，保温层施工方法也不同。常用的保温层施工方法有胶泥涂抹法、预制块装配法、缠包法及填充法。

表 14-10　绝热工程其他质量要求

检查项目		允许偏差	检查方法
平面度	涂抹层 金属保护层 防潮层	<10mm <5mm <10mm	用 2m 靠尺和楔形塞尺检查
宽　度	膨胀缝	<5mm	用尺检查
厚　度	预制块 毡席材料 填充物	+5% +8% +10%	用针刺入绝热层和用尺检查

（1）胶泥涂抹法　胶泥涂抹法施工是将粒状保温材料，如石棉硅藻土或碳酸镁石棉粉等，用水调成胶泥，将这种胶泥涂抹在已做试压和防腐处理的管道上，或缠好的草绳外面。胶泥涂抹保温操作如图 14-5 所示。

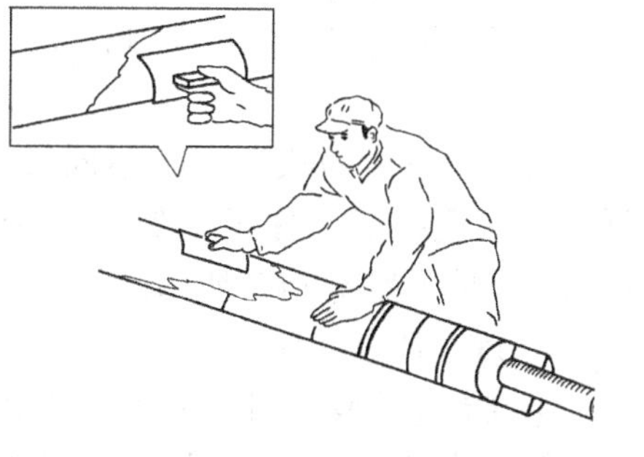

图 14-5　胶泥涂抹法保温操作

1）操作步骤与方法。

①用水将石棉硅藻土或碳酸镁石棉粉调成胶泥。调合要均匀，使其具有粘结力，达到能用手揉成团的程度。

②将较稀的胶泥散敷在已试压合格并做好防腐处理的管道上，厚度为 3 ~ 5mm，作为底层，以期增加绝热材料与管壁的粘结力。

③待底层完全干燥后，用保温抹子涂抹第二层胶泥，厚度 10 ~ 15mm，以后每层厚度为 15 ~ 25mm。当管径小于 32mm 时，可以一次涂好。

④待第二层胶泥完全干燥后，再涂抹下一层胶泥，至达到设计要求的保温层厚度。

⑤另一种做法是：在已做好防腐处理的管道上，首先缠绕草绳，草绳须干燥，为缠绕方便，可先绕成团状，且每截长度不宜过长，缠绕中，草绳间留有15~20mm的空隙，每截草绳的开头和末尾要扎牢，不得散头，然后直接在草绳上面按上述操作方法涂抹胶泥，至达到设计要求的厚度。

⑥保温层厚度要均匀，表面不得有凸凹不平现象，要光、圆、平、直。

⑦鉴于按上述方法，施工速度慢，且不注意时会产生成块胶泥脱落现象，故可采用下述方法施工：首先将胶泥揉成团块，并直接将其摔贴在管壁上，然后用草绳将胶泥团块缠绕拢住。缠绕时草绳应松紧适度一致，草绳间留有约20mm的空隙，草绳的搭接头要压住，不得出现松脱、散头现象，然后用保温抹子按上述3）、4）做法涂抹保温层，直至达到设计要求的厚度。

这种施工方法虽耗费工时稍多，麻烦些，但保温胶泥不易脱落，施工质量好。

⑧做立管保温时，应自下而上地进行。为防止胶泥下坠，应在立管上先焊上托环，然后再涂抹保温胶泥，如图14-6所示。托环钢板厚度为6mm，宽度为保温层厚度的1/2~2/3，托环间距2~3m。当管子不允许焊接时，可采用夹环，当管径小于150mm时，也可以在管道上捆扎几道镀锌铁丝代替托环。

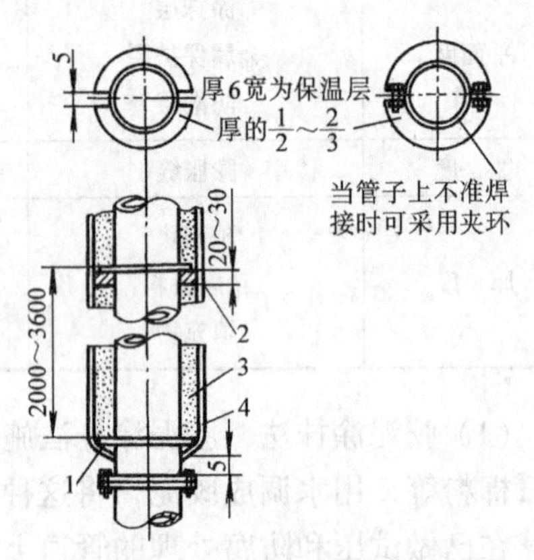

图14-6 立管保温
1—托环 2—填充石棉绳 3—保温层 4—保护层 5—留空供装卸螺栓

保温抹子用镀锌铁皮自制，制作时，抹子的圆弧半径随管径及保温层厚度的不同而异。故可做成适用于不同管径和厚度的保温抹子，抹子上钉有木把手，自制保温抹子如图14-7所示。

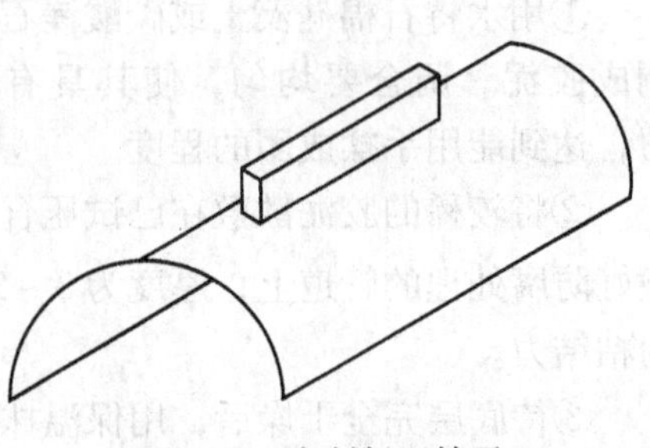
图14-7 自制保温抹子

2）施工注意事项。

①调制保温胶泥时，不能为了增加保温材料的粘结力而掺入水泥，否则会增加保温材料的容重，增大保温材料的热导率，而影响保温效果。

②胶泥涂抹法施工，应在环境温度高于0℃的条件下进行。

③为加速保温胶泥干燥，可在管道内

通入温度不高于 150℃的热介质。

④胶泥涂抹保温层外面，应做油毡玻璃丝布保护层，或涂抹石棉水泥保护壳。

（2）预制块装配法　预制块装配法又称预制块包扎法，是将预制保温瓦块围抱在管子周围，并用镀锌铁丝捆扎。这种保温层做法既简单又卫生，施工中广为采用。操作步骤与方法简述如下：

1）调制胶泥。用水将石棉硅藻土或碳酸镁石棉粉或其他与保温瓦块相同的保温材料，调合成胶泥（装配玻璃棉、矿渣棉、岩棉保温瓦时可不制备胶泥，装配软木保温瓦块时，应熬制 3 号石油热沥青）。

2）涂抹胶泥。在试压合格并作完防腐处理的管道上，用保温抹子涂抹一层厚度为 3～5mm 的胶泥。

3）装配瓦块。将保温瓦块扣在已涂抹胶泥的管子上，另一瓦块以同样方法交错地扣在管子另一对面上（也可以在保温瓦块内表面涂上胶泥或热沥青，按上述方法将瓦块直接扣在管子上）。硬质保温材料直管段，热介质温度不大于 300℃时，每隔 5～7m 留一条膨胀缝，间隙为 5mm；热介质温度大于 300℃时，每隔 3～4m 留一条膨胀缝，间隙为 20mm，瓦块横向接缝和双层保温瓦的纵向接缝应相互错开。管道保温瓦块保温，如图 14-8 所示。

扇形保温瓦块的拼装方法和要求与半圆形瓦块装配相似。瓦块接缝间隙，保温管不大于 5mm，保冷管不大于 2mm。

4）捆扎瓦块。当管径不大于 100mm 时，用 18 号镀锌铁丝捆扎瓦块；当管径为 125～600mm 时，用 16 号镀锌铁丝捆扎；当管径大于 600mm 时，用 14 号镀锌铁丝捆扎，或外面包扎网格为 30mm × 30mm ～ 50mm × 50mm 镀锌铁丝网。每节保温瓦块至少捆扎两圈铁丝，铁丝距瓦块边缘 50mm，铁丝的接头要安排在管子的里侧，且应扳倒，以便抹保护层时看得见，防止扎手。管道保温瓦外包镀锌铁丝网，如图 14-9 所示。

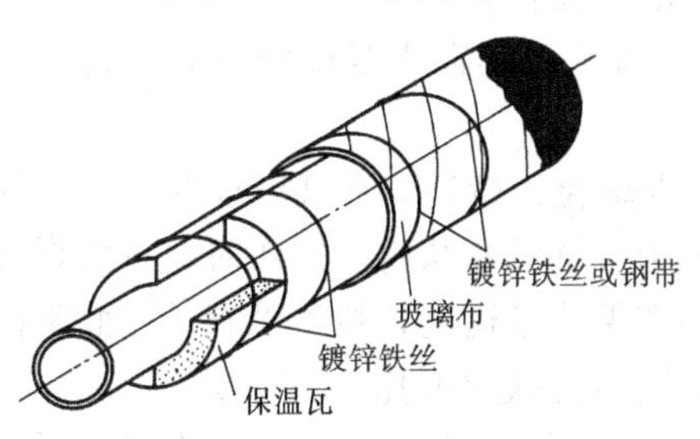

图 14-8　管道保温瓦块保温

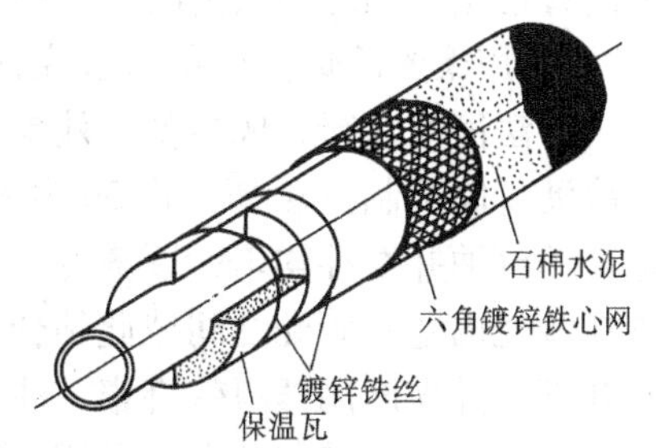

图 14-9　管道保温瓦外包镀锌铁丝网

5）当保温层厚度超过预制保温瓦块厚度时，可采用多层结构。注意内、外层瓦块纵横接缝均要错开，每层分别用镀锌铁丝捆扎。

6）立管装配保温瓦块时，为防止瓦块下坠，应在管子上先焊接托环，托环间距 2 ~ 3m，装配时应自下而上地进行。托环与法兰间应留出供装卸螺栓用的空隙，托环下面应留出膨胀缝，缝宽 20 ~ 30mm，并填充石棉绳，如图 14-6 所示。

7）弯管保温。首先需将保温瓦块按弯管样板形状锯割成若干节，并以相同的方法进行拼装。拼装时，管径不大于 350mm 的弯管，留 1 条膨胀缝；管径大于 350mm 的弯管，留 2 条膨胀缝，间隙均为 20 ~ 30mm。保温管道膨胀缝填充石棉或玻璃棉等，保冷管道填充沥青玛瑞脂。弯管瓦块保温如图 14-10、图 14-11 所示。

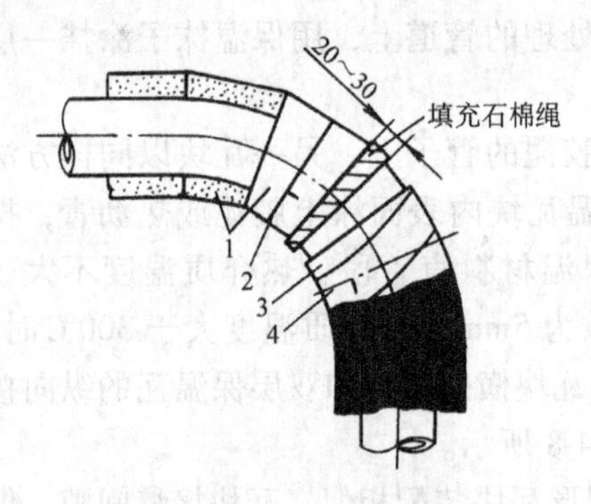

图 14-10　管径不大于 350mm 弯管瓦块保温

1—梯形保温块　2—镀锌铁丝
3—玻璃丝布　4—镀锌铁丝或钢带

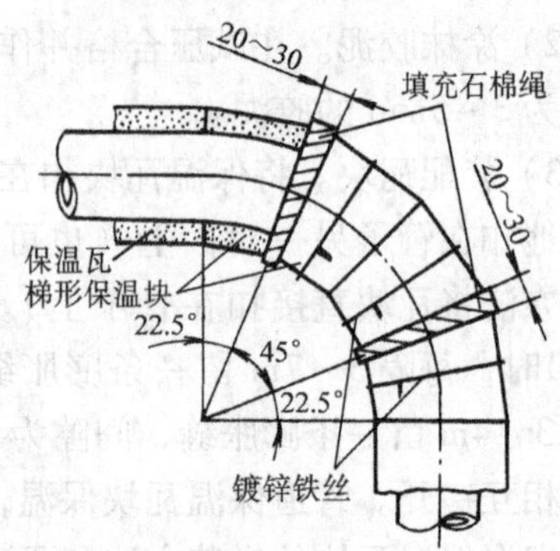

图 14-11　管径大于 350mm 弯管瓦块保温

8）保温瓦块之间的缝隙用胶泥勾缝，使瓦块间的纵横拼缝都不再有空缝。大管径如用梯形瓦块时，要用胶泥里外填满，软木瓦块之间的缝隙，应用熔化的石油沥青搭接，如缝隙较大时，可用软木条蘸上沥青塞入。

9）使用聚苯乙烯泡沫塑料管壳保冷时，宜采用热沥青或冷沥青胶粘合。这种施工方法简便易行，成本低，效果好。

冷沥青胶配制方法是：将 30 号石油沥青熔化，待冷却到 140℃以下时，加入适量的汽油并搅拌均匀，逐渐冷却后即成为稀软的膏状物。操作时，将沥青胶涂抹在管壳内壁及管壳之间彼此粘合处，扣在保冷管道上，然后沿管子表面来回搓动几下，并立即用塑料带绑牢，注意不宜用镀锌铁丝绑扎。

（3）缠包法　缠包法保温是用一种制成一定厚度的棉毡，从下向上将管子缠包起来，再用镀锌铁丝网捆牢。这种保温常用矿渣棉或玻璃棉毡作保温材料。操作步骤、方法及要求简述如下。

1）裁剪毡块。按管子保温层外圆周长度加上搭接宽度，将矿渣棉毡或玻璃棉毡剪成适用的条状。

2）缠包毡块。将剪成条块状的矿渣棉毡或玻璃棉毡，由下向上缠包在试压合格并做了防腐处理的管子上。

缠包时，应按设计要求的密度（矿渣棉密度不小于 150~200kg/m³，玻璃棉密度不小于 130~160kg/m³）压缩到所需的厚度。如出厂密度为 20kg/m³，当在管子上按设计厚度包扎后的密度为 40kg/m³ 时，即压缩比为 1/2。

3）当 1 层棉毡的厚度达不到设计要求的保温层厚度时，可以缠包多层，但要分层捆扎。

4）棉毡的纵向和横向接缝，要相互紧密压合，不允许有间隙，横向搭接缝若有间隙时，可用矿渣棉或玻璃棉填塞。单层棉毡的纵向接缝要放在管顶，每段接缝要错开不小于 100mm。毡棉的搭接宽度，根据保温层外径大小确定，详见表 14-11。

表 14-11　缠包法保温纵向搭接宽度　（单位：mm）

保温层外径	≤200	200~300	300~400	400~500	500~600	600~800
搭接宽度	50	100	150	200	250	300

5）捆扎毡块。棉毡缠包后要用镀锌铁丝或箍带捆扎，使其达到设计厚度。采用镀锌铁丝规格，与捆扎保温瓦块时所用相同。两圈铁丝或箍带间距为 150~200mm。管道缠包法保温如图 14-12 所示。

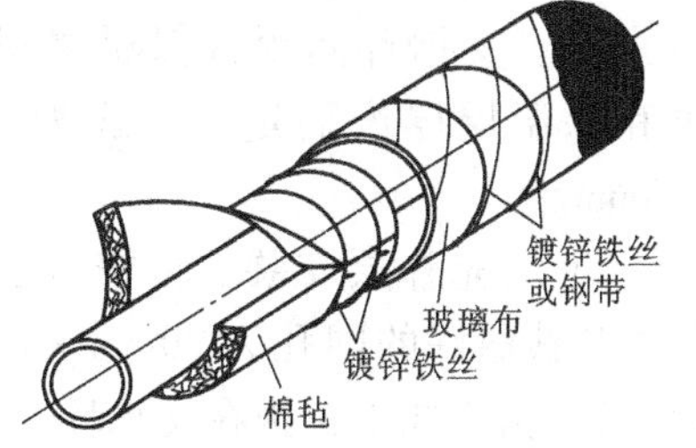

图 14-12　管道缠包法保温

6）当保温层外径大于 500mm 时，除用镀锌铁丝外，还需再包上网孔为 20mm×20mm~30mm×30mm 镀锌铁丝网。

缠包法保温，必须使用干燥的保温材料，宜采用铁皮保护层或油毡玻璃布保护层，不宜采用石棉水泥保护壳。

（4）填充法　填充法保温，是将纤维状或散状保温材料，如矿渣棉、玻璃棉或泡沫混凝土等，填充在管子周围特制的套子或铁丝网中。操作步骤、方法及要求简述如下：

1）支承环制作与安装。

①环形钢支承环。用直径 6~8mm 圆钢焊制，圆环外径同保温层外径，4 个卡爪构成的内圆直径略小于管子外径。安装时，借 4 个卡爪的压力卡紧在管子上，如图 14-13 所示。支承环间距，视保温材料的容重及保温层厚度而定，一般为 300~500mm。

②半环形钢支承环。用直径 6~8mm 圆环煨制，半环外径同保温层外径，半

环内径同管子外径，即半环厚度同保温层厚度，并将其首尾用定位焊固定。安装时，将两个半环形支承环对扣在管子两侧，然后用 14 ~ 16 号镀锌铁丝将两支承环端部紧紧地捆在一起，如图 14-14 所示。

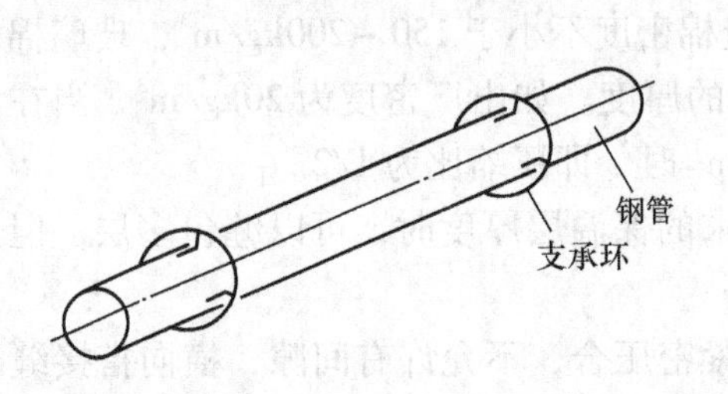

图 14-13 圆环形钢支承环

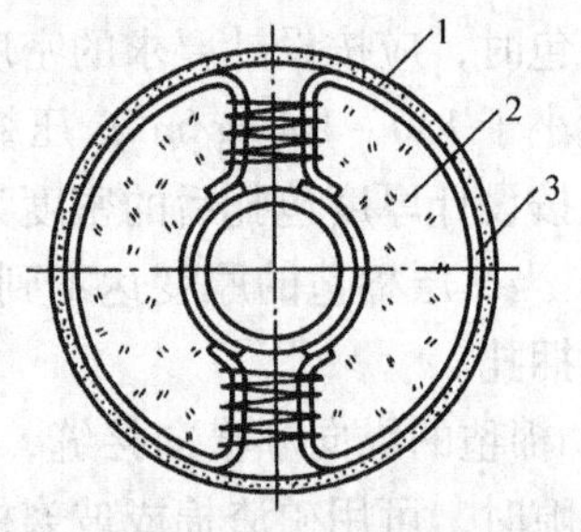

图 14-14 半环形钢支承环

1—保护壳 2—保温材料

3—支承环

③泡沫混凝土支承环。将泡沫混凝土（或石棉硅藻土）瓦块锯成环状，瓦块宽度视其厚度而定，一般为 60 ~ 80mm。安装时将环状瓦块紧贴在管子外面，然后用镀锌铁丝捆牢，如图 14-15 所示。支承环间距视保温材料的容重和保温层厚度而定，一般为 200 ~ 400mm。

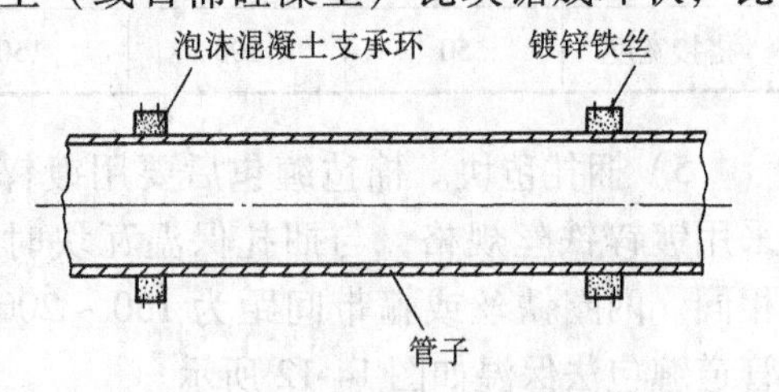

图 14-15 泡沫混凝土支承环

2）填充外层安装。将按保温层外径周长裁剪好的网孔为 20mm × 20mm ~ 30mm × 30mm 的镀锌铁丝网（或铁皮、铝皮），由下向上包拢在支承环上，铁丝网接口要朝上。

3）填充保温材料。将矿渣棉或玻璃棉或泡沫混凝土等保温材料填入网（或金属套）内并压实，使其达到设计要求的容重。

4）做保护层。填塞保温材料后，用 21 号镀锌铁丝将铁丝网接口缝合，外面再做保护层。

操作中，应戴上防护帽、口罩、手套，并将袖口、裤脚口扎紧，用毛巾围住颈部。

管道保温层施工除上述方法外，近年来又有聚铵脂喷涂法施工。

（5）阀门、法兰保温 安装在室内、外地沟热力管道上的阀门、法兰及活接头，一般可不保温；各种化工热介质工艺管道上的阀门、法兰是否需要保温，应按设计规定执行；冷介质管道上的阀门、法兰及活接头均应做保冷。

阀门或法兰处的绝热施工，当有热紧或冷紧要求时，应在管道热、冷紧完毕后进行。

阀门、法兰保温常用以下方法施工：

1）涂抹式。它是将调配好的保温胶泥直接涂抹在阀体上。操作时，法兰一侧应留有螺栓长度加 25mm 的空隙，绝热层不应妨碍更换阀门填料，保温层外用镀锌铁丝网覆盖，铁丝网外涂抹石棉水泥保护壳。操作中，所用的保温材料，调配、涂抹操作步骤及方法，均同管道保温。

2）捆扎式。首先用玻璃丝布或石棉布缝制成软垫，内填装玻璃棉或矿渣棉，并使填装保温材料后的软垫厚度，等于设计要求的保温层厚度，然后将这种软垫（或毡状保温材料）包在阀体上，并用 16～19 号镀锌铁丝，或直径为 3～10mm 的玻璃纤维绳捆扎，外面再做玻璃布保护层。

3）装配式。阀门或法兰保温时，宜做可拆卸的保温套。

阀门保温时，应按特制的阀门保温铁皮保护罩外形修制的保温板，围绕阀门拼装起来，套上可分式保护罩，再用附件加以固定，如图 14-16 所示。

法兰保温时，法兰四周先用玻璃棉毡填充，然后套上可分式铁皮保护罩，再用附件加以固定。法兰保温如图 14-17 所示。

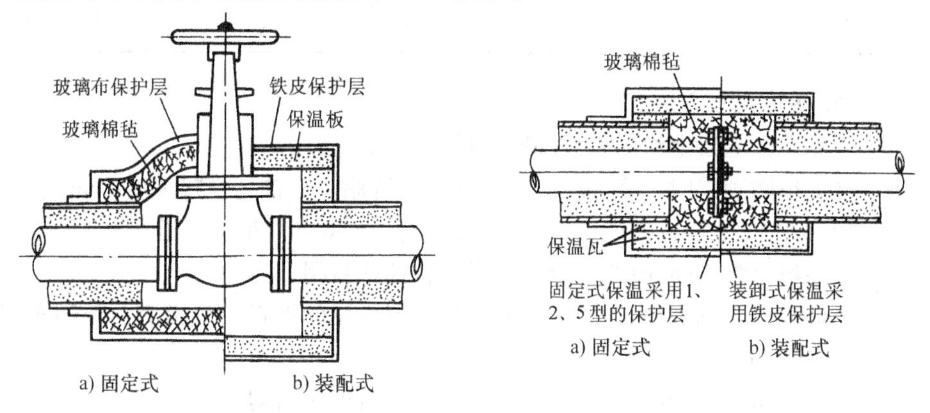

图 14-16　阀门保温

图 14-17　法兰保温

2. 防潮层施工

对输送冷介质的保冷管道，地沟内和埋地的热保温管道，均应做防潮层。

防潮层有两种，一种是石油沥青油毡防潮层，即在油毡的内、外各涂 1 层沥青玛瑺脂，另一种是玻璃布防潮层，即在玻璃布的内、外各涂 1 层沥青玛瑺脂。

（1）施工要求

1）保温层表面需清理干净，并保持干燥。

2）防潮层在管道连接支管及金属管件上的施工范围，应由绝热层边缘伸展出 150mm 或至垫木处，并予以封闭。

3）防潮层应完整，厚度均匀，无气孔、鼓包或开裂等缺陷。

（2）使用材料与配比　防潮层材料及规格见表14-12，沥青玛𤧛脂的配比见表14-13。

表14-12　防潮层材料及规格

防潮层种类	材料名称	材料规格
石油沥青油毡防潮层	石油沥青油毡沥青玛𤧛脂	350g 粉毡
玻璃布防潮层	有碱平纹玻璃布沥青玛𤧛脂	厚0.1～0.2mm

表14-13　沥青玛𤧛脂配比（质量比）

60号石油沥青	填充材料			
	4级石棉	泥炭（或木粉）	混合石棉	橡胶粉
86	15	—	—	—
87	—	13	—	—
70	—	—	30	—
55	—	—	—	45

（3）操作步骤与方法

1）首先在保温层上涂沥青玛𤧛脂，厚度为3mm。

2）做油毡防潮层时，将油毡包贴在沥青玛𤧛脂上，油毡搭接宽度50mm。

3）用17～18号镀锌铁丝或铁箍捆扎油毡，每300mm捆扎1道。

4）在油毡上涂3mm厚的沥青玛𤧛脂，将油毡封闭。

5）作玻璃布防潮层时，将玻璃布缠贴在3mm厚的沥青玛𤧛脂上，玻璃布搭接宽度30～50mm。

6）在玻璃布上涂3mm厚的沥青玛𤧛脂，将玻璃布封闭。

7）埋地管道防潮层，一律采用玻璃布，操作方法同上。保护层外，尚需涂60号石油沥青，涂抹厚度视土壤特性而定。普通绝热为3mm厚，加强绝热为6mm厚，特加强绝热为9mm厚。

3. 保护层施工

保护层施工，应按设计规定的保温结构形式、材质及次序进行。常用的保护层有：①油毡玻璃布保护层；②石棉水泥保护层；③玻璃布保护层；④铁皮保护层。

各种保护层施工步骤与方法如下：

（1）油毡玻璃布保护层做法（图14-18）

1）剪油毡。将350号石油沥青油毡（当管径不大于50mm时，可采用玻璃布油毡），剪裁成宽度为保温层外圆周长加50～60mm，长度为油毡宽度的条块。

2）包油毡。应视管道坡向，将裁剪好的油毡，由低向高包在保温层外面。油毡纵、横接缝搭接宽度为50mm，横向接缝用稀沥青封闭。纵向接缝留在管子侧面，并使缝口朝下，缝口搭接50mm。

3）捆扎。当管径不大于100mm时，用18号镀锌铁丝捆扎油毡，管径在125～400mm时，用16号镀锌铁丝捆扎。两圈铁丝间距250～300mm，不许连续缠绕。当管径为450～1000mm时，用宽度为15mm、厚度为0.4mm的钢带扎紧，钢带间距300mm。当保温层外径大于600mm时，可用50mm×50mm六角镀锌铁丝网捆扎油毡，其纵、横对缝处用铁丝网边头相互扎紧。

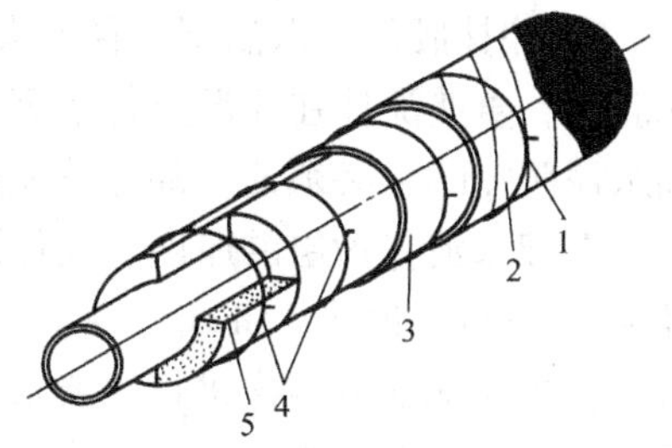

图14-18　油毡玻璃布保护层做法
1—镀锌铁丝或钢带　2—玻璃布
3—油毡　4—镀锌铁丝　5—保温瓦

4）剪玻璃布。将供管道包扎用的120°C、130A或130B中碱玻璃布，根据保温层外径，按表14-14所列规格，裁剪成适用宽度的条块。

表14-14　保护层使用的玻璃布宽度　（单位：mm）

保温层外径	<150	150～400	>400
玻璃布宽度	150	200	250

5）缠玻璃布。视管道坡向，由低向高将剪好的玻璃布条，以螺旋状绕紧在油毡层外，其搭接宽度为40mm。立管应自下而上缠绕。玻璃布两端和每隔3～5m处，用18号镀锌铁丝或宽度为15mm、厚度为0.4mm的钢带捆扎。

6）涂漆。油毡玻璃布保护层外面，应涂刷漆料或沥青冷底子油。室外架空管道，油毡玻璃布保护层外面，涂刷油性调合漆两遍，涂漆颜色按设计规定施工。

半通行及不通行地沟管道油毡玻璃布保护层外面，涂沥青冷底子油两遍。

（2）石棉水泥保护层做法

1）调制胶泥。石棉水泥胶泥是在施工现场，按表14-15配比，加适量的水调制而成的。

表14-15　石棉水泥质量配比　（%）

材料名称	用于室内管道	用于室外管道
P·O425水泥	36	53
5级石棉	12	9
膨胀珍珠岩粉	34	25
碳酸钙	18	13

2）包铁丝网。当保温层外径大于200mm时，应在保温层外包扎网孔为30mm×30mm镀锌铁丝网，并用16号镀锌铁丝捆扎。

3）涂抹胶泥。保温层外径不大于200mm时，用保温抹子将调配好的石棉水泥胶泥，直接涂抹在保温层外表面。对保温层外径大于200mm的管道，涂抹石棉水泥胶泥时，必须使一部分胶泥透过铁丝网与保温层表面接触。

石棉水泥保护层的厚度，当保温层外径小于350mm时为10mm，当保温层外径大于350mm时为15mm。

保护层抹面分两次进行。要求保护层表面平整、圆滑，无铁丝网露头，端部棱角整齐，无明显裂纹。

4）涂漆。石棉水泥保护层外面，应涂刷涂料或沥青。室内外架空敷设管道及室内通行地沟管道，在石棉水泥保护层外面，涂刷油性调合漆两遍。

（3）玻璃布保护层做法

1）在保温层外，贴一层石油沥青油毡。

2）在石油沥青油毡层外，包一层六角镀锌铁丝网，铁丝网接头处搭接宽度不小于75mm，并用16号镀锌铁丝将铁丝网捆扎平整。

3）涂抹湿沥青橡胶粉玛琋脂2~3mm。沥青橡胶粉玛琋脂配比见表14-16。

表14-16　沥青橡胶粉玛琋脂配比　（%）

材料	10号石油沥青	30号石油沥青	橡胶粉
质量配比	67.5	22.5	10

4）用厚度为0.1mm的玻璃布贴在玛琋脂上，玻璃布纵向及横向搭接宽度不少于50mm。用玻璃布带缠绕时，重叠部分应为带宽的1/2，并应裹紧，不得有松脱、翻边、皱摺和鼓包等现象。玻璃布起点和终点应封闭，并用镀锌铁丝捆牢。

5）涂漆。玻璃布保护层外面，必须涂刷涂料。室内架空敷设管道及通行地沟管道，玻璃布保护层外面涂刷油性防锈漆两遍，油漆颜色按设计规定施工。

（4）铁皮（或铝皮）保护层做法（图14-19）

1）在保温层或防潮层外，贴一层石油沥青油毡，接口处搭接宽度不小于50mm，接口朝下，并用镀锌铁丝捆扎平整。

2）选用厚度为0.3~0.5mm镀锌铁皮或黑铁皮均可，用黑铁皮时，其两面均须涂刷红丹底漆两遍。

使用涂有环氧树脂的铝板时，其厚为0.8~1.0mm。

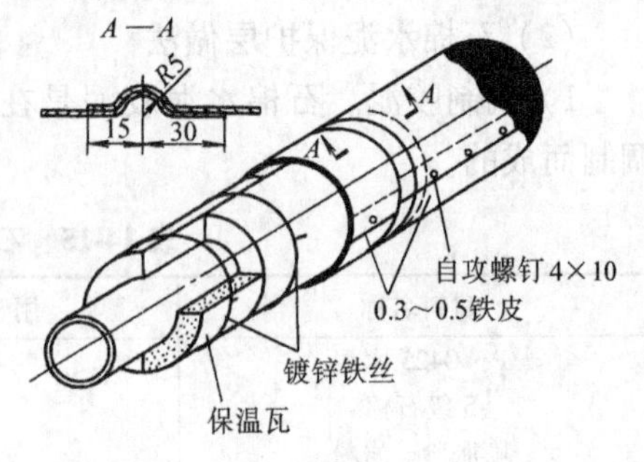

图14-19　铁皮（或铝皮）保护层做法

3）按绝热层外径周长加上搭接缝宽，将铁皮（或铝板）下料，然后用压边机压边，再用滚圆机滚成圆筒状。

4）铁（铝）皮圆筒裹在保温层外面时，应使其紧贴在保温层上，不留空隙，并使纵向接缝搭口朝下，每段铁皮圆筒的搭接长度，环向为30mm，纵向不小于30mm。水平管道，其环向接口应与管线的坡度相同。

5）用半圆头自攻螺钉将紧密贴附在保温层上的铁皮圆筒紧固，注意不得刺破防潮层，螺钉孔用手电钻钻孔。当自攻螺钉直径为4mm时，选用直径为3.2mm钻头；螺钉直径为3mm时，钻头直径为2.4mm；螺钉间距不小于200mm。不许采用冲孔或其他不适宜方式装配螺钉。

6）铁皮保护层的环、纵缝，应搭接或咬口，缝口要朝下。一般采用单平咬口和单角咬口，在特殊情况下，可以采用半咬口加自攻螺钉的混合连接。

7）弯管处，先将铁皮下料并做成虾米腰，然后再接缝，用螺钉固定，如图14-20所示。

8）在铁皮保护层外壁，涂刷红丹底漆一遍，醇酸磁漆两遍。

除上述保护层外，还有玻璃钢保护层。

4. 蒸汽伴热管施工

蒸汽外伴热管敷设在被加热管的下侧，并包在同一绝热层内。蒸汽伴热管有单件管和并联或串联的双伴管两种敷设形式，如图14-21所示。

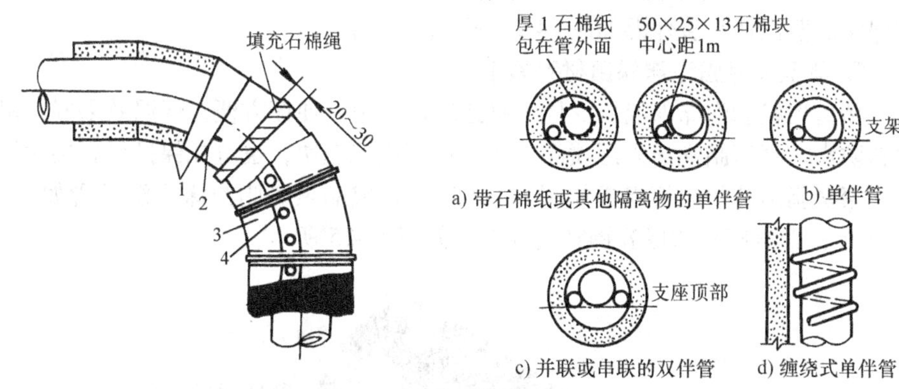

图14-20　弯管铁皮保护层做法

1—梯形保温块　2—镀锌铁丝　3—铁皮　4—4×10自攻螺钉

图14-21　蒸汽伴热管形式

操作步骤、方法与要求如下：

1）单伴管用于管径较小、介质凝固点温度较高、不易凝固的管道；双伴管用于管径较大、介质凝固点较低、易凝结或易冻结的管道。

2）与水平介质管道平行敷设的伴热管，应敷在介质管道下半部45°角范围内。

3）对输送一般介质的管道，伴热管要与被加热管紧贴。

对敷设在输送腐蚀性或热敏介质管道的外伴热管，不能与被加热管直接接触，应在被加热管道外面，包裹一层厚度为1mm的石棉纸，或在两管道之间按1m间距垫上50mm×25mm×13mm的石棉块，如图14-21a所示。

4）伴热管材质应符合蒸汽压力要求，当蒸汽工作压力小于等于0.3MPa时，可用水、煤气钢管；当蒸汽工作压力超过0.3MPa时，采用无缝钢管。伴热管管径一般采用*DN*15，最大不应超过*DN*40。

5）伴热管和介质管道，均应考虑管道的热胀冷缩，并设置合适的伸缩器。

6）垂直管道的伴热管，蒸汽从上部引入，从下部引出；水平管道的伴热管，应在介质管的下侧，蒸汽流向应尽可能与介质流向相反。

7）对没有U形弯、冷凝水能自泄的伴热管，可以集中冷凝水，共用一个疏水器；对不能完全自泄的伴热管，必须分别设置疏水器。

8）蒸汽伴热管连同介质管道一起，要作保温。蒸汽伴热管保温如图14-22所示。

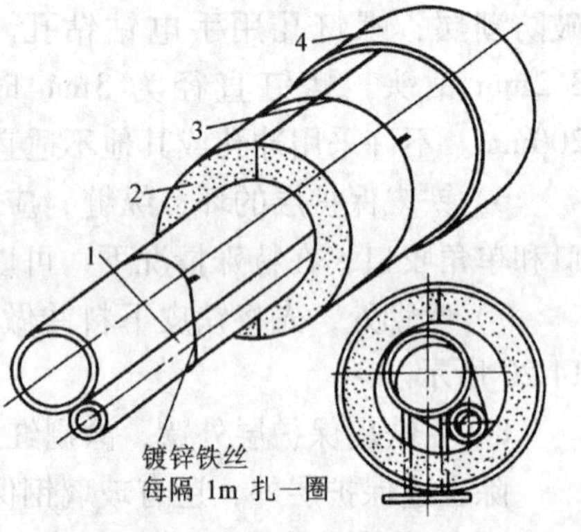

4
3
2
1
镀锌铁丝
每隔 1m 扎一圈

图14-22　蒸汽伴热管保温
1—伴热管　2—保温层　3—镀锌铁丝　4—保护层

5. 新型聚氨脂泡沫保温材料施工

新型聚氨脂泡沫保温广泛用于直接埋地管道，便捷方便，保温效果好，保温材料防水。聚氨脂泡沫采用喷涂方法，可制成保温块，也可在保护层直接喷涂而成。聚氨脂泡沫保温管组成如图14-23所示，成品聚氨脂泡沫保温钢管如图14-24所示；聚氨脂泡沫保温钢管现场焊接如图14-25所示。

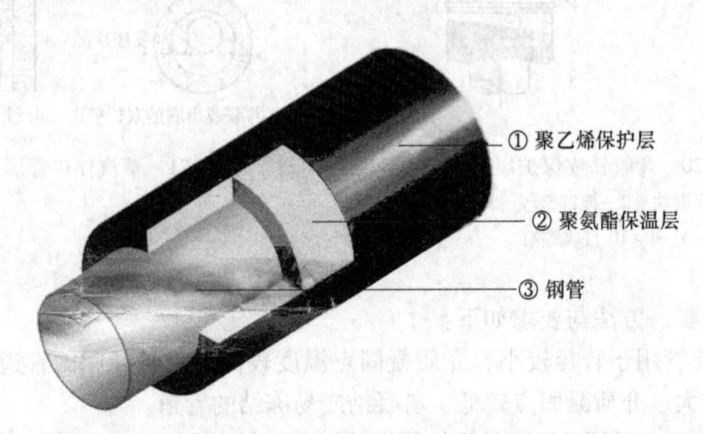

图14-23　聚氨脂泡沫保温管组成

图 14-24　成品聚氨脂泡沫保温钢管

图 14-25　聚氨脂泡沫保温钢管现场焊接

第15讲 给排水管道的安装与维护

技能52 室内给水管道的安装

1. 管道安装的准备工作及一般规定

（1）管材的选择 室内给水管道包括生活用水管道和车间内生产用水管道。生活用水管道采用塑料给水管、塑料和金属复合管、铜管、不锈钢管及经可靠防腐处理的钢管、有衬里的铸铁给水管；生产用水管道可采用钢管、塑料管和铸铁管。消防给水用薄壁镀锌钢管。

（2）准备工作 施工之前应根据施工预算中的材料计算数量，领出管材和管件，并检查管材质量。钢管表面不能有显著锈蚀、凹陷和扭曲等疵病，通常管壁厚度 $t \leqslant 3.5$mm 时，钢管表面不准有超过0.5mm伤痕，管壁厚度 $t > 3.5$mm 时，伤痕不准超过1mm。

室内埋地给水管道应把穿墙洞口凿好，并在管道表面事先做好防腐处理，要避免被重物和产生振动的设备压坏管道。管道要与墙、梁和柱子平行敷设或垂直敷设。

（3）管道安装的一般规定

1）管道沿墙、梁、柱的安装。给水管道应沿墙、梁、柱明装，因为施工安装和维修管理较方便，造价也低。

2）建筑或工艺有特殊要求时管道的安装。当建筑或工艺有特殊要求需暗装时，给水干管应尽量暗设在地下室、顶棚、技术层或公共地沟内，除非不可能时，方可敷设在专用地沟内；给水立管和支管宜敷设在公共井和管槽内，并应尽可能利用建筑上的装修。暗设在顶棚或管槽内的管道，在阀门处应留有检修门。

3）厂房内管道的安装。生产厂房内，给水管道宜与其他管道共同架空安装。

4）暗设管道的要求。暗设管道应保证安装、维修的方便和安全。

5）管沟内管道的布置。为便于安装和检修，管沟内管道应尽量单层布置。当为双层或多层布置时，一般宜将管径较小、阀门较多的管子放在上层，并考虑维修的方便。

6）对管井和管沟的要求。管井和管沟应通风良好。管井内最小宽度不宜小于0.6mm，管井每层应设能防火的检修门，并预留检修踏板或铺设检修板的支架，每隔三四层还应设一层钢丝网。管沟应有与管道相同的坡度和防水措施。

7）给水横管的坡度。给水横管宜有 0.002～0.005 坡度，坡向泄水装置。

（4）水压试验　室内给水管道压力试验见第 47 讲。

2. 安装尺寸

（1）管井、管沟及管槽等内管道之间的距离　管井、管沟、管槽及管廊层内各种管道的外表距离（保温管以保温层外表面计）：当小于等于 *DN*32 时，一般不小于 100mm；当大于 *DN*32 时，一般不小于 150mm。

（2）管道与墙、梁、柱等的距离　管道外壁或保温层外表面与墙面或沟壁之间的距离应不小于 100mm；管道与梁、柱及设备之间的距离可减少到 50mm，但此时管道靠近梁、柱及设备之处不宜有焊缝。

（3）阀门并列管道的中心距　当阀门并列装设时，管道的中心距尺寸见表 15-1。

表 15-1　管道的中心距尺寸　（单位：mm）

DN	≤25	40	50	80	100	150	200	250
≤25	250							
40	270	280						
50	280	290	300					
80	300	320	330	350				
100	320	330	340	360	375			
150	350	370	380	400	410	450		
200	400	420	430	450	460	500	550	
250	430	440	450	480	490	530	580	600

注：管道未考虑保温。

（4）管道平行安装时的中心距　管道平行安装时，管道中心距和管中心至墙面距离见表 15-2。

表 15-2　管道中心距和管中心至墙面距离　（单位：mm）

管径 *DN*	25	32	40	50	70	80	100	125	150	200	250	300	管中心至墙面
25	135												110
32	165	165											120
40	165	175	175										130
50	180	180	190	190									130
70	195	195	205	205	215								140
80	210	210	210	220	230	240							150
100	220	220	230	230	240	250	260						160
125	235	245	245	255	255	265	275	295					180
150	255	255	265	265	275	285	295	305	325				190
200	270	270	270	280	290	300	310	320	330	360			220
250	305	305	315	315	325	325	345	355	375	395	425		250
300	340	340	360	360	360	370	380	390	400	430	460	480	280

(5) 管沟中管道的安装尺寸　敷设在管沟中的管道，其安装尺寸可按表15-3查定。

表15-3　管沟中管道的安装尺寸　（单位：mm）

		DN	20~40	50~70	80	100~125	150	200	250	300		
单管（不通行管沟）	保温	沟宽	400	500	500	600	600	700	800	850		
		沟高	400	450	500	550	650	700	800	800		
	非保温	沟宽	300		300	400	400	500	500	600		
		沟高	300		350	350	400	450	500	550		
双管（不通行管沟）（D_1保温，D_2不保温）		D_1	25~40	50	70	80	100~125	150	200	250	300	
		D_2	25~40	32~50	40~70	50~80	70~125	100~150	125~200	125~200	150~250	
		沟宽	600	600	700	700	800	900	1000	1100	1200	
		沟高	400	450	450	500	550	650	700	750	800	
		D_2与沟侧面距	140	140	150	150	160	180	220	220	250	
		D_1与D_2中心距	250	250	310	310	360	420	430	500	550	
		D_1与沟侧面距	210	210	240	240	270	300	350	380	400	
三管（不通行管沟）D_1、D_2保温，D_3不保温		D_1	25~40	50	70	80	100	125	150	200	250	300
		D_2，D_3	25~50	32~50	40~70	50~80	80~100	80~125	80~150	100~150	125~200	150~200
		沟宽	900	900	1000	1000	1100	1200	1300	1400	1700	1700
		沟高	400	450	450	500	550	550	650	700	750	800
		D_3与沟侧面距	140	140	140	140	160	170	180	180	220	220
		D_3与D_2中心距	245	245	245	270	305	340	365	365	455	455
		D_2与D_1中心距	305	305	305	350	385	420	455	505	625	625
		D_1与沟侧面距	210	210	210	240	250	270	300	350	400	400
双管（半通行管沟）		*DN*	25~40	50	70	80	100	125	150	200	250	
		沟宽	800	900				1000		1100	1200	
		沟高	1200	1200				1200		1200	1300	
		D_1与沟侧面距	150	180				200		240	270	
		D_1与D_2中心距	70	90				120		130	130	
		D_2与沟侧面距	580	630				680		730	800	
		D_2与沟底距	710	520				470		380	410	
		D_1与D_2高度差	180	290				330		390	450	
		D_1与沟顶距	310	390				400		430	440	

（6）给水与排水管平行或交叉埋设　室内给水管与排水管平行埋设或交叉埋设时，给水管应在上面，但当地下管道较多，敷设有困难时，可在给水管外加设套管后，再经排水管下面通过。

3. 现场安装

（1）立管安装　安装立管时，应自顶层通过管洞间底层吊线，以修正管洞偏斜和弹出立管位置线；立管穿过楼板应加铁皮套管（$\delta = 0.5 \sim 0.75$mm）或钢管套管，套管与立管的间隙（10mm）可用油麻填紧；每层立管应先按立管位置线装好立管卡，管卡标高距地面 1.5 ~ 1.8m，安装至每一楼层时应加以固定；立管的垂直偏差为每米立管不大于 2mm，超过 5m 的层高，立管垂直总偏差不大于 8mm，可用线坠吊测检查。

（2）暗管安装　暗装立支管应在墙面抹灰（或贴瓷砖）以前嵌入管槽内，并用钩钉固定，管槽覆盖前应完成水压试验、防腐与保温工作。

（3）活节安装　为便于维修拆卸，每组立管控制阀门后应装一个活节；连接卫生器具的支管、连接用水设备、用水嘴的支管也应装活节。

（4）防止管道堵塞的措施　为防止管道堵塞或进入施工污物，应在安装中注意随时堵死敞开管口，并应坚持用管子时“望天”、敲打听声等传统操作规程。

（5）给水管道系统的安装与试验　室内给水管道系统的安装与试验，以用水设备（器具）前的阀门为终点。待用水设备安装后，再经实际测量安装器具支管。

4. 管道穿越建筑物的规定

（1）穿越楼板　管道穿过楼板时应预先留孔，避免在施工安装时凿打楼板面；孔洞尺寸一般较通过管径加大 50 ~ 100mm。管道通过楼板段应设套管，热水管道也应如此。对于现浇制的楼板，可以采用镶入套管的方法。

（2）穿越基础　给水引入管穿越建筑物基础时，应按如下规定施工。图 15-1 所示为穿越浅基础时的施工方法；图 15-2、图 15-3、图 15-4 所示为穿越各类深基础时的施工方法。

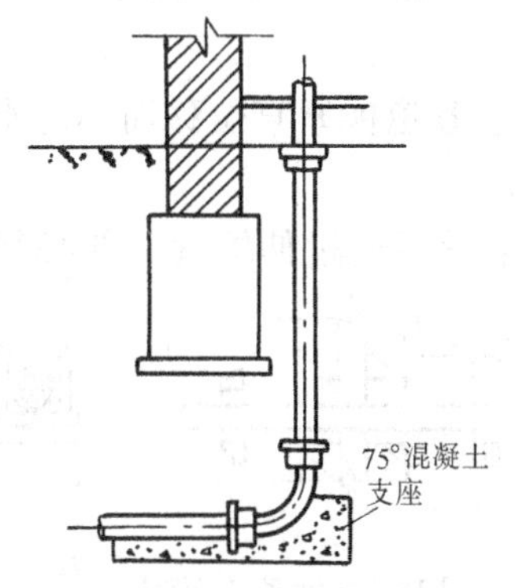

图 15-1　穿越浅基础时的施工方法

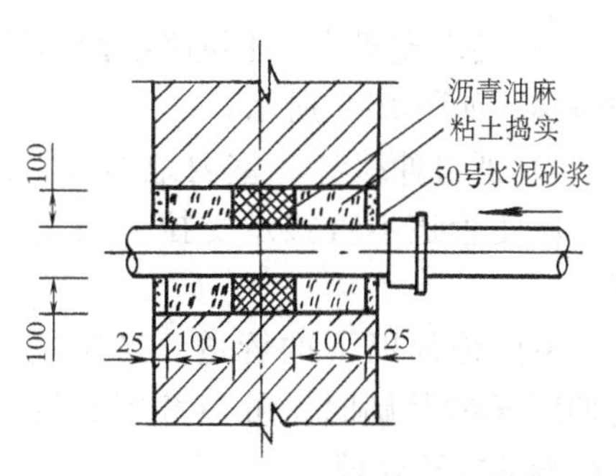

图 15-2　穿越深基础时的施工方法（一）

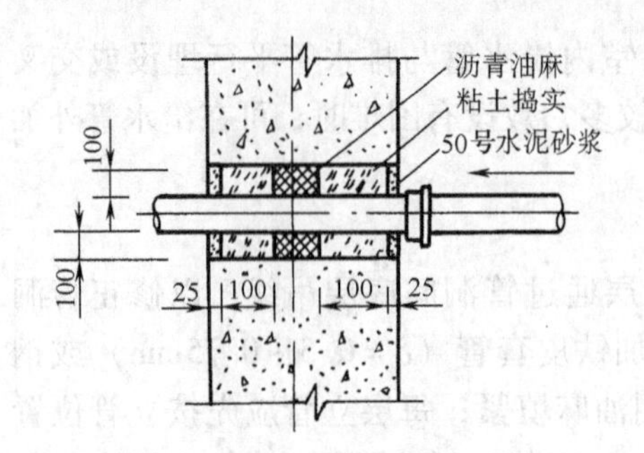

图 15-3　穿越深基础时的施工方法（二）

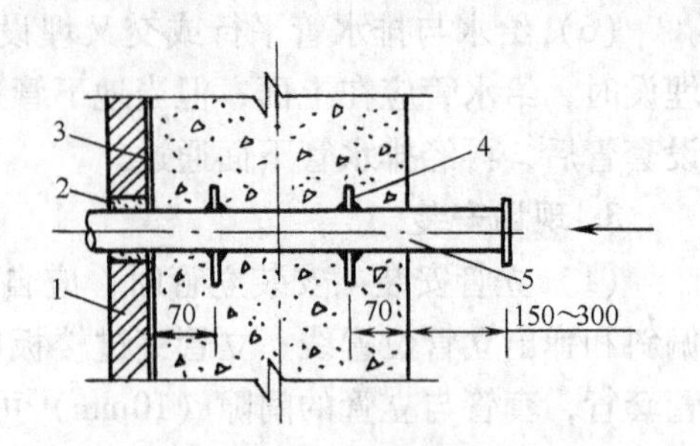

图 15-4　穿越深基础时的施工方法（三）
1—压毡墙（$\delta=120$mm）　2—50 号水泥砂浆
3—油毡　4—钢板环（$\delta=8$mm）　5—预埋钢管

埋设于地下的铸铁管和焊接钢管应做防腐处理，铸铁管涂刷热沥青一遍，焊接钢管刷沥青一遍，缠包玻璃丝布，再刷沥青一遍。

（3）通过沉降缝的几种处理方法

1）橡胶软管法。用橡胶软管连接沉降缝两边的管道，这种方法只适用于冷水管或温度低于 20℃温水管道，如图 15-5 所示。

2）螺纹弯头法。在建筑物沉降过程中，两边的沉降差可由螺纹弯头的旋转来补偿，适用于小管径的管道，如图 15-6 所示。

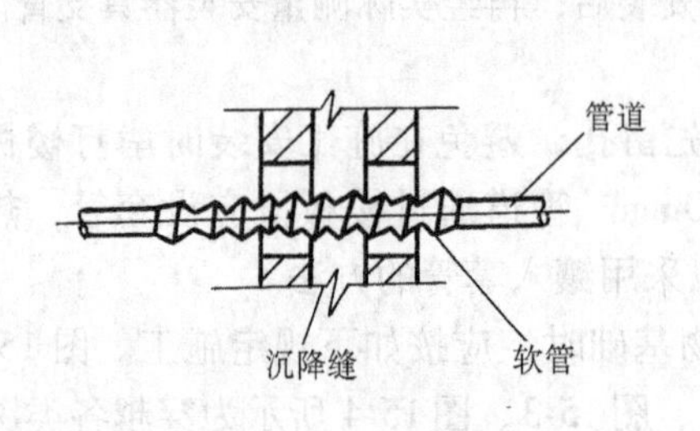

图 15-5　橡胶软管法

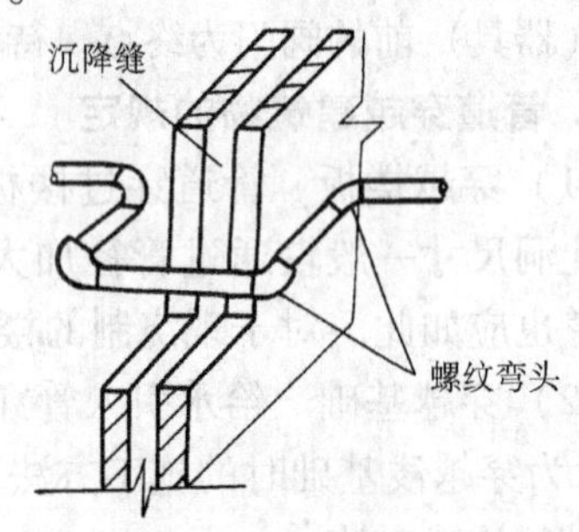

图 15-6　螺纹弯头法

3）活动支架法　把沉降缝两侧的支架做成使管道能垂直位移而不能水平横向位移，如图 15-7 所示。

4）通过伸缩缝　室内地面以上的管道应尽量不通过伸缩缝，如必须通过时，应使管道不直接承受拉伸与挤压。

室内地面以下的管道，当通过有伸缩缝的基础时，可参考用通过沉降缝的方法处理。

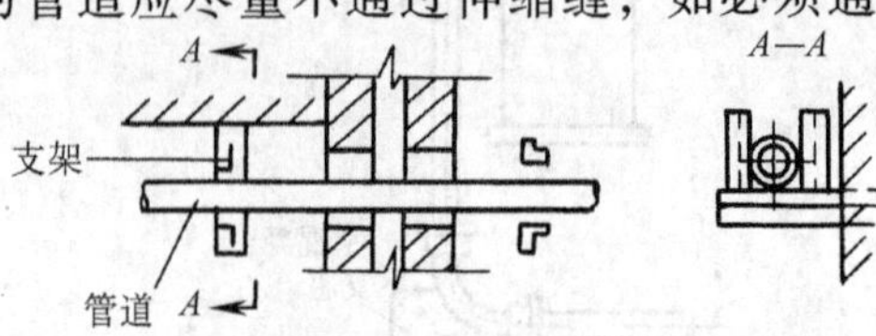

图 15-7　活动支架法

技能 53　室外给水管道的安装

1. 准备工作

我国挖管沟主要采用人工挖，管沟出土的方法应根据沟深而定。沟深在 2.5m 以内时，可人工一次扬甩出土。沟深大于 2.5m 时，可人工两次扬甩出土，在最底层的土石方要用吊升机械出土。

山区岩石管沟采用爆破方法，但必须按照爆破安全规程，先制订施工安全措施后再动工，并注意周围建筑物和人畜活动。

各种管沟沟底净宽尺寸见表 15-4。管沟边坡的最大坡度见表 15-5。

表 15-4　各种管沟沟底净宽尺寸　（单位：m）

管材名称	管　径/mm				
	50 ~ 75	100 ~ 200	250 ~ 350	400 ~ 450	500 ~ 600
铸铁管、钢管、石棉水泥管	0.70	0.80	0.90	1.00	1.50
缸瓦管	0.80	0.90	1.00	1.20	1.60
混凝土及钢筋混凝土管	0.90	1.00	1.00	1.30	1.70

注：1. 当管径 > *DN*1000 时，对任何管材沟底净宽均为 *D* + 0.6m（*D* 为管箍外径）。

2. 当用支承板加固管沟时，沟底净宽增加 0.1m；当沟深 > 2.5m 时，每增深 1m，净宽相应增 0.1m。

3. 在地下水位高的土层中，管沟的排水净宽为 0.3 ~ 0.5m。

表 15-5　管沟边坡的最大坡度　（单位：mm）

土　质　种　类	边坡的最大坡度	
	挖方深度 3m 及 3m 以下	挖方深度 3 ~ 6m
填土、砂类土、砾石土	1:1.25	1:1.50
粘质砂土 砂质粘土 粘　　土	1:0.67 1:0.67 1:0.50	1:1.00 1:0.75 1:0.67
黄　　土 有裂隙的岩石 坚实的岩石	1:0.10 1:0.10 1:0	1:0.75 1:0.25 1:0.10

注：挖管沟时应留出 15 ~ 20cm 厚原土暂不挖，以防止破坏自然土质结构，并防止下管前沟底土质受冻。为防止雨季雨水灌沟，挖沟时抛土应距沟边 0.5m 之外。

2. 管道安装

（1）下管　先将管材依承插口方向沿沟边排好，然后下管。对大口径管材要用三角架、倒链或汽车起重机下管，并边下管边将承插口对好。承插口之间需留出 3～5mm 间隙。管道对好后进行打口，打口基本操作方法如图 15-8 所示。

(2) 打麻口　打麻口时，应先打油麻后打干麻。应把每圈麻拧成麻辫，麻辫直径以承插口环形间隙的 1.5 倍为宜，而长度则为周长的 1.3 倍左右为宜。

打麻口时，打锤要用力，凿凿相压，一直到铁锤打击时发出金属声为止，麻口打法见表 15-6。

油麻的制作应使麻全部浸透油为止，所使用的油可以是废机油，但不能含有油垢或其他脏物。

(3) 打石棉水泥口　打石棉水泥口时，须边拌料边打口，不要将拌好的石棉水泥用料超过半小时再打口。打灰时应凿凿相压，第一遍贴里口打，第二遍贴外口打，第三遍朝中间打，打至油黑为止，最后轻打找平。

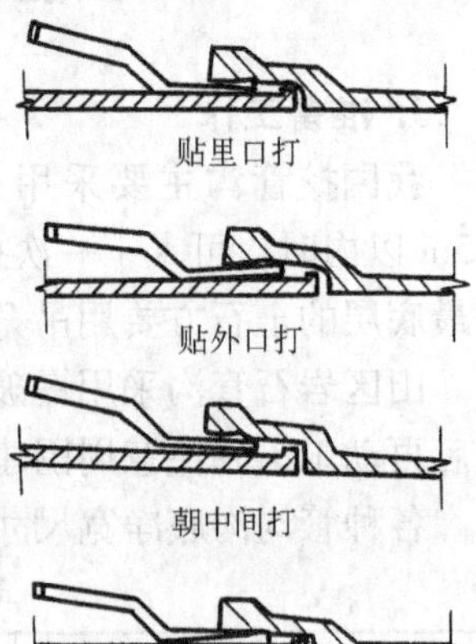

图 15-8　打口基本操作方法

表 15-6　麻口打法

圈数	第一圈		第二圈			第三圈			第四圈		
遍次	1	2	1	2	3	1	2	3	1	2	3
击数	2	1	2	2	1	2	2	1	2	2	1
打法	挑	挑	挑	中	中	挑	中	中	贴外	贴里	中

石棉水泥的质量配合比为水∶石棉∶水泥＝1∶3∶7。水泥标号不低于 P. O40，石棉不低于 4 级。

对打好的石棉水泥口要养生 48h 以上，可以用湿泥糊在接口上，然后覆盖一层土进行养生。夏季可用水浇在覆土上，使其保持湿润。冬季糊在接口的湿泥要用加进盐的水拌合，并在湿泥上面覆盖一层防冻土层，且不得浇水。

(4) 打铅口　打铅口时，必须保证承插口内无水，灌铅前需先把油麻填入承插口缝隙内，并用麻凿子把油麻打牢实，将青铅（纯度 99%）熔化到紫红色，随后用糊着泥的石棉绳箍围在承口前缘，上部留出灌铅口，然后将熔化了的铅一次倒入，用凿子打平，涂上沥青油。

(5) 水压试验　室外给水管道的水压试验参见第 13 讲技能 47 的 2。

技能 54　消防管道的安装

1. 消防管段安装的一般规定

根据我国《建筑设计防火规范》（GB 50016—2014）中规定，在下列建筑物中应设置室内消防给水：

1）厂房、库房（存有与水接触能引起爆炸或助长火势蔓延的物品除外）。

2）超过 800 个座位的剧院、电影院、体育馆和超过 1200 个座位的礼堂。

3）容积超过 5000m^3 的火车站、展览馆、商店、医院等。

4）超过六层的单元式住宅和六层的其他民用建筑。

2. 室内消火栓系统的安装

（1）室内消火栓系统的组成　室内消火栓系统是建筑物内采用最广泛的一种消防给水设备，由消防箱（包括水枪、水龙带）、消火栓、消防管道、水源所组成。当室外给水管网水压不能满足消防需要时，还需配备消防水箱和消防泵。

（2）管材的选用　室内消防管道的管材用薄壁镀锌钢管，与生活系统分开。

（3）安装允许误差　安装室内消火栓，栓口应朝外，阀门中心距地面为 1.2m，允许误差 20mm。阀门距箱侧面为 140mm，距箱后内表面为 100mm，允许误差 5mm。

（4）消火栓水龙带的安装　安装消火栓水龙带时，需将水龙带与水枪和快速接头绑扎好，并应根据箱内构造将水龙带挂在箱内的挂钉或水龙带盘上。

消防箱安装如图 15-9 所示。

（5）消火栓及消防立管的安装　消火栓及消防立管在一般建筑物中均为明装，在建筑物要求较高及地面狭窄因明装凸出影响通行的情况下，可采用暗装方式。消防立管的底部设置球形阀，阀门经常开启，并应用明显的启闭标志。设置在消防箱内的水龙带平时要放置整齐，以便灭火时迅速展开使用。

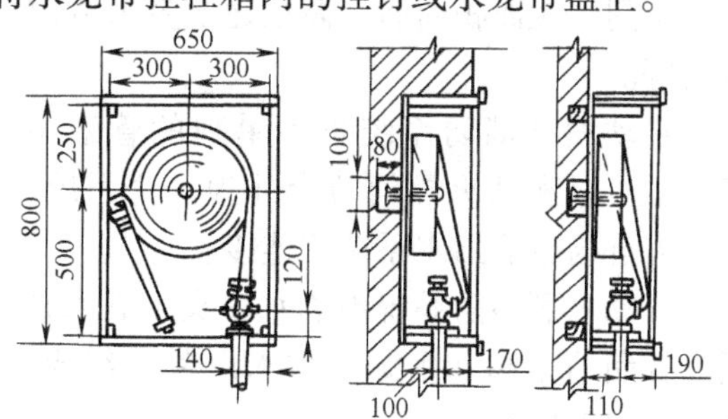

图 15-9　消防箱安装

（6）室内消防用水量　室内消防用水量见表 15-7。

表 15-7　室内消防用水量

建筑物名称		体积、层数或座位数	水柱股数	每股水量/(L/s)
厂　房		不　限	2	2.5
库　房		≤4 层	1	5.0
		>4 层	2	5.0
民用建筑	火车站、展览馆	5001 ~ 25000m^3	1	2.5
		25001 ~ 50000m^3	2	5.0
		>50000m^3	2	5.0

（续）

建筑物名称		体积、层数或座位数	水柱股数	每股水量/(L/s)
民用建筑	医院、商店等	5001 ~25000m^3	1	5.0
		>25000m^3	2	5.0
	剧院、电影院 体育馆、礼堂	801 ~1000 个	2	2.5
		>1000 个	2	5.0
	单元式住宅	>6 层	2	2.5
	其他民用建筑	6 层	2	5.0

3. 自动喷洒消防系统

自动喷洒灭火装置是一种能自动喷水灭火同时发出火警信号的消防给水设备。这种装置多设在火灾危险性较大、起火蔓延很快的场所，或者容易自燃而无人管理的仓库以及对消防要求较高的建筑物或个别房间，如棉纺厂的原料成品库、木材加工车间、大面积商店、高层建筑及大剧院舞台等。

自动喷洒消防系统可为单独的管道系统，也可以和消火栓消防合并为一个系统，但不允许与生活给水系统相连接。

自动喷洒消防系统由洒水喷头、洒水管网、控制信号阀和水源（供水设备）组成，如图 15-10 所示。

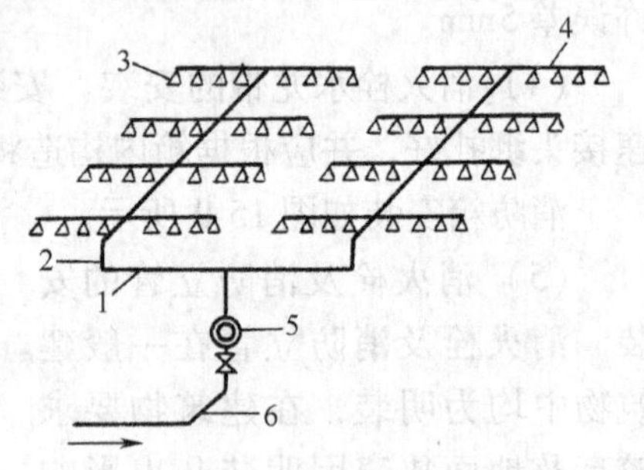

图 15-10 自动喷洒消防系统

1—配水干管 2—配水支干管 3—喷头 4—分配管 5—控制信号阀 6—总干管

（1）洒水喷头 洒水喷头的作用是火灾发生时，自动打开封闭的喷头喷水灭火。有低熔点金属控制和爆炸瓶式两种自动喷头。图 15-11 为国产闭式洒水喷头，喷头外框 2 由黄铜制成，框体借外螺纹连接在配水管上，喷口平时被阀片 3 所密封盖住，阀片用易熔合金锁片 4 套拉住的两个八角支承 5 所顶住。当在喷头的保护区域内失火时，火焰或热气流上升，使布置在顶棚下的喷头周围空气温度上升，当达到预定限度时，易熔合金锁片上的焊料熔化，两锁片各自脱离，八角支承失去拉力也随着分离，管路中的压力冲开阀片，自喷口喷射在布水盘 1 上，溅成一片花篮状的水幕淋下，用以扑灭火焰。

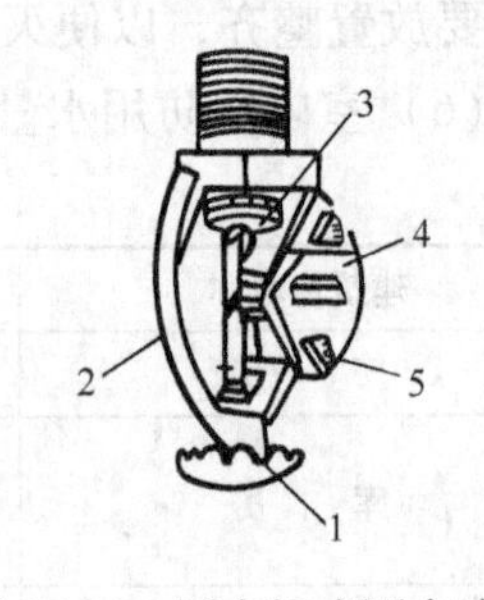

图 15-11 国产闭式洒水喷头

1—布水盘 2—喷头外框 3—阀片 4—易熔合金锁片 5—八角支承

从火灾开始到易熔合金熔化，一般需要几分钟的时间，它与喷头的类型、合金熔化温度、喷头到火源的距离及火势燃烧速度有关。

每一个洒水喷头，当设计压力为0.5MPa以上，安装高度距地板3.5m时，可喷洒地板面积7~9m^2。

（2）洒水管网　自动喷洒消防系统从水源到喷头的整个管网都是封闭的，平时即处于水源压力下的准备状态，因此要求管网的管道材料及其连接严密性要好。

根据地区气候条件和建筑物内是否有采暖的情况，自动喷洒管网有三种类型。

1）充水系统（湿式）。系统内管道经常充满水，处于城市管网、压力水箱或气压装置的压力之下，装置在冬季室温高于0℃的房间内。这种系统使用简便、喷洒迅速。

2）充气系统（干式）。系统内管道平时充有低压压缩空气，使水源之水不能进入管网，这样在气温较冷、室内没有采暖设备、冬季室温低于0℃时，不致因水冻结引起管网破坏。这种系统的作用比湿式系统要迟缓一些，因为只有在系统空气泄出后水才会进入管网，而且需要空气压缩机等附属设备，管理复杂，投资也大。

3）充水充气交替系统（干湿两用）。此种系统常用于采暖期半年以内地区的不采暖建筑物，寒冷季节充气，温暖季节充水。

（3）控制信号阀　控制信号阀的作用是当系统中闭式喷头自动开启后，此阀即自动送水和报警。

普通控制信号阀如图15-12所示，其实际是一种直立式的鞍状单向阀。在洒水喷头未打开之前，阀内铜圆盘前后压力相等，打开一个喷头后，阀的上面压力降低，于是铜圆盘在供水设备水压下沿导杆升起，水即进入管网，同时，鞍状阀上的圆孔被打开，水沿15mm的管子流向信号阀叶轮，叶轮不断旋转，带动轮轴上小锤敲打警铃发出报警信号。

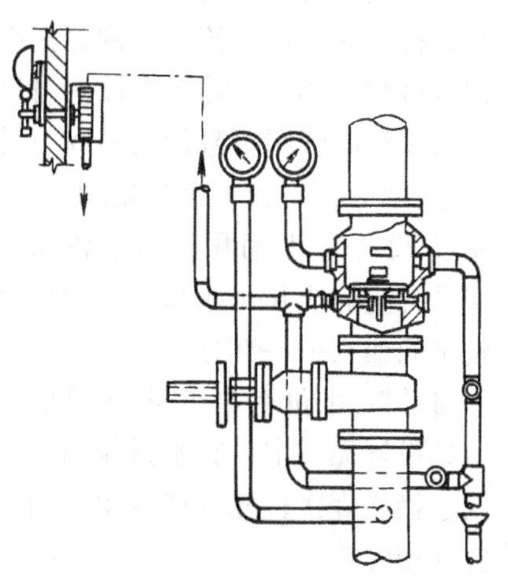

图15-12　普通控制信号阀

除上述机械信号外，也可采用电信号（用水力继电器），以便把信号传送很远或同时传送几个地点。

控制信号阀一般设置在靠近建筑物出、入口或放在消防人员值班室中。对火灾危险性较大，或对消防要求较高的极重要场所，最好设置感温式火灾报警器（恒温器），这样在温度升高时，洒水喷头打开之前就能发出警报。

（4）水源（供水设备）　自动喷洒消防系统的水源采用城市或工厂给水管网。

安装自动喷洒消防装置，应不妨碍喷头喷水效果。如设计无要求，应符合下列规定：

1）吊架与喷头的距离。吊架与喷头的距离，应不小于300mm；距末端喷头的距离不大于750mm。

2）吊架的设置。吊架应设在相邻喷头间的管段上。当相邻喷头间距不大于3.6m时，可设一个；小于1.8m时，允许隔断设置。

3）阀门的设置。在自动喷洒消防系统的控制信号阀前，应设阀门，在其后面不应安装其他用水设备。

4. 水幕消防系统

水幕消防装置的作用在于隔离火灾地区或冷却防火隔绝物，防止火灾蔓延，保护火灾邻近地区的房屋建筑免受威胁。水幕消防装置多用在耐火性能差，不能抗拒火灾的门、窗、孔、洞等处，防止火焰窜入相邻的建筑物。

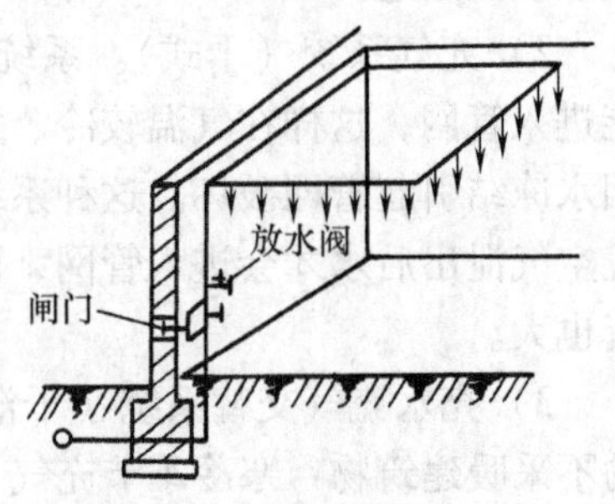

图15-13　水幕消防系统

水幕消防系统也由喷头、管网、控制设备、水源四部分组成，如图15-13所示。

水幕消防管网平时不充水，当发生火灾时，控制阀打开后，水才流入管网，只有在建筑物不能保证经常有人驻守或者火灾蔓延速度极快的场合，才考虑设置自动放水的可能。

水幕消防管网可敷设成枝状（中央立管式），或环状（两边立管式），如图15-14所示。在立管上设控制阀，形成独立的管道系统，每个系统上水幕喷头数不超过72个。大面积建筑物内水幕消防系统应分成几个水幕区，以隔离个别房间或其中一部分。

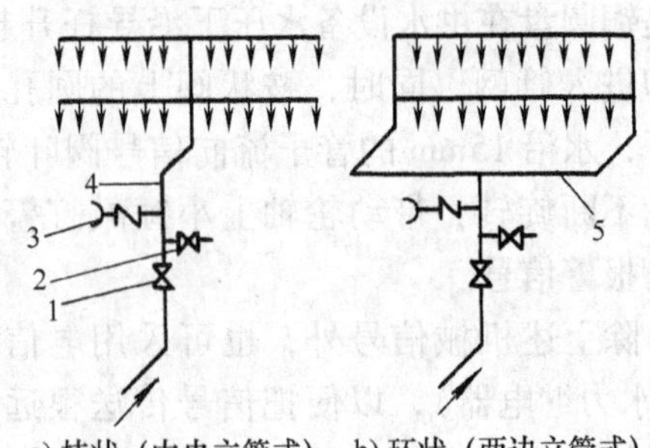

图15-14　水幕消防管网

1—控制阀　2—放水阀　3—水泵接合器　4—立管　5—干管

自动喷洒和水幕消防管道的连接，如设计无要求，充水系统可采用螺纹连接或焊接；充气或气水交替系统应采用焊接。

自动喷洒和水幕消防系统的管道应有坡度，充水系统不小于0.002；充气系统和分支管应不小于0.004。

技能55　室内热水管道的安装

1. 管材的选择

可采用薄壁铜管、薄壁不锈钢管、塑料管、金属复合管。

2. 安装原则

（1）热水干管的安装　热水干管可以敷设在室内地沟、地下室顶部、建筑物最高层或专用设备技术层内。

（2）一般建筑物的热水管线的安装　一般建筑物的热水管线为明装，只有在卫生设备标准要求高的建筑及高层建筑热水管道才暗装。暗装管线放置在预留沟槽、管道竖井内。明装管道尽可能布置在卫生间或非居住房间。

（3）管道穿楼板及墙壁的安装　管道穿楼板及墙壁应有套管，楼板套管应高出地面5~10cm，以防楼板集水时由楼板孔流到下一层。

（4）阀门的安装　热水管网的配水立管始端、回水立管末端和支管上配水嘴多于5个时，应装设阀门，使局部管段维修时不致中断大部分管路配水。

（5）单向阀的安装　为防止热水管道输送过程中发生倒流或串流，应在水加热器或储水罐给水管、机械循环管上，直接加热所用的混合器的冷水和热水管道上装设单向阀。

（6）横管的坡度　所有的横管应有与水流方向相反的坡度，便于排气和泄水，坡度一般不小于0.003。

（7）伸缩器的设置　横干管直线段应设置足够的伸缩器。

（8）排气装置的安装　上行式配水横干管的最高点应设置排气装置（自动排气阀或排气管），管内的最低点还应设置口径为管道直径1/5~1/10的泄水阀或螺塞以便排空管网存水。

（9）下行上给系统的循环管的安装　对下行上给全循环式管网，为了防止配水管网中分离出的气体被带回循环管，应当把每个立管的循环管始端都接到各配水立管最高点以下0.5m处。

（10）立管与横管的连接　为了避免管道热伸长所产生的应力破坏管道，立管与横管连接如图15-15所示。

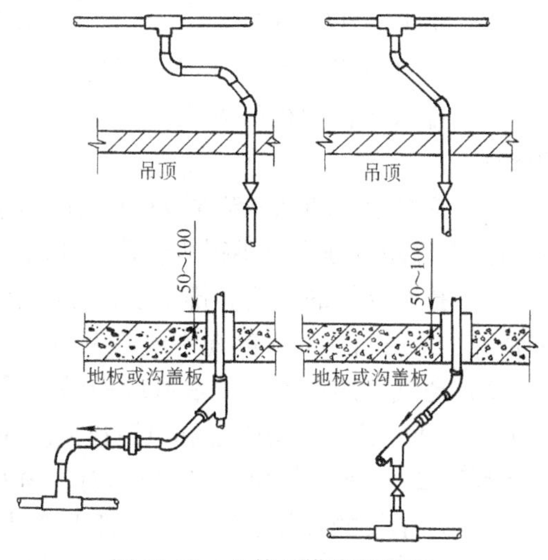

图15-15　立管与横管的连接

（11）热水储水罐或容积式水加热器的配管　热水储水罐或容积式水加热器上接出的热水配水管一般从设备顶接出，机械循环的回水管从设备下部接入。热媒为热水的进水管应在设备顶部以下 1/4 高度处接入，其回水管和冷水管应分别在设备底部引出和接入。

（12）阀门的设置　为满足运行调节和维修的要求，在水加热设备、储水器、锅炉、自动温度调节器和疏水器等设备的进出水口的管道上，应装设必需的阀门。

（13）保温材料的选择　为减少散热，热水系统的配水干管、水加热器、储水罐等，一般要包扎保温。保温材料应选取热导率小、耐热性高和价格低的材料，所选用的保温材料和保温方法，可以参见第 14 讲。

技能 56　排水管道的安装

1. 室内排水管道的安装要求

（1）施工准备工作　根据设计图样和施工预算书先备料（管材、管件和接口用材料），检查管材和管件质量。

埋地排水管事先要做好防腐处理，在卫生器具与下水管连接的部位用塑料管。

室内排水管道和管件是按设计图样上的要求，先进行实物排列，经过核实（标高位置、甩口尺寸以及与其他管道间的相互距离）确实没问题，才可进行打口连接。

（2）管道敷设原则

1）排水铸铁管的打口。室内排水铸铁管一般为水泥捻口。将打好的口用湿草绳或草席缠上进行养生；排水塑料管采用承插粘接。

2）排水立管管径的确定。排水立管管径应不小于支管管径，也不应小于 50mm。

3）穿越承重墙和基础时处理。在穿越承重墙和基础的地方，要先留洞口，洞口的上沿距管顶净空不得小于建筑物的沉降量（一般不小于 0.15m）。

4）排水立管的设置。排水立管外皮距墙 5～6cm。安装立管时，要在管垂直的情况下再打口。立管的允许误差为 5mm/m。在一层内全长不得超过 10mm。

5）通气管的设置。排水系统的通气管应高出屋面 500～600mm，不能小于 300mm，通气管不能与烟道和风道连接。在经常有人逗留的平屋顶上，通气管要高出屋顶 2m。通气管出口 4m 以内有门窗时，通气管应高于门窗顶 0.6m。

6）雨水管的安装。室内雨水管用管材有排水塑料管，承压排水塑料管和金属管。铸铁排水管采用水泥接口。对易振动的雨水管可用钢管，采用螺纹连接或焊接。雨水悬吊管的最小坡度为 0.005。

7）排出管与室外排水管道的连接。排出管与室外排水管道的连接，一般采用管顶平接。

8）污水立管的设置。污水立管应设在靠近最脏、杂质最多的排水点处。生活污水立管宜避免靠近与卧室相邻的内墙。

9）防水措施的采用。排水管穿过地下室外墙或地下构筑物的墙壁处，应采取防水措施。

10）排水管道与其他管道和构筑物的距离。排水管道与其他管道和构筑物的距离见表 15-8。

表 15-8　排水管道与其他管道和构筑物的距离

序号	名　称	净距/m	
		水平	垂直
1	给水管直径≤*DN*200	1.5	0.15
	直径＞*DN*200	3.0	0.15
2	污水管和雨水管	1.5	0.15
3	燃气管低压（p≤0.5MPa）	1.0	0.15
	中压（p=0.51～1.0MPa）	1.5	0.15
4	热力管和压缩空气管	1.5	0.15
5	通信电缆铠装	1.0	0.50
	管子	1.0	0.15
6	电力电缆	0.5	0.50
7	道路（路牙边）	1.5	0.70
8	铁轨	3.2	—
9	明沟和涵洞（基础底）	—	0.25

注：1. 表列数字，水平系指平行埋设时外壁净距，垂直系指交叉埋设时下面管顶与上面管道基础底间净距。

2. 在有可靠措施时，表中数字可以减小。当垂直交叉距离不能满足表中数字时，可采取结构措施使交叉管道互不施给压力；或将交叉结构做成整体，必要时须将交叉结构与管道连接处用柔性接口，以免互相影响。

3. 给水管与排水管平行交叉埋设时，给水管应在上面。当平行布置时，若排水管在上，并高出 0.5m（净距）以上时，其水平净距不得小于 5m；当交叉埋设时，若排水管在上，其垂直净距不得小于 0.4m，且给水管应有保护套管，保护段长度为给水管外径加 4m。

2. 排水管道的安装

（1）排出管的安装　室内排水管道的排出管安装如图 15-16 所示。

1）排出管应安装在建筑物外墙以外 1m 处，经室内排水管道系统试水后，再接至室外检查井。施工时，注意堵好室外管端敞口。

2）排出管穿过预留孔洞时的安装。排出管穿过预留孔洞时，应以不透水材料（沥青油麻、沥青玛瑞脂）填堵管子与洞的间隙，填后墙内外两侧以水泥砂浆封口。

3）排出管的制作。排出管用两个45°弯头转弯。为支撑立管自重，转弯处应用砖或C15混凝土制作成支墩。

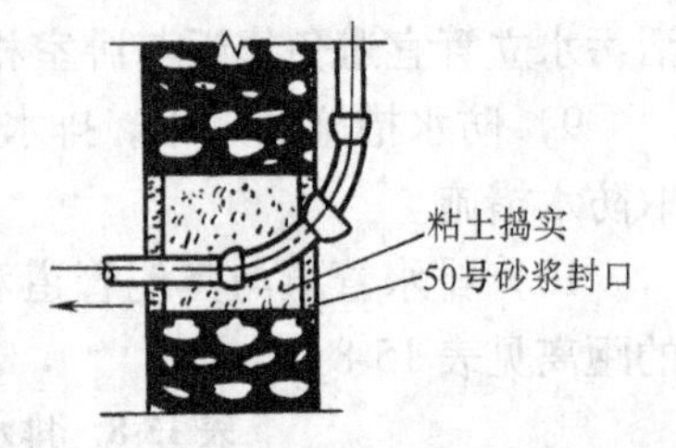

图 15-16　排出管安装

4）排出管位置的确定。排出管做至一层立管检查口或地面清扫口。其中间连接排水横管的分叉三通（四通）应根据排水横管的埋深规定确定位置。

5）排水管承口的安装。当排水管承口必须在预留洞内时，排水管宜采用预制后，待接口强度达到时穿入基础洞的方法安装。承口应朝向室内。管段应置于孔洞的中心。

（2）排水立管的安装

1）立管位置的确定。

①排水立管的位置：根据排水立管的编号及其在平面图上的位置（一般置于墙角处），考虑其连接的排水横管中心到平行墙面的距离 l_1 及距另一侧墙的距离 l_2 确定立管位置。l_1 尺寸的确定：当使用蹲便器时，P形存水弯为115mm，S形瓷存水弯为400mm；当使用坐便器时，直排式为420mm，后排式为150mm。距另一侧墙的尺寸 l_2：*DN*100 管中心距墙面 150 ~ 160mm；*DN*150 管中心距墙面 200mm（以上尺寸均为到墙抹灰面距离，如为光墙面则应增加 20 ~ 25mm）。

②管洞的制作：立管中心位置确定后，即可打洞，管洞直径不得超过2倍立管直径。打洞可用手工或电动工具，但均不得随意切断楼板的钢筋，必须切断时，需在立管安装后焊接加固。

③立管的安装位置：从顶层通过立管孔洞向下吊线坠，弹出整个立管安装位置线，并修整洞口。

2）安装规定。

①检查口的安装：从底层起每隔一层安装立管检查口一个，检查口中心距地面1m，检查活门朝向便于检修方向，活盖应垫以厚为3mm的橡胶，并用螺栓紧固。

②乙字弯的设置：遇有缩墙时应增用乙字弯短管，并在乙字管上方增设检查口。

③排水横管的三通（四通）设置：连接排水横管的三通（四通）口中心距顶棚的尺寸一般以 350 ~ 400mm 为宜。

④通气管的设置：通气管端应装铅丝球或镀锌铁皮制的伞形罩。

3）排水立管的安装程序。排水立管多采用分层预制安装的方法。每层的预制均到排水横管的三通（四通）为止，上一层的连接是将立管穿过孔洞，插入三通（四通）承口，接口在梯子上完成。每层的管段预制后，一般要分两次进行就位安装。立管安装时应注意：

①安装立管时，应严格按弹出的立管中心线位置安装。

②每层立管安装后，均应用∠50mm×50mm角钢和ϕ12mm圆钢制作的U形管卡固定立管，角钢栽入墙内，管卡高度按立管承口位置而定。

③立管安装后，应在每一接口处缠上草绳，并进行浇水养护。

（3）排水横管的安装　连接底层卫生器具或污水设备的排水横管多为直接埋地敷设，或者以托（吊）架敷设于地下室顶棚下或地沟内。楼层的排水横管则安装于各层楼板下，用托架或吊架固定。

1）排水横管的安装程序

①确定各排出口的位置：按设计确定各卫生器具的排出口位置，并检查楼板顶预留孔洞位置、尺寸的正确性，弹出各排出口中心线，修整孔洞。

②确定排水横管距平行墙面的尺寸：确定排水横管距平行墙面的尺寸，原则是一方面与排水立管直通，使水流通畅，另一方面用排水管件和排水口连通，中间不加短管，使施工简便，水流通畅。

③排水横管上用何种管件的确定：确定排水横管上使用何种管件，原则是除受安装位置限制外，应尽量使用斜三通配以45°弯头作为90°的分支，尽可能使用两个45°的弯头代替90°的正弯头。

当需要加装短管时，应尽量使用切去承口的短管配以下水管箍节省管材。

④确定各管段的下料长度：按照各下水口（或地漏、地面清扫口）的中心量测出排水横管上各管段的构造长度，确定各管段的下料长度。

⑤断口、打口、养护等管段预制：当排水横管连接的卫生器具多，管段太长，自重太大不易安装时，整个排水横管可分两段吊装就位。

2）安装排水横管注意事项。

①托（吊）架的安装：排水横管吊装前必须做好托架，托架为∠50mm×50mm的角钢和ϕ12mm圆钢制作的U形螺栓。吊架的结构如图15-17所示。每吊装一段排水横管均应用托（吊）架加以固定。托（吊）架的安装间距为：横管的直线主干管不超过2m，分支管不超过0.6m。托架应按坡度要求挂线栽埋，吊架的吊杆螺纹长度应考虑坡度要求。

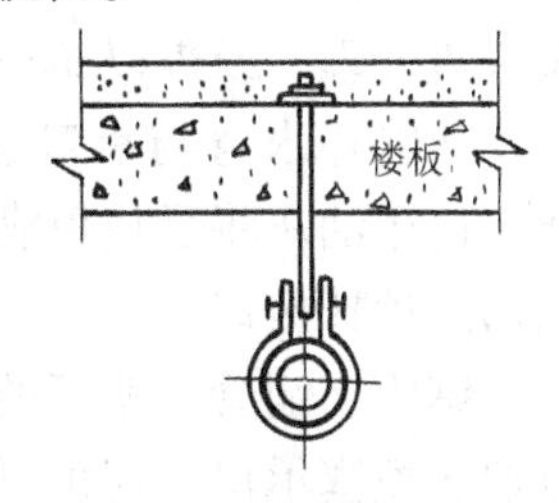

图15-17　吊架的结构

②预制排水横管的安装：预制的排水横管管段必须在接口硬化后方可吊装。

吊装就位的顺序是：先与立管连接，然后依次连至横管终端。

③排水横管的坡度：排水横管管段在连接打口前必须检查坡度情况，并注意斜三通的倾斜角度是否符合要求，管段连接点打口后注意养护。

（4）器具支管的安装　在连接卫生器具的支管中，铸铁存水弯是和室内排水管道一起安装的。一些易于撞坏或变形的存水弯是随卫生器具的安装在管道安装最后阶段进行。

器具支管安装的要求：

1）排水横管与卫生器具的连接：从排水横管上准确地将支管接至卫生器具规定的排水口平面位置上，一般应做到不加短管，而通过管件、存水弯等实现。

2）器具支管的安装：器具支管接至器具排出口的垂直管段，常常需要用增加短管的方法，以达到卫生器具排水口规定的安装高度，如蹲式大便器的排水短管，应做到承口表面伸出楼层设计地坪10mm。因此，使用铸铁存水弯或瓷存水弯，均应配置一段带承口的短管，从楼板孔洞中穿下来打口连接。

虹吸式坐式大便器的排水短管，要选用一段不带承口的铸铁短管，接至和楼层地坪相平。

连接洗脸盆、洗涤盆、化验盆等卫生器具的排水短管，承口表面应和地坪相平，以备将来插入存水弯。

地面清扫口要用石棉水泥接口法打在铸铁排水短管内，其盖面与设计地坪相平。

地漏安装时，漏水箅子表面应低于楼层设计地坪20mm。所需垂直短管配置时，应认真按地坪线量测。螺纹连接的地漏，应先套螺纹，不加填料拧紧在地漏上，按量测的短管长度尺寸，画出切断线，切断钢管后再拆卸螺纹，加填料重新拧紧，最后插入承口，进行打口连接。

明装的S形存水弯器具支管也可用管径为32mm或40mm的焊接钢管，其安装高度为伸出楼层设计地坪50mm，其后再与器具存水弯连接。

3）器具排水短管和存水弯的连接：焊接钢管短管与排水管承口连接时，应做翻边处理，或焊以$\phi 6 \sim \phi 8$mm的圆钢箍后，再插入承口打口连接。

塑料存水弯与承口连接时，应在插入部分套上一个厚度为3～5mm的圆垫圈，再用油灰将承口填满；与钢管短管连接时，插入部分应缠石棉绳，插入后再用油灰填抹接口。

钢管、铜管、铅管的S形存水弯与排水短管承口连接时，均应套铁圆垫圈，以油灰填塞承口，与钢管短管连接同塑料管。

3. 水压试验

暗装或埋地的排水管道，在隐蔽前必须进行灌水试验，其灌水高度应不低于底层地面高度。

满水15min后，再灌满并延续5min，液面不下降为合格。

技能57　室内、外给排水管道的维护

1. 室内给水及排水管道的维护

室内给水管道的故障及处理方法见表15-9。

表15-9　室内给水管道的故障及处理方法

故障情况	原　因	处理方法
钢管腐蚀	1. 钢管表面油漆脱落	定期检修，定期刷油
	2. 管道处在潮湿地方，且管子表面局部油漆脱落	对管道加强防腐处理，经常维修
管道冻结或压坏	1. 给水管安装在不采暖房间，管道内水冻结成冰使管材胀裂	对管道进行保温
	2. 受外部载荷把管道压坏	移开外部载荷，更换管道
给水管接口漏水	1. 管件冻裂	更换管件
	2. 外部重载荷把管接口压坏	移开重物
用水量剧增	1. 管道系统漏水	找出漏水部位进行修理
	2. 阀门或水嘴失灵	更换阀门和水嘴

室内排水管道故障及处理方法见表15-10。

表15-10　室内排水管道故障及处理方法

故障情况	原　因	处理方法
大便器冒水	1. 排水管道堵塞	掏通排水管道
	2. 多个大便器安装接到一个立管上，而通气管堵塞	清除通气管道内的堵塞物
厕所间有臭气	1. 在排水管系统中没安装水封 2. 通气管堵塞或管径太小 3. 排水系统有破损渗漏的地方	增设水封 清除通气管内的堵塞物 检修排水管路
管道堵塞	1. 破布、硬纸屑等杂物堵在排水管的转弯处	在管道转弯处尽量设清扫口，经常清通管道
	2. 管道坡度太小，使污水中的杂物沉积堵塞	加大管径，增大坡度
	3. 管径偏小	经常疏通管道或用水冲

2. 室外给水及排水管道的维护

室外给水及排水管道故障及处理方法见表 15-11。

表 15-11　室外给水及排水管道故障及处理方法

故障情况	原　因	处理方法
管道破裂	给水管道破裂，主要因埋深过浅，外部重载荷将管道压坏，或因水压过高导致管道破裂和管内水冻结胀裂管子等	给水管道（一般为铸铁管）破裂后，必须更换新管
排水管道堵塞	排水管道坡度太小，水流速度慢使污水中的杂物沉淀，堵塞管道	重新敷设排水管道，增大坡度
给排水管道下沉	1. 给水管接头打得太紧，受水锤冲击会使接头松动，造成漏水；土壤下沉，造成管道下沉	将给水管接头剔掉重打，一般用石棉水泥接口
	2. 敷设管道时，未将土壤夯实，或管两侧回填土不密实	将管道拆除，先在管沟铺一层卵石(15cm)夯实后再重新敷设管道，回填土应分层夯实

技能 58　常用水泵的配管

1. 吸、压水管的安装

（1）吸水管路的安装　吸水管多采用钢管，焊接安装。吸水管安装时从吸水面到泵应具有不小于 0.005 的向上坡度。当吸水井中水面高于水泵的轴线或采用公共吸水管时，在吸水管上应设置闸阀，以利于切换水泵和便于检修。当水泵从压水管引水起动时，吸水管上应装有底阀。图 15-18 所示为一种铸铁底阀，在水泵停止时，蝶形阀门在吸水管中水压力及本身重量作用下落座，使水不能从吸水管逆流。水下式底阀胶垫易损坏，引起底阀漏水，要经常检修拆换，因而人们日益采用水上式底阀，如图 15-19 所示。

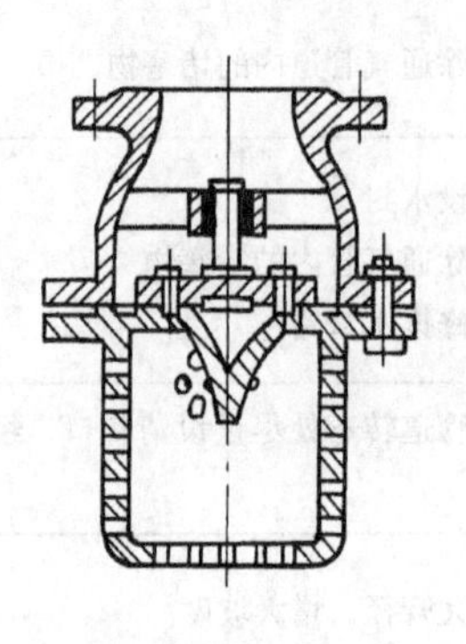

图 15-18　铸铁底阀

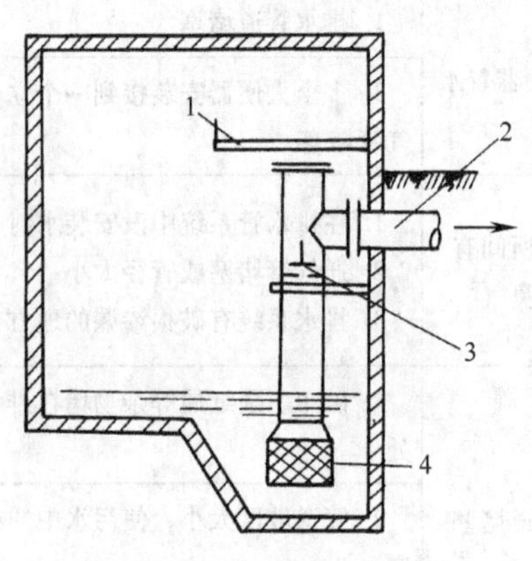

图 15-19　水上式底阀

1—工作台　2—吸水管　3—底阀　4—滤罩

为避免吸水池（井）水面产生水漩涡，使水泵吸入空气，吸水管进口在最低水位下的深度 h 不应小于0.5m，如图15-20所示。若淹深不能满足要求时，则应在管子末端装置水平隔板，如图15-21所示。

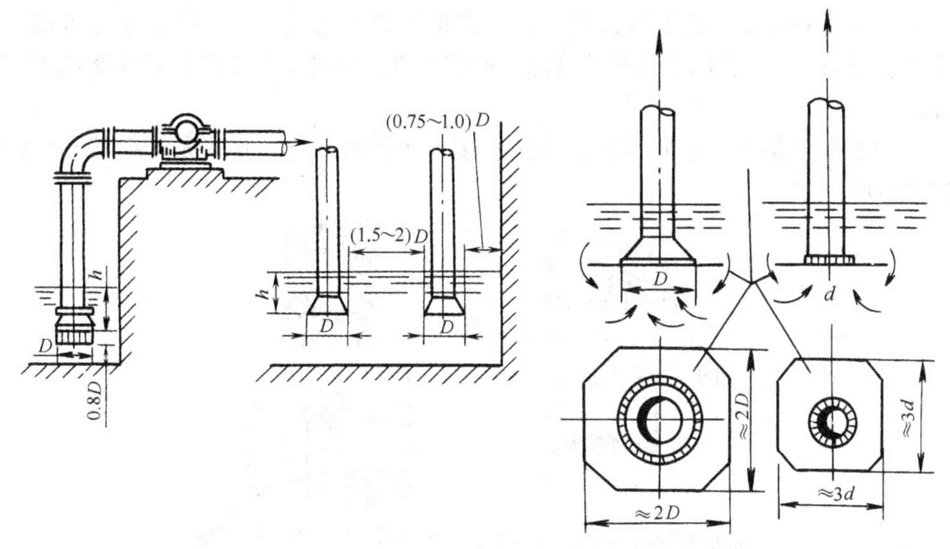

图15-20　吸水管进口位置

图15-21　装置水平隔板

为使水泵工作有良好的水力条件，应符合以下条件：

1）吸水管的进口高度：吸水管的进口应高于井底，距离不小于0.8D，如图15-20所示。D 为吸水管喇叭口（或底阀）扩大部分的直径，通常取 D 为吸水管直径的1.3~1.5倍。

2）吸气管喇叭口与井壁的距离：吸水管喇叭口边缘距离井壁为（0.75~1.0）D。

3）同一井中吸水管喇叭口的间距：在同一井中安装有几根吸水管，吸水管喇叭口之间的距离为（1.5~2.0）D。

（2）压水管路的安装　泵站内的压水管路通常采用钢管，且为焊接接口。为了安装方便和避免管路上的应力（如由于自重、受温度变化或水锤作用所产生的应力）传至水泵，在吸水管路上和压水管路上，通常设置人字柔性接口，如图15-22所示。

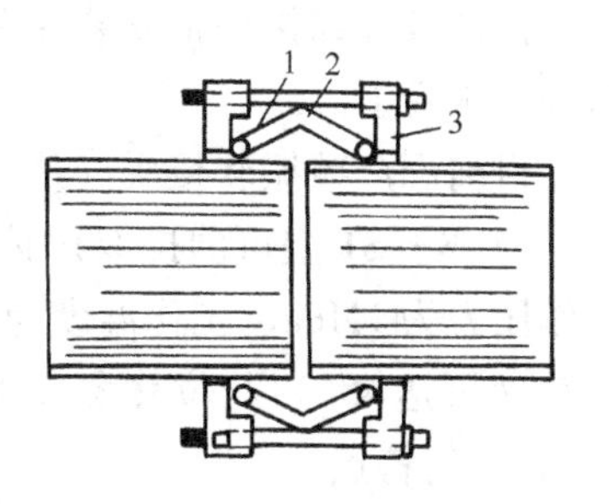

图15-22　人字柔性接口

1—橡胶圈　2—人字圈　3—法兰盘

压水管路上的闸阀，因承受高压，所以启闭都较困难。当直径 $D \geqslant 400$mm 时，大都采用电动或水力闸阀。

压水管管径小于 150mm 时，一般架空敷设，其管底距地面高度应不小于 1.8m。压水管管径较大时，一般敷设在地面上和管沟内。

2. 水泵配管的连接

(1) 刚性接头　有螺纹连接、法兰连接和焊接连接三种。螺纹连接可用于连接管径为 *DN*50 及以下直径的管道，而较大直径的管道多采用法兰连接或焊接连接。

(2) 挠性接头　不同管材、不同连接方法的水泵挠性接头及伸缩接头如图 15-23 所示。

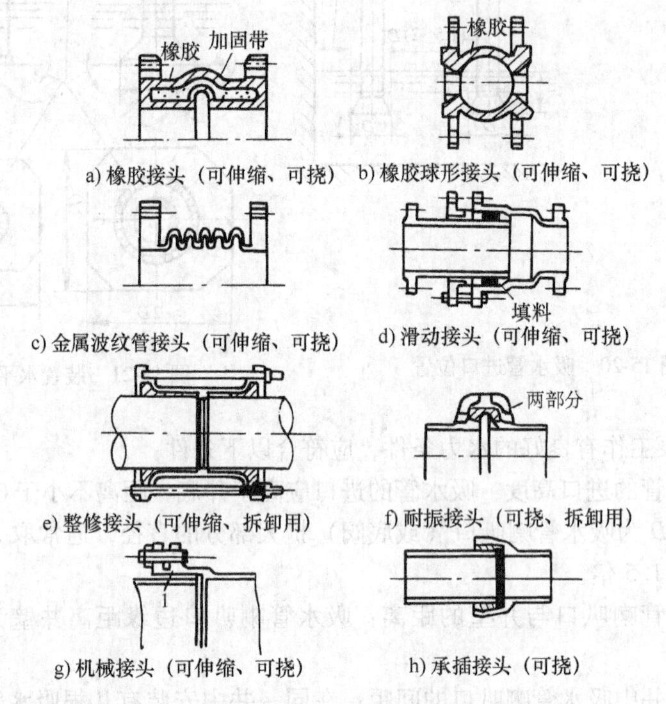

图 15-23　挠性及伸缩接头

挠性及伸缩接头常安装在有振动、拉伸和地基有沉陷可能的场合的水泵吸水管和压水管上。

目前国产减振软接头（挠性及伸缩接头）有下述几种类型：

1) K—ST 型可曲挠双球体合成橡胶接头　适用于公称直径 *DN*20 ~ *DN*65、工作压力为 1MPa、工作温度为 -20 ~ 115℃的水泵配管，具有减振性能好、自由偏转（可达 45°）与位移大（水平位移：伸长 5 ~ 6mm，压缩 22mm，横向位移 22mm）的特点。

2) K—XT 型可曲挠合成橡胶接头。适用于公称直径 *DN*32 ~ *DN*300、工作压力为 0.8 ~ 2MPa、工作温度为 -20 ~ 115℃的水泵配管，接头两端可任意偏转，便于调节轴向或水平位移，减振能力强，噪声小。

3）球形接头。耐腐蚀低压不锈钢软管适用于公称直径 *DN*6 ~ *DN*32、工作压力为 1 ~ 2MPa 的水泵配管。

4）爪形快速接头。不锈钢软管适用于公称直径 *DN*40 ~ *DN*150、工作压力为 1.6MPa 的水泵配管。

5）低压螺旋波纹管网体。适用于公称直径 *DN*4 ~ *DN*32、工作压力为 1 ~ 2MPa 的水泵配管，两端为焊接连接。

6）低压环形波纹管网体。适用于公称直径 *DN*40 ~ *DN*250、工作压力为 0.8 ~ 1.6MPa的水泵配管，两端为焊接。

3. 泵体和管道的减振和防噪声

水泵工作时因压力的波动与脉动，流体的不稳定流动与阀半开引起的涡流影响，气蚀、水锤、转动部件不平衡、安装缺陷引起的偏心转动、油膜的影响等因素，都会产生振动与噪声。泵与电动机产生的噪声，通过管道、管道支架、建筑物实体、流体、空气等进行传播，从而影响建筑物的使用效益。为此泵体和管道的减振和防噪声工作就显得十分必要。

（1）泵体的减振　水泵和电动机的减振安装方法有砂箱基础（图 15-24a）、橡胶或软木等弹性材料隔振垫（图 15-24b）、橡胶剪切减振器（图 15-24c）、弹簧减振器（图 15-24d）等几种。

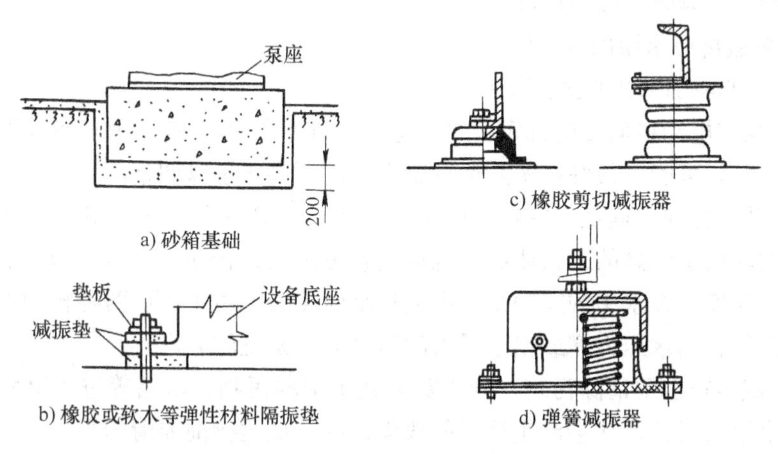

图 15-24　泵和电动机的减振安装方法

安装时，减振垫的材质和厚度必须按设计规定选用，各类减振器均需按设计选用的型号定货。现场安装时，各地脚螺栓和底座安装槽钢必须预埋。

（2）水泵管道的减振　水泵吸水管和压水管除用减振的挠性接头和伸缩接头，并采用软结合外，管道的支架必须采用减振且防噪声传播的安装方法。管道支托于地面（或楼板）上的防振安装如图 15-25a 所示，管道吊装的减振安装如图 15-25b 及图 15-25c 所示。

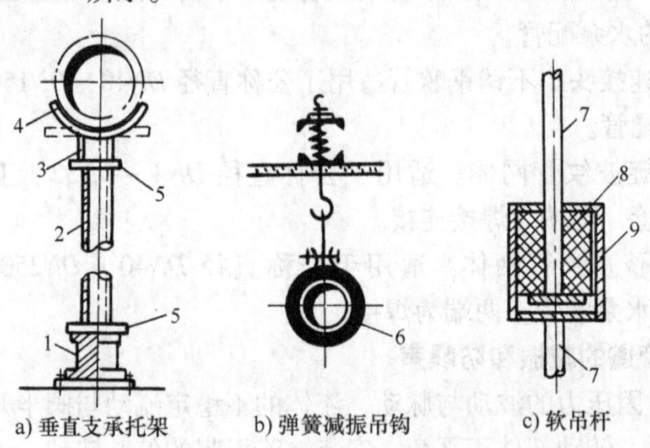

图 15-25　水泵管道的减振安装方法

1—橡胶减振器　2—钢管　3—管箍　4—托板　5—根螺母
6—吊环中衬橡胶　7—吊杆　8—圆柱形橡胶　9—钢套筒

安装时，垂直支承托架下部的减振器、吊架的减振吊钩（弹簧式）及橡胶软吊杆中的圆柱形橡胶等，均应按设计选定的成品材料进行安装。垂直支承托架下减振器的地脚螺栓必须预埋。

4. 单级离心水泵的操作

（1）试运行时的注意事项

1）泵与电动机同轴的确定。泵与电动机同轴的调整尽管在安装过程中已经进行过，如果可能，最好在实际运行温度条件下再次予以调整。

2）转动方向的确认。在连接联轴器之前，要确认泵与电动机的转动方向一致。泵的转向是清楚的，只要起动电动机就可确认其转动方向是否和泵的转动方向一致。对安装在水中的电动泵，可通过临时接线，对正、反两种转动方向做短暂的试运行，出水压力高或出水量大的转动方向是正转方向。

3）试运行前要清除污物。管道安装施工中的污物、水垢等进入吸水管，进而流入水泵内时，往往会产生严重的故障，因此试运行前要清扫吸水管。特别是高速高压的锅炉给水泵，运行开始的一段时间应在进水口附近设置滤网，经常清除污物，直到确认无污物时，再把滤网去掉。

4）常换油箱内的油。油箱内的油最初很容易变脏，因此，要经常换油。

5）额定转速的达标。安装之后，初次起动泵时，不采取一下子就使之达到额定转速的起动方法，而是做两三次反复起动和停止后，再慢慢地增加到额定转速。

（2）起动时的注意事项

1）油箱内油应适量。检查加入油箱内的润滑油和润滑脂是否适量，润滑油应达到规定的油位，润滑脂应加至大约油箱容积的1/3～1/2即可。

2）联轴器的检查。用手转动联轴器，检查转动是否灵活。

3）阀的开启状态。水泵吸入侧的阀一定要处于全开状态。

4）泵的充水。给泵充水，使泵完全灌满。

5）泵的起动。泵的出口阀应在全闭状态下起动。安装于水中的泵，为了容易排除管内的残留空气，应在出口阀稍稍打开的状态下起动。当达到额定转速，并确认压力已经上升后，再把出口阀慢慢地打开。

（3）运行中的注意事项

1）检查油箱的情况。要检查油箱甩油环工作情况，使轴承温度保持在40℃以下，轴温度不超过75℃。

2）填料压盖部位的检查。注意填料压盖部位的温度和渗漏，正常的渗漏应让液体处于连续外滴的状态（约$0.5cm^3/s$），渗漏过多时应均匀地逐步拧紧填料压盖；在温度过高（填料压盖部位液体温度超过30℃）的情况下，可把填料压盖放松，短暂地多渗漏一些，直到填料的松胀与轴温适应时，再拧紧压盖。

3）声响的检查。若吸入管吸入空气和固体物，往往会发出异常的声响，并随之产生振动。

4）振动的检查。注意因气蚀、压力脉动、泵与电动机同轴度不良等产生的振动情况。

5）流量的调节。流量的调节应靠泵出口阀进行，而且不要关闭进口阀。

6）备用泵的检查。注意备用泵是否因单向阀不严密，从并联运行管道中返回流体而产生逆转。

7）泵起动和停止的频率。与水箱、水塔联锁自动控制泵起动和停止的系统，应注意泵起动和停止的频率，应在频繁程度过大时加以调整。

8）压力、流量、电流的检查。注意排出压力、吸入压力、流量、电流等的工况。排出压力表剧烈变化或下降时，常常是吸入侧有固体物质堵塞，或是吸入了空气；另外异物进入泵内滑动部位即将烧结时，电流表指针往往急剧跳动。要特别注意，即使时间很短，水泵也不能空转运行，因为衬套等水中滑动部位有产生接触烧结的危险。

（4）停机时的注意事项

1）关阀停机。通常，离心泵应在出口阀全闭后再停机，但因出口侧有单向阀，不闭出口阀也可停机。绝不能先关闭进口阀再停机，那样会引起气蚀，造成烧结事故。

2）停机关阀。对于淹没状态下运行的泵，停机后应关闭出口阀。

3）断电后措施。运行中因断电而停机时，首先应切断电源开关，同时用手关闭出口阀。

4）停机后的处理。泵停机后如果长时间不运行，则应放掉泵内液体，并应在轴承、轴、填料压盖、联轴器等加工面上涂抹油或防锈剂，以防锈蚀。

5. 离心泵常见的故障及其排除

离心泵常见的故障及其排除方法见表15-12。

表15-12　离心泵常见的故障及其排除方法

故障	产生原因	排除方法
起动后水泵不出水或水量小	1. 泵壳内有空气，灌泵工作没做好 2. 吸水管路及填料有漏气 3. 水泵转向不对 4. 水泵转速太低 5. 叶轮进水口及流道堵塞 6. 底阀堵塞或漏水 7. 吸水井水位下降，水泵安装高度太大 8. 减漏环及叶轮磨损 9. 水面产生漩涡，空气带入泵内 10. 水封管堵塞	1. 继续灌水或抽气 2. 堵塞漏气，适当压紧填料 3. 对换一对接线，改变转向 4. 检查电路，是否电压太低 5. 揭开泵盖，清除杂物 6. 清除杂物或修理 7. 核算吸水高度，必要时降低安装高度 8. 更换磨损零件 9. 加大吸水口淹没深度或采取防止措施 10. 拆下清通
水泵开启不动或起动后轴功率过大	1. 填料压得太死，泵轴弯曲，轴承磨损 2. 多级泵中平衡孔堵塞或回水管堵塞 3. 靠背轮间隙太小，运行中两轴相顶 4. 电压太低 5. 实际液体的密度远大于设计液体的密度 6. 流量太大，超过使用范围太多	1. 松一点压盖，矫直泵轴，更换轴承 2. 清除杂物，疏通回水管路 3. 调整靠背轮间隙 4. 检查电路，向电力部门反映情况 5. 更换电动机，提高功率 6. 关小出水闸阀
水泵机组振动和噪声	1. 地脚螺栓松动或没填实 2. 安装不良，联轴器不同轴或泵轴弯曲 3. 水泵产生汽油 4. 轴承损坏或磨损 5. 基础松软 6. 泵内有严重摩擦 7. 出水管存留空气	1. 拧紧并填实地脚螺栓 2. 找正联轴器同轴度，矫直或换轴 3. 降低吸水高度，减少水头损失 4. 更换轴承 5. 加固基础 6. 检查咬住部位 7. 在存留空气处加装排气阀
轴承发热	1. 轴承损坏 2. 轴承缺油或油太多（使用润滑脂时） 3. 油质不良，不干净 4. 轴弯曲或联轴器没找正好 5. 滑动轴承的甩油环不起作用 6. 叶轮平衡孔堵塞，使泵轴向力不能平衡 7. 多级泵平衡轴向力装置失去作用	1. 更换轴承 2. 按规定油面加油，去掉多余润滑脂 3. 更换合格润滑油 4. 矫直或更换泵轴，找正联轴器 5. 放正油环位置或更换油环 6. 清除平衡孔上堵塞的杂物 7. 检查回水管是否堵塞，联轴器是否相撞，平衡盘是否损坏

（续）

故障	产生原因	排除方法
电动机过载	1. 转速高于额定转速 2. 水泵流量过大，扬程低 3. 电动机或水泵发生机械损坏	1. 检查电路及电动机 2. 关小闸阀 3. 检查电动机及水泵
填料处发热，漏、渗水过少或没有	1. 填料压得太紧 2. 填料环安装位置不对 3. 水封管堵塞 4. 填料盒与轴不同心	1. 调整松紧度，使滴水呈滴状连续渗出 2. 调整填料环位置，使它正好对准水封管口 3. 疏通水封管 4. 检修不同心处

第16讲 采暖设备和采暖管道的安装与维修

技能59 室内采暖管道的安装

1. 室内采暖管道安装的一般规定

（1）散热器及管材的选择 采暖系统使用的钢管和散热器等的型号、规格和质量，应符合设计要求。

（2）安装前、后的注意事项 安装前，应清除管道及设备内部的污垢和杂物。安装中断或安装完后，在各敞口处应临时封闭，以免管道堵塞。

（3）管道穿过基础、墙壁和楼板管道的安装 当管道穿过基础、墙壁和楼板时，应配合土建施工预留孔洞。孔洞尺寸如设计无要求，可参照表16-1的规定。

表16-1 孔洞尺寸

管道名称/mm		明管/(mm×mm)	暗管/(mm×mm)
采暖立管	$D\leqslant25$	100×100	130×130
	$D=32\sim50$	150×150	150×150
	$D=70\sim100$	200×200	200×200
双采暖立管	$D\leqslant32$	150×100	200×130
散热器支管	$D\leqslant25$	100×100	60×60
	$D=32\sim40$	150×130	150×100
采暖主干管	$D\leqslant80$	300×250	—
	$D=100\sim125$	350×350	

（4）同一房间内，同样采暖设备的安装 在同一房间内，安装同样的采暖设备及管道配件，除特殊要求外，应安装在同一高度上。

（5）排水或泄水装置的安装 当管道从门窗或其他洞口、梁柱、墙垛等部位绕过时，转角处若高于或低于管道水平走向，在其最高点或最低点应分别安装排水或泄水装置。

（6）套管的安装 管道过墙或过楼板时，应设置铁皮套管或钢套管。安装在内墙壁的套管，其两管端应与墙壁饰面取平，如图 16-1a 所示。管道穿过外墙或基础时，应加设钢套管，套管直径应比管道直径大两号为宜，如图 16-1b 所示。

安装在楼板内的套管，其顶部要高出楼板地坪 20mm，底部则与楼板齐平，如图 16-2a 所示；管道穿过厨房、厕所、卫生间等容易积水的房间楼板，应加设钢套管，其顶部应高出地面不小于 30mm，如图 16-2b 所示。

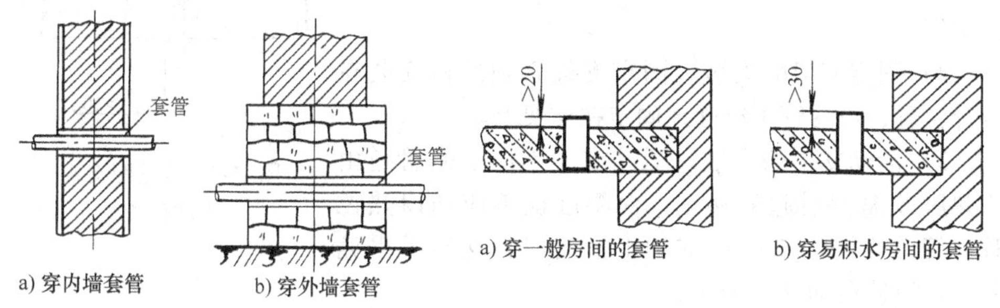

图 16-1　安装在内墙壁的套管

图 16-2　安装在楼板内的套管

（7）管道直管及弯管的安装　明装钢管成排安装时，直管部分应相互平行；曲线部分则曲率半径要相等。

（8）管道、阀门安装的允许误差　水平管道纵、横方向弯曲、立管垂直度、成排管段和成排阀门安装的允许误差见表 16-2。

表 16-2　管道、阀门安装的允许误差　（单位：mm）

项　目		允许误差
水平管道纵横向弯曲 10m	DN≤100	5
	DN>100	10
立管垂直度	1m	2
	>5m	<8
成排管段和成排阀门　在同一直线上距离		3

（9）公称直径小于等于 DN32 不保温采暖双立管道的安装　公称直径小于等于 DN32 不保温采暖双立管道，两管中心距应为 80mm，允许误差为 5mm。热水或蒸汽立管应置于面向的右侧，回水立管则置于左侧。

（10）焊缝距支架点的位置　管道支架附近的焊缝与支架净距大于 50mm，最好位于两个支座间距的 1/5 位置上，在这个位置上的焊缝受力最小，如图 16-3 所示。

（11）采暖系统安装后的冲洗　采暖系统安装完毕后，在使用前，应用水冲洗，直到污浊物冲净为止。

2. 支架的安装

（1）支架安装的一般要求

1）安装支架。安装支架时，支架横梁应牢固地固定在可靠的建筑结构上，对安装固定支架的结构，应由土建技术人员对结构的强度进行验算。

支架横梁的长度方向应水平，顶面应与管子中心线平行。

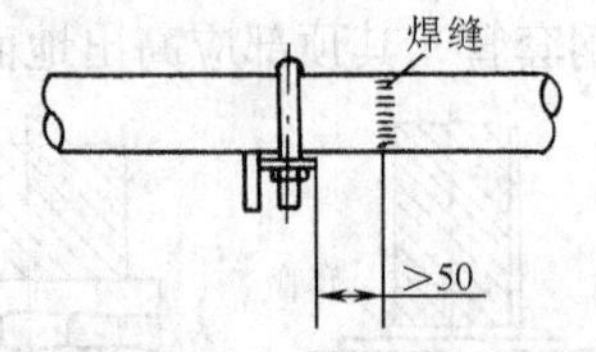

图 16-3　焊缝距支架点的位置

2）固定支架的安装。固定支架必须严格安装在设计位置，应使管子牢固地固定在支架上。

3）活动支架的安装。活动支架不应妨碍管道由于热胀冷缩所引起的移动，保温层也不应妨碍热位移。管道或滑动支座在支架上滑动时，支架不得偏斜，不得使滑动支架卡住。

4）支架及管道中心与墙或柱的距离。支架应保证管道中心至墙或柱表面的距离符合设计和施工要求。一般管道表面或保温层外表面与墙或柱面的净距不应小于60mm。

5）补偿器两侧支架的安装。补偿器两侧应安装1～2个导向支架，使管道在支架上伸缩时不至偏移中心线。

6）支架材料的选择。支架所用材料的规格和材质，必须符合设计或有关标准图要求。

7）阀门支架的安装。大口径管道上的阀门，应设置专用支架，不得以管道承重。

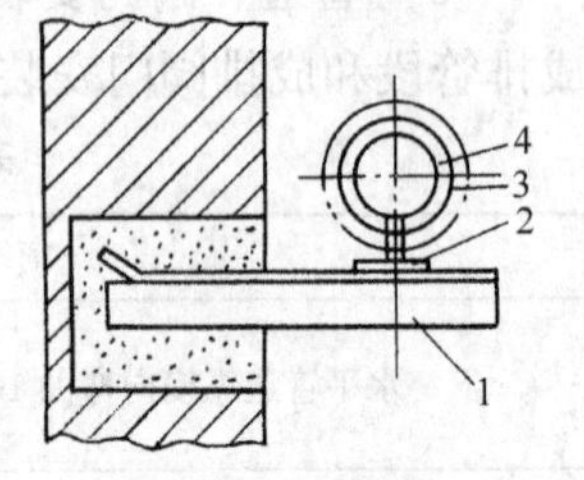

图 16-4　栽埋在砖墙上支架的安装

1—支架横梁　2—支座　3—保温层　4—管子

（2）支架的安装

1）栽埋在砖墙上支架的安装。墙上有预留孔洞的，可将支架横梁埋入墙内，如图 16-4 所示。埋设前，要先清除洞内的碎砖和砖灰，并用水将洞浇湿，然后再用 C15 细石混凝土将洞内的支架横梁部分塞牢，填塞要密实饱满，混凝土配合比为水泥: 砂子: 细石: 水 = 1: 2. 6: 5. 3: 0. 7（质量比）。栽埋支架的砖墙，其厚度≤240mm；保温管道管径≤*DN*50 和不保温管道管径≤*DN*100 的支架，支点与屋架下弦的距离，不小于1000mm；管径≤*DN*100 的保温管道和管径≤*DN*150 的不保温管道的支架，其支点与屋架下弦的距离应不小于 1500mm。

2）焊于预埋钢板上支架的安装。墙上有预埋钢板的，应将钢板表面的砂浆或油污清除干净，然后按要求把支架横梁焊在预埋钢板上，如图 16-5 所示。

3）夹于柱子上支架的安装。当管道沿柱子敷设时，可采用包柱式支架，如

图 16-6 所示。安装时，应清除支架处柱表皮粉层，测出安装高度后，在柱上用粉线弹出水平线，支架即可依线装设。螺栓一定要拧紧，保证支架受力后不活动。

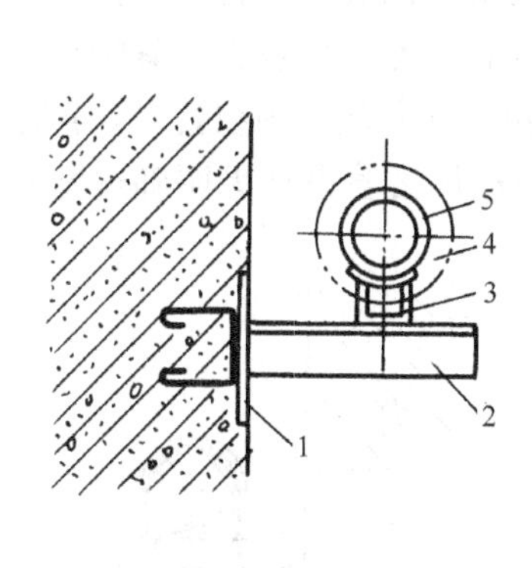

图 16-5　焊于预埋钢板上支架的安装
1—预埋钢板　2—支架横梁
3—支座　4—保温层　5—管子

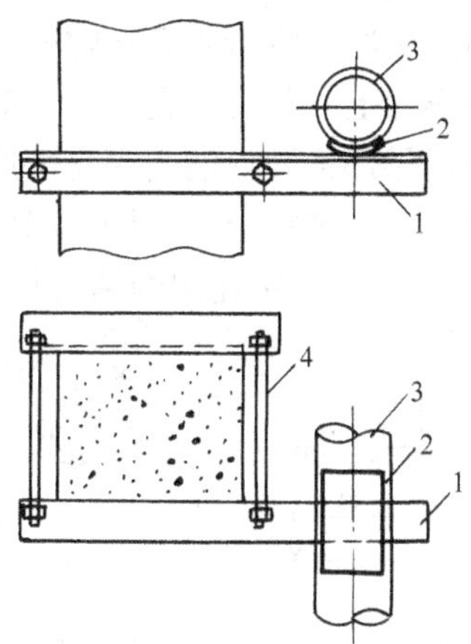

图 16-6　夹于柱子上支架的安装
1—支架横梁　2—弧形板管座
3—管子　4—双头螺柱

4）用射钉固定支架的安装。在没有预留孔洞和预埋钢板的砖或混凝土结构上，可用射钉或膨胀螺栓安装支架，但管径不可大于 150mm。

用射钉安装支架，需先在安装位置用十字交叉线画出射钉点，然后用射钉枪将射钉射入构体内，再用螺母将支架紧固在射钉上，如图 16-7 所示。

射钉有直径 8 ~ 12mm 等规格，用 Q235—A 钢制成，安装支架一般用外螺纹射钉，如图 16-8 所示（M10 外螺纹射钉）。

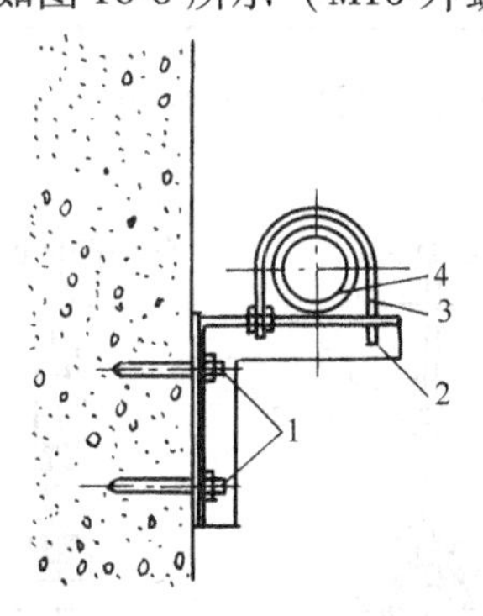

图 16-7　用射钉固定支架的安装
1—射钉　2—支架　3—管卡　4—管子

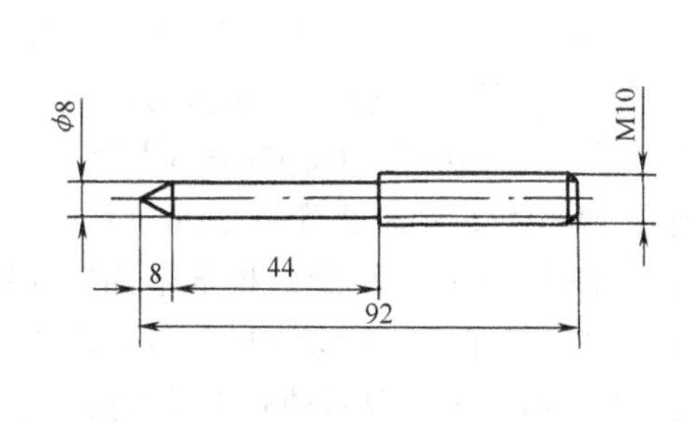

图 16-8　射钉

5）用膨胀螺栓固定支架的安装。膨胀螺栓由尾部带锥度的螺栓和尾部开口的套管构成，如图 16-9 所示（M8 膨胀螺栓）。常用规格有 M8、M10、M12、

M14 四种。

用膨胀螺栓安装支架，需用十字交叉线标定出膨胀螺栓的栽埋位置，然后钻孔，孔的直径与套管外径相等，孔深为套管长度加 15mm。孔钻好后，把孔内的碎屑清除干净，将套管套在螺栓上，套管的开口端朝向螺栓的锥形尾部，再把螺母戴在螺栓上一起打入孔内，至螺母接触孔口为止。然后用扳手拧紧螺母，使螺栓的锥形尾部把开口的套管尾部胀开，螺栓便和套管一起紧固在孔内。再用螺母把支架固定在螺栓上，如图 16-10 所示。膨胀螺栓规格若设计无明确规定时，可按表 16-3 选用。钻孔用的钻头规格见表 16-3。

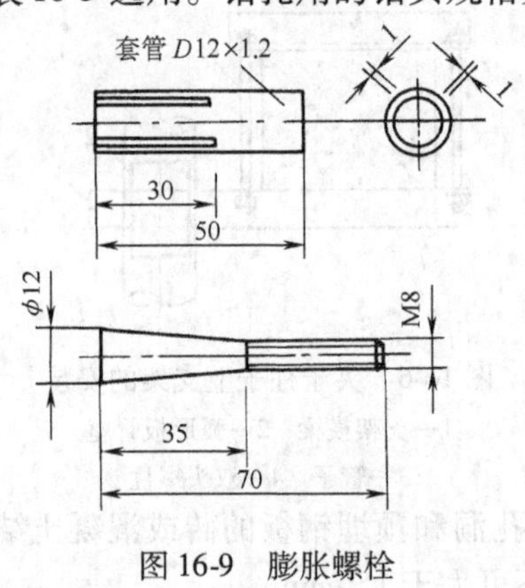

图 16-9　膨胀螺栓

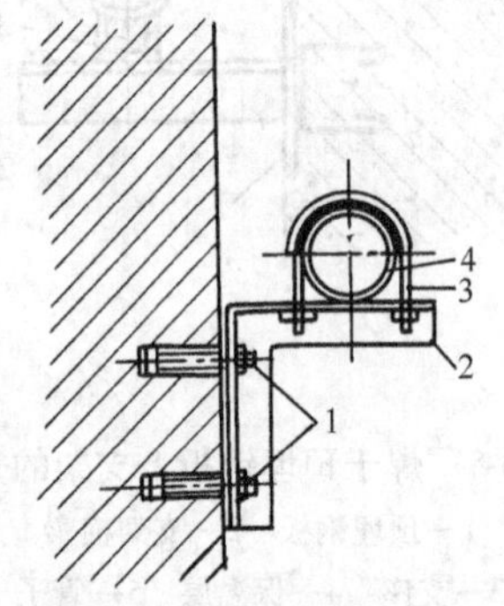

图 16-10　支架的固定

1—膨胀螺栓　2—支架　3—管卡　4—管子

表 16-3　膨胀螺栓和钻头规格　（单位：mm）

管道公称通径	~70	80~100	125	150
膨胀螺栓规格	M8	M10	M12	M14
钻头直径	10.5	13.5	17	19

6）吊架的安装。安装吊装时，无热位移管道的吊架，其吊杆应垂直安装，如图 16-11 所示。有热位移管道的吊架，吊杆应向管道热位移的反方向倾斜安装，吊环水平偏移距离为该处管道全部位移的一半，如图 16-12 所示。吊架的根部若固定在钢梁上，其根部吊板与钢梁间的焊缝长度不得小于 75～100mm。两根热位移方向相反的管道，不能共用一个吊架。

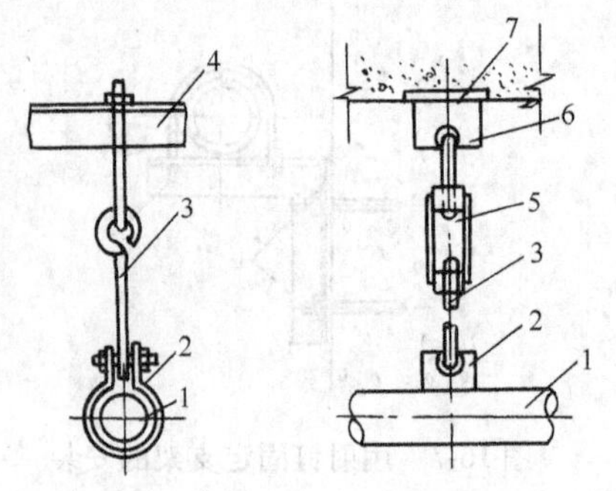

图 16-11　吊杆竖直安装

1—管子　2—吊环　3—吊杆　4—支架横梁　5—吊板　6—调节器　7—预埋钢板

7）导向支架的安装。导向支架是以滑动支座为基础，在滑动支座两侧的支架横梁上，每侧焊置一块导向板，如图 16-13 所示。导向板常采用扁钢或角钢。扁钢导向板的高度为 30mm，厚度为 10mm；角钢的规格为∠36mm×5mm。导向板的长度与支架横梁的宽度相同。导向板与滑动支座间应有 3mm 的间隙。

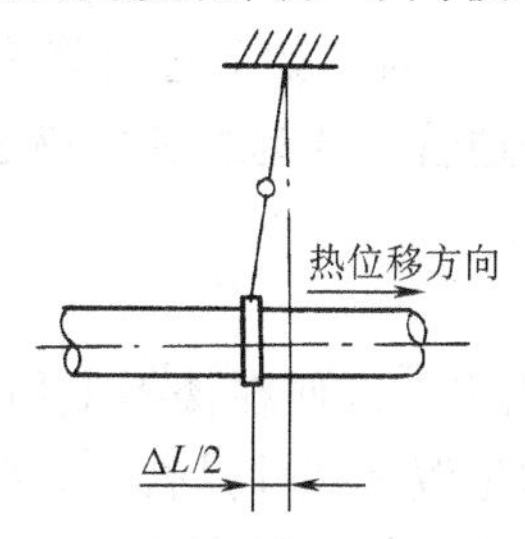

图 16-12　有热位移管道的吊架

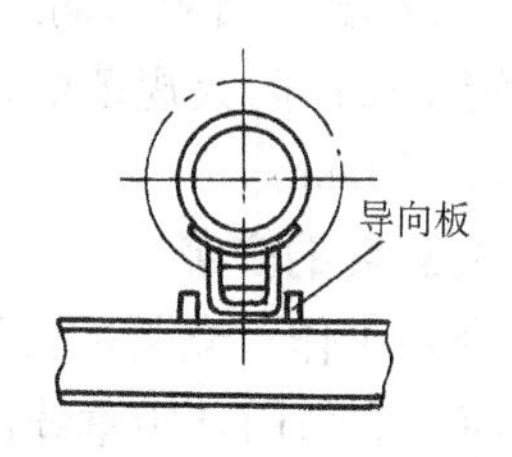

图 16-13　导向支架的安装

3. 室内干管的安装

（1）安装程序　干管安装程序一般是：①埋设支架；②管道就位；③对口连接；④找好坡度，固定在支架上。

（2）安装要点

1）定位。按照图样要求，在建筑物上定出管道的走向、位置和标高，确定支架位置。

2）埋设支架。依据确定好的支架位置，把已预备好的支架埋设到墙上或焊到预先埋设的铁件上。首先要确定支架的位置、标高和间距，把埋入墙内的深度标在墙上，然后再打洞。洞要冲洗干净后，再用 1:3 水泥砂浆埋固在里面。

3）预制阶段。依据施工图样，按照测线方法，绘制各段管线的加工图，划分好加工的管段，分段下料，编好序号，开好焊接坡口，以备组对。

4）管道就位。把预制好的管段对号入座，安放到预埋好的支架上。根据管段的长度、重量，选用合适的滑车、卷扬机或手拉链式滑车吊装。管道在支架上要采取临时固定。

5）管道连接。放到支架上的管段，相互对口，按要求焊接或螺纹连接，然后连接整条管线。

6）找好坡度。按设计要求，将干线找好坡度。在预埋支架的同时，应考虑到坡度方向，管线连接好后再检查、校对坡度，检查合格后，把干线固定到支架上。

（3）安装要求

1）支管的连接。在干管的弯曲和焊缝部位不得连接支管。设计要求连接支管时，支管必须要离开焊口一个管径的距离，而且不应小于 100mm。

2）水平干管的安装。水平敷设的干管，必须按规定的坡度和坡向安装，并且便于管道排气和排水。

3）冷、热水管的安装。热水管和冷水管上、下平行敷设时，热水管应敷设在冷水管的上方。

4）防火要求。当管道输送的热媒温度超过100℃时，如穿过易燃和可燃性墙壁，一定要按照防火规范的规定加设防火层。普通管道与易燃和可燃建筑物的净距应保持100mm。

4. 室内立管的安装

（1）准备工作　立管的位置应在土建施工前确定，以便在楼板上预留管洞。立管安装前，应采用挂铅垂线法，检查预留管洞的位置和尺寸是否符合要求。在检查的同时，用粉线在墙上弹出立管中心线，立管就可依此线安装。

（2）安装要求

1）管道与墙面的净距。管道外表面与墙壁抹灰面的净距为：管径≤32mm时，为25～35mm；管径>32mm时，为30～50mm。

2）三通的设置。立管上接出支管的三通位置，必须满足支管坡度的要求。

3）安装立管固定卡的要求。层高≤4m的房间，每层应装一个立管卡子，距离地面高度为1.5～1.8m。

4）立管与支管垂直交叉时的安装。立管遇支管垂直交叉时，立管应设Ω弯（抱弯）绕过支管。Ω弯的尺寸见表16-4。Ω弯如图16-14所示。

表16-4　Ω弯的尺寸　（单位：mm）

DN	α	α_1	R	L	H
15	94	47	50	146	32
20	82	41	65	170	35
25	72	36	85	198	38
32	72	36	105	244	42

5）立管与干管、支管的连接。

①顶棚内立管与干管的连接：图16-15所示为顶棚内立管与干管的连接方式。

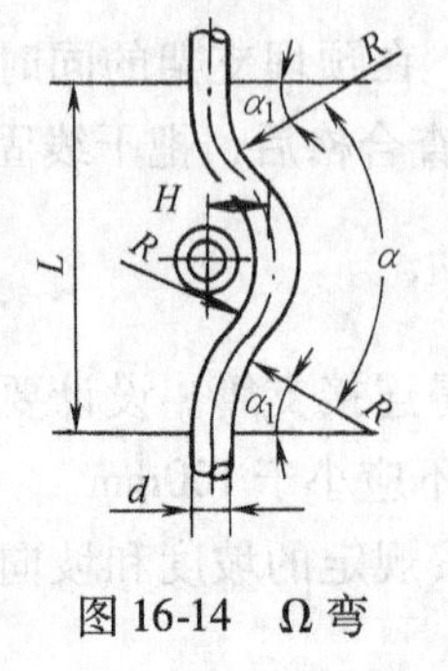

图16-14　Ω弯

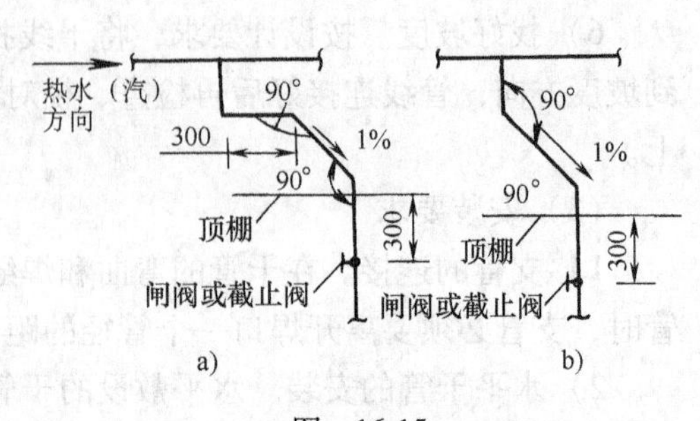

图　16-15

②室内干管与立管连接：室内干管与立管连接形式，如图 16-16 所示。图 16-16a 所示为上分式系统中干管与立管连接形式；图 16-16b 所示为下分式系统中立管与敷设在地沟内干管的连接形式。

③主干管与分支干管连接：主干管与分支干管连接如图 16-17 所示。在分支干管与干管连接处，用 1 ~3 个弯头连接起来，以解决管道的胀缩问题。

a) 与热水（汽）管连接　　b) 与回水干管连接

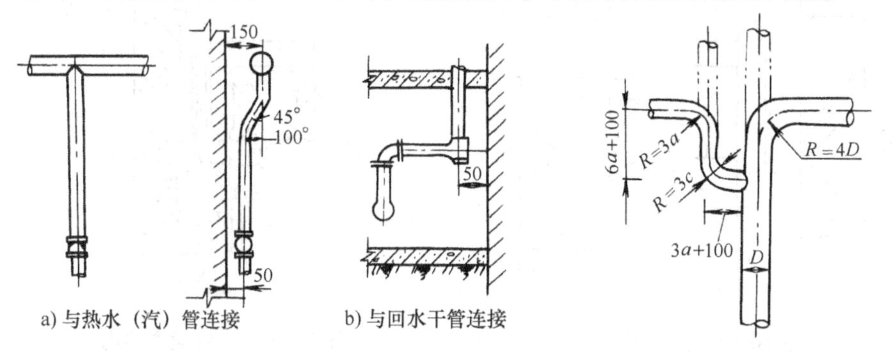

图 16-16　室内干管与立管连接

图 16-17　主干管与分支干管连接

④地沟内干管和立管的连接：地沟内干管和立管的连接方式，如图 16-18 所示。

a) 地沟内干管与立管的连接　　b) 在 400mm×400mm 管沟内干管与立管的连接

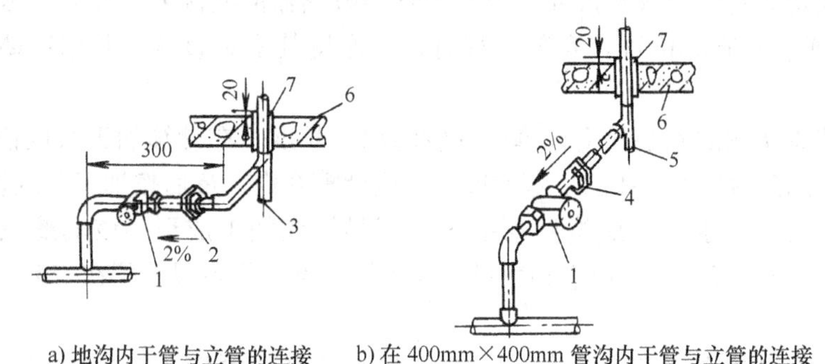

图 16-18　地沟干管和立管的连接

1—闸阀或截止阀　2—活接头或法兰盘　3—放水堵或闸阀　4—活接头
5—放水堵　6—沟盖板　7—套管

立管的下端用三通使立管转 90°弯后再与干管连接，三通底端设放水螺塞或闸阀。为方便检修，三通与干管之间的管段上应装阀门和活接头。一般横管段不小于 300mm，中间用 1 ~2 个弯头使管道转向后再与平管连接，其目的是使管道能自由胀缩。

⑤主立管用管卡或托架的安装：主立管用管卡或托架安装到墙壁上时，其间距为 3 ~4m；主立管的下端要支承在坚固的支架上。管卡和支架不能妨碍主立管的胀缩。

⑥立管在楼板承重部位的安装：当立管与楼板的承重部位相遇时，应将钢管绕弯越过，如图16-19所示的乙字弯。乙字弯是由两个45°弯头组成，其跨幅按需要而定，两个弯的中心距 $L=1.5B$（B 为跨幅）。也可将立管缩置墙内，如图16-20所示。

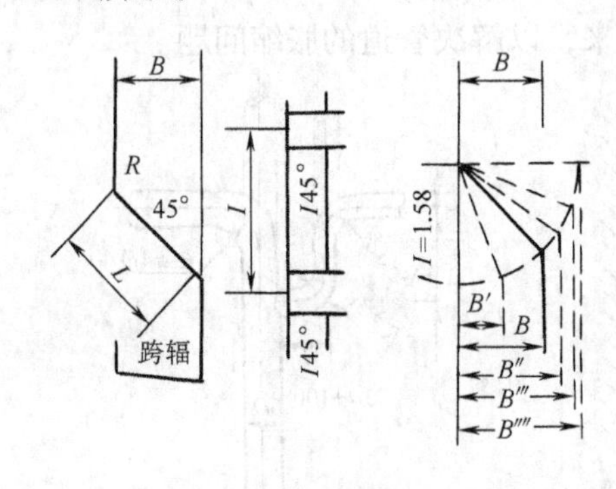

图16-19　乙字弯

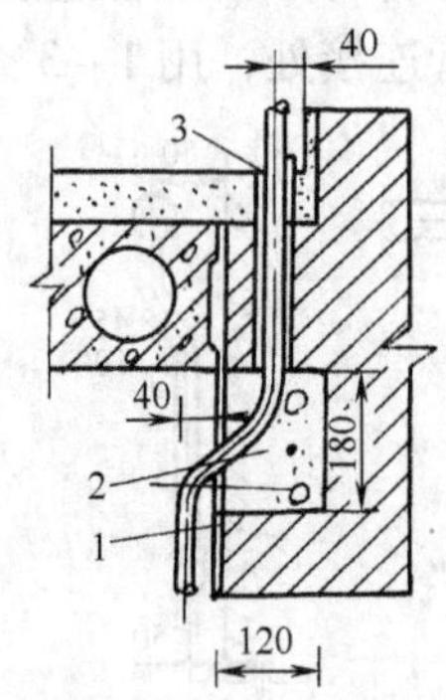

图16-20　立管缩置墙内

1—内填碎砖外粉刷　2—120mm×120mm×180mm管槽　3—套管

（3）安装方法

1）确定立管的位置及尺寸。根据干管和散热器的实际安装位置，来确定立管以及三通、四通的位置。安装立管时，应保持其呈垂直状，并用线坠进行检查。

2）依据实测的安装长度计算出管段的加工长度。在计算加工长度前，要把各管段划分好，把Ω弯和乙字弯的展开长度计算在内。最后按加工长度切断。

3）各管段的加工。应按要求把各段下料管线加工成形，该套螺纹的套螺纹，该煨弯的煨弯，按照规格和数量都加工好。然后将各段管子在安装位置上组装连接好。

4）立管的安装。安装立管时，要先将立管临时固定。待立管与支管连接后，再正式安装立管卡子。应把穿楼板的套管在楼板上卡牢。

5. 采暖管道的试压

（1）水压试验的前提　室内采暖管道安装完毕后，应进行水压试验。

（2）试压的种类　采暖管道试压，可分段试压，也可整个系统试压。

（3）试验压力的规定　较大系统常采用分段试压方法。经分段试压后，有条件时，还需进行一次整个系统试压。采暖系统试压装置与给水管道系统的试压装置基本相同。

采暖系统的试验压力，应按设计图样要求进行，若设计图样无明确规定时，可按第13讲技能47中的3有关规定进行试压。

热水采暖系统水压试验，应在隔断锅炉和膨胀水箱的条件下进行。

散热器在组合后，也应进行水压试验，试验压力应按有关的规定进行，经试验合格后方能安装。

试压时，一定要将散热器内的空气排尽，压力试验完毕后，应将散热器内的水排放干净。试压时应注意产品出厂时所规定的工作压力与试验压力，组合后的试验压力不得超过出厂允许的试验压力。

6. 热水采暖系统附件的安装

（1）膨胀水箱　膨胀水箱如图 16-21 所示。

在自然循环上分式采暖系统中，膨胀水箱安装在总立管上，横向干管的安装坡度背向总立管，各支管安装坡向散热器；下分式系统中，空气管的坡度也背向膨胀水箱的膨胀管。

在机械循环系统中，膨胀水箱装在循环泵前的回水管道上。

检查管（信号管）装在膨胀水箱 1/3 的高处，在膨胀水箱的侧面，并应引到锅炉房中的泄水池。当系统充满水时，检查管中就流出水来，此时应停止充水，并关闭设在检查管下端的控制阀门。

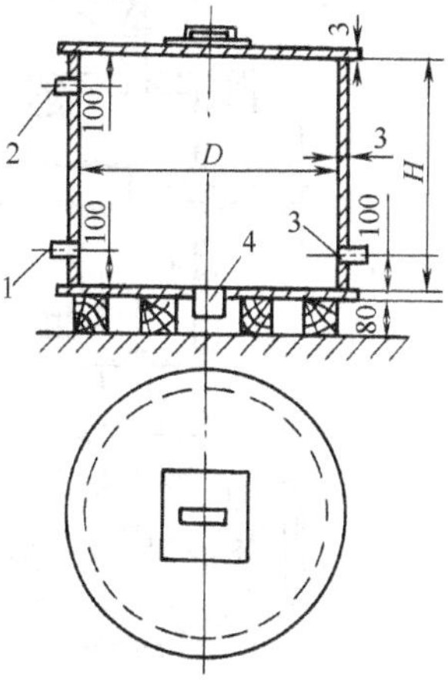

图 16-21　膨胀水箱
1—循环管　2—溢流管
3—检查管　4—膨胀管

溢流管装在距膨胀水箱顶部约 100mm 的旁侧，当水箱里充满水时，可从溢流管排走。从溢流管下端至锅炉房的泄水池，不可装阀门。

膨胀管和循环管一个装在膨胀水箱的侧面（距水箱底约 100mm 处），一个装在膨胀水箱的底部。两管连在系统的回水干管上，自干管上引出的连接点彼此相距约 2 ~ 3m，保持两管中的水有一定的温差和压差，防止膨胀水箱上冻。膨胀管与循环管都不装阀门。

排污管在清洗水箱时起排污作用，由水箱底部接出，可与溢流管接在一起。排污管上应装设阀门，平时关闭，排污时打开使用。

膨胀水箱连接管的直径见表 16-5。

表 16-5　膨胀水箱连接管的直径　（单位：mm）

膨胀水箱容积尺寸	管径			
l	膨胀管	溢流管	信号管	循环管
150 以下	25	32	20	20
150 ~ 400	25	40	20	20
400 以上	32	50	20	25

（2）除污器　除污器如图 16-22 所示。

除污器安装在循环泵吸入口和新安装的热用户管道的总入口干管上，其顶盖上设有直径为20mm的空气管。除污器一般用法兰与干管连接，以便检修。

（3）集气罐　集气罐分为手动和自动两种。

1）手动集气罐。它一般用直径为$\phi100 \sim \phi250$mm的短管制成，可分立式和卧式两种，其构造如图16-23所示。手动集气罐顶部连有直径$\phi15$mm的排气管，管子的另一端引到附近的洗涤盆上，并装有排气阀。

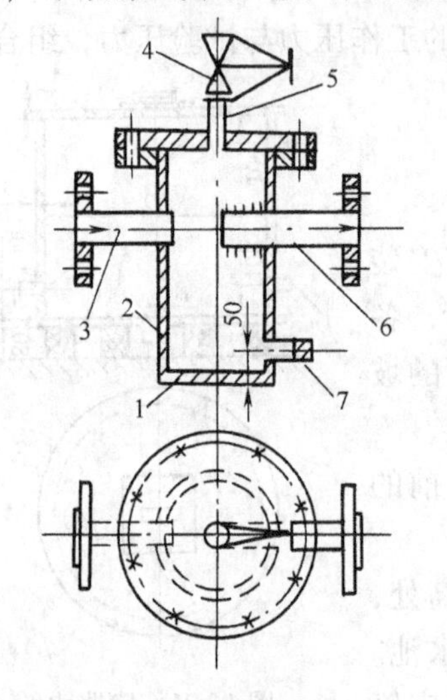

图16-22

1—底板　2—筒体　3—进水管　4—截止阀　5—排气管　6—出水花管　7—排污螺塞

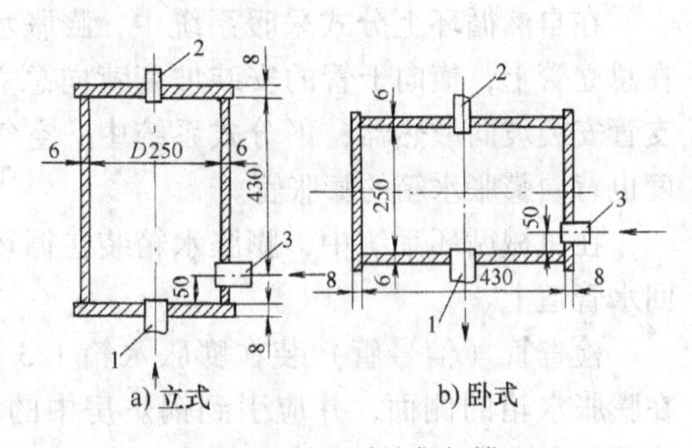

图16-23　手动集气罐

1—出水口　2—放气管（$\phi15$mm）　3—进水口

2）自动排气罐。图16-24所示为铸铁自动排气罐。它的工作原理是依靠罐内水的浮力自动打开排气阀。罐内无空气时，系统中的水流入罐体将浮漂浮起。浮漂上的耐热橡皮垫将排气口封闭，使水流不出去。当系统里的气体汇集到罐体上部时，罐内水位下降使浮漂离开排气口将空气排出。空气排出后，水位和浮漂重又上升将排气口关闭。

（4）手动放风门　手动放风门在热水采暖系统中安装在散热器上部的螺塞上，螺纹连接。安装时，用手提式电钻在散热器螺塞上钻孔，孔径要比放风门丝头规格稍小一点，清理干净后，用三个丝锥从小到大逐次攻螺纹；操作时要用活扳子拧动丝锥头上的方帽，还可用专用丝锥架子攻螺纹，并注意用力要均匀。攻好螺纹后，在放风门丝头上刷铅油、缠麻，用小号活扳子将其拧入螺塞内螺纹内。

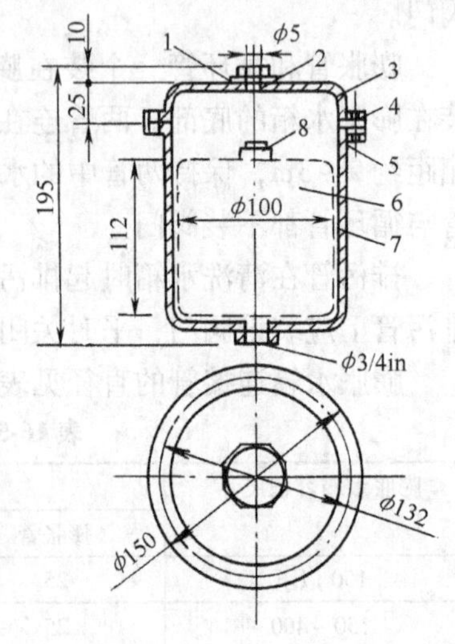

图16-24　自动排气罐

1—橡胶石棉垫　2—排气口　3—罐盖　4—螺栓　5—橡胶石棉垫　6—浮漂　7—罐体　8—耐热橡皮

7. 蒸汽采暖系统中附件的安装

（1）分气缸　分气缸是用钢管焊制的，安装时，其靠墙一面从保温外皮算起不应小于 150mm。分气缸支架制作时可参照表 16-6 选材。若分气缸直径≥350mm 时，应从地面加设∠50mm×50mm×5mm 角钢立柱支撑。分气缸的安装如图 16-25 所示。

表 16-6　分气缸支架制作　（单位：mm）

支架名称	分气缸型号					
	$D=200$	$D=250$	$D=300$	$D=350$	$D=400$	$D=500$
支架	<50×50×5	<50×50×5	<60×60×5	<60×60×5	<60×60×5	<60×60×5
夹环	$\phi12$	$\phi12$	$\phi14$	$\phi14$	$\phi16$	$\phi16$

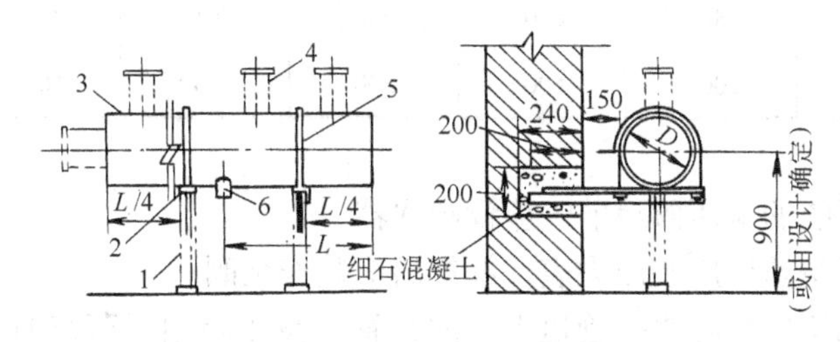

图 16-25　分气缸的安装

1—角钢支撑　2—型钢托架　3—分气缸　4—供汽支管　5—夹环　6—泄水管

分气缸上安装的阀门均用法兰连接；分气缸和供汽支管上，均应设置压力表；分气缸安装好后，要进行保温处理；分气缸泄水装置上应设置疏水器。

（2）减压阀　减压阀又称减压器。

减压阀有方向性，安装时不要将方向装反，并应将它垂直安装在水管道上，对于带有均压管的减压阀，均压管应连接在低压管道一边。减压阀的两侧分别装有高压、低压压力表，阀后应装溢流阀。

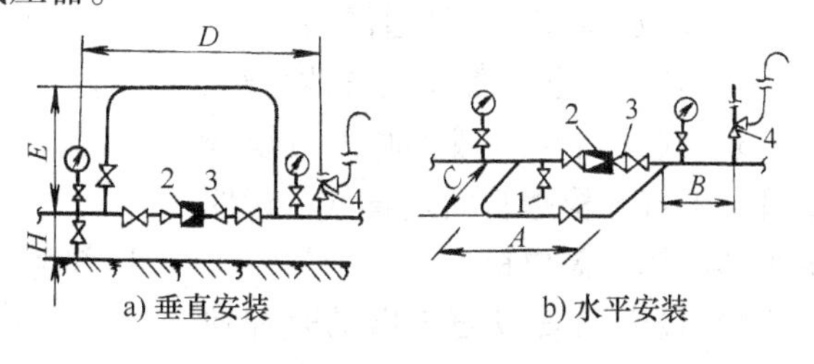

图 16-26　减压阀的安装

1—泄水管　2—减压器　3—大小头　4—安全阀

减压阀的安装如图 16-26 所示，安装尺寸见表 16-7。

减压阀的安装应符合下列规定：

1）减压阀组不应设置在临时移动设备或容易受冲击的部位，应设在振动小，有足够空间和便于检修的部位。

表 16-7　减压阀的安装尺寸　（单位：mm）

公称通径 *DN*	*A*	*B*	*C*	*D*	*E*	*H*
25	1100	400	200	1760	450	600
32	1100	400	200	1830	500	600
40	1300	500	250	1960	550	650
50	1400	500	250	2200	600	650
60	1400	500	300	2350	650	650
80	1500	550	350	2500	700	700
100	1600	550	400	2840	820	700
125	1800	600	450	3015	950	700
150	2000	600	500	3290	1000	750

2）蒸汽系统的减压阀组前，应设疏水器。

3）减压阀组前后应装压力表，阀组后应装安全阀。

4）减压阀均应装在水平管道上。波纹管式减压阀用于蒸汽时，波纹管应向下安装；用于空气时需将阀门反向安装。

（3）疏水器　疏水器的安装如图 16-27 所示，其连接方式为：疏水器公称直径小于等于 *DN*32 时，压力≤0. 3MPa；以及公称直径小于等于为 *DN*40 ~ *DN*50，压力≤0. 2MPa。上述情况均可用螺纹连接，其余均采用法兰连接。

疏水器的安装应符合下列规定：

1）疏水器前应设置过滤器。

2）疏水器前后都要设置截止阀。

3）疏水器与后截止阀间应设检查管。若打开检查管大量冒气，说明疏水器已坏，需要检修。

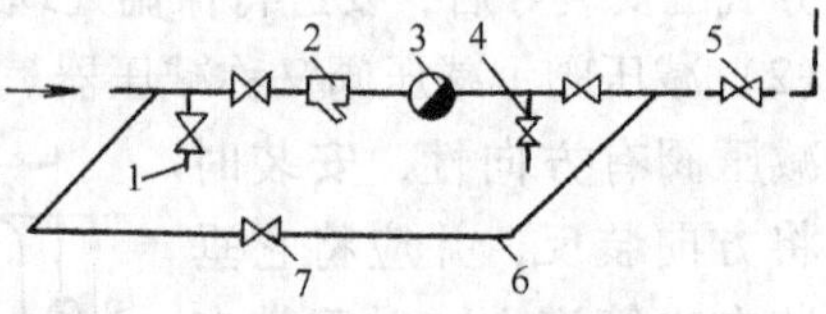

4）设旁通管以便于启动时加速凝结水的排除，但旁通管易造成漏气，一般不采用。

图 16-27　疏水器的安装

1—冲洗管　2—过滤器　3—疏水器　4—检查管　5—单向阀　6—旁通管　7—截止阀

5）疏水阀应装在用热设备下面，以防用热设备存水；当疏水器背压升高时，为防止凝结水倒灌，应设置单向阀。

6）疏水管道水平敷设时，管道坡向疏水器，防止水击现象。

7）疏水器的安装位置应靠近排水点。

8）当蒸汽干管的水平管线过长时，应考虑疏水问题。

9）用螺纹连接的疏水器，应设置活接头，以便于拆装。

技能 60　室外采暖管道的安装与维护

1. 室外采暖管道安装的一般要求

（1）热水或蒸汽管的敷设　热水或蒸汽管应敷设在载热介质前进方向的右侧。

（2）热水和加压凝结水管道的安装　热水和加压凝结水管道，应在管段的最低点安装排水管，最高点安装放气管，排水管、放气管直径的选择见表 16-8。排水管上装闸阀，放气管上装截止阀。

表 16-8　排水管、放气管直径　（单位：mm）

热水、凝结水管公称通径	<80	100~125	150~200	250~300	350~400	450~550	>600
排水管公称通径	25	40	50	80	100	125	150
放气管公称通径	15	20		25	32		40

（3）管道安装的允许误差　管道安装允许误差不应超过表 16-9 中的规定。

表 16-9　管道安装允许误差　（单位：mm）

项　目		允许误差
坐　标	架　空	20
	地　沟	20
	埋　地	50
标　高	架　空	±10
	地　沟	±10
	埋　地	±15
水平弯曲		1:1000

（4）热膨胀量较大管道上支架的安装　热膨胀量较大的管道上，活动支架的支座应偏心安装。偏移方向为管道热膨胀的反方向，偏心距为该点至固定点间管段的热膨胀量，最大偏心距 $\Delta_{max}=1/2$（支座全长）-50mm，如图 16-28 所示。

滑动支座处管道最大热膨胀量不应超过 1/2（支座全长）-100mm。如果热膨胀量超过允许值，则应改用长型支座，必要时还应调整管段固定支架间距，以减小热膨胀量。

对长度≥200mm 的支座，当偏心距≤50mm 时，可不偏心安装。

（5）支管与干管连接的方式

1）热水干管、支管的连接。热水干管、支管可从干管的上、下和侧面接出。从下面接出时，应考虑排水。

2）蒸汽和凝结水管道的连接。支管应从干管的上面或侧面接出。

3）支管与干管的连接。支管应制作成Z形管段与干管连接，如图16-29所示。

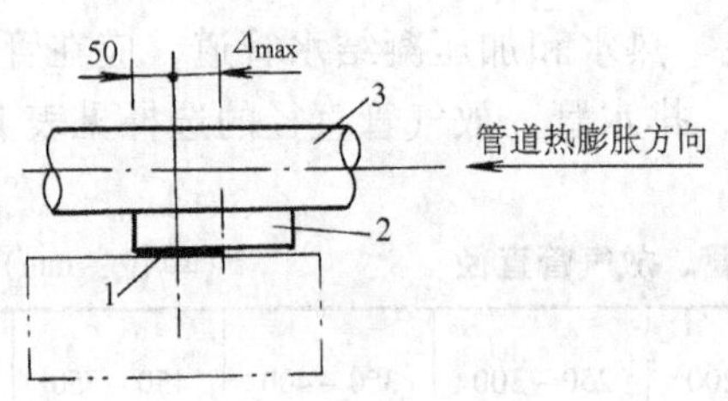

图16-28　最大偏心距
1—预埋钢板　2—支座　3—管道

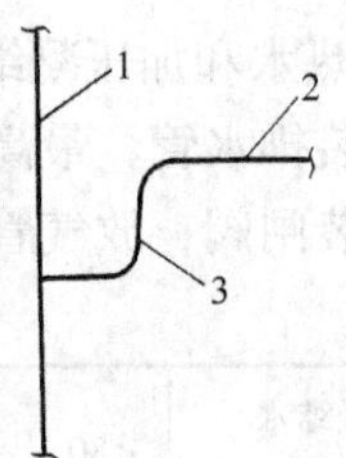

图16-29　Z形支管与干管连接
1—干管　2—支管　3—Z形管段

（6）管道上阀门的安装。管道上 $DN\geqslant300$mm 的阀门，应设置单独支承。

（7）地下敷设管道上的阀门和设备的安装　地下敷设的管道上的阀门和设备，以及不通行地沟和埋地管道上的法兰连接处，均应安装在检查室内。

（8）管道接口焊缝的净距　管道接口焊缝距支架的净距不小于150mm。两接口焊缝间距离，当公称直径小于 *DN*150 时，不小于管子外径，且不小于100mm；公称直径大于等于 *DN*150 时，不小于150mm。接口焊缝距弯曲点不小于管外径，且不小于100mm。有加固环的卷管，加固环的对接焊缝应与管子纵向焊缝错开100mm以上；加固环距管子接口焊缝不应小于50mm。卷管的纵向焊缝应置于易检修的位置，不宜在底部。

（9）焊接接头间隙大于规定值的安装　焊接接头间隙大于规定值时，不得用铁丝或钢筋填缝；也不得以加热管子的办法来减小焊缝间隙，以免焊接增大管子应力。

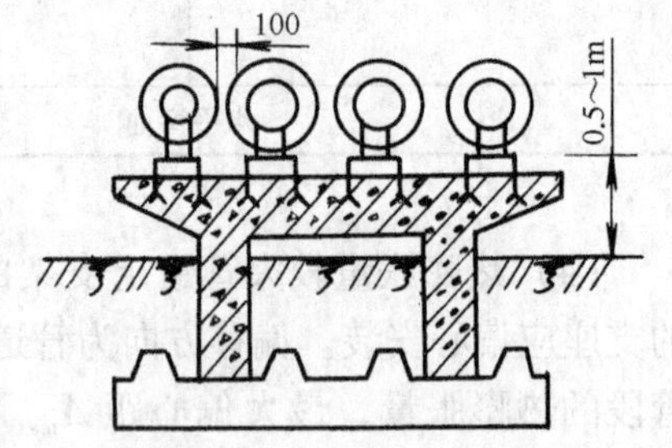

图16-30　低支架的安装

2. 架空管道的安装

（1）架空管道的安装方式

1）低支架。低支架的安装如图16-30所示。

管道保温外壳底部距地面的净高不小于0.3m，一般以0.5～1.0m为宜。通常采用毛石或砖砌结构。

2）中支架。中支架的安装如图16-31所示。中支架净高为2.5～4.0m，设在人行频繁的地方，一般采用钢筋混凝土结构或钢结构。

3）高支架。高支架仅在跨越铁路和公路时采用。跨越公路时，高支架净高不应低于4.5m；跨越铁路时，高支架与轨顶净距不应小于6.0m。高支架一般采用钢结构或钢筋混凝土结构。应注意，在装有管道附件，如阀门、套筒补偿器等处，必须设置操作平台。

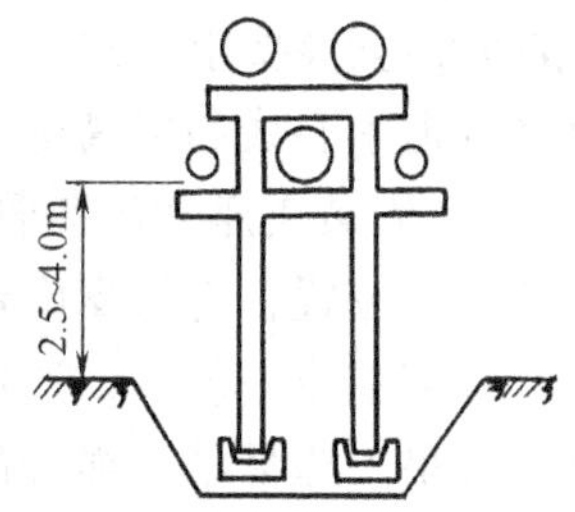

图16-31　中支架的安装

（2）架空管道的安装要求

1）架空管道的保温。架空管道的保温层需加厚，还须增设保护层，以保护保温材料，延长管道的使用寿命。

2）支架上管道的根数。支架上的管道最少是两根，相邻管道保温层外表面间的操作净距不应小于150mm。

3）架空管道与其他物的距离。架空管道与建、构筑物和电线之间的最小距离及架空管道与建、构筑物和电线之间的最小净距见表16-10。

表16-10　架空管道与其他物之间的最小静距　（单位：m）

序号	名　称			水平净距	垂直净距
1	一、二级耐火等级建筑物			允许沿外墙	
2	铁　路			距轨外侧3.0	距轨顶 电气机车为6.5 蒸汽及内燃机车为6.0
3	公路边缘、边沟边缘			0.5～1.0	距路面4.5
4	人行道路边缘			0.5	距路面2.5
5	架空输电线路		千伏以下（电线在上）	导线最大偏风时	导线最重处
		1		1.5	1.0
		1～20		3.0	3.0
		35～110		4.0	4.0
		220		5.0	5.0
		330		6.0	6.0
		500		6.5	6.5

（3）架空管道的安装

1）准备工作。管道安装的准备工作与支架施工同时进行。为加快施工进度，在土建进行支架浇注、养护时间内，应进行材料准备、管子检验、清污、防腐、下料、开坡口以及管件加工制作和管段组装等工作。组装时，应根据吊装方法和吊装设备的能力确定组装长度，尽可能减少空中接口的数量，管道上的附件也应一起组装上。

2）检查支架和确定支座位置。管道在安装前，首先要检查支架的标高和平面坐标位置是否符合设计要求，支架顶面预埋钢板的牢固性、钢板的尺寸和位置是否满足安装要求。然后，用经纬仪定出支架上管道支座的位置，作出标记，同时将管道中心线和标高标定在预埋钢板上。

3）安装支座和吊装管道。根据支架间距和支架处管道热伸长量，按滑动支座的安装位置，先将支座定位焊在管道上。

管道就位安装时，选用哪种吊装设备，视现场条件和管道规格而定，常用的有汽车吊、履带吊、桅杆吊等。吊装时，管子要稳起轻放。

为便于管道在空中对口，可在接口处临时设置搭接板。当用管径大于等于300mm 的管子时，宜采用角钢搭接板；当管径小于 300mm 时，采用弧形托板，如图 16-32 所示。

4）连接管道和校正支座。所有焊口距支架边缘不得小于 150mm。为便于焊接，可把接口设在离支架 200 ~ 300mm 处。

管子对好口后，先将接口定位焊 3 处，焊点按圆周等分布置，使焊口具有一定的抗弯能力。然后拆除搭接板，再进行焊接。

接口焊好之后，同时要检查滑动支座的位置与所确定的安装位置是否一致，若误差较大应进行修正，然后把支座焊在管道上。

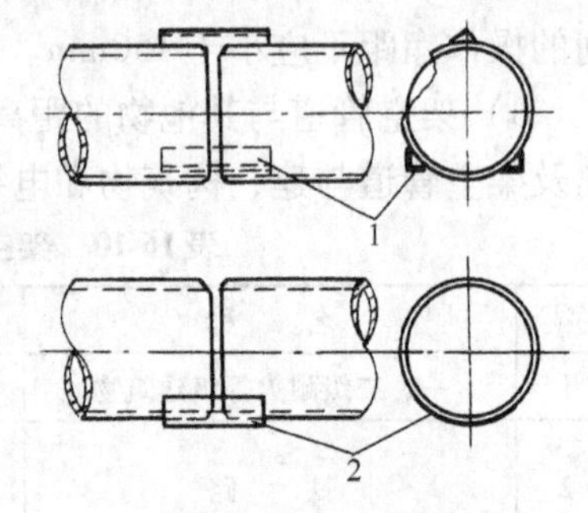

图 16-32　弧形托板
1—搭接板　2—弧形托板

5）水压试验、管道防腐及保温。当管道安装完经检查符合要求后，应按规定进行水压试验。合格后方可进行防腐保温。

3. 地沟内管道的安装

地沟按其断面尺寸的大小可分为通行地沟、半通行地沟和不通行地沟；按其构造可分为普通地沟和预制钢筋混凝土地沟。

（1）安装要求

1）普通地沟。普通地沟为钢筋混凝土或混凝土沟底基础，砖或毛石砌筑的沟壁，钢筋混凝土盖板。结构上，要求严密不漏水，在沟内表面抹防水砂浆。地沟盖板应有 0. 01 ~ 0. 02 的横向坡度，盖板上覆土深度不小于 0. 3m。盖板之间及盖板与沟壁之间用水泥砂浆或热沥青封缝。沟底坡度与管道坡度相同，但不小于 0. 002，坡向排水点。

当地下水位高于沟底时，可采取防水或局部降低水位的措施。在地沟沟壁外表面做沥青防水层，即用沥青粘贴数层油毛毡并外涂沥青，沟底打一层防水砂浆。局部降低水位的方法，是在沟底基础的下面铺一层粗糙的砂砾，在距沟底 200 ~ 250mm 的砂砾中，铺设一根或两根直径为 100 ~ 150mm 的钢管，钢管上钻有许多小孔（图16-33），为清洗和检查排水管，每隔50~70m需设一个检查井。

2）预制钢筋混凝土地沟。该地沟断面如图16-34所示，在素土夯实的沟槽基础上，现场浇注钢筋混凝土地沟基础，厚度为200mm。基础打好后，方可进行管道安装和保温，最后吊装预制拱形沟壳。椭圆形钢筋混凝土拱壳厚250mm，其椭圆长轴以下是直线段。拱壳脚基用豆石混凝土浇注，使之与地沟基础紧密嵌接；拱壳之间的接缝用膨胀水泥填塞。

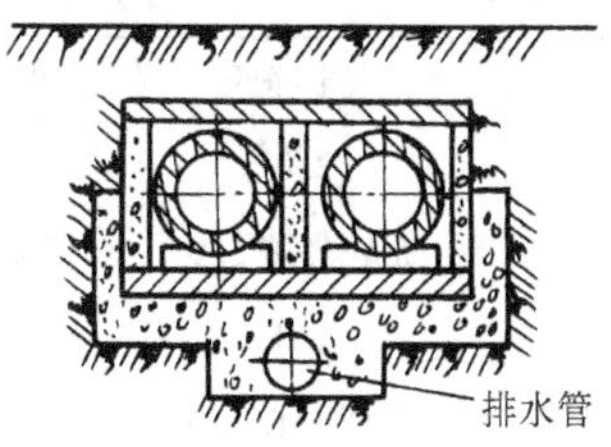

图16-33　普通地沟

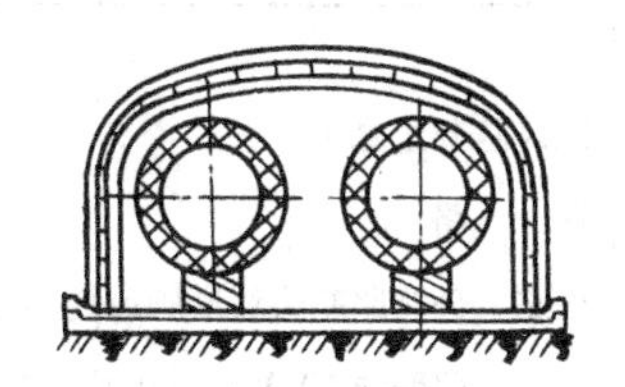
图16-34　预制钢筋混凝土地沟

总之，无论地沟形式如何，地沟断面尺寸应符合表16-11的规定，并参见图16-35。

表16-11　地沟断面尺寸　（单位：m）

地沟类型	地沟净高	人行通道宽	管道保温表面与沟壁净距	管道保温表面与沟顶净距	管道保温表面与沟底净距	管道保温表面间净距
通行地沟	≥1.8	≥0. 7	0. 1~0.15	0.2~0.3	0.1~0.2	≥0.15
半通行地沟	≥1.2	≥0.6	0.1~0.15	0.2~0.3	0.1~0.2	≥0.15
不通行地沟	—	—	0.15	0.05~0.1	0.1~0.3	0.2~0.3

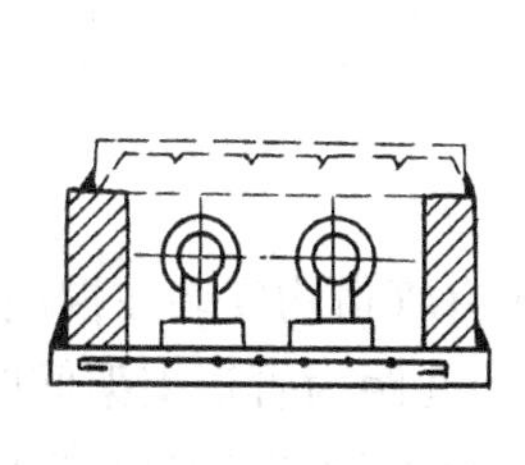
a) 不通行地沟

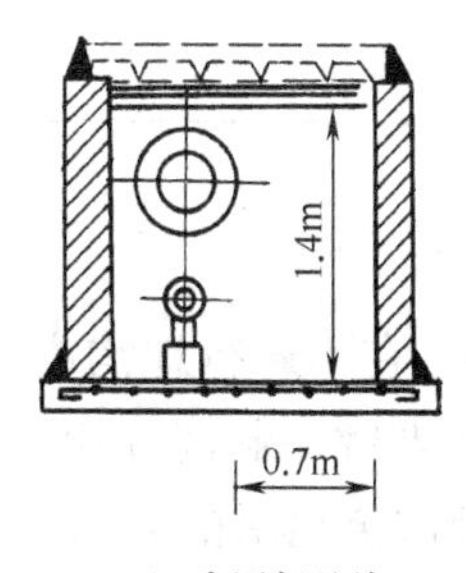

b) 半通行地沟

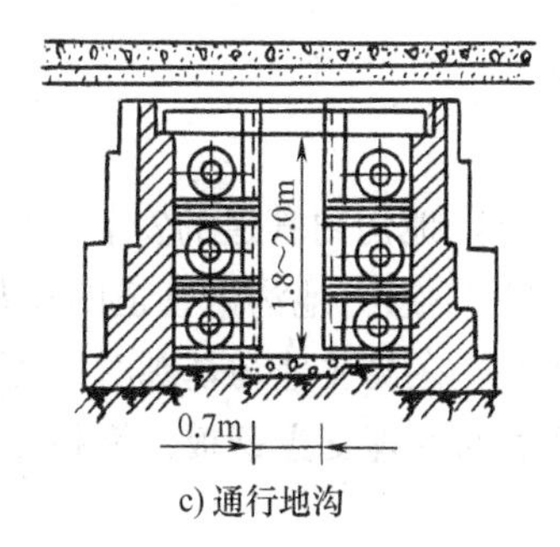

c) 通行地沟

图16-35　地沟形式

不通行地沟的高度，应根据管道尺寸而定，当其宽度超过1.5m时，可考虑设双槽地沟。

半通行地沟长度超过60m时，应设检查口。

通行地沟每隔100m应设一个人孔。整体浇注的钢筋混凝土通行地沟，每隔120～150m设置一个安装孔，孔的长度为5～10m，宽度应大于最大管子的外径加0.2m，但不应小于1.0m。

热力管沟外壁（包括无沟热力管道）与建、构筑物及其他各种地下管线之间的最小净距，参见表16-12。

表16-12 热力管沟外壁与其他物之间的最小净距 （单位：m）

序号	名 称	水平净距	垂直净距
1	建筑基础边缘	2.0	—
2	铁 路	距轨外侧3.0	距轨底1.0
3	铁路、公路路基边坡底脚或地沟边缘	1.0	—
4	通信、照明或10kV以下电线杆柱	距杆中心1.0	—
5	架空管架基础边缘	1.5	—
6	道路路面	—	0.7
7	乔木或灌木中心	1.5	—
8	排水盲沟沟边	1.5	0.5
9	通信电缆、电力电缆	2.0	0.5
10	燃气管道		
	压力≤300kPa	2.0	
	压力≤800kPa	3.0	0.15
	压力≤1200kPa	4.0	
11	给水或排水管道	1.5	0.15
12	乙炔、氧气管	1.5	0.25
13	压缩空气管	1.0	0.15

（2）地沟内管道的安装

1）不通行地沟内管道的安装。在不通行地沟内，所有管道均安装在混凝土支墩上。在浇注地沟基础时，可将支墩一起浇注出。支墩间距为管道支架间距，支墩表面预埋支撑钢板，钢板表面应突出墩的表面。供、回水管的支墩应错开布置。

因不通行地沟断面较小，管道安装应在地沟基础层打好之后，立即进行。待水压试验和防腐保温做完，再砌筑沟墙和封顶。若先砌沟墙后装管道，操作空间狭小，很难进行管道焊接和保温工作。

不通行地沟内管道安装的程序和方法，可参见“架空管道的安装”。

2）通行和半通行地沟内管道的安装。通行和半通行地沟内的管道，可装设在沟的一侧或两侧，管道支架一般都采用钢支架。沟内管道安装的顺序为：①安装支架；②安装支座；③管道就位、连接；④校正支座；⑤水压试验、防腐保温。

在土建浇注地沟基础和砌筑沟墙时，应预留出安装支架的孔洞，也可把预埋有钢板或支架横梁的混凝土块砌到沟墙内。若支架上安放的管子超过一根，应按支架间最小距离设置支架。支架的安装方法，可参见“室内采暖管道支架的安装”。

若同一地沟内有多层管道，安装的顺序应从最下面一根开始，将下面的管子安装、试压、保温完成后，再安装上面的管子。

管道应在地面上开好坡口，分段组装，并将管件装上。需要在地下连接的固定焊口，尽可能放置在检查室内或便于操作的地方。

通行和半通行地沟内管道的安装，参见“架空管道的安装”。

4. 无沟敷设

（1）无沟敷设的要求　管道落实在沟槽内的地基上，管子下面应有 100mm 厚的砂垫层。在管子铺设完毕后，再铺 70mm 厚的粗砂枕层，然后用粉状回填土（即细土）填至管顶以上 100mm 处，以改善管子周边的受力状况，再往上可用沟土回填。

对直埋管道与沟壁之间、管道与管道之间的最小净距的要求，如图 16-36 所示。

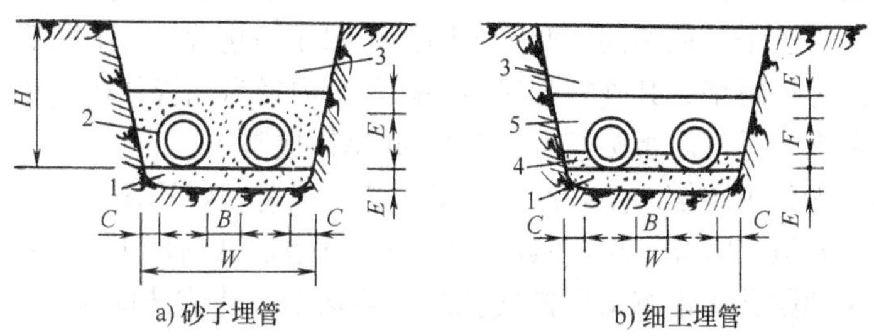

图 16-36　无沟敷设的要求

1—砂垫层　2—填砂　3—回填土　4—砂枕层　5—填细土

$B\geqslant 200$mm　$C\geqslant 150$mm　$E=100$mm　$F=75$mm

（2）保温结构的制作方法

1）沥青珍珠岩预制保温管。将沥青加热至 300℃ 后掺入珍珠岩，保持温度搅拌均匀后倒出，并冷却至 150℃，放入预制模具内，在管子上挤压成型，如图 16-37 所示。为了防水和防腐蚀，管子在保温前，要涂两遍环氧煤焦油。在保温层外表面，先涂一遍热沥青，然后包一层密纹玻璃布，再涂一遍热沥青，即为二油一布防水保护层，厚度约为 3mm。

2）硬质泡沫塑料预制保温管。

①硬泡类硬塑保护层预制保温管：保温前，把无缝硬塑外壳管套在钢管上，保温层厚度为 35 ~ 55mm。将高度等于保温厚度的硬泡垫块，十字对称地夹塞在两管的环缝之中，使两管中心保持同轴。然后把环缝两端封堵上，每个封堵上留有一个圆孔，位于平置管子的上部。

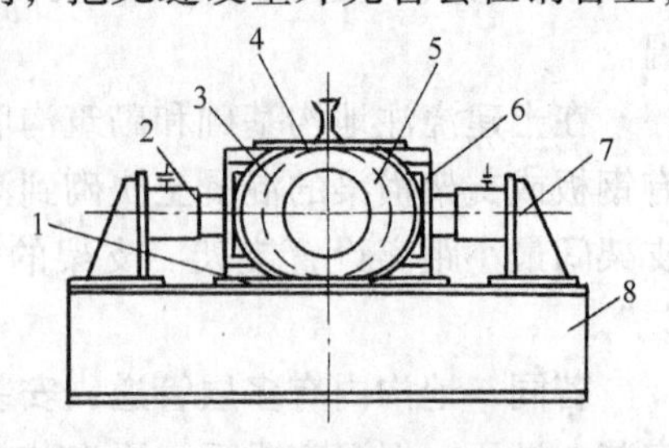

图 16-37　沥青珍珠岩预制保温管

1—底板　2—液压千斤顶　3—沥青珍珠岩熟料　4—压盖　5—成型位置　6—模具　7—千斤座　8—底座

将调制好的发泡液（异氰脲酸脂和多元醇 1∶1.7 的比例配成），从封堵上的圆孔注入两管间环缝中，液体在环缝内膨胀发泡，充满整个环形空间，并牢固地附着在钢管表面和硬塑外壳管的内壁面上。注完发泡液，用带有微型排气孔的塞堵将两端圆孔堵上，这时环缝内部发泡还在继续，使得固定体积空间内发泡物质的密实度不断增大，直至注入的液体全部膨胀完。发泡温度最好在 20 ~ 25℃，当温度低于 15℃时，应将管道事先预热。发泡后的保温管需放置一段时间，待泡沫凝聚、固化，达到密度度和强度要求后，再把管两端的封堵拆下来。

②硬泡类二油一布防水层预制保温管：管子发泡在模具中进行。模具的形式是两个半圆槽，长度比管子长度短 350 ~ 500mm，两端有堵板，堵板中间是一个半圆口，口径与管子外径相同。两个半圆槽合扣在一起就是一个圆管，两堵板并在一起即为圆环形封堵，其外径为保温层外径，内径为钢管外径，在封堵上各有一圆孔，以备发泡排气。半圆槽可用 1.5mm 厚钢板制作。

保温前，先将半圆槽内壁轻涂一层机械油，把清理好的管子放入槽中，将槽合扣在一起，并速将螺栓紧牢。然后将配好的发泡液从封堵上的圆孔注入槽中，进行发泡，再把圆孔用带有微型排气孔的塞堵堵上。待泡沫固化，达到要求后，打开槽将保温管取出，做二油一布防水层。

3）管道无沟敷设的方法。

①管道测量定位：依据总平面图上标定的管道位置坐标，或管道中心线距永久性建筑物的设计距离，使用花杆、钢卷尺、经纬仪等，测定出管道的中心线，在管道的分支点、变坡点、转弯和检查小室等的中心处打上中心桩，并在桩面钉上中心钉。

②沟槽放线：首先依据管道纵断面图，计算出沟槽深度 H

$$H=\text{地面标高}-\text{管底标高}$$

然后根据管径大小、现场土质种类确定沟槽的断面形式和尺寸。

管道无沟敷设的沟槽断面形式有三种，如图 16-38 所示。

a. 直槽：当管沟在地下水位以上，挖沟后敞露时间不长、土质和沟深在下列情况下采用：堆积砂土和砾石土，沟深不超过 0.75m；亚粘土，沟深不超过 1.25m；粘土，沟深不超过 1.5m；坚实土，沟深不超过 2.0m。

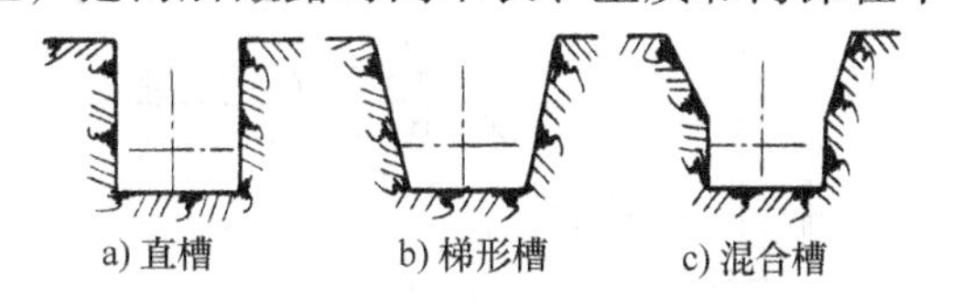

图 16-38　管道无沟敷设的沟槽断面形式

b. 梯形槽：沟深不超过 5m，可采用。梯形槽边坡的大小和土质有关，施工时可参照表 16-13 选取，如图 16-39 所示。

表 16-13　梯形槽边坡的大小

土质类型	边坡（H∶A）	
	槽深＜3m	槽深 3～5m
砂　土	1∶0.75	1∶1.00
亚粘土	1∶0.5	1∶0.67
亚砂土	1∶0.33	1∶0.50
粘　土	1∶0.25	1∶0.33
干黄土	1∶0.20	1∶0.25

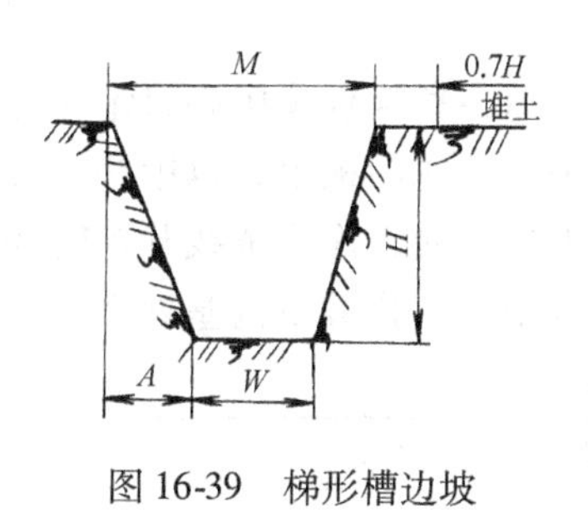

图 16-39　梯形槽边坡

c. 混合槽：当沟槽较深、土质较好时，可采用。

直埋热力管道管沟多采用梯形沟槽。

直埋热力管道沟底宽度 W（图 16-39），其值的计算公式为

$$W = 2D_{bw} + B + 2C$$

式中　D_{bw}——管道保温结构外表面直径（mm）；

B——管道间净距（mm），不得小于 200mm；

C——管道与沟壁间净距（mm），不得小于 150mm。

沟槽顶面的开挖宽度 M（图 16-39）

$$M = W + 2A$$

$$A = H/\text{边坡}$$

依据沟槽开挖宽度在所有中心桩处设置龙门板，并画出开挖沟槽的边线，具体方法如下。

从边中心桩作管道中心线的垂直交线，沿此线在中心桩两侧各量出 1∶2 开挖宽度加 0.7m 的长度，分别打上木桩，打入深度为 0.7m，地面上留 0.2m 高。将一块高 150mm、厚 25～30mm 的木板钉在两边桩上，板顶应水平，该板即为龙门板，如图 16-40 所示。然后把中心桩上的中心钉引到龙门板上，用水准仪测出每块龙门板上中心钉的绝对标高，并用红漆在板上标出表示标高的红三角，把测得的标高写在红三角旁边。根据中心钉标高和管底标高计算出该点距沟底的下返距

离，也可写在龙门板上，以便挖沟人员掌握。

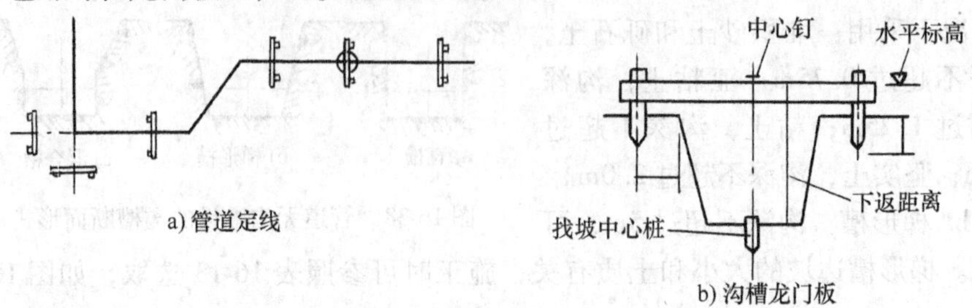

a) 管道定线　　b) 沟槽龙门板

图 16-40　沟槽开挖方法

下返距离 = 板顶中心钉绝对标高 - 管底绝对标高

最后在龙门板上，以中心对称量出开槽宽度，在龙门板间拉绳，并沿绳在地面撒上白灰线，而后依线开挖管沟。

③挖沟、找坡及沟基处理：土分为 8 类 16 级，见表 16-14。

表　16-14

土的分类	土的级别	土 的 名 称	开 挖 方 法
一类土（松软土）	Ⅰ	砂、轻亚粘土，冲积砂土层，种植土，淤泥	能用锹挖
二类土（普通土）	Ⅱ	亚粘土，潮湿黄土，夹有碎石的砂、种植土，填筑土	用锹挖掘，少许用镐翻松
三类土（坚土）	Ⅲ	软及中等密实土，重亚粘土，粗砾石，干黄土及含碎石的黄土，亚粘土，压实的填筑土	主要用镐，少许用锹挖，部分用撬棍
四类土（砂砾坚土）	Ⅳ	重粘土及含碎石的粘土，砂土，密实的黄土	整个用镐及撬棍，然后用锹，部分用楔子及大锤

注：以下 4 类 12 级土均为石类，需用大锤、风镐及爆破等方法开挖。

挖沟时，不得一次挖到底，应留有 100 ~ 150mm 厚的土层，作为找坡和沟基处理的操作余量。

a. 沟底找坡：在各龙门板的下方沟底，打一根中心桩，如图 16-41 所示。在每两根桩之间挂白线绳，线绳坡度与管道坡度相同，挂线位置为：挂线位置 = 下返距离 - 0.3m（图 16-41）。然后以线绳为准进行清沟、找坡，沟底夯实，铺设垫层。

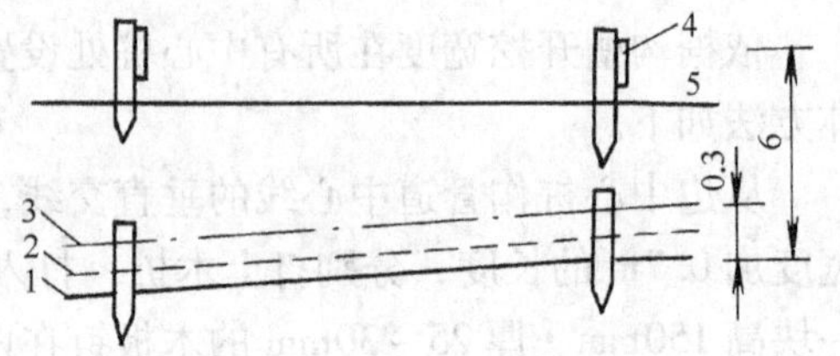

图 16-41

1—沟底　2—留土层　3—挂线　4—龙门板　5—沟顶　6—下返距离

b. 沟基处理：若原土层沟底的

土质坚实，可直接座管；若土质较松软，应进行夯实。砾石沟底，应挖出200mm，用好土回填并夯实。若因雨或地下水位与沟底较近使沟底原土层受到扰动时，一般铺100～200mm厚碎石或卵石垫层，石上再铺100～150mm厚的砂子。

直埋热力管道底部要求设置100mm厚的砂垫层。挖沟时，应在下返距离的基础上再往下挖100mm，沟槽的实际挖深为$H+100$mm（图16-36）。然后挂线找坡，处理好沟底基础，铺上100mm厚的砂子并耥平，就可铺设管道进行安装了。

④安装管道：管道安装包括下管、连接、焊口检验、接口保温等工序。

向管沟内下管必须采用吊装。下管前，依据吊装设备的能力，把2～4根管子连接在一起，开好坡口，在保温管外面包一层塑料薄膜；同时，在沟内管道的接口处，挖出操作坑，坑深为管底以下200mm，坑处沟壁距保温管外壁不小于500mm。吊管时，不能以绳索直接接触保温管外壳，应用宽度大约150mm的编织带兜托管子，起吊时要慢，放管时要轻。

管子就位后，即可焊接，然后进行焊口检验，合格者，可做接口保温。

接口保温前，先将接口需保温的地方用钢刷和砂布打净，把接口硬塑套管套在接口上，再用塑料焊把套管与管道的硬塑保护管焊在一起，然后在套管两端各钻一个圆锥形孔，以备试压和发泡时使用。

接口套管焊接完后，须作严密性试验，其方法是：将压力表和充气管端头分别装在两个圆孔上，通入压缩空气，充气压力为19.6kPa。同时用肥皂水检查套管接口是否严密，检查合格后，便可进行发泡。

将发泡液从圆孔注入，注完后用两个带有微型排气孔的圆堵把两个孔堵上。待保温材料发泡、固化后，将两个圆堵去掉，取两个圆锥形硬塑堵，放在专用加热器内，同时将加热器放入圆锥形孔中，并用力压紧，使孔壁和锥形堵同时被加热，加热器形式如图16-42所示。加热前先将加热器预热到200℃左右。当发现被加热体表面开始熔化时，拿开加热器，迅速将锥形堵塞入孔中，使其熔接在一起。

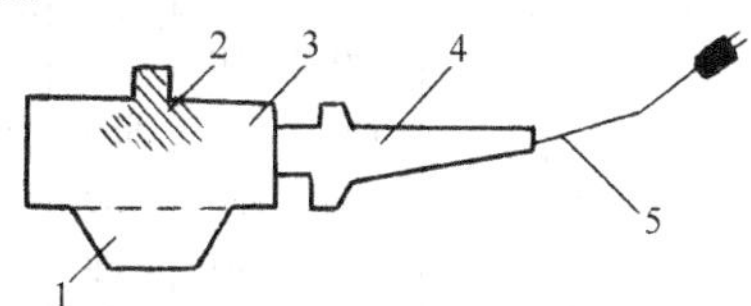

图16-42　加热器形式

1—内孔加热圆锥头　2—圆锥形硬塑孔堵　3—加热器　4—手柄　5—电源线

水压试验应在接口保温之前及焊口检验之后进行，合格后再进行接口保温工作。

⑤管沟回填：填土前，应在管道弯曲部位的外侧设置硬泡垫块，当管子热胀时其能起到缓冲作用。

回填时，先用砂子填至管顶以上100mm，然后用原土回填，但土中不得含

有 >300mm 的砖和石块，不能用淤泥土和湿粘土回填。当填至管顶以上 0.5m 时，用蛙式夯夯击，之后每回填 0. 2 ~ 0. 3m 夯击三遍，直至地面。回填后沟槽上的土石应略呈拱形，地面上隆起的高度为开槽宽度的 1:2，通常取 150mm。

5. 补偿器的安装

（1）方形补偿器的制作与安装　方形补偿器（俗称方胀力），由管子煨制或弯头组成，如图 16-43 所示的四种类型。常用方形补偿器的规格尺寸及其补偿能力见表 16-15。

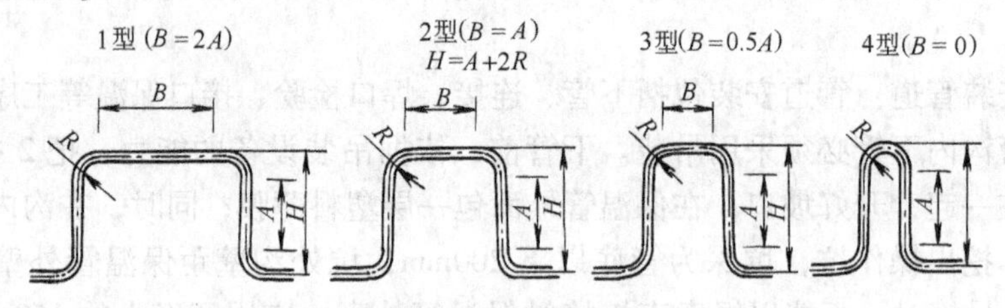

图 16-43　方形补偿器

表 16-15　常用方形补偿器的规格尺寸及其补偿能力　（单位：mm）

补偿能力 ΔL	型号	公称通径 20	25	32	40	50	65	80	100	125	150	200	250
		臂长 H											
30	1	450	520	570	—	—	—	—	—	—	—	—	—
	2	530	580	630	670	—	—	—	—	—	—	—	—
	3	600	760	820	850	—	—	—	—	—	—	—	—
	4	—	760	820	850	—	—	—	—	—	—	—	—
50	1	570	650	720	760	790	860	930	1000	—	—	—	—
	2	690	750	830	870	880	910	930	1000	—	—	—	—
	3	790	850	930	970	970	980	980	—	—	—	—	—
	4	—	1060	1120	1140	1050	1240	1240	—	—	—	—	—
75	1	680	790	860	920	950	1050	1100	1220	1380	1530	1800	—
	2	830	930	1020	1070	1080	1150	1200	1300	1380	1530	1800	—
	3	980	1060	1150	1220	1180	1220	1250	1350	1450	1600	—	—
	4	—	1350	1410	1430	1450	1450	1350	1450	1530	1650	—	—
100	1	780	910	980	1050	1100	1200	1270	1400	1590	1730	2050	—
	2	970	1070	1070	1240	1250	1330	1400	1530	1670	1830	2100	2300
	3	1140	1250	1360	1430	1450	1470	1500	1600	1750	1830	2100	—
	4	—	1600	1700	1780	1700	1710	1720	1730	1840	1980	2190	—
150	1	—	1100	1260	1270	1310	1400	1570	1730	1920	2120	2500	—
	2	—	1330	1450	1540	1550	1660	1760	1920	2100	2280	2630	2800
	3	—	1560	1700	1800	1830	1870	1990	2050	2230	2400	2700	2900
	4	—	—	—	2070	2170	2200	2200	2260	2400	2570	2800	3100

（续）

补偿能力 ΔL	型号	公称通径											
		20	25	32	40	50	65	80	100	125	150	200	250
		臂长 H											
200	1	—	1240	1370	1450	1510	1700	1830	2000	2240	2470	2840	—
	2	—	1540	1700	1800	1810	2000	2070	2250	2500	2700	3080	3200
	3	—	—	2000	2100	2100	2220	2300	2450	2670	2850	3200	3400
	4	—	—	—	—	2720	2750	2770	2780	2950	3130	3400	3700
250	1	—	—	1630	1620	1700	1950	2050	2230	2520	2780	3160	—
	2	—	—	1900	2010	2040	2260	2340	2560	2800	3050	3500	3800
	3	—	—	—	—	2370	2500	2600	2800	3050	3300	3700	3800
	4	—	—	—	—	—	3000	3100	3230	3450	3640	4000	4200

注：表中的补偿能力是按安装时冷拉1/2ΔL计算的。

1）方形补偿器的制作。制作方形补偿器必须选用质量好的无缝钢管，整个补偿器最好用一根管子煨制而成。如果制作大规格的补偿器，也可用两根或三根管子焊接而成，但焊缝严禁在补偿器顶部的突出臂的中点处，因该处的弯矩最小。当管径小于200mm时，焊缝与长臂轴线垂直；管径大于或等于200mm时，焊缝与长臂轴线成45°角，如图16-44所示。

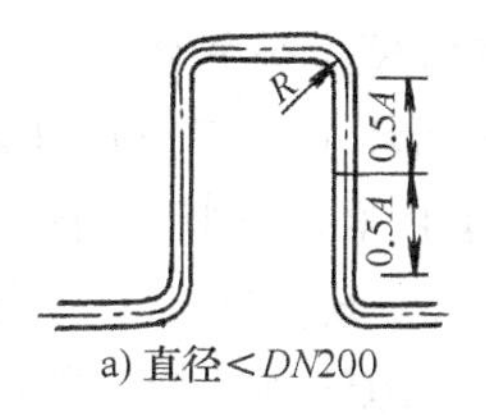

a) 直径＜DN200

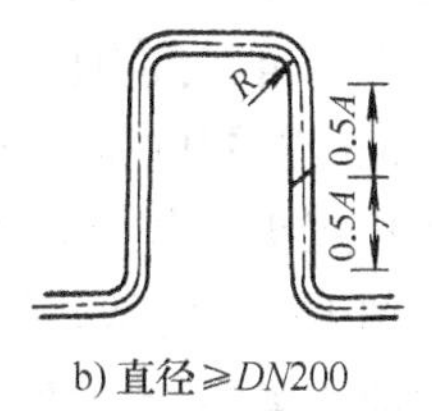

b) 直径≥DN200

图16-44　方形补偿器的制作

煨制补偿器时，弯曲半径 R 为管子公称通径的4倍。管径小于150mm时，采用冷弯法弯制，管径大于或等于150mm时，采用热煨法煨制。管道工作压力若不高，也可采用折皱弯头。

方形补偿器的四个弯头的角度必须都是90°，并应处于同一平面内。平面歪扭误差不应大于3mm/m，且不得大于10mm。外伸长臂长度误差不应大于±10mm，两条臂应一样长；突出臂长度误差应小于±20mm。

2）方形补偿器的安装。制作好的补偿器经检查合格后便可进行安装。

设有补偿器直管段的最大长度，为固定支架的最大间距，若设计对此无规定，可参照表16-16确定。

在设置固定支架时，还必须考虑到支管的位移，一般不得使支管的位移超过50mm。

安装补偿器应当在两个固定支架之间的管道安装完毕后进行。方形补偿器可水平安装，也可垂直安装。水平安装时，与管道垂直的外伸臂应水平，平行管道的突出臂的坡度和坡向，应与管道相同；垂直安装时，最高点应设排气装置，最低点应设放水装置；热媒为蒸汽时，在最低点设疏水、放水装置。安装时，必须将补偿器冷拉（冷冻管道为冷压），由于冷拉减少了补偿器工作时压缩量的一半，也就减小了补偿器压缩时所产生的应力。冷拉量应符合设计要求，其允许误差应小于 ±10mm。

表 16-16　补偿器直管段的最大长度　（单位：m）

公称通径/mm	25	32	40	50	70	80	100	125	150	200	250	300	325	400
方形补偿器	30	35	40	50	55	60	65	70	80	90	100	115	130	145
套筒补偿器	—	—	—	—	—	—	45	50	55	60	70	80	90	100

冷拉焊口应选在距补偿器弯曲起点 2～2.5m 处。冷拉前，固定支架应牢固固定，阀件的螺柱应全部拧紧。

补偿器冷拉的方法有两种：一种是由带螺柱的冷拉工具进行冷拉，如图 16-45a 所示；另一种是用带螺纹杆的撑拉工具或千斤顶，将补偿器的两个外伸臂撑开，以实现冷拉，如图 16-45b 所示。

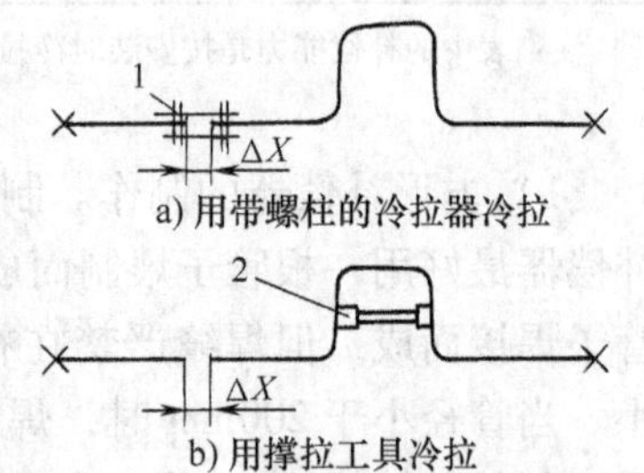

图 16-45　补偿器冷拉的方法
1—冷拉器　2—千斤顶或带螺纹杆的撑拉器

用带螺柱的冷拉器进行冷拉时，是将一块厚度等于预拉伸量的木块或木垫圈夹在冷拉接口间隙中，再在接口两侧的管壁上分别焊上挡环，然后把冷拉器的拉爪卡在挡环上，在拉爪孔内穿入加长双头螺柱，用螺母上紧，并将木垫块夹紧，如图 16-46 所示。待管道上其他部件全部安装好后，把冷拉口中的木垫拿掉，匀称地调紧螺母，使接口间隙达到焊接时的对口要求。

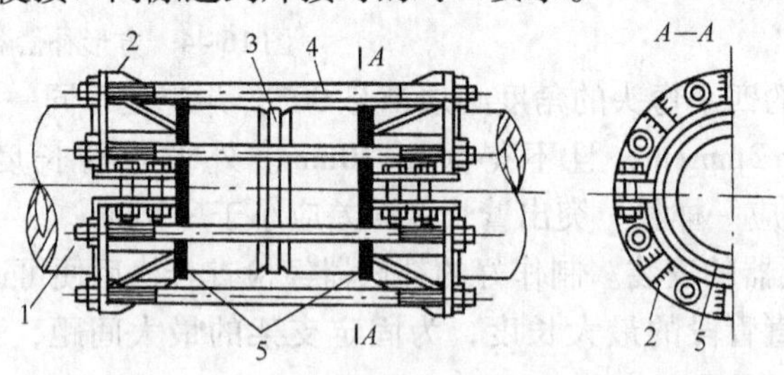

图 16-46　带螺柱的冷拉器
1—管子　2—对开卡箍　3—木垫环　4—双头螺柱　5—挡环（环形堆焊凸肩）

图 16-47 所示为常用的撑拉器。使用时，只要旋动螺母，使其沿螺杆前进或后退，就能使补偿器的两臂受到拉紧或外伸。

补偿器两边的第一个支座，宜设在距弯曲起点1m处。在距弯曲起点40倍管道公称直径处，每侧设置导向支座1~2个。在靠近弯管设置的阀门、法兰等连接件处的两侧，应设置导向支座。以防管道过大的弯曲变形而导致法兰等连接件泄漏。

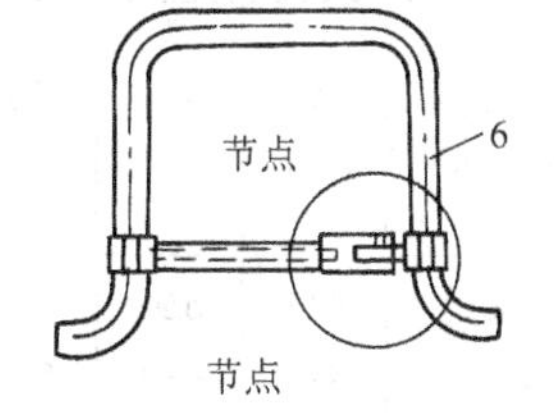

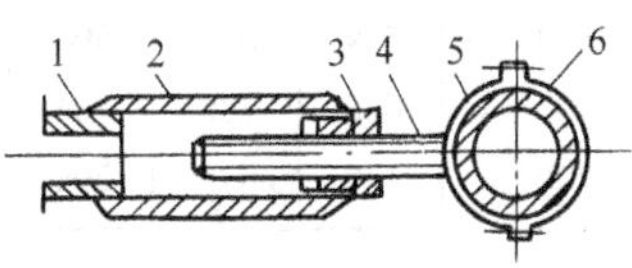

图16-47　常用的撑拉器

1—撑拉杆　2—短管　3—调节螺母　4—螺杆 ϕ40~ϕ50mm　5—卡箍　6—补偿器

(2) 套管补偿器的安装　套管补偿器又称填料补偿器，有铸铁和钢质两种。

铸铁套管补偿器用法兰与管道连接，只能用于公称压力不超过1.3MPa，公称直径不超过300mm的管道上。

钢质套管式补偿器如图16-48所示，有单向的和双向的两种。一个双向补偿器的补偿能力，相当于两个单向补偿器的补偿能力。钢质套管式补偿器，可用于工作压力不超过1.6MPa的蒸汽管道和其他管道上。

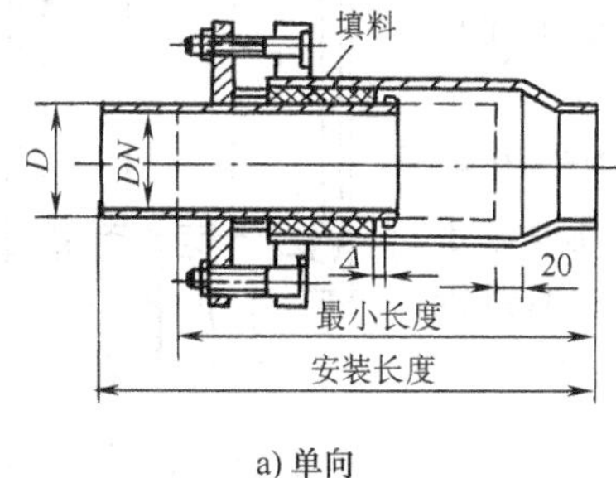

a) 单向

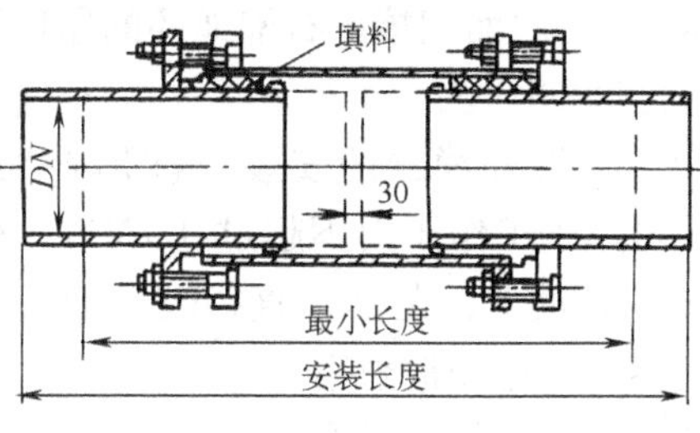

b) 双向

图16-48　钢质套管式补偿器

单向套管补偿器的规格尺寸和性能见表16-17。

表16-17　单向套管补偿器的规格尺寸和性能

公称通径 DN/mm	D /mm	D_1 /mm	D_2 /mm	D_3 /mm	最大长度 l_{max}/mm	最大膨胀量 ΔX_{max}/mm	摩擦力/kN	
							由拉紧螺栓产生的	介质工作压力 p=0.1MPa产生的
100	108	190	133	100	830	250	9.66	0.06
125	133	215	159	125	840	250	9.71	0.082
150	159	250	194	150	905	250	12.95	0.124
200	219	345	273	205	1170	300	12.75	0.290
250	273	395	325	259	1170	300	19.52	0.343
300	325	450	377	311	1275	350	19.91	0.367
350	377	500	426	363	1285	350	20.20	0.374

（续）

公称通径 DN/mm	D /mm	D_1 /mm	D_2 /mm	D_3 /mm	最大长度 l_{max}/mm	最大膨胀量 ΔX_{max}/mm	摩擦力/kN	
							由拉紧螺栓产生的	介质工作压力 $p=0.1$MPa 产生的
400	426	560	478	412	1360	400	27.07	0.408
450	478	610	529	464	1360	400	27.26	0.474
500	529	675	594	515	1370	400	36.09	0.745
600	630	780	704	614	1375	400	43.15	0.898
700	720	875	794	704	1380	400	49.04	1.02

套管补偿器的导管应装在介质流入端。补偿器中心线应与管道同心同轴，不得偏斜。在靠近补偿器的两侧，至少各设一个导向支座。导管与套管间的填料，是用机械油浸泡过并渗有石墨粉的石棉绳环。填充时各环的接口处应相互错开，并剪成45°的斜面相接。石棉绳环的厚度不得小于导管与套管之间的间隙。

（3）波形补偿器的安装　波形补偿器如图16-49所示，可用于工作压力不超过0.7MPa，公称直径大于100mm的管道上，尤其是直径较大的碳素钢、不锈钢和铝板卷焊管道较常采用。

图16-49　波形补偿器

波形补偿器的补偿能力为

$$\Delta L = \Delta l n$$

式中　ΔL——补偿器的全补偿能力（mm）；

Δl——一个波节的补偿能力（mm），一般为20mm；

n——波节数。

当波形补偿器的波数较多时，工作中波节边缘比中间部分的变形大得多，并且中间部分还将沿轴线向外弯曲，每个波节的对称变形也就被破坏了。因此，波形补偿器的波数不宜太多，一般常用的为1～4波。

波形补偿器安装时，应根据补偿零点温度来定位。补偿零点温度就是管道设计考虑达到最高温度和最低温度的中点。在环境温度等于补偿零点温度时安装，补偿器可不进行预拉或预压。如安装时的环境温度高于补偿零点温度，应预先压缩。如安装时的环境温度低于补偿零点温度，则应预先拉伸。拉伸和压缩的数值见表16-18。

波形补偿器的预拉或预压，应当在平地上进行。作用力应分2～3次逐渐增加，尽量保证各波节的圆周面受力均匀。拉伸或压缩量的误差应小于5mm。当拉伸或压缩到要求的数值时，应立即安装固定。

表 16-18　拉伸和压缩的数值

安装时的环境温度与补偿零点温度的差/℃	拉伸量/mm	压缩量/mm	安装时的环境温度与补偿零点温度的差/℃	拉伸量/mm	压缩量/mm
-40	0.5ΔL	—	+10	—	0.125ΔL
-30	0.375ΔL	—	+20	—	0.25ΔL
-20	0.25ΔL	—	+30	—	0.375ΔL
-10	0.125ΔL	—	+40	—	0.5ΔL
0	0	0			

在吊装波形补偿器时，不能将绳索绑扎在波节上，也不能将支承件焊接在波节上。

如管道内有凝结水产生时，应在波形补偿器每个波节的下方边缘安装放水阀，并且安装时应将补偿器的导管与外壳焊接的一端朝向坡度的上方，以防凝结水大量流到波节里。

波形补偿器占地面积小，适用于工作压力不高的大直径管道。它的缺点是固定支架要承受很大的推力；由于波数不宜太多，因此补偿能力不大。

（4）L 形补偿器及 Z 形补偿器　L 形补偿器和 Z 形补偿器又称自然补偿器，它可以利用管道中的弯头，施工方便。在管道中，应充分利用这两种补偿器作热膨胀的补偿，然后再考虑采用其他种类的补偿器。

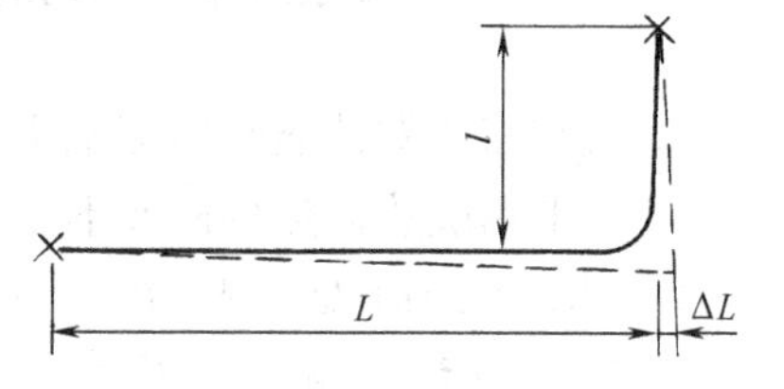

图 16-50　L 形补偿器

L 形补偿器如图 16-50 所示，其短臂 l 的长度可按下式计算

$$l = \sqrt{\Delta LD/300} \times 1.1$$

式中　l——L 形补偿器的短臂长度（m）；

ΔL——长臂 L 的热膨胀量（mm）；

D——管子外径（mm）。

Z 形补偿器如图 16-51 所示，其短臂 l 的长度可按下式计算

$$l = [b\Delta tED/10^3R(1 + 1.2K)]^{1/2}$$

式中　l——Z 形补偿器的短臂长度（m）；

Δt——计算温差（℃）；

E——材料的弹性模量（MPa）；

D——管子外径（mm）；

R——弯曲允许应力（MPa）；

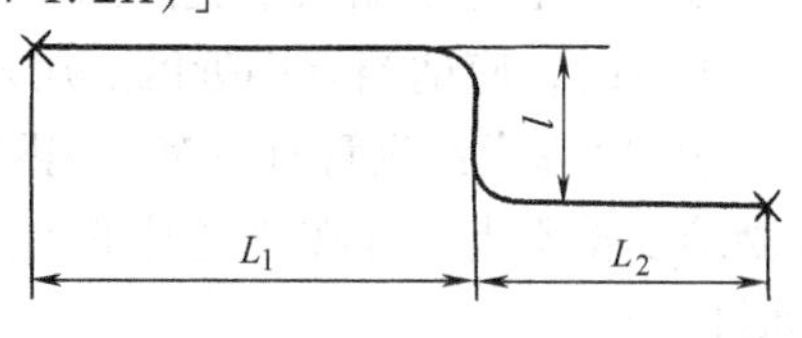

图 16-51　Z 形补偿器

K——等于 L_1/L_2。

6. 室外采暖管道的维护

（1）管道破裂　由于热力管道管材质量不合格、焊缝质量不良和支架下沉而使管道过度挠曲变形；管道内的水冻结使管子胀裂；蒸汽管道送汽时未预热，使钢管上半部和下半部应力不同等，都会引起钢管破裂。

检修方法：更换管材、修补焊缝或铲掉重焊；修复管道支架并定期检查；将管沟内的热力管道保温层按要求修复；在管道最低点要定期放水。

（2）热力管道堵塞

1）管道堵塞。由于热力管道介质中杂质不断沉淀、腐蚀生成物积聚及水垢脱落等，引起管道堵塞。

2）结冻堵塞。热力管道内结冻堵塞管道。

3）检修方法

①设排污器：在热力管道上装排污器，管道有坡度，并在最低处装排污阀，定期排污。

②加热解冻：将管内水加热解冻。

技能 61　散热器不热的检查和维护

1. 汽暖系统散热器热得慢或不热的检查修理

（1）末端散热器热得慢或不热的原因及维修

1）末端汽压不足。末端汽压不足有下列原因：

①热负荷能力不够：在原有的设备和原有管道的基础上，扩大了供暖面积后，所需要的供汽量超过了原设备和管道的热负荷能力。

依据具体情况，对原有设备和管道进行改装。

②阀门开闭：末端热用户的进汽阀门处于开得小或关闭状态，就会产生汽压偏低或汽压为零的情况。

③管道漏气：管道有漏汽现象，会使末端汽压不足。

④汽压偏高：近锅炉房供暖区热用户入口的汽压偏高，蒸汽在用户散热器中尚未来得及进行充分的散热，即窜入回水管道，使近锅炉房供暖区回水管有一定的压力（起阻止末端回水流回锅炉房的作用），而使末端蒸汽管汽压减小。

维修时，应适当调小近区热用户的入口阀门和适当加大末端阀门的开度。

⑤“水塞”：汽管有下沉、塌陷等影响管道坡度的弊病。因为管道内有一部分凝结水排不走，即在管道中形成“水塞”，使蒸汽流动受到阻碍，不断发出“水锤”声。

⑥管道堵塞：若确认无上面几种原因时，应考虑管道是否有堵塞的地方。

先找到由热变凉的那段管子，停汽后，将这段管子割开，着重检查变凉的那一段管道，若有异物，应将其清理干净。

若由热变凉的部分在阀门附近，首先应拆开阀门盖，检查阀芯是否有从阀杆上脱落下来等不正常的现象。

2）疏水器被堵塞。疏水器上盖的疏水门被堵塞以后，不能正常疏水，汽管中产生的凝结水排不走，这样就影响蒸汽的流动，不断地出现“水锤”声，这时用手摸蒸汽管和回水管是热的，但疏水器是凉的。维修时，应将疏水器两侧的阀门关闭，打开旁通阀门，拆下疏水器进行维修。

3）回水管阀门处于关闭或开得小的状况。在此种情况下，散热器可能有充水现象；用手摸试回水管，阀门附近有由热变凉的管段。检查后若阀门开度正常，此时应考虑闸板与阀杆有可能脱扣现象，即闸板未被阀杆带上来。此故障需在停汽的情况下，拆开阀门盖进行检查。

4）回水管有堵塞的地方。此时会产生与 3 相同的故障，只是由热变凉的部分不是在阀门附近，而是发生在某一节管段上。检查时，应将由热变凉的管段拆开（或割开），直至发现堵塞的异物。

（2）个别散热器热得慢或不热的检查维修　个别散热器热得慢或不热有下列几种情况：①散热器的上端热，下部全都不热；②散热器上半部热，下半部不热；③散热器的一侧或两侧热，而中间不热，以及整个散热器都不热等。若用手摸试蒸汽支管或立管不够热或根本不热，而回水管热时，故障则在蒸汽管。应先检查阀门的工作状况，确定是汽阀门被关闭或开得小，还是由于汽阀门的阀芯从阀杆上脱落下来，堵住了蒸汽的通路。

若用手摸试回水支管或立管不怎么热或不热时，故障应在回水管的一端。此时打开放风门，可能听到清晰的水淋声，也可能有凝水喷射出来。前者是在回水尚未全部堵塞时产生；而后者是在回水管被全部堵死时产生。经验证明：回水管有故障，常常发生在回水盒，因为回水盒芯子从盖上脱下来或变形失效时，就会堵住散热器中凝水外流的出路，使散热器中的凝水越积越多，最终影响了汽管进汽。所以先要检查回水盒的工作状态。

检查工作最好在刚刚停汽时进行，因为这样不会发生烫伤事故，也便于观察回水盒的工作情况。当拆开回水盒盖以后，如发现芯子已从回水盒盖上脱下来（此时回水盒会向外淌水），此即故障所在，需将芯子重新拧紧在回水盒盖上；当芯子上面的螺纹有问题时，则需换芯子或回水盒。

当拆下回水盒盖以后，虽然回水盒有向外淌水的现象，但芯子并没有从盒盖上脱下来，可用拇指堵住散热器凝水出口，此时回水盒中的凝水如能很快泄入回水管（回水盒不再淌水），说明回水管是通的，故障仍在芯子。如属芯子上面的螺纹松了，用手将芯子重新旋紧即可；如芯子已变形失效（伸长了），应换芯子或回水盒。

回水盒芯子变形，只宜用更换芯子或换回水盒的方法维修，不宜用去掉芯子的方法修理。因为散热器回水盒的芯子被去掉以后，不但会造成不必要的热损失（部分蒸汽还未及进行充分散热，就窜入回水管道），而且会增加回水箱（指开式系统）的温度和回水管的汽压，容易使锅炉上水和系统末端回水发生困难。

当拆开回水盒盖时，回水盒里不见水（芯子无问题），说明散热器出口处被异物堵塞了，可用细铁丝进行疏通，直到散热器中的水能顺利流下来为止。由于散热器出口较回水盒出口粗，散热器出口被通开后，从散热器中涌出来的水，往往要从敞开的回水盒中溢流出来。

如拆开回水盒盖回水盒立即冒水，而用拇指堵住散热器出口时，水便不冒了，但又不见回水盒中的存水下降时，说明回水盒出水口以下的管段有堵塞的部位，应从回水盒起，将管子和配件逐节拆开进行检查，并将异物清除。

（3）几组散热器热得慢或不热的检查和维修　修理人员到达修理现场后，先要弄清是个别散热器的问题，还是同一条管线上的几组散热器都有热得慢或不热的问题。若属前者，按上面介绍过的方法维修；若属后者，应检查管线的主管。当检查阀门无问题，管道也未被冻住时，管道可能被堵塞，在由热变凉的管段割开进行检查。

（4）若干组散热器共用一疏水器容易产生的故障

1）疏水器堵塞。疏水器堵塞轻者，可使散热器下部或下层散热器积水；疏水器堵塞严重者，可使散热器全部充水。散热器内积水、充水，即影响蒸汽进入散热器，使散热器部分或全部不热，这时要维修疏水器出水口是否被堵塞。

2）疏水器排水量小。若疏水器排水量小时，散热器中仍有积水，因而影响蒸汽进入散热器。

疏水器疏水量小时，应选排水量较大的疏水器，或增设并联疏水器，来保证散热器中的凝水能及时排入回水管道。

3）疏水器漏汽。疏水器漏汽有下列几种情况：

①疏水器出口不严。

②浮桶式疏水器产生漏洞或吊桶式疏水器孔眼加大。

③有旁通管的疏水器，旁通阀门不严。

疏水器漏汽既增加热损失，又会影响供暖效果，应依据检查情况，进行检修。

2. 水暖系统散热器热得慢或不热的检查维修

（1）系统有较多的散热器不正常散热的原因分析和维修

1）系统中窝有空气。系统中窝有空气，影响热水的正常循环，使系统一部分散热器不热。应通过放气阀门排除空气。

汽暖改水暖的系统，若集气罐或放气阀门安装的位置不对，就不能排出系统里面的空气。因为汽暖管道的坡度与蒸汽流动的方向一致，而水暖管道的坡度与水流方向相反，并在末端加集气罐，以便排除系统里的空气。对于上分式系统，汽暖改水暖后，集气罐宜加在原蒸汽管道的最高点；对于下分式系统，或采用加装空气管的方法，也可采用在散热器装手动放风门的方法，以排除系统中的空气。

2）系统热力失调。

①水力失调：水力失调是由于网路的作用压头与网路的耗损压力，两者不平衡引起的。因近环路的作用压头总要偏高，近环路的水量也就容易过大，超过规定的流量；相反，远环路管道因近环路超过流量而感到流量不足，达不到规定的流量，以致产生近环路散热器有过热现象，而远环路散热器有不热或热得慢的现象。在异程式双管系统中，在串联式单管系统中，易出现这类故障。维修时，可先调整阀门的开启程度或调换和加装调压板，尽可能消耗近环路的剩余压力；对远环路应适当加粗管径，以减少末端管道的压力损失。

②竖向热力失调：在供暖期间，操作人员常需根据室外温度变化的情况，调节系统的工况。调节工作一般在供暖系统的集中点进行，这种调节称之为集中调节。

集中调节若采取的措施不当，系统易出现竖向热力失调现象。

集中调节采用的措施有质调节、间歇调节、量调节，还有分段改变流量的质调节等。

a. 质调节只是改变系统给、回水温度。

b. 量调节只是改变系统的循环流量。

c. 间歇调节只改变每天供暖时数。

d. 采用分段改变流量的质调节，需将整个供暖期按室外温度的变化范围，分为2～3个供暖段；段与段之间配备不同容量的循环泵（作为量调节）；以各段进行供暖时，由于泵的容量一定，流量将保持不变，再根据室外温度的变化，改变给水温度（作为质调节）。

3）管道有严重泄漏现象。当发现系统补水量显著加大时，说明有管道泄漏现象。明设管道泄漏易发现，暗设管道查漏需打开系统进口和外线沟盖进行检查。经验证明，泄漏地点在湮湿或淌水现象沟口的附近。发现泄漏点，应立即补漏。

4）管道有“气塞”现象。固定管道的钩、卡被蚀断或由于其他原因引起的管道发生凸起或下沉现象，影响了管道的正常坡度，管道内有“气塞”现象。

5）管道冻结。由于系统运行有水力失调现象，末端不能很好地循环，遇到寒流，保温较差的管段容易上冻。即使管道没有明显被冻裂的痕迹，如果用手摸试管道冰凉，散热器中无水或水没有压力，常常是管道冻结了。

对于冰冻的管道，可用气焊枪，喷灯或用接有蒸汽的软管烤开。

6）管道有堵塞现象。管道堵塞物多为泥砂和铁锈渣子。造成堵塞的原因为：系统投入运行前，未进行彻底清洗；系统运行期间使用未经处理合格的水作为补充水。

堵塞现象多发生在管道的末段。室内干管末端被堵塞后，附近立管环路就有堵塞的可能，立管堵塞后，立管所带的散热器即有热得慢或不热的现象。

为了排除管道末端的脏物，可在管头上加装螺塞或排污阀门，以随时排除管道脏物，或用铁丝进行疏通（图 16-52）。

管道中段被堵塞后，管道应有由热变凉的部分，需将这部分管道拆开检查和疏通。

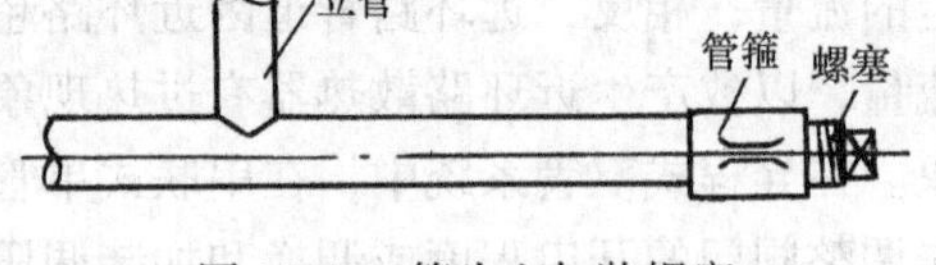

图 16-52　管头上加装螺塞

（2）个别散热器不热或热得慢的维修

1）散热器中窝有空气。散热器中如果窝住了空气，散热器就不易热。装有手动排气阀的散热器，可以通过手动排气阀放出散热器中的空气；未装排气阀的散热器，可在停止供暖的时间内，关闭散热器给、回水控制阀门，用手电钻在散热器上端（或堵头上）钻孔，再用 1/8in 丝锥攻螺纹，并加装手动排气阀。

2）阀门的开启程度。对于两端装有控制阀门的散热器，若阀门的开度小或处于关闭状态，阀门的阀心有从阀杆上脱下来的故障，阀门近处有被脏东西堵住的现象，都将引起散热器不能正常散热。

散热器两端的支管，一端不热而另一端较热时，故障常在不热的一端。

技能 62　暖气管道漏水、漏汽的维护

1. 供暖季节暖气管道漏水、漏汽的维护

（1）管道漏水、漏汽的检查　暖气沟中蒸汽管漏汽，蒸汽可从不严实的地方上窜，检查时，先掀一个检查口，然后从发出漏汽声响的方向再掀另一个检查口。若漏汽声响正好在两个被掀开的沟口间的沟段内，则可以从声响较大的一端钻沟检查；若漏汽声响不在被掀开的两个沟口间的管段内，为了减少钻沟的距离，可沿漏汽声响，继续掀其他的沟口。

对于热水供暖系统，若补水量比日常增加，而地面上的管道无渗漏，则往往是暖气沟中的管道漏水，需检查暖气沟。当掀开沟口，发现沟底有水或可听到漏水声时，应沿水迹或漏水声响一直检查到漏水点。

在暖气沟中检查管道须注意以下问题：

1）照明用具：钻沟人员只可携带低压行灯或手电筒照明，严禁将使用电压为220V以上的照明器具携入沟内，以免发生触电事故。

2）穿戴劳动保护用品：沟里地方狭窄、光线差、障碍多，钻沟须戴安全帽和手套，以免碰伤头部和手部。

3）查漏：为了查清漏汽位置，在再次通汽前，检查人员须先潜在漏汽位置的附近，躲在经细心检查确认不会有漏汽的地方，并使脸部闪开管道。

4）严禁单独钻沟作业：严禁一个人单独钻沟作业。最起码应是一人钻沟，另一人在沟口作接应工作，以防沟中人发生昏倒、碰伤等人身事故不能及时发现。

（2）管子漏水或漏汽的修理方法　当发现管道有漏水、漏汽的现象后，在进行修理前，应将与漏汽管有关的控制阀门关闭，以至不影响整个系统对其他用户的供暖工作。

对于管子因局部受蚀而发生漏水、漏汽时，可用补焊方法进行修理；对于水暖管道在泄水有困难，或室外温度较低不允许系统停止运行的情况下，也可用打卡子的方法进行修理。但受腐蚀损坏严重的部位，必须更换管段。

进行焊接修理时，若焊接的部位在管道的底部，管子里的水又泄不净，可用下述两种方法解决：一种是在近处拆开口处管钩或管卡，用撬杠把管子撬起垫高或用千斤顶把管顶起来，使这段临时升高，使该管段里的水，向低处流去。焊接完毕后，将管子及管沟或管卡恢复原来的样子。另一种是在管子上面，用气割割开一个洞，把灌满了水的软管（胶皮管或塑料管）用拇指堵住两端，把较高的一端，从小洞伸进管道中的水面下后，松开拇指，就能将管道中的水渐渐吸出，如图16-53所示。此种方法是利用了虹吸作用。值得一提的是，软管在插入水面之前，不应混入空气，插入水面的一端不得低于露在管外的一端，否则不产生虹吸作用。焊接完毕后，需将上面的洞补焊好。

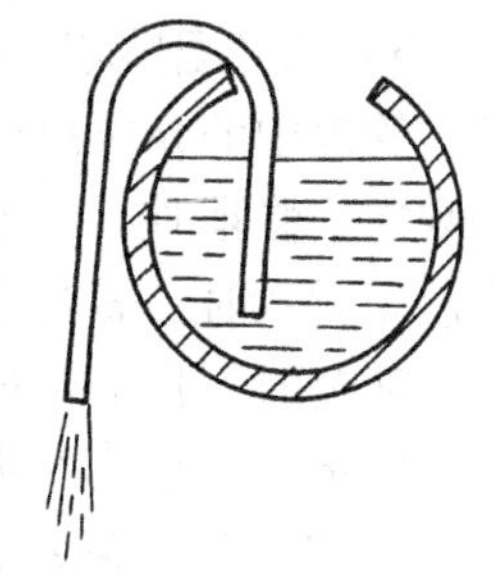
图16-53　虹吸的方法

若焊接部位在地面或墙面处，一种方法是在焊接部位近处，放一块玻璃镜，使焊工能够通过映像看清焊接的部位；另一种方法是在管子上割开一个洞，把焊枪伸进洞中，把要焊接的部位从内壁焊好，再把掀开的洞补焊好，如图16-54所示。

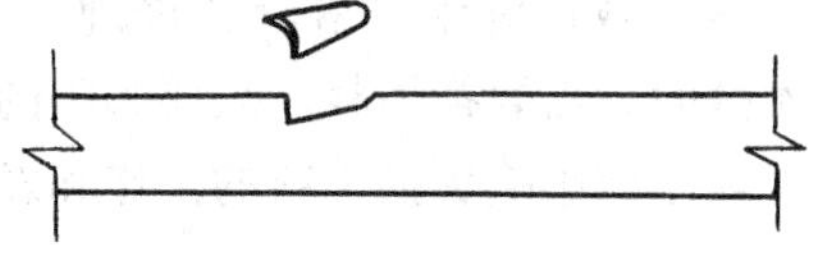
图16-54　在管子上割开一个洞

（3）管子接口处漏水或漏汽的修理

1）管扣漏。管扣漏一般发生在支管或立管相连接的管箍、弯头、三通等处。漏水、漏汽的原因是安装时管扣较松，经过一段运行后，麻丝和管扣都受到腐蚀，管扣腐蚀严重时，往往会从管扣的根部折断。

对于管扣腐蚀的管子，应在关闭控制阀门（或停气泄水）的情况下，进行换管修理；对于管扣腐蚀较轻的管子，虽然可以再用，但需多缠一些麻丝，安装时安装得紧些。

2）活接头漏水或漏汽的修理。活接头漏水、漏汽的原因，多为密封垫被蚀糟以及受到外力的作用。可用紧一紧套母方法进行修理。若无效时，需关闭有关的控制阀门再把套母拆开，进行换垫。

换垫时，须将原来的旧垫处用废锯条清理干净，防止新垫换上去以后，又因接触不平而仍然漏水或漏汽。

装套母时，应注意对平和找正工作，先用手把螺纹拧好后，方可用扳手紧固。若在螺纹不正的情况下，强行用扳手紧固，极易使套母产生滑螺纹现象；即使已紧固，活接头仍避免不了泄漏。

活接头垫一般用石棉橡胶板制作，属温水系统的活接头垫，也可用耐热橡胶制作。

3）法兰盘漏水、漏汽的修理。法兰盘上的螺栓装得松，经过一段时间，垫即被管道中的介质浸浊，浸浊到一定程度及受到外力作用时，就会产生漏水或漏汽现象。修理时，可用紧螺栓的方法进行，但人要闪开法兰接口，以免发生烫伤事故。无效时，需在关闭阀门的情况下，卸开螺栓进行换垫工作。

换垫时，将法兰盘撬开，用废锯条把旧垫处完全清理干净，把法兰盘重新找正，加垫（一般为石棉橡胶垫）并装紧。

4）“长丝”漏水或漏汽的修理。“长丝”漏汽或漏水常发生在根母处，其原因有：受到外力的作用；根母松，填料未被压紧；根母紧，填料被挤轧出来；根母“长丝”间产生滑螺纹现象。若属后种情况，需换管。

拆“长丝”接头时，应先将根母旋到“长丝”头的根部，然后用管钳咬住挂有“长丝”的管子，把“长丝”头拧入连接件；当管子有“短丝”头的一端从另一个连接件中脱接后，再把“长丝”全部从连接件中退出来，就能将有“长丝”头的管子卸下来。

配管时，只需按照拆下来的旧管规格截一段管子，管子一端套出短螺纹，一端套出长螺纹，再按与拆卸相反的顺序安装好。

（4）阀门漏水或漏汽的修理　若阀门盖形螺母漏水时，先用扳手紧一紧，不奏效时，需要换填料。只要阀门的安装方向是正确的，且比较严，把阀门关住后，就不致影响更换填料的工作和发生伤人事故。

第17讲　各种工业管道的安装与维护

技能63　管道的安装

1. 管道安装的一般规定

（1）管道安装一般应具备的条件

1）与管道有关的土建工程经检查合格，满足安装条件。

2）与管道连接的设备找正合格，固定完毕。

3）必须在管道安装前完成的有关工序，如清洗、脱脂、防腐等，已进行完毕。

4）管子、管件及阀门等已经检查合格，并具备有关的技术证件，按设计要求核对无误，内部已清理干净，不存杂物。

（2）管道安装中应遵循的原则和要求

1）在安装过程中，如遇管道之间相互碰撞，可按下列原则处理：①小管让大管；②有压管让无压管；③低压管让高压管；④支管让主管。

2）管道坡度、坡向应符合设计要求。可用支座下的金属垫板调整，吊架用吊杆螺栓调整。垫板应与预埋件或钢结构进行焊接，不得加于管道和支架之间。

3）法兰、焊缝及其他连接件的设置，应便于检修，并不得紧贴墙壁、楼板或管架上。

4）架空敷设的管道，在有火车通过的地方，管底高度距铁轨面6m以上；在有汽车通过的地方，管底距公路面4.5m以上；管道在行人行走的地方通过，其高度不应低于2m。

5）经脱脂后的管子、管件及阀门，安装前必须严格检查，内、外表面是否有油迹污染，如发现有油迹污染时不得安装，应重新处理。

6）埋地管道安装时，如遇地下水或积水，应采取排水措施。

7）架空液体管道，不允许架设在电气设备的上方，以免管道渗漏或结露时，影响电气设备的安全运行。

8）埋地管道试压防腐后，应办理隐蔽工程验收，并填写隐蔽工程记录，及时回填土，并分层夯实。

9）管道穿越道路，应加套管或砌筑涵洞，进行保护。

10）与传动设备连接的管道，安装前须将管子内部清理干净。其固定焊口一般应远离管道。

11）当设计或设备制造厂无规定时，对不允许承受附加外力的传动设备，在设备法兰与管法兰连接前，应在自由状态下，检查法兰的平行度和同轴度，其允许误差见表 17-1。

表 17-1　法兰平行度和同轴度的允许误差　　（单位：mm）

设备转数/（r/min）	平行度	同轴度
3000 ~ 6000	≤0.15	≤0.50
>6000	≤0.10	≤0.20

12）管道系统与设备最终封闭连接时，应在设备联轴节上架设百分表监视设备位移。转数大于 600r/min 时，其位移值应小于 0.02mm。转数小于 6000r/min 时，其位移值应小于 0.05mm。需预拉伸（压缩）的管道与设备最终连接时，设备不得产生位移。

13）管道安装合格后，不得承受设计外的附加载荷。

14）管道试压吹扫合格后，应对该管道与设备的接口进行复位检查，其误差应符合第 11 条、第 12 条的规定。如有超差，应重新进行调整，直至合格。

2. 中、低压管道安装的一般要求

1）管道安装时，应对法兰密封面及密封垫片进行外观检查，不能有影响密封性能的缺陷存在。

2）法兰连接时应保持平行，其误差不大于法兰外径的 1.5‰。当法兰歪斜时，不得用强紧螺栓的方法进行校正。

3）法兰连接应保持同轴，其螺栓孔中心误差一般不超过孔径的 5%，并能保证螺栓的自由穿入。

4）安装法兰垫片时，可根据需要分别涂以石墨粉、二硫化钼油脂、石墨、全损耗系统用油等涂料。

5）当大口径的垫片需要拼接时，应采用斜口搭接或迷宫形式，不得平口对接。

6）采用垫片时，周边应整齐，垫片尺寸应与法兰密封面相符，其允许误差见表 17-2。

表 17-2　垫片尺寸的允许误差　　（单位：mm）

公称通径	法兰密封面形式					
	平面型		凸凹型		榫槽型	
	内径	外径	内径	外径	内径	外径
<125	+2.5	−2.0	+2.0	−1.0	+1.0	−1.0
≥125	+3.5	−3.5	+3.0	−1.5	+1.5	−1.5

7）铜、铝、软钢等金属垫片在安装前应进行退火处理。

8）管道安装时，如遇下列情况，螺栓、螺母应涂以二硫化钼油脂、石墨机油或石墨粉。即：不锈钢、合金钢螺栓、螺母；管道设计温度高于 100℃或低于 0℃；有大气腐蚀介质及露天装置。

9）法兰连接应用同一规格螺栓，安装方向一致。紧固螺栓应对称均匀，松紧适度，紧固后外露长度不大于 2 倍螺距。

10）螺栓紧固后，应与法兰紧贴，不得有缝隙。需要加垫圈时，每个螺栓不能超过 1 个。

11）高温或低温管道的螺栓在试运行时，保持工作温度 24h 进行热紧或冷紧，见表 17-3。

表 17-3　热冷紧温度　（单位:℃）

管道工作温度	一次热、冷紧温度	二次热、冷紧温度
250 ~ 350	工作温度	—
>350	350	工作温度
−20 ~ −70	工作温度	—
< −70	−70	工作温度

12）紧固管道螺栓时，管道最大内压力，应根据当设计压力小于 6MPa 时，热紧最大内压力 0.3MPa；设计压力大于 6MPa 时，热紧最大内压力为 0.5MPa。冷紧一般应卸压进行。

13）管子对口时应检查直线度，在距离接口中心 200mm 处测量，允许误差 1mm/m，但全长允许最大不超过 10mm。管子对口应垫置牢固，防止在焊接过程中产生变形。

14）管道连接时，不得强力对口，可用加热管子、加扁垫或多层垫等方法来消除接口端面的空隙、误差、错口或不同心等缺陷。

15）管道预拉伸（或压缩）必须符合设计规定，预拉区域内固定支架间所有焊缝（预拉口除外）焊接完毕，支吊架已安装完毕，管子与固定支架已固定，预拉口附近的支、吊架已留有调整余量，需热处理的焊缝已处理完，并经检验合格。

16）管道焊缝位置应符合下列要求：直管段两焊缝间距不小于 100mm；焊缝距弯管（不包括压制弯管）起弯点不得小于 100mm，并且不小于管外径；卷管的纵向焊缝应置于易检修的位置，并且不宜在底部；在管道焊缝上不得开孔，如必须开口时，焊缝应经无损探伤合格；环焊缝距支、吊架净距不小于 50mm，需热处理的焊缝距支、吊架不得小于 100mm。

17）工作温度小于 200℃的管道，其螺纹接头、密封材料，宜用聚四氟乙烯生塑带或密封膏。拧紧螺纹时，不得将密封材料挤入管内。

18）穿墙及过楼板的管道，一般应加套管，管道焊缝不得置于套管内。穿墙套管长度不应小于墙厚，穿楼板套管应高出楼面或地面50mm。穿过屋面的管道一般应有防水肩和防水帽。

19）管道安装间断，应封闭敞开的管口。

20）埋地管道安装前，应做好防腐绝缘。焊缝部位未经试压不得防腐。在运输中，不得损坏绝缘层。

21）管道与套管的空隙应用石棉和其他不燃材料填塞。

22）管道安装允许误差见表17-4。

表17-4 管道安装允许误差 （单位：mm）

项目			允许误差	
坐标及标高	室外	架空	15	
		地沟	15	
		埋地	25	
	室内	架空	10	
		地沟	15	
水平弯曲	直径≤*DN*100		1/1000	最大20
	直径>*DN*100		1.5/1000	
立管垂直度			2/1000	最大15
成排管段	在同一平面上		5	
	间　　距		+5	
	管外壁或保温层间距		+10	

3. 室外埋设管道的安装

室外埋设管道的施工程序是测量、打桩、放线、挖土、地沟垫层处理、下管前管道装配、防腐、下管、连接、试压、回填等。

（1）管沟测量放线　一般用经纬仪和水平仪来进行。根据设计规定，先用经纬仪测出在管道改变方向的几个转角点，栽上坐标桩，再用水平仪测出管道的变坡点，栽上水平桩。在坐标桩和水平桩处设龙门板，如图17-1所示，龙门板要求水平。根据管沟的宽度，在龙门板上钉3个钉子，标出管沟中心宽度与沟边的位置，便于拉线，并在板上标出挖沟的深度，便于挖沟时复查。根据这些点，用线绳分别系于龙门板的钉子上，用白灰沿着绳线放出开挖线。管沟开挖时，由于土质的关系，为防止管沟塌方，要求沟边具有一定的坡度，用白灰撒在坡度的边沿线上。

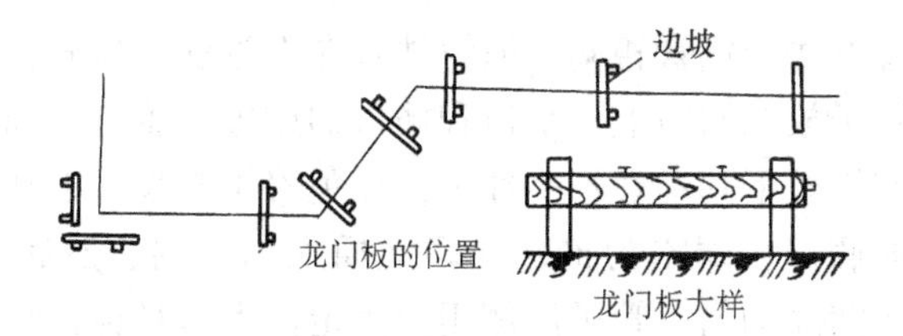

图 17-1　管沟测量放线

（2）管沟边坡　管沟边坡的大小与土质有关，其尺寸可参考表 17-5。根据土壤性质，必要时应设支承，以防塌方。

表 17-5　管沟边坡的尺寸

土　　壤	静压角 α/（°）	H∶A
砾土，砂粘土	56	1∶67
砂质粘土	63	1∶0.5
粘　　土	72	1∶0.33

为便于下管，挖出的土应堆放在沟的一侧，而且土堆的底边应与沟边保持 0.6～1m 的距离，且不得小于 0.5m，如图 17-2 所示。

（3）沟底处理　沟底要求是自然土层（即坚实的土壤层），如果是松土填的或沟底是砾石，都要进行处理，防止管子产生不均匀下沉，使管子受力不均匀而损坏。对于松土层要夯实，且为要求严格的夯实土，必要时还应取样做密实度试验。对砾石底则应挖出 200mm 厚的砾石，用好土回填夯实，或用黄砂铺齐。管底的处理对于敷设铸铁管尤为重要，因此施工时应予重视。

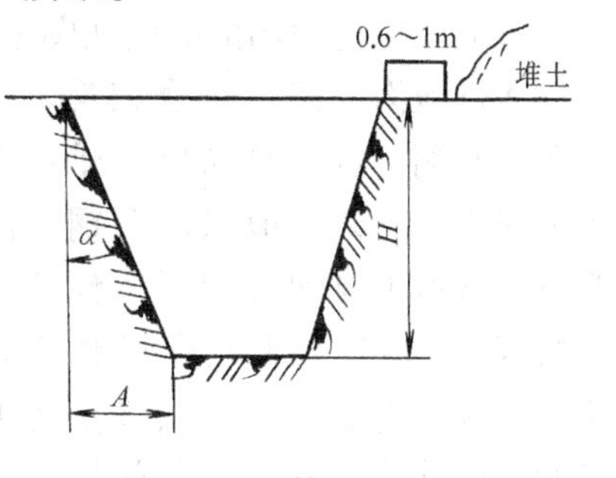

图 17-2　管沟边坡

（4）下管　管沟处理合格后，即可开始下管。在下管前，可先将钢管在沟边进行分段焊接，每段长度一般在 25～35m 范围内，这样可以减少沟内固定焊口的位置。下管时，应用绳索将绳的一端拴固在地锚上，并套卷管段拉住另一端，用撬杠将管段移至沟边，在沟边放滑木杠到沟底，再慢慢放绳，就可以使管段沿滑木杠滚下。如果管段太重，人力拉绳有困难，可把绳的另一端在地锚上绕几圈，依靠绳与桩的摩擦力慢慢将管入沟底，如此可较省力。为了避免管子弯曲和损坏，严禁抛扔，且拉绳不得少于两条。沟底不能站人，以保证操作安全。

在地沟内连接管子时，必须摆正、找直。固定口的焊接点要挖出一个焊接操作坑，其大小要以焊接操作方便为准。

铸铁管的下管方法与钢管相同，但铸铁管在下管前，应先将承插口的漆膜处理干净，然后将管子放在沟边上，承口和插口的放置位置方向和施工时一致。下管要慢慢放绳，使管子下到沟底不受冲击，以免管子断裂。下到沟底的铸铁管在连接时，将管子的插口一端略为抬起轻轻地插入承口内，然后用撬杠将管子拨正，要求承插周围间隙均匀，管子两侧用土固定。大口径铸铁管下管后，可用倒链（又称手拉葫芦）吊起插入承口内，但绳子应拴在管子略偏于排管方向，排好的铸铁管在其连接处要挖操作坑（俗称长洞），坑的大小要适合捻口操作即可。

敷设管段包括阀门、配件、补偿器支架等，都应在施工前按施工要求预先放在沟边沿线，并在试压前安装完毕。管子需要防腐处理的，应事先处理好，钢管两端留出焊口的距离，焊口处的防腐在试压后再处理。

（5）管沟回填　回填前应将沟内积水、烂泥、腐殖土等清除，然后把管子两侧分层夯实，每层30cm，密实度要达到95%以上，管顶上部每层50～100cm，分层夯实，回填土不应有砖头、石块、冻土等硬物。

4. 通行与不同行地沟及架空管道的敷设

（1）通行地沟　一般高度应在1.8m以上，宽度不小于0.6m。即人能站在地沟内通行，进行安装和检修。通行地沟用于户外管道较多、距离较长、经常检修的管道。通行地沟的断面如图17-3所示。

通行地沟一般由土建砌筑。管子可铺设在地沟的一侧或两侧，也可竖向单排或双排，根据管道数量的多少安排。支架一般采用型钢，在土建浇注垫层或砌墙时，管道工要配合留洞或预埋件。如果支架上安放多根管子，则应根据最小间距来预留或预埋安装支架。所留墙洞的高度，应根据管子的坡度，分别将每个支架的高度计算出。其计算公式为

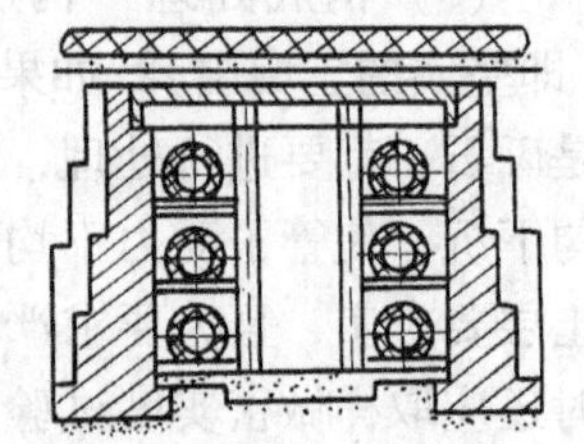

图17-3　通行地沟

$$H = iL$$

式中　H——支架间高度差（mm）；

i——管子坡度；

L——支架间距（mm）。

如该管段坡度 $i=0.003$，起点支架高度按设计规定，第二个支架间距为8m，则该支架与第一个支架高度差为24mm，依此类堆。如果沟底已按坡度放线，则可等高预留。地沟内管道为双层或多层时，敷设的顺序应从最下层管道开始逐层安装。

通行地沟每隔一定距离要在盖板上设检查口，最好在30～50m间，供安装和检修人员出入和运输设备材料之用。

管沟纵向要有不小于0.002的坡度，在管沟最低处应设有机械排水设备，以便将进入地沟内积水或事故下水排出。

（2）不通行地沟　即人不能站立在管沟中进行安装和检修或在安装和检修中不能放盖板的管沟，如图17-4所示。

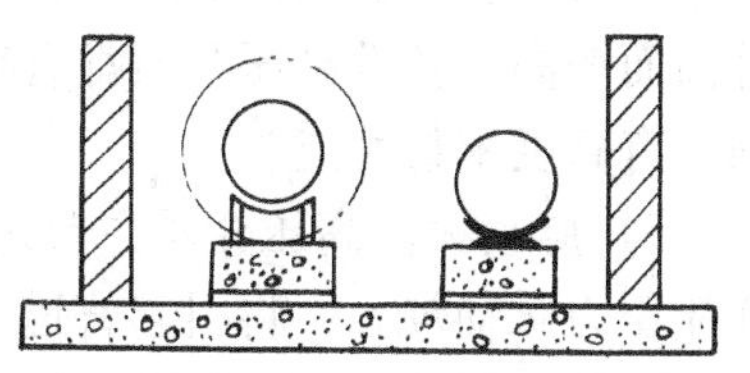

图17-4　不通行地沟

在不通行地沟敷设管道时，应在土建垫层完毕后就施工，因为不通行地沟断面较小，一般高度为0.4～0.8m。如果砌好砖墙后，管道焊接、保温都比较困难而影响施工质量。

不通行地沟中的管道一般布置成单层，大管一般设在管墩上，小管设在管架上。管道距沟底、沟壁及相邻两管之间的净距，应不于小0.15m。管子可在沟边分段连接，然后放在管子的支墩（架）上后，用水平仪找平、找正，然后焊接、试压，整个工程质量合格后才能将盖板盖上，并将盖板之间的缝隙用水泥砂浆抹缝，防止地面积水渗入而腐蚀管道。

（3）架空管道敷设　将管道敷设在架空的支、吊架上，其安装顺序为：

1）按设计规定的安装坐标和坡度及支、吊架距离，量出支、吊架的安装位置及高度，并按设计要求，将预先制作的支、吊架安装好。

2）根据吊装条件，可在地面上先将管件及附件组成组合管段，再进行吊装。一般大管径用机械或抱杆等，小管径用人工提吊或倒链提升等方法完成。

3）管子和管件及管段的组合焊接，应注意焊缝不要落在支、吊架上，一般规定管子间连接焊缝与支、吊架间距离为150～200mm。

4）室外架空管道应考虑防寒、防雨措施，其防寒措施见第14讲技能51管道绝热施工。防雨方法多采用油毡包扎，最外层包镀锌铁皮。

架空管道要严格按操作规程施工，管道吊上去还没有焊接的管段，要用绳索将其牢固地绑在支架上，避免管子从支架上滚落下来而发生安全事故。

技能64　高压管道的加工与安装

1. 高压管道安装的一般要求

（1）高压管道的主要特点　高压管道是指公称压力在10MPa以上的各种管道，它的主要特点是：

1）压力高。要求管道必须有高强度耐压的能力。

2）温度高。有些管道长期在高压、高温介质的共同作用下运行，要求管道必须高强耐热。

3）腐蚀性强。在高压介质中有许多强腐蚀性介质，而且介质对管壁的侵蚀能力随着压力和温度的升高而增高。因此，要求高压管道必须有高强耐蚀性能。

4）渗透力高。介质中有许多渗透力较高的介质，而介质的渗透力又随压力升高而增高，各类高压介质都有很强的渗透力。因此，高压管道的连接结构，必须具有高度密封性能。

5）脉动大。高压介质主要是用高压压缩机增压而成的。由于高压压缩机的介质压力脉动较大，将引起管道的振动，加之设备运转时产生的机械振动，也必然导致管道振动，就可能造成管道在其与支架接触部位产生擦伤。因此，高压管道必须采取防振、防擦伤的措施。

（2）高压管道安装必须注意的事项

1）安装前应将内部清理干净，用白布穿管检查，达到无铁锈、脏物、水分等为合格。

2）螺纹部位应清理干净，外观检查不得有缺陷。

3）密封面及密封垫的表面粗糙度应符合要求，不得有影响密封性能的划痕、斑点等缺陷，并应涂以全损耗系统用油或凡士林油（有脱脂要求除外）。

4）高压管道的管托、吊架采用柔性结构。即在管子与管托、吊架之间放入木垫、软金属片或石棉橡胶板，使管子与管架金属表面不直接接触。

5）合金钢管进行局部弯度校正时，加热温度应控制在临界温度以下。

（3）高压管子加工与验收　用于高压管道上的管子，必须经过验收检查合格，并具有《高压管子验收检查登记表》。

高压管子加工，应在认真审查施工图的基础上绘制管道加工图。加工图的尺寸可根据实际情况，由现场实测或按施工图计算，但管道的封闭管段必须实测。

1）对管段加工尺寸的要求。

①法兰、焊口应考虑管子加工、安装和维修的方便，不得设置于墙壁、楼板或管架上。

②相邻两管道的外壁（包括保温层）不得相碰，其间距必须大于50mm。

③管段加工后尺寸的允许误差为：封闭段±3mm，自由段±5mm。

2）管子的切断与车削加工。高压合金钢管、不锈钢管的下料，宜采用机械方法切断。高压管子的车削加工包括车制螺纹、管端上的密封面和焊接坡口。在车削管端时，要以内圆定心，管子在夹具中不要受力过大，以防变形。

车制的螺纹要符合技术标准规定的螺纹尺寸和技术要求，加工后的管端螺纹尺寸一般应用螺纹规检查，也允许用合格的法兰试配，以徒手拧入为准，但不能过分松动。螺纹表面不得有裂纹、凹穴、毛刺、螺纹脱落等缺陷。轻微的机械损伤和断面不完整的螺纹，累计不应大于1/3圈，螺纹的牙高减少应不大于其公称高度的1/5。

在车制管端密封面时，其端面与管子中心必须垂直，并应保证规定的表面粗糙度，不得有划痕、乱伤、凹穴等缺陷。管端密封面加工完毕后，如暂不安装，应在加工面上涂油防锈，并妥善保管。

2. 高压弯管加工

（1）加工制作方法　高压管子弯曲可采用冷弯和热煨两种方法。钢牌号为20、15MnV、12CrMo、15CrMo、1Cr18Ni9Ti、0Cr18Ni12Mn2Ti的高压管子，应尽量采用冷弯，冷弯后可不进行热处理。

冷弯可以采用手动、电动或冷压弯管机弯制，用于弯管的管子必须符合高压钢管的技术条件，同时有焊口的直管段不能弯管。

当采用热煨弯时，由于需要对管子加热，将引起管子力学性能的变化，所以热弯应遵守下列规定：

1）20钢的管子煨弯时，其加热温度以850～900℃为宜，加热温度最高不应超过1000℃，终弯温度不得低于800℃。

2）15MoV管子煨弯时，加热温度以950～1000℃为宜，加热温度最高不应超过1050℃，终弯温度不得低于800℃。

3）12CrMo、15CrMo、1Cr5Mo管子煨弯时，加热温度以800～900℃为宜，最高加热温度不应超过1050℃，终弯温度不得低于750℃。12CrMo、15CrMo管子煨弯后，须经850～900℃正火处理，并在5℃以上的空气中冷却。1Cr5Mo管子煨弯时严禁浇水，煨弯后需经850～875℃的正火处理。

4）奥氏体不锈钢管子煨弯时，其加热温度以900～1000℃为宜，最高加热温度不应超过1100℃，终弯温度不得低于850℃，且煨弯后须经整体进行固溶淬火处理（1050～1100℃水淬）。经固熔淬火处理后取同批管子试样两件，进行晶间腐蚀倾向试验，如有不合格者，则应全部作热处理，但热处理次数不得超过3次，否则管子应予报废。

5）高压管热煨时，不得用煤或焦炭为燃料，应以木炭为燃料，以避免渗碳，加热温度可用热电偶测量。

为了检查管子在弯曲后是否有损伤，高压弯管在弯曲和热处理后，应再次进行无损探伤，如有缺陷，允许打磨，打磨后的最小壁厚应不小于公称壁厚的90%。

高压弯管的弯曲尺寸误差应符合下列要求：

1）当弯曲半径$R\geqslant 5DN$时，其圆度误差（即管子弯曲部分的最大和最小外径差与最大外径之比）不大于5%；当$R<5DN$时，其圆度误差不大于8%。

2）弯曲角度误差为±1.5mm/m。

3）最小壁厚不小于公称壁厚的90%。

高压弯管在加工过程中，要认真进行质量检查，各道工序之间应有交接手续。弯管工序全部完成后，要及时填写“高压管子加工证明书”（见表17-6）。

对加工报废的管子应立即涂色标示，单独存放。

如需要在施工现场弯制高压管件，则应遵守高压管件技术标准的有关规定。

表 17-6　高压管子加工证明书

加工单位＿＿＿＿　安装单位＿＿＿＿　No＿＿＿＿
工　号＿＿＿＿　钢　号＿＿＿＿　规格＿＿＿＿

线号	加工图号	管子编号	螺纹及密封口鉴定	法兰配合鉴定	尺寸误差/mm	弯曲半径/mm	角度误差/(mm/m)	圆度误差(%)	热处理及再次探伤结果	备注

检查部门负责人＿＿　检查员＿＿　＿＿年＿＿月＿＿日

（2）高压管道的安装　投入安装的高压管子、管件、紧固件和阀门，均须经验收检查合格、并具有相应的技术文件。

在管道安装前，应先将高压设备、阀门等的操作盘找正、固定。管子及管件在安装前应将其内部擦洗干净，并检查是否畅通。螺纹部分应涂二硫化钼或石墨粉机械油调合剂等。检查所有密封面和密封垫的表面粗糙度，不得有影响密封性能的缺陷存在。

安装管道时，应使用正式管架固定。管道支架要按设计图样制作和安装。在管子和管架之间，应按设计规定或工作温度的要求，加置木垫、软金属片或橡胶石棉板，并应先在该部位涂油。

安装法兰时，要露出管端螺纹的倒角。安装密封垫前，应在垫及管口上涂抹黄干油。安装密封垫时，不宜用金属线吊放，软金属平垫必须准确地放入凹座中，拧紧法兰螺栓时，应对称均匀，且不得紧固过度。螺栓拧紧后，两法兰应保持同心和平行。露在螺母外边的螺纹不得少于两扣，并尽量使各个螺纹的外露长度保持一致。

安装管道时，不得强拉、强推、强扭或用修改密封垫厚度的办法来调整安装误差。管道仪表的取源部件，应与管道同时安装完毕。安装工作如有间断，应及时封闭敞开的管口。

3. 高压管道焊接

（1）焊接方法

1）20 钢、15MnV、12CrMo、15CrMo、1Cr5Mo 管子应采用焊条电弧焊，当管壁厚度≤6mm 时，也允许采用氧乙炔气焊。

2）1Cr18Ni9Ti、0Cr18Ni12Mo2Ti 管子应采用焊条电弧焊和手工氩弧焊。

3）高压管道焊接宜采用转动平焊。

（2）焊接坡口　高压管道的焊接坡口，应采用机械方法加工。当管壁厚度≤16mm时，采用V形坡口，管壁厚度为17～34mm时，可采用双V形坡口或U形坡口。

焊接接头在组对时，其错口不得超过下列数值：

壁厚≤15mm，错口≤0.5mm。

壁厚>15mm，错口≤1mm。

接头组对后，两管的轴线应在一条直线上，偏斜误差不得超过1/1000。

（3）对焊工的要求　焊工必须经过焊前考试合格后，才能从事高压管道的焊接工作。

焊工的焊接考试按下列规定进行。

1）考试的焊接方法和所用材料与实际工程一致。

2）考试项目可根据工程需要，选择转动平焊、固定横焊或固定全位置焊接。

3）管子外径≤35mm需焊4个样件，管子外径≥42mm只需焊1个样件。样件长度应按试验机要求确定。在试件上切取进行力学性能试验的试样，切取部位、数量和尺寸，应按焊接接头力学性能试验的有关技术标准确定，达到下列标准，考试方为合格：

1）焊缝成形良好，不得有裂纹、气孔、夹渣和未溶合，咬肉深度不得大于0.5mm。

2）焊缝加强高度，当壁厚<10mm时为1.5～2mm，壁厚大于10mm时为2.5～3mm。焊缝宽度应盖过每边坡口2～3mm。

3）试件需经X射线透视或超声波探伤。X射线透视综合评定不低于2级，超声波探伤评定不低于1级。

4）焊接试样需进行拉力，弯曲和冲击等三项力学性能试验，试验结果要符合规定。不锈耐酸钢焊接试件，一般还应进行晶间腐蚀倾向试验。

（4）对焊接工艺的主要要求　在高压管子焊接以前，应将坡口及其附近10～20mm表面上的脏物、油迹、水分和锈斑等清除干净。定位焊焊肉的两端宜磨成缓坡形。定位焊后如有裂纹、必须清除。

高压管的管壁较厚，焊缝较大，应采用不同的焊接层数。打底用的焊条直径不宜过大。

管子施焊时，焊缝的焊接层数和各层所采用的焊条直径可按表17-7确定。

高压管道焊接时，其周围环境温度不得过低，以防焊缝的熔融金属因迅速冷却而造成裂纹等缺陷。各种钢号管子的焊接允许最低环境温度见表17-8。

为保证焊缝质量，高压管子在焊前一般应预热，焊后应进行热处理。

1Cr18Ni9Ti和0Cr18Ni12Mo2Ti管子在施焊时，要防止层间温度过高，焊后一般不进行热处理，但应对焊缝及附件表面进行酸洗、钝化处理。采用氩弧焊焊接底层时，管内应充氩保护。

表 17-7　焊缝的焊接层数和各层所采用的焊条直径

管壁厚度/mm	焊接层数	层数次序	焊条直径/mm
4 ~ 12	2 ~ 4	1	2.5 ~ 3.2
		2 ~ 4	3.2 ~ 4
		1 ~ 2	3.2 ~ 4
12 ~ 22	6 ~ 7	3 ~ 7	4 ~ 5
		1 ~ 2	3.2 ~ 4
22 ~ 34	8 ~ 12	3 ~ 12	4 ~ 5

表 17-8　各种钢号管子的焊接最低允许环境温度

管材钢号	允许焊接环境最低温度/℃	管壁厚/mm	预热温度/℃	备注
20 钢	-10	<16 16 ~ 26 >26	不预热 100 ~ 200 150 ~ 250	>10℃不预热
15MnV	-5	<16 16 ~ 24 >24	不预热 150 ~ 200 200 ~ 250	>10℃不预热
12CrMo 15CrMo	-5	<16 16 ~ 24 >24	150 ~ 200 200 ~ 250 250 ~ 300	—
Cr15Mo	+5	<16 16 ~ 24 >24	200 ~ 250 250 ~ 300 300 ~ 350	—

（5）焊缝检查　高压管道的焊缝须经外观检查，X 光透视或超声波探伤。透视或探伤的焊口数量应符合下列要求：

1）若用 X 光透视，转动平焊抽查 20%，固定平焊 100% 透视。

2）若用超声波探伤，应 100% 进行检查。

经外观检查，X 光透视或超声波探伤不合格的焊缝允许返修，每道焊缝的返修次数不得超过两次。返修后须再次进行透视或探伤复查。

高压管道的每道焊缝焊接完毕后，焊工应打上自己的钢印号，并填写高压管道焊接工作记录。

技能65　阀件的安装及试验

1. 阀件安装的有关规定和要求

1）安装各种阀件前，应检查阀件规格、型号是否与设计相符，阀件的填料是否完好，填料压盖螺栓是否有足够的调节余量。

2）根据介质流向确定安装方向，法兰或螺纹连接的阀件，应在关闭状态下进行安装。

3）焊接阀件与管道连接焊缝的封底，宜采用氩弧焊，以保证其内部平整光滑。焊接时阀件应打开，以防止过热变形。

4）水平管道上的阀件，其阀杆一般应垂直向上或向左右偏45°；水平安装也可，但不宜向下。

5）所有管件在安装前要清理干净，不得存有杂物。工艺上要求脱脂的应在安装前进行，经脱脂的管道应封闭。

6）安装铸铁、硅铁阀件时，须防止因强力连接或受力不均引起损坏。

7）安装高压阀件时，必须复核产品合格证和试验记录。

8）安全阀安装时必须遵守以下规定：①保持垂直度，当发现倾斜时，应预校正，在管道投入运行时，应及时调校安全阀；②安全阀的最终调整宜在系统上进行，开启和回座压力应符合设计文件规定；当无设计规定时，其开启压力为工作压力的1.05~1.15倍，回座压力应大于工作压力的0.9倍。调压时，压力应稳定，每个安全阀启闭试验不应少于3次；③安全阀最终调整合格后，在工作压力下不得有泄漏，并重作铅封，填写《溢流阀调整试验记录》。

2. 阀件的安装

（1）减压阀的安装　减压阀是把进口压力减至某一需要的出口压力，并依靠介质本身的能量，始终保持稳定。

常见减压阀的安装形式如图17-5所示。减压阀前后设有阀门，并设有旁通管、压力表、安全阀等，称这些组件为安全阀组。

1）减压阀组不应设置在靠近移动设备或容易受冲击的地方，应设在振动小、有足够空间和便于检修处。

2）阀组安装高度一般有两种：其一是设在距地面1.2m左右处，且沿墙敷设；其二是设在距离地面3m左右处，并设永久性平台。

3）蒸汽系统的减压阀组前，应设疏水阀。

4）当系统中介质类带渣物时，应在阀组前设置过滤器。

5）减压阀组前、后都应装压力表，且阀组后应装安全阀。

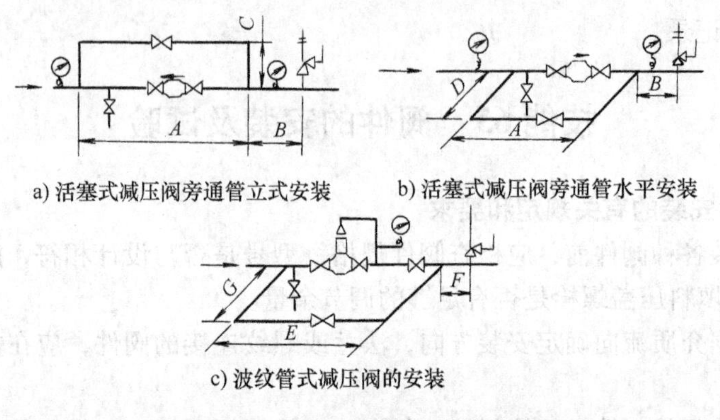

a) 活塞式减压阀旁通管立式安装　b) 活塞式减压阀旁通管水平安装

c) 波纹管式减压阀的安装

图 17-5　常见减压阀的安装形式

6）减压阀均应装在水平管道上。波纹管式减压阀多用于蒸汽和空气介质。用于蒸汽时波纹管应向下安装，用于空气时阀门需反向安装。

（2）安全阀的安装　安全阀是确保安全生产的设备和管道附件。由于操作失误、仪表失灵、机械故障、火灾等原因，使设备管路内的压力升高，影响安全生产，严重时可造成设备管路损坏。如在锅炉、空气压缩机、液泵、有压工艺设备（塔槽、器、罐）和管路上一般都设安全装置。

设备容器的安全阀最好装在设备容器的出口上，如不可应尽可能装设在接近设备容器出口的管路上，但管路的公称通径应不小于安全阀的进口公称通径。

对于单独排入大气的安全阀，应在它的入口处装设一个保持经常开启的截断阀，并采用铅封。对于排入密闭系统或用集合管排入大气的溢流阀，则应在它的入口和出口各装一个保持经常开启的截断阀，并用铅封。截断阀应选用明杆闸阀、球阀或密封性较好的旋塞。

液体安全阀一般都排入封闭系统，气体安全阀一般排入大气中。

液泵和气机出口安全阀，通常排入泵、机的吸入管中。如泵、机入口超压力时，则安全阀放泄物料应排至其他安全场所。

排入大气的气体安全阀放空管，出口应高出操作面 2.5m 以上，并引出室外。排入大气的可燃气体和有毒气体安全阀放空管，出口应高出周围最高建筑物或设备 2m。水平距离 15m 以内有明火设备或作业时，可燃气体不得排入大气。

安全阀应垂直安装，以保证管路畅通无阻，并尽可能布置在便于检查和维修的场所。安全阀的排出管较长时，应很好加以固定，以防排泄物料时产生冲击和振动。

对蒸发量 >0.5t/h 的锅炉至少装两个安全阀，其中一个为控制安全阀，另一个为工作安全阀，前者开启压力低于后者。

工作压力不大于 3.9MPa 的锅炉，安全阀座内径应不小于 25mm。工作压力大于 3.9MPa 的锅炉安全阀的阀座内径应不小于 20mm。

（3）疏水阀的安装　在蒸汽管道系统中，疏水阀是一个自动调节阀，它能排除凝结水，阻止蒸汽流过。疏水阀（也称疏水器，在采暖中又叫回水盒）的工作状况对蒸汽系统运行的可靠性与经济性影响极大，须十分重视。

1）疏水阀前、后都要设置截断阀，但冷凝水排入大气时，疏水阀后可不设截断阀。

2）疏水阀与前截断阀间应设置过滤器，防止水中污物堵塞疏水阀。热动力式疏水阀本身带有过滤器，其他类型在设计中另选配用。

3）阀组前应设置放气管，以排放空气或不凝性气体，减少系统内的气堵现象。

4）疏水阀与后截断阀间应设检查管，用于检查疏水阀工作是否正常。如打开检查管大量冒汽，则说明疏水阀已坏，需要检修。

5）设置旁通管是为了在启动时加速凝结水的排除，以及在检修更换疏水器时作临时开启之用。但旁通管容易造成泄漏，一般不用，如采用时应注意检查。

6）疏水阀应装在用热设备下面，以防用热设备存水。当疏水阀背压升高，为防止凝结水倒灌，应设置单向阀。热动力式疏水阀本身能起止逆作用，可不设单向阀。

7）对于螺纹连接的疏水阀，应设置活接头，以便于拆装。

8）疏水阀管路水平敷设时，管道坡向疏水阀，防止水击现象。

9）疏水阀的安装位置应尽量靠近排水点。若距离太远时，疏水阀前面的细长管道内会憋存空气或蒸汽，使疏水阀处在关闭状态，而且阻挡凝结水不能到达疏水点。

10）当蒸汽干管水平管线过长时，应考虑疏水问题。疏水阀的安装如图 17-6 和图 17-7 所示。

螺纹连接热动力式安装尺寸见表 17-9，疏水阀安装尺寸见表 17-10。

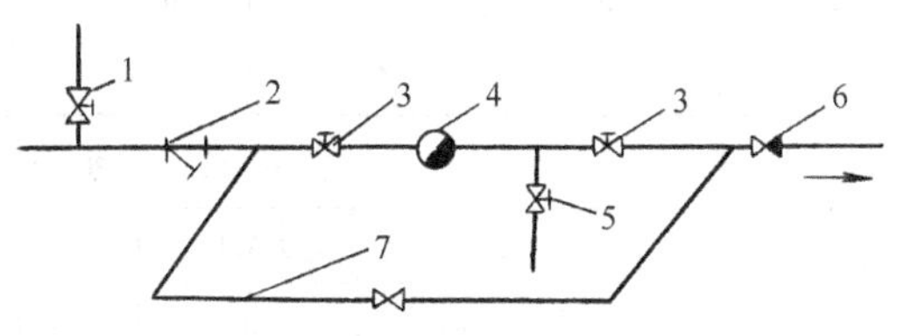

图 17-6　疏水阀的安装（一）

1—放空阀　2—过滤器　3—截止阀　4—疏水阀　5—检查管　6—止回阀　7—旁通管

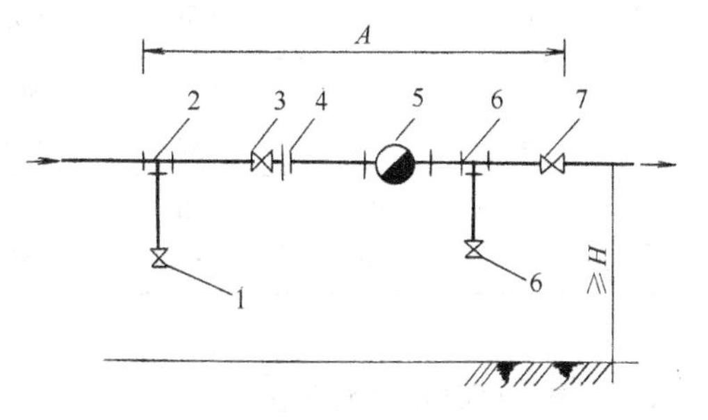

图 17-7　疏水阀的安装（二）

1—放空阀　2—异径三通　3—前切断阀　4—活接头　5—疏水阀　6—检查阀　7—后切断阀

3. 阀件的试验

阀件主要进行两种试验，一种是强度试验，另一种是严密性试验。

表 17-9　螺纹连接热动力式安装尺寸　（单位：mm）

序号	公称通径 DN	管螺纹 /in	疏水阀前、后切断阀 J11T—16		疏水阀 S19H—16		疏水阀前排水阀 J11T—16	
			直径 DN	长度	直径 DN	长度	直径 DN	长度
1	15	1/2	15	90	15	90	15	90
2	20	3/4	20	100	20	90	15	90
3	25	1	25	120	25	100	15	90
4	40	$1^1/_2$	40	170	40	120	15	90
5	50	2	50	200	50	120	20	100

序号	活接头		异径三通		A（约等于）	H
	直径 DN	长度	直径 DN	长度		
1	15	48	15×15	52	620	220
2	20	54	20×15	57	660	220
3	25	59	25×15	58	720	220
4	40	69	40×15	68	870	250
5	50	77	50×20	75	950	250

表 17-10　疏水阀安装尺寸　（单位：mm）

疏水阀型号		DN15	DN20	DN25	DN32	DN40	DN50
浮筒式	A	680	740	850	930	1070	1340
	H	190	210	260	380	380	460
倒吊筒式	A	680	740	830	900	960	1140
	H	180	190	210	230	260	290
热动力式	A	790	860	940	1020	1130	1360
	H	170	180	180	190	210	230
脉冲式	A	750	790	870	960	1050	1260
	H	170	180	180	190	210	230

（1）阀件试验的一般规定

1）阀件在安装前应进行外观检查。

2）低压阀门应从每批（同制造厂、同规格、同型号、同时到货）中抽查10%，且至少一个，进行强度和严密性试验，若有不合格再抽查20%，如再不合格则需逐个检查。

3）高、中压和有毒及输送易燃易爆物质的阀门，均应逐个进行强度和严密性试验。

4）阀门的强度和严密性试验应用洁净水进行，工作介质为轻质油产品或温度高于 120℃的石油、蒸馏产品的阀门，应用煤油进行试验。

（2）阀件的强度试验

1）公称压力不大于 32MPa 的阀门，其试验压力为公称压力的 1.5 倍。

2）公称压力大于 32MPa 的阀门，其试验压力见表 17-11。

表 17-11　阀门试验压力　（单位：MPa）

公称压力	试验压力	公称压力	试验压力
40	56	80	110
50	70	100	130
64	90		

3）试验时间不少于 5min，阀门壳体、填料无渗漏为合格。

4）试验时，首先注水，在注水的同时应排净阀体内的空气。然后用手压泵或试压泵进行加压，加压时应缓慢进行，压力逐渐升至试验压力，不能急剧升压。在规定的持续时间内，压力保持不变、无渗漏现象发生则为合格。压力持续时间具体规定见表 17-12。

表 17-12　压力持续时间

阀件类别	公称通径/mm	持续时间/min
截止阀，旋塞阀，升降式单向阀	≤50	>1
	>50	>2
闸阀，旋启式单向阀	<50	>2
	150 ~ 400	>3

试验止回阀时，压力应当从进口一端引入，出口一端堵塞；试验闸阀、截止阀时，闸板或阀瓣应打开，压力从通路一端引入，另一端堵塞；试验带有旁通的阀件时，旁通阀也应打开。试验直通旋塞阀时，将塞子调整到全开位置，压力从通路的一端引入，另一端堵塞；对于三通旋塞阀，则应把塞子轮流调整到全开的各个工作位置进行试验。

（3）阀件的严密性试验　试验闸阀时，应保持体腔内压力和通路一段压力相等。试验方法是将闸板关闭，介质从通路一端引入，在另一端检查其严密性。在压力逐渐消除后，再从通路的另一端引入试验介质，重复进行上述试验。或者在体腔内保持压力，从通路两端进行检查。

试验截止阀时，阀杆应处于水平位置，将阀瓣关闭，试验介质按阀体上箭头指示的方向供给，在另一端检查其严密性。

直通旋塞阀在试验时，应将旋塞调整到全关闭位置，压力从一个通路引入，从另一端通路进行检查，然后将塞子旋转180°重复进行试验。

三通旋塞阀在试验时，将塞子轮流调整到关闭位置，从塞子关闭的一端通路进行检查。

止回阀在试验时，压力从介质的出口通路一端引入，从另一端通路进行检查。

节流阀不做严密性试验。

阀体和阀盖的连接部分及填料部分的严密性试验，应在关闭件开启、通路封闭的情况下进行。

技能66　压缩空气管道的安装与维护

1. 压缩空气管道安装的一般要求和敷设方式

(1) 压缩空气管道安装的一般要求

1) 管材及附件在安装前应进行外观检查。管材及附件的外表不得有裂纹、分层、砂眼、凹陷等缺陷。管材壁厚不均匀度及圆度误差不应超过允许公差范围。

2) 管子在安装前，内壁必须清除铁锈及污物。除锈的方法可采用圆形钢丝刷，两侧用铁丝将圆形钢丝刷固定在中间，然后反复拉刷，直至管子内壁污物确实排除干净后方可进行安装。

3) 压缩空气管道的材质，一般采用黑铁管、镀锌钢管及无缝钢管，或者选用根据设计规定的材质（如铜管、铝管等）。管子公称通径大于50mm，宜采用焊接方式进行连接，公称直径小于50mm宜采用螺纹连接，并以白漆麻丝或聚四氟乙烯生料带作填料。

4) 管路弯头应尽量采用煨弯，其弯曲半径一般为4*DN*，不应小于3*DN*。煨扁程度不应大于外径的8%。

5) 管子经切割、钻孔与焊接完毕后，内部必须清理干净，不允许有任何残余物及金属溶渣。焊缝应均匀，接口平齐，无咬肉及砂眼。

6) 管路系统中所有各种支架安装应牢固，位置正确，无歪斜、活动现象。

7) 竖直安装的管子应保持垂直，长度在4m以上时，允许误差为12mm，在4m以内时允许误差为4mm。水平管路坡度大小的误差不得超过±0.0005。

8) 从总管路上引出支管时，必须从总管上部开三通，支管与总管相交角度，一般采用便于施工的常用角度，如90°、60°、45°、30°、15°等。

9）由于压缩空气从压缩机出来，经过冷却器及储气罐等设备，其温度已降到40℃左右，所以一般不装补偿器。但在输送管线较长，或冷却温度不足的情况下，仍需设补偿器。⊓形补偿器安装时，应进行预拉伸，预拉伸的长度应为补偿长度的一半。

10）压缩空气管道应有顺流方向的坡度，其为0.002～0.003，使水和油顺流到管道终点的储水筒内予以排除。

11）室外压缩空气管道可与热力管道同时敷设在地沟内，也可埋地敷设，并用沥青麻布包缠防腐。在管道在最低点安装油水分离器，或其他排水装置。

12）管道安装完毕后，用压缩空气吹扫，以去除安装过程中残留在管内的脏物。

13）为了延长管路使用年限，且便于识别和美观，管路外表面一般先涂刷一遍防锈漆，再涂刷一遍浅蓝色调和面漆。埋地管路应刷沥青漆防腐。

（2）压缩空气管路敷设方式　压缩空气管路系统的敷设方式有三种，即单树枝状管路系统（图17-8a）、环状管路系统（图17-8b）和双树枝状管路系统（图17-8c）。

1）单树枝管路系统是应用最普遍的一种形式，其缺点是当某一部分检修时，会影响一些用户的供气。实践证明，管路系统中经常操作的阀门零件最容易磨损，需要经常检修或更换。可以采用串联安装两个阀门的办法，第一个阀门（来气方向）常用，用第二个阀门操作，当第二个阀门需要修理时，关闭第一个阀门，可随时修理或更换。

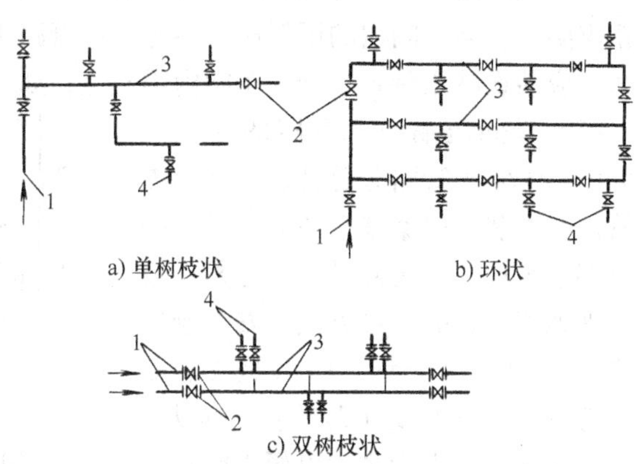

图17-8　压缩空气管路系统的敷设方式

1—压缩空气来源　2—阀门　3—主干管　4—支管

2）环形管路系统比单树枝状管网供气可靠性强，并且压力也比较稳定。当某支路阀门需检修时，关闭支管阀门即可，整个系统照常工作。

3）双树枝状管网系统的特点是敷设一条备用管网。一般情况下两条管网同时处于工作状态，当任何一个管道附件损坏时，随时可以关闭整个系统进行检修，而另外一个系统照常工作。这种系统仅用于不允许停止供气的特殊用户，一般很少采用，因为投资费用高。

2. 车间压缩空气管路的组成和维护

车间压缩空气管路系统由车间入口装置、车间内压缩空气管道、配气器、集水器和软管插头等组成。

（1）车间入口装置　压缩空气管路进入用气车间后，应安装控制阀门、压力表、油水分离器、流量计、减压阀等，这些设备和附件常常集中安装在一起，统称“压缩空气入口装置”。一般管径不大于100mm简单的入口装置，可不设减压阀、流量计，如图17-9所示。

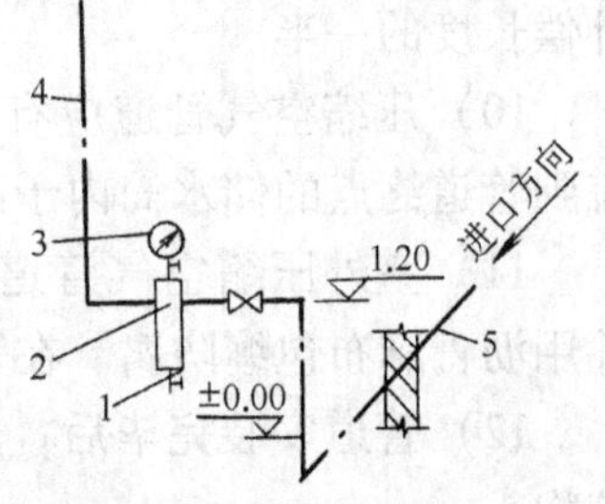

图17-9　压缩空气入口装置

1—排油水管　2—立式油水分离器　3—压力表　4—车间管道　5—室外管道

压缩空气入口装置不必设专门的房间，通常沿墙装设，一般用栅栏与车间其他作业现场隔开。压缩空气入口装置安装高度为1.2m，安装位置根据施工图要求确定。一个车间一般设置一个入口，若外部为环形管网，或有两个压缩空气站供气时，可设置两个入口。为了便于检修和操作，要求入口装置处应有一定的空间。

油水分离器在安装时应注意气流方向，以免装反。外壳上的角钢固定耳上有螺栓孔，通过螺栓把油水分离器固定在栽在墙上的角钢支架上。当车间内的用气压力不等，或管路供气压力大于用气设备要求的压力时，应装设减压装置，分送车间内用气点，如图17-10所示。

（2）车间压缩空气管路的安装　车间内压缩空气管路分总管、干管和支立管。在安装中根据施工图的要求，一般有架空敷设、地沟敷设、埋地敷设或架空埋地相结合的敷设方法。安装顺序是先安装总管、干管，然后是支、立管。总管和干管如设计无要求，应以沿墙、沿柱架空敷设为主，以便于管理和维修。架空敷设的管路高度，应以不妨碍交通为原则，一般不低于2.5m，并尽量减少对采光的影响。

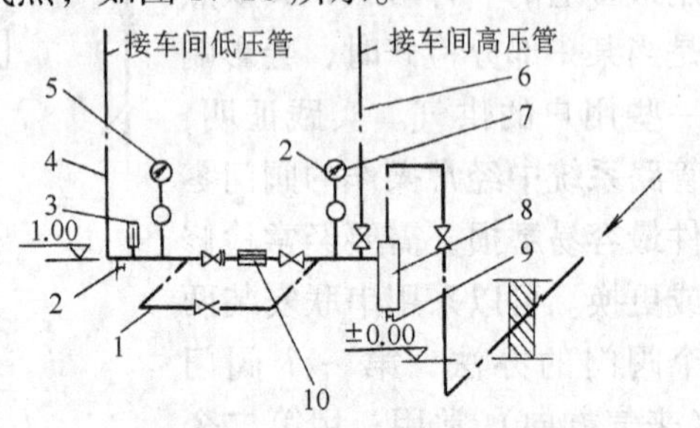

图17-10　油水分离器的安装

1—旁通管　2、9—泄油水阀　3—温度计　4—车间较低压力区管路接管　5、7—压力表　6—车间较高压力区管路接管　8—油水分离器　10—减压阀

压缩空气管路可以与其他允许共架敷设的管路共架敷设，它的位置没有特殊要求，应服从其他管路。

压缩空气水平安装的管路都要有坡度。气水同向流动时，坡度采用0.003；气水逆向流动时，坡度采用0.005。总管坡向入口安装，干管坡向末端或管路最低点。在干管的最低点或末端，应安装集水器。管路变径时，应根据油分排除方向，采用同心或偏心异径接头。

通往各用气设备的支管，应从干管的顶部接出，防止油水进入用气设备内，然后沿墙、柱往下敷设，在距地面1.2m处安装控制阀门或中间配气装置。

压缩空气管道一般采用钢管。当管径小于*DN*50时，可用燃气管；管径大于等于≥*DN*50时采用无缝钢管。当管径小于等于*DN*25时，可用内螺纹截止阀，螺纹连接；管径大于*DN*25时，采用法兰截止阀。管道除与设备或需要拆卸阀件处采用法兰或螺纹连接处，一般应采用焊接。焊接管子的坡口和切断，可采用机械或手工方法，尽量不用气割，以免降低管材强度。在干管上开孔接管时，宜采用钻孔，支管端部锉成“马鞍形”，先进行定位焊接、经找正后进行正式焊接。支管的连接方法如图17-11所示。

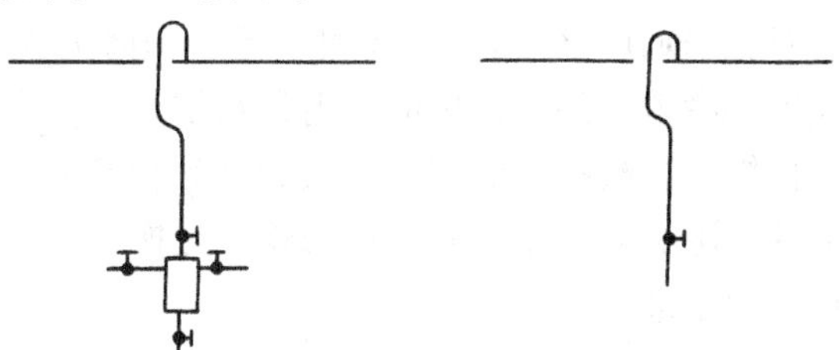

a) 干管、支管配气器间的连接　b) 干管与单个供气点支管的连接

图17-11　支管的连接方法

（3）配气器、集水器的安装　配气器又叫分配器，俗称分气缸（筒），是用来分配压缩空气和油水分离用的。压缩空气支、立管供应两个以上设备或工具用气时，均宜设置配气器。

集水器安装在车间干管的末端或最低点，靠它来收集管路中的油和水分，并排放掉。在安装集水器的支、立管时，应从干管的下方引出，配气器与集水器是用无缝钢管，两端加钢板封头焊接而成的，如图17-12所示。

（4）压缩空气管路系统的故障维护　压缩空气管路常见的故障有以下几类。

1）管道系统漏气。产生漏气的原因，是因为管路腐蚀及外力的撞击使管道严重变形、开裂所造成的。排除这类故障的方法是：如果管路严重腐蚀，应更换管道；受外力撞击造成管道变形或开裂，应修补或更换管段；局部小范围

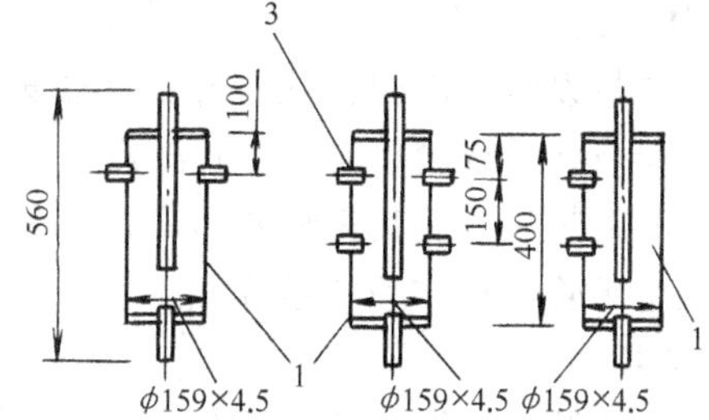

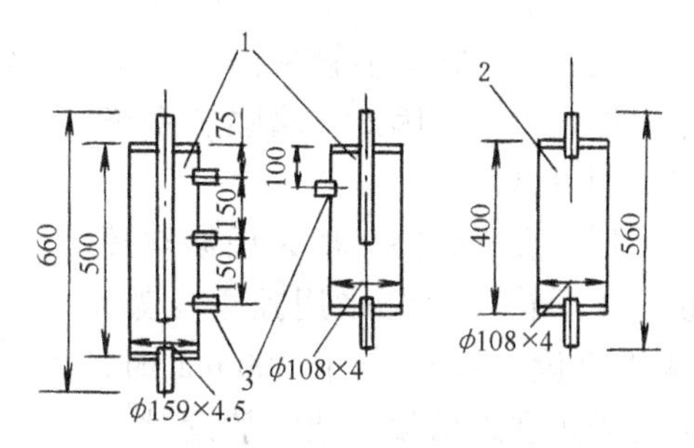

图17-12　配气器集水器的安装

1—配气器　2—集水器　3—压缩空气外螺纹接头

的漏气、车间又不能停气修理，也可采用打固定卡子的方法临时解决。

2）阀门、阀件漏气。产生漏气的原因是阀门、阀件长时间使用而磨损，法兰填料老化，螺纹腐蚀。排除这些故障的方法是应及时检修或更换阀门、阀件，更换法兰填料。

3）冬季管道内积水结冰，将管子及管件胀裂。排除这类故障的方法是定期排放管道内的积水，调整管道坡度，以便于排水，防止冻裂。

4）管道中的支架下沉或脱落，引起管道变形或开裂。排除这种故障，应将变形部位恢复或更换，开裂部位补焊，并将下沉或脱落的支架重新修复好。

5）管道堵塞。主要表现在送气压力、风量不足，压降太大。引起的原因一般是管道内的杂质或填料脱落，阀门损坏或管内积水结冰。排除这类故障的方法是：消除管内杂质，检修或更换损坏的阀门，及时排除管道中的积水。

对上述管道故障的排除必须注意的是，在修理或更换中，必须停气进行，严禁带压检修，以避免发生事故。

技能 67　燃气管道的安装

1. 燃气管道敷设形式及附件安装

（1）燃气管道的敷设形式　燃气管道的工作压力分为三种：压力不大于 5kPa 的为低压燃气管道，压力大于 5kPa 小于 0.1MPa 的为中压管道，大于 0.1MPa 的为高压燃气管道。工业企业中的燃气管道大多属于中、低压燃气管道。管道的敷设常采用树枝状、环式和辐射式三种形式，但绝大多数采用树枝状系统。树枝状系统简单实用，其缺点是检修主干管时，所有用户都要停止使用。当干管距离越长，受其影响的用户就越多。为此，有些规模、用量较大的企业敷设两条主干管，形成双干线系统，如图 17-13 所示。

此系统平时两条干线同时都供气，在检修时，只需被检修的一条干线停止供气。因此，增强了系统供气的可靠性。

厂区燃气管路一般采用架空敷设，主干管一般都采用独立支架，单独敷设。管径小于 300mm 时，亦可采用埋地敷设。架空敷设对于维修、管理都比较方便，但造价高。

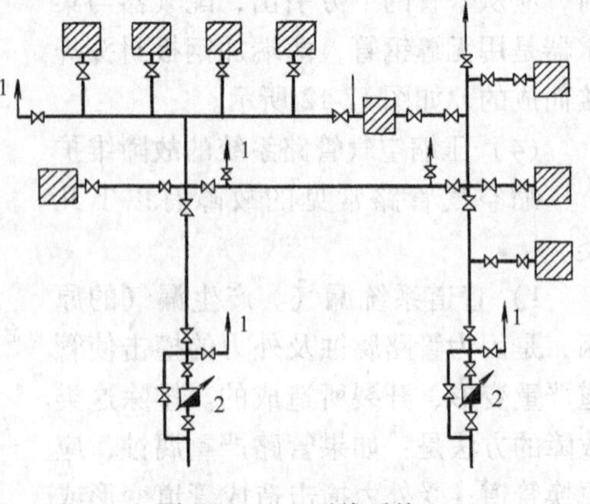

图 17-13　双干线系统
1—放散管　2—调压阀

（2）燃气管道附件的安装

1）安全阀的安装。安全阀又叫防爆阀，一般安装在车间的入口处。在安装安全阀前，对隔板必须进行破裂性试验，试验压力是工作压力的1.25倍。试验中，为了减小隔板的有效厚度，可以在隔板上面刻划#字形沟槽的办法处理。隔板一般均为铝材料制成。安全阀的装配质量、完整性、动作灵活性、可靠性及密封性都要良好。

2）排水器的安装。排水器又称水封，是用来排除燃气管道中冷凝水的附件。排水器一般安装在管道的最低点。埋地管及直径在200mm以下架空燃气管，一般采用定期排水器，安装间距不大于500m，排水管直径一般为25～50mm。发生炉燃气管道一般用连续排水器，每隔150～200m最少装一个。架空管道排水器一般固定在墙上或柱子上。埋地管道排水器应设人井。

3）补偿器的安装。燃气管道一般采用波形或鼓形补偿器。在安装时，应根据当时的气温，用支承装置调整拉伸或压缩量后，与支承装置一起安装在管道上，待管道与支架固定好以后，再除去支承。补偿器在安装前，应进行水压试验，试验压力不小于工作压力的1.5倍。

4）燃气管道的接地装置。为了消除由于管道内气体流动与管壁摩擦而产生的静电，燃气管道要可靠地接地。并且在所有法兰及螺纹连接处应焊有导电的跨线。有防腐绝缘层的埋地管道也要接地。接地电阻要求不大于20Ω。

室外燃气管道每隔100m设一个接地装置，车间入口也要接地。车间架空燃气管道每隔30m进行接地处理。当与其他管路平行敷设，而相互间距≤0.5m时，每隔15m用扁钢连成导电通路。跨越法兰、阀门等配件的导线，可用ϕ6mm的钢筋制作。接地极一般采用镀锌钢管，由电气施工人员完成。

5）燃气管道车间入口装置　车间的燃气入口，一般应设置一个，以便于管理和计量。*DN*300以上的燃气管，在车间入口需装有专用的控制平台，该处通常安装有控制阀门、盲板，放散管、吹扫口、排水器、人孔、压力表、流量孔板等。图17-14所示为架空燃气管道在车间进口装置的装配图，适用于*DN*300～*DN*1200管径。

2. 燃气管道的安装

（1）民用燃气管道的安装　燃气管道严密性要求相当高，其安装质量的好坏会直接威胁人们的生命财产安全。因此，为了便于检查和及时发现管道系统有无漏气，室内燃气管道都采用钢管、明装，沿墙敷设。管径大于50mm时采用焊接，管径小于50mm时可采用螺纹连接，为便于检修拆卸，还应加活接头或法兰。室外管道直径在75mm以下的宜采用钢管，直径75mm以上宜采用铸铁管埋地敷设，采用石棉水泥接口。民用燃气所用阀门，当管径大于50mm时，采用闸板阀，管径小于50mm时应采用旋塞（也叫转心门）。

从中压或高压燃气管网接出的进气管，应在进户处先经过调压装置降低压力。住宅、宿舍所用燃气表，装在每个用户的燃气用具之前，并在表前有旋塞控制。

埋地的进气管应有0.005的坡度（倒坡），坡向室外管网。在穿出地面处上端，均用三通加堵头代替弯头，以便清除管道内的硬萘。管道内硬萘的清除，可用四氧萘或石脑油剂将萘溶解，或用压缩的二氧化碳吹扫。

埋地进气管应埋设在冰冻线以下0.1～0.2m深处。小于ϕ75mm时，用黑铁管或镀锌管加防腐措施。螺纹填料用聚四氟乙烯生塑带或厚白漆。

进气管阀门至燃气用具的燃气管道应有0.002～0.003的顺流坡度，并在最低点设排水装置。敷设在地面上的主管上、下两端安装三通和塞头，以便于疏通堵塞和排水。

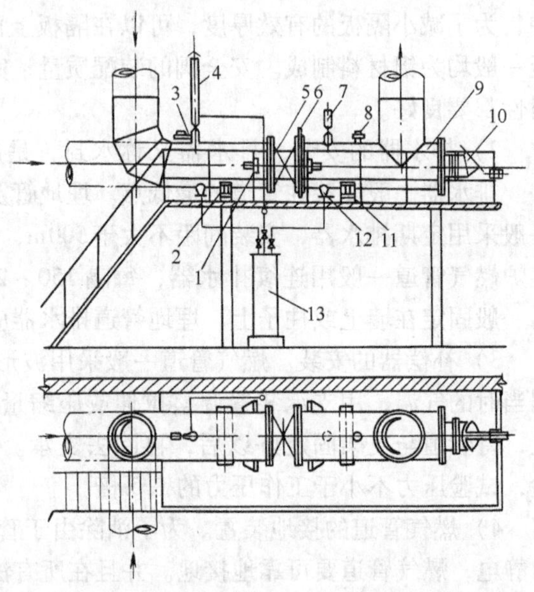

图17-14 架空燃气管道在车间进口装置的装配图
1—盲板支撑 2—固定支座 3—取样嘴 4—放散管 5—闸阀 6—盲板及盲板环 7—吹扫管 8—压力表接管 9—燃气管 10—安全阀 11—活动支座 12—集水器 13—排水器

为了保证安全，室内燃气管道不得在建筑物下埋设安装，不得装在卧室、起居室等房间；应明装在厨房、走廊、楼梯间或地下室内。

进墙燃气管穿过砖墙处设置套管，填以纸筋石灰（穿墙角时套管内用沥青填塞），穿楼板时也应设套管并高出楼板面10mm，管内充填纸筋石灰。

地面上明装民用燃气管，均用黑、白铁管或无缝钢管（涂防锈漆）沿墙敷设。

燃气表安装应符合下列要求：

1）表的位置和进气管引出的位置应该距离短，而且管道没有迂回。

2）便于表的检修、更换和抄表等工作。

3）燃气表应安装在距明火远，避免潮气，部位清洁，又不受振动的地方。

4）要与电气设备相距60cm以上。

（2）厂区车间燃气管道的安装

1）燃气管道在组装前，要对所有的管件、管节、法兰、焊缝、盲板等进行检查，对于不严重的缺陷应进行修理，达到全部合格方能进行组装。

2）在组装带纵向焊缝的大口径管时，相邻两管节的纵向焊缝应错开。不要在干管的焊缝上开口装配支管，支管应装在干管的上部或侧面。排水管应装在干管的下面。

法兰与管道组装后其端面与中心应垂直，其偏斜误差不应大于法兰外径的0.004。法兰的端面与环表面的垂直误差不大于30′。

3）埋地敷设的钢管燃气管道，在安装前，其管外壁应先涂防腐层（留出焊口），待管道安装完毕、试验合格后，对焊缝处再涂防腐层。一般采用沥青玛瑞脂。

4）管道应有不小于0.003的坡度，坡向排水装置。如全长不能保证坡度时，允许在纵断面折曲，但在折曲的低处安置排水器，排水器间距不应超过500m。如敷设在地沟内，从燃气管道排出的冷凝水应引到地面上。

5）在共用的通行地沟内，如经常性通风良好，允许燃气管道与通信电缆和其他管道（上、下水和热力管道）一起敷设。但在任何情况下，燃气管道与动力电缆和照明电缆，不允许敷设在同一地沟内。

6）燃气管道通过地沟、墙壁、楼板等处，应设置钢质套管，穿过管内的管道不可有焊缝和接口。

7）燃气管道如采用法兰连接，每100m左右的直管段中间应装双法兰短管一根。管的终点加装法兰盲板，以便修理或管道延伸。

阀门法兰应与对接法兰对正并自然吻合，然后再拧紧螺栓，防止在运行中由于附加应力造成的阀门折裂。

管道装配最后一个接口采用法兰连接，如不吻合时，不得用加厚垫或多加垫来消除法兰间隙。

法兰垫片材料如设计没有明确规定，可按下列要求选配：

当管径小于*DN*300时，可采用石棉橡胶垫，厚度为3～5mm；管径为*DN*300～*DN*400时，可用涂机械油石墨的石棉纸垫厚度为3～5mm；管径为*DN*450～*DN*600时，用铅油浸三股石棉绳为垫料；管径大于*DN*600时，均用铅油浸棉绳作的圈状网垫。装配好的管道应有0.005的坡度，坡向排水器。

8）在可能遭到冻结的地方，架空管道上排冷凝水的立管应设绝热层。

9）燃气管道坡口和对口要求，与其他类似的气体管道相同。

3. 燃气管道的维护修理及施工的安全技术

（1）燃气管道的维护与修理　燃气管道在运行中必须定期对管路上的阀门进行检查，附件的开启和安全阀等所处位置是否正常，测定、检查燃气用户进口处燃气压力和温度是否符合要求，排水器是否灵活好用，有否鼓破、缺水或结冻等现象，管道及符件是否有跑、冒、滴、漏现象。

燃气管道运行中常见的故障和排除方法如下：

1）燃气用户压力不足。首先检查排送机口压力是否有降低现象。如无问题，在冬季很可能是管道内积水结冰，产生堵塞。发现这种现象时，应分段测出各点燃气压力，确定冰冻区段后，再用蒸汽吹扫。向燃气管道注入少量蒸汽对防止室外燃气管道冻结有较好效果，（但通入蒸汽后，燃气热值有所下降，水分增大，应注意用户对燃气热值和质量的要求）。

2）用户压力波动。压力波动的主要原因是管道内积水。应及时排除排水器中的积水。对于室外架空的燃气管线，应定期用蒸汽吹扫。

清洗排水器时，要在燃气排水管上加盲板，同时操作人员必须两人在场，并佩带氧气呼吸器，一个人工作，另一个人在安全地带监护。

3）阀门的维护。燃气管道阀门大都安装在室外，受风吹、雨淋，阀杆等活动部分容易出锈。为了保持阀门灵活、可靠，应定期在阀杆上涂防锈油膏，室外明杆闸阀的阀杆最好套上保护管。

4）燃气管道漏气的检查。一般半年检查一次。地下燃气管可用“抽气检查管”进行抽气检查，也可检查沿线的雪和草，漏气的地方雪是黄色，草呈枯黄现象，此种方法比较简练实用。地上燃气管道主要是依靠刷肥皂水的方法进行检查。室内或建筑物内的燃气管道，应定期检查室内空气中一氧化碳含量是否超过卫生标准（0.003mg/L）。

5）管道腐蚀的维修。燃气管道腐蚀现象较多，最常见的局部腐蚀现象在蒸汽吹扫口附近，是由于阀门漏气、滴水所引起的。一般情况下腐蚀面积不大，可采用挖补办法，或加补焊钢板的办法加以修理。因局部腐蚀而引起刚度不够时，可在管道竖向加焊补强角钢（角钢90°角朝外），或在横向用类似法兰的加强圈加固。大面积腐蚀修理，采用整个管段更换的方法，更换时，事先要测量新旧管子的管径和壁厚，保证同心。也可以采用套接的办法接管，在更换管段时，为防止管段变形，应在两侧架设临时支架，然后再断管更换。焊接时，应遵守焊接规范，选用技术性能不低于T42的电焊条，并分层焊接。焊完后，应用刷肥皂水的方法检查焊接质量。

6）管道裂纹的维修。燃气管道由于管径较大，且多为焊接钢管，常有裂纹产生。管道裂纹原因较多，在冬季施工中，焊接质量差，产生内应力而开裂；使用时间长，多次热胀、冷缩后则自动开裂；原设计考虑的热胀、冷缩系数不够，或因管道内冷凝水冻结将管道胀裂等。修理方法是待管道停用并将燃气吹尽后进行焊补。如果裂缝已经泄漏燃气，而裂缝不太大，操作人员可以用打临时卡箍的办法。注意在实施中操作人员必须佩戴防毒面具进行工作。管道临时卡箍的安装方法如图17-15所示。

（2）燃气设备和管道在修理时的安全注意事项　进入燃气设备或管道内部

工作时，应先将管路设备用盲板与运行网路断开，打开放散管，用空气或蒸汽进行吹扫（禁止用人孔放散燃气）。

进入燃气管道或设备修理时，照明灯具电压不得高于 12V，灯泡应有保护罩，线路绝缘良好。

燃气管道或设备在检修中需要动火时，必须对现场进行检查，5m 以内不准有易燃品，并准备好必要的灭火工具，如砂子、泡沫灭火器、黄泥、蒸汽管等。

在运行的燃气管道设备上动火时，燃气压力不应低于 200Pa，并绝对禁止在负压情况下动火，燃气中氧的质量分数不得大于 8%。

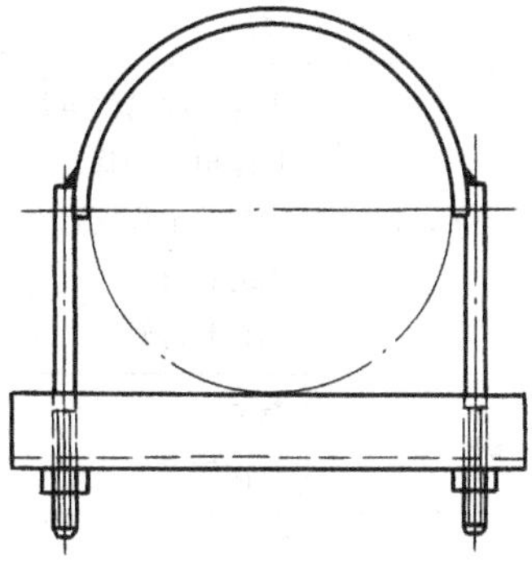

图 17-15　管道临时卡箍的安装方法

在燃气设备内动火时，应保持良好的自然通风。在设备管道外动火时，则应将放散管关闭，以免抽力太大引起着火，必要时应向管道设备内通入少量蒸汽。

技能 68　氧气管道的安装

1. 氧气管路及附件

（1）管路的分类　制氧站为了将制氧装置各设备连结起来，组成一个完整的制氧工艺系统，需通过装配各管道来达到此目的，如空气管、氧气管、水管、氮气管、蒸汽管、油管、碱液管、氨管等。

按介质的压力不同，将上述管道分为低压管（工作压力在 1.6MPa 以下）、中压管（工作压力在 2.5～6.4MPa）和高压管（工作压力在 10～32MPa）。

按介质的温度不同，将其分为常温（－50℃以上）操作的导管和低温（－50℃以下）操作的导管。

用氧车间的供氧管道一般工作压力在 1.6MPa 以下，属于低压、常温操作的供氧管道。

（2）管材与管件

1）管材。氧气管路的管材主要取决于管内输送介质的化学性质对管材的特殊要求。如防腐蚀、防锈、防火等，介质工作温度如在低温下工作，要求管材不失其韧性及介质的工作压力对管材强度的要求等。

氧气站常用管子种类、材质见表 17-13。

一般情况下以选用碳素钢为主，但由于碳素钢管在低温条件下（低于－40℃）会变脆，失去韧性，也由于它在氧气中会锈蚀、燃烧等，故在某些部位、某些管段需用不锈钢管、铜管或铝合金管。

表 17-13　氧气站常用管子种类、材质

种类		牌号	备注
碳素钢管	水煤气输送用电焊钢管	Q235A	简称水燃气管
	直缝电焊钢管	Q235A	简称直焊管
	螺旋缝电焊钢管	Q235A	简称螺旋管
	无缝钢管	Q235A10、20	简称无缝管
	钢板卷焊管	Q235A	简称卷焊管
铜管	铜管	T_2TUP	也称紫铜管
	黄铜管	H62	
不锈钢管	不锈耐酸无缝钢管	1Cr13 1Cr18Ni9 1Cr18Ni9Ti	简称不锈钢
铝管	铝合金管	LF-21	

氧气及液氧管道用管材见表 17-14。表中符号△表示推荐管材，△△表示可用管材，但不经济。△△△表示只用于工艺上有特殊要求之处。

表 17-14　氧气及液氧管道用管材

管材	氧气				液氧			
	压力/MPa				压力/MPa			
	<0.6	0.6~1.6	1.6~3	~15	<0.6	0.6~1.6	1.6~3	~15
水煤气管	△							
直焊管	△							
卷焊管	△	△						
螺焊管	△△	△△	△					
无缝钢管	△△	△	△	△				
不锈钢管	△△△	△△△	△△△		△△	△	△	△
铜管	△△△	△△△	△△△		△△	△△	△△	△
黄铜管	△△△	△△△	△△△	△	△△	△△	△△	△
铝合金管	△△△				△			

除按上表合理选用管材外，还应处理好下列情况对管材提出的要求：

工作压力超过 1.6MPa 的氧气管道选用碳素钢管时，在沿气流方向的阀门或流量孔板后，需装一段长度 5 倍于管径（但不小于 1.5m）的铜管，以免气流通过阀门或孔板时产生火花，而引起事故。

调节阀组的管道，采用不锈钢管或铜管。

输送任何压力的氧气管道，如温度低于－40℃时，均应使用有色金属制造的管材。

直接埋地的氧气管道不论压力大小，均用无缝钢管。

2）管件。由于氧气的特殊性，在一定条件下，管道输送氧气过程中能产生管道、阀门、阀件的金属燃烧，因此，氧气管路的各阀件必须是没有油和油脂的。

①阀门与氧气接触部分严禁用可燃材料。工作压力不大于3MPa的阀门，可采用可锻铸铁、球墨铸铁或钢制阀体。阀门的密封圈应为有色金属、不锈钢或聚四氟乙烯等材料。填料应采用除油处理后用石墨处理的石棉或聚四氟乙烯等材料。工作压力大于3MPa时，应采用铜合金或不锈钢材料制成的阀门。

当没有大通径的中、低压阀门时，也可选用普通闸阀、截止阀。但填料一项必须严格检查。有些厂的产品采用油浸石棉盘根，这不符合要求，应更换为石墨处理的石棉盘根或聚四氟乙烯材料。

②氧气管路的法兰垫料、填料决不允许使用易燃、含油的材料。氧气管道必须用螺纹连接时，用在螺纹头上的填料应采用一氧化铝和水玻璃（硅酸钠）或蒸馏水调合料，最好使用聚四氟乙烯生塑带，绝不可使用亚麻铅油等。

2. 氧气管道敷设前的准备

（1）安装前的检验　氧气管道具有输送介质温度低、压力高、易燃烧等特点。所以氧气管道在安装前，应对管材和管道附件进行质量检验。检验工作的重点从两方面进行：一方面检验管子和附件的材质、规格及技术要求，是否与设计要求相符，是否与国家标准或部颁标准相符，另一方面是检验管材和附件的外形是否损伤，加工组装质量是否满足生产需要。

管材、阀门、法兰、螺栓、垫圈等和其他管道附件，都应具有出厂合格证和产品说明书。并且产品说明书所示材质、规格、技术要求应与国家或部颁标准一致。例如高压螺纹法兰，产品说明书上所说明的材质、规格、使用压力范围、适用介质等应和国家或部颁布的相应标准相吻合。若使用代用材料，该代用材料应满足工艺生产需要。管材及附件应进行外观检验，有重皮、裂缝等不得使用。表面划痕凹坑等局部缺陷应作检查鉴定，并适当处理。处理后的管壁厚度不应低于制造公差的允许范围。阀类铸件表面不应有粘砂、裂皮、砂眼等缺陷。阀门安装前应以等于工作压力的气压进行气密试验，并用无油肥皂水检查，10min内不降压，无渗漏为合格。安全阀应按设计要求检验与调整开启压力。法兰、螺栓，金属垫片等的表面应光洁，不得有气孔、裂纹、毛刺、凹痕等缺陷。

非金属材料，如石棉垫片、纸垫片的规格、牌号应与设计相符，表面不得有皱折，裂纹等缺陷。

焊接管和三通管应注意其内壁光滑，勿使焊瘤、焊渣留在管内。

（2）管材及管件的脱脂处理　由于氧的特性，凡是用于输氧的管材、管件等，都必须彻底进行脱脂处理。在脱脂工作前应对所有碳素钢管、管件和阀门清扫除锈。不锈钢管、铜管、铝合金管需将表面泥土清扫干净。

1）脱脂剂。工业用四氯化碳、精馏酒精、工业用二氯乙烷等都可以作为脱油用溶剂。

材质为碳素钢、不锈钢的管道、管件和阀门，宜采用工业用四氯化碳。铝合金的管道、管件及阀门，宜采用工业酒精。非金属垫片只能用工业用四氯化碳。

四氯化碳和二氯乙烷都是有毒的。二氯乙烷与精馏酒精是易燃物质。因此，在使用时必须遵守防毒、防火的有关规定。

溶剂应贮存在干燥和清凉的地方，不能与强酸、强碱接触。脱脂工作现场应严禁烟火，不能将溶剂洒在地上，以免产生蒸气造成中毒或引起火灾。四氯化碳虽然不能燃烧，但接触到烟火时，能分解生成有毒的光气，使操作人员中毒。若发生中毒现象时，应将患者放在空气新鲜处，严重时立即送医院抢救。

2）管材与管道的脱脂方法。在脱脂时，工作人员应穿着防护工作服，并选择有良好通风的地方进行。管材内表面脱脂时，将管子一端用木塞堵住，把溶剂从另一端倒入，然后用木塞堵住，把管子放平，停留 10～15min，在此时间内把管子翻 3～4 次，使管子内表面全部被溶剂洗刷到，然后将溶剂倒出（此溶剂仍可使用）。使用的溶剂为四氯化碳或精馏酒精时，溶剂倒出后，可利用自然吹干或用无油、无水分的压缩空气吹干。若用二氯乙烷溶剂时，则应用氮气吹干内壁，一直吹到没有溶剂的气味为止，并继续放置 24h 以上。为了吹干工作进行得快，可将空气或氮气加热到 60～70℃。吹干后，应将管子两端堵住，并包以纱布，防止管材再被污染。

管子外表面脱油时，可以用浸有溶剂的擦布擦干净，然后放在露天的地方干燥。管子脱脂溶剂用量见表 17-15。

表 17-15　管子脱脂溶剂用量

管子内径/mm	10	15	20	25	32	40	50	65	80	100
溶剂用量/(L/m)	0.06	0.12	0.2	0.3	0.4	0.5	0.6	0.7	0.8	0.9

管子安装好后因污染必须进行内壁脱脂时，应将安装好的管路分卸成没有死端的单独部分，并将这些单独部分分别充满四氯化碳进行脱脂，随后用清洁干燥的加热空气（流速不小于 15m/s）进行吹洗。吹扫干净后，再将管路组装起来。

3）管路附件与垫片脱脂。所有阀件及金属垫片、法兰等，应当拆卸后浸没在装有溶剂的密闭容器内，浸泡 5～10min，然后取出进行干燥，直至没有气味为止。

氧气介质管件填料函中的填料（石棉盘根）与石棉垫片的脱脂方法，是把这些填料、垫片在300℃的温度下焙烧2~3min，然后涂以石墨。

非金属垫片只许用四氯化碳进行脱脂，其在装有溶剂的容器内放置1.5~2h后，用铁丝将其分开穿挂在室外通风良好的地方干燥24h以上。

锻制铜垫、铝垫等，经退火处理后可不再脱脂。

脱脂后的管件及垫料用白色滤纸擦拭表面，纸上不出现油渍为合格。

所有脱脂后的管材及管件，应妥善保管，以防再被油脂污染。

3. 氧气管道的敷设及焊接要求

（1）埋地敷设

1）厂区管道可以直接敷设在土内，也可以地沟敷设。其埋地深度视地面运输载重的影响而定，以确保管道不被压坏，一般管顶距地面不少于0.7m。

2）氧气管道埋地敷设时，一般应铺设20cm厚的黄砂，在土质好的黄土上一般可不铺设黄砂。

3）管道通过铁路或公路时，其交叉角应不小于45°，管道顶部距铁轨底距离不小于1m，距公路路面不小于0.7m，并且管道应放在套管内，套管两端伸长离路基及铁轨边缘不少于1.5m，套管内的管道焊接口应为最少。套管间隙最少20mm，并填以浸过沥青的麻丝。

4）氧气管与乙炔管一起埋地时，应埋设在同一标高上，其净距不应小于250mm，在管上填一层厚300mm的粗砂，然后填土夯实。但不允许一同敷设在通行地沟、半通行地沟和不通行地沟内。

5）所有埋地氧气管道及其管件，均应涂以防腐绝缘层，与其他管道和建筑物的间距也应符合设计规定的要求。

（2）架空敷设

1）氧气管道通常是沿墙或柱子明装。但由于地方限制，不能沿墙或柱子明装时，可以安装在专用的不通行地沟内，这种地沟不应与其他沟道相通。在氧气站可以把氧气管、空气管、水管和氮气管一起装在不通行地沟内，但氧气管应单独设支架装在其他管道上面。

2）禁止将氧气管与架空输电线在同一支柱或支架上敷设，不应将氧气管道和燃油管道一起敷设在同一支架上。

3）输送潮湿氧管道的坡度，一般不应小于0.003。并在管道的最低处设集水器和排水装置。

4）架空氧气管道与高压电线的间距，对于1kV以下的电线最小水平间距为1.5m，垂直最小间距为2.5m（如管道上不可走人时，最小净距可缩至1m）。对于3~10kV的架空输电线，则水平间距为3m，垂直间距最少3m。

5）架空氧气管道如果是较长距离的输送管线，一般也应设补偿器。

(3) 车间内敷设氧气管道

1) 车间内氧气管道一般均应沿墙或柱子敷设，高度应在2.5m以上，一般应用独立支架，在条件不允许的情况下，可以与其他不燃性介质共用管架，但管间净距不应小于150mm。

2) 同一车间使用的氧、乙炔管道，允许同沟或同架敷设，但彼此间净距不应小于250mm。地沟内填满砂子，在适当地方装设通风管接到室外去。

3) 车间内的管道应有不小于0.002的排水坡度，在管道的最低点设集水器排水管。

4) 管道穿楼板、墙壁时应有套管，间隙为10mm左右，在套管内不得有焊缝。

5) 厂区及车间内的氧气管道均应可靠接地，并在所有法兰盘处装设导电的跨接线。

6) 管道在安装或连接时不要强力对口，以免产生内应力而影响焊口质量。管道接口处应设置在便于检查的部位。

7) 严禁把氧气管道与电缆安装在同一沟道内。

8) 不锈钢管架设在碳钢支架上时，其接触面处必须衬以非金属垫板，防止管皮磨损后产生锈蚀。

9) 管材与附件在安装过程中，随时检查是否被油脂污染，如发现有被油类污染的现象应停止安装，并查明原因、进行脱脂后才可继续安装。

(4) 氧气管道的焊接　在对氧气管道进行焊接时，应根据不同材质选用不同的焊接方法。碳素钢管采用电焊或气焊，不锈钢管采用电焊或氩弧焊，铝合金管采用氩弧焊，铜管采用气焊。

在对两种材质不同的管子进行焊接时，更要注意焊接方法。如不锈钢管与碳钢管连接采用电焊或气焊，铜管与不锈钢管或碳钢管连接采用气焊，铝合金管与碳钢管、不锈钢管或铜管连接时都采用氩弧焊。

管道焊接时，应防止焊接的吹溅物和焊渣、粒进入管内。重要的氧气管段可采用氩弧焊打底的措施。

所有焊口都应作外观检查，并抽查焊口的5%进行无损探伤检查（超声波或X、γ射线透视）。不合格的焊口应铲除重焊，并禁止锻接或补焊。氧气管道的试压方法，按前述进行。

技能69　乙炔管道的安装

乙炔管道是指连接乙炔站内设备用管道和把乙炔送至用户的管道而言。根据管道中输送乙炔的压力不同、乙炔管道分为三种：

①低压管道，压力在 0.007MPa 以下。

②中压管道，压力为 0.007 ~ 0.15MPa。

③高压管道，压力在 0.15MPa 以上。

（1）管材、管件的选择

1）管材的选用。乙炔站从发生器至活塞式乙炔压缩机之间的管道及送往用户的管道均属低压或中压管道，宜采用无缝钢管。中压管路应采用无缝钢管，管内径不应超过 80mm，其最小管壁厚度见表 17-16。

表 17-16　中压管路最小管壁厚度　（单位：mm）

管外径	≤φ22	φ28 ~ φ32	φ38 ~ φ45	φ57	φ73 ~ φ76	φ80
最小壁厚	2	2.5	3	3.5	4	4.5

在溶解乙炔站内，连接压缩机和灌瓶器间的管道，属高压管道。高压管道应采用无缝钢管或不锈钢管，内径不应超过 20mm，其最小管壁厚度见表 17-17。

表 17-17　高压管路最小管壁厚度　（单位：mm）

管外径	≤φ10	φ12 ~ φ16	φ18 ~ φ20	φ22 ~ φ25	φ28
最小壁厚	2	2.5	3	3.5	4

2）管件的选用。在管内径大于 50mm 的中压乙炔管道上，不应有盲板或死端头，且不应选用闸阀。乙炔管道的阀门、附件和管道的连接应符合下列要求：

①阀门和附件的公称压力为：

乙炔的工作压力为 0.007MPa 及其以下时，不宜选用小于 0.6MPa 公称压力的材料等级。

乙炔工作压力为 0.007 ~ 1.5MPa，管径大于 50mm 时不应小于 1.6MPa；管内径为 65 ~ 80mm 时不应小于 2.5MPa；管内径不应大于 50mm，选用旋塞时，其公称压力不应小于 1MPa。

乙炔的工作压力为 0.15 ~ 2.5MPa 时，不应小于 2.5MPa。

②阀门和阀件应采用钢、可锻铸铁或球墨铸铁制造，也可采用含铜量不超过 70% 的铜合金制造。

③乙炔管道应采用焊接连接，与设备、附件等连接处应尽可能采用法兰连接，特殊情况下采用螺纹连接。螺纹的填料应用黄粉（一氧化铝）调以甘油或聚四氟乙烯生塑带，不得使用白漆、麻丝作为填料。

④在选用法兰及垫片时，中、低压乙炔管道可采用平焊法兰，垫片用石棉橡胶板。高压乙炔管道应采用对焊高颈法兰，用波纹金属垫片。

⑤乙炔管道上的压力表、流量表等，应采用专供乙炔气体使用的仪表，并有

证明书或文件。在压力表面上应有"乙炔—禁火"等字样，否则严禁安装。

（2）室外架空乙炔管道的敷设

1）室外架空的乙炔管道应敷设在用非燃烧材料（混凝土，钢铁等）的支架上，也可敷设在耐火厂房的外墙支架上。

2）禁止将乙炔管道架设在燃气管道上面。禁止将乙炔管道与电线、电缆敷设在同一支架上。

3）为防止管道漏气而产生爆炸和燃烧，严禁乙炔管道穿过生活间、办公室及不准使用乙炔的场所。

4）架空乙炔管道因受气温影响而产生的热胀冷缩，采用自然补偿方法解决。

5）架空乙炔管道可单独敷设或与其他非燃烧气体管道、水管道以及同一使用目的的氧气管道共架敷设，其彼此间净距见表17-18。

表17-18 架空乙炔管道与其他管道间净距 （单位：m）

管线名称	平行敷设	交叉敷设
给排水管	0.25	0.25
热力管（1.3MPa以下）	0.25	0.25
非燃烧气体管道	0.25	0.25
滑触线	3	0.5
燃气管、燃油管和氧气管	0.5	0.25
裸导线	2	0.5
绝缘电线和电缆	1	0.25
导线穿金属管	1	0.25
插接式母线、悬挂式干线	3	1
非防爆性开关、插座、配电箱等	3	3

注：与乙炔同一使用目的的氧气管道平行敷设时可减少到0.25m。

6）架空乙炔管道应有不小于0.003的坡度，在管道最低点应设置排水器，在寒冷地区排水器要保温。图17-16所示为排水器的安装。

7）架空乙炔管道与建筑物的最小水平净距见表17-19。

8）当架空乙炔管道必须靠近热源时，则在温度超过70℃的地方采取隔热措施。

9）架空乙炔管道为防止静电感应及雷电感应而产生火花，应在室外部分每隔100m接地一次，其接地电阻不大于20Ω。

（3）室外埋地乙炔管道敷设

1）埋地乙炔管道的敷设深度，应根据地面承受不同运输工具的负荷来确定，一般管顶距地面不小于0.7m。

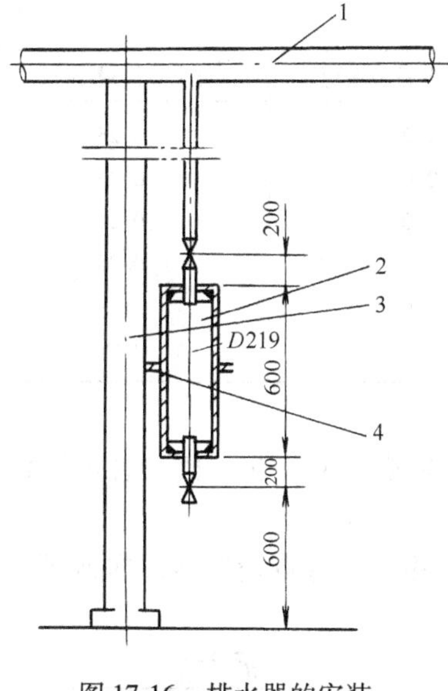

图 17-16 排水器的安装
1—乙炔管路 2—排水器 3—管路支柱
4—排水器固定支架

表 17-19 架空乙炔管道与建筑物的最小水平净距 （单位：m）

建筑物名称	水平净距
三、四级耐火建筑物	3
有爆炸危险的厂房、车间	4
铁路钢轨外侧边缘	3
道路路面及排水沟边缘	1
熔炼金属地点和明火地区	10

2）埋地管道及管件的表面，应有防腐措施，防腐绝缘层的要求与氧气管道相同。

3）埋地乙炔管道与建筑物的最小水平净距见表 17-20，与其他管线之间最小净距见表 17-21。

表 17-20 埋地乙炔管道与建筑物的最小水平净距 （单位：m）

建筑物的名称	最小水平净距
离有地下室的建筑物基础和通行沟道的边缘	3.0
离无地下室的建筑物边缘	2.0
铁路钢轨外侧边缘	3.0
道路路面边缘	1.0
铁路道路的排水沟或单独的雨水明沟边	1.0
照明通信电杆中心	1.0
架空管线基础边缘	1.5
围墙篱栅基础边缘	1.0

表 17-21 （单位：m）

管线名称	平行敷设最小净距	交叉敷设最小净距
给水管	1.5	0.25
热力管或不通行地沟边缘	1.5	0.25
氧气管	1.5	0.25

（续）

管线名称	平行敷设最小净距	交叉敷设最小净距
燃气管：燃气压力≤0.15MPa	1.0	0.25
燃气压力 = 0.15 ~ 0.3MPa	2.0	0.25
燃气压力 = 0.8MPa	2.0	0.25
不燃气体管	1.5	0.25
电力或电信电缆	1.0	0.5
排水明沟	1.0	0.5

4）埋地乙炔管不应与电力、照明和通信电缆、水道管、蒸汽管道同沟敷设。

5）埋地乙炔管道要有0.003以上的坡度，并在最低点设置冷凝排水器，排水器如图17-17所示。

6）埋地乙炔管道一般不设窨井，必要时应单独设，并且其他管道严禁通过。乙炔管道也不能通过其他管道的窨井或沟道。

7）埋地乙炔管道穿过公路或铁路时，其交叉不宜小于45°，管道顶部距铁轨顶部不应小于1.2m，距道路路面不应小于0.7m。敷设在铁路或主要公路下面的管段应加套管，套管的两端应伸出铁路路基，距轨道不小于2m，距道路边不小于1m。如铁路边或道路边有排水沟时，则应延伸出沟1m，套管内的管段应尽量少焊缝。

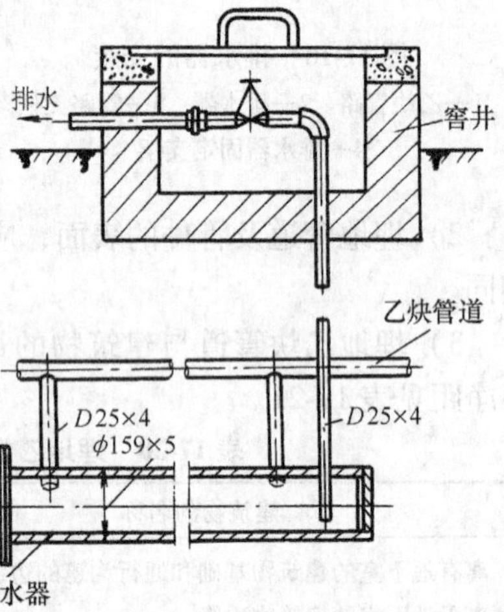

图17-17　设置冷凝排水器

8）埋地乙炔管道可与非燃烧气体管道或同一使用目的的氧气管道平行敷设在同一标高上，其净距不应小于250mm，并在管道上部高300mm范围内先用砂填平、捣实，然后再进行回填土。

9）埋地乙炔管道不应穿过露天货物堆、场的下面。

10）埋地乙炔管道应在车间入口处接地一次，接地电阻不应大于20Ω。

（4）车间内乙炔管道的敷设　车间乙炔管道系统主要包括入口装置、管道、岗位回火防止器三部分组成，如图17-18所示。

车间乙炔管道入口装置包括阀门、中央回火防止器、压力表和流量表。一般沿墙敷设，距地面高1.2m。

车间内乙炔管道一般沿墙或柱子架空敷设，高度不应小于2.5m。如不允许架空敷设时，可单独或与同一使用目的的氧气管道设在用非易燃材料制成的不通行地沟内。地沟内必须全部填满砂子，不得与其他管道串通。

乙炔管道应避免通过非生产乙炔用户的房间，也不应沿楼梯间、走廊等敷设。

穿过墙壁或楼板时，应敷设在套管内，套管内部分管段不应有焊缝。管子和套管间的缝隙用非燃烧材料填塞。

水平敷设的乙炔管道应有不小于 0.002 的坡度，坡向各泄水点。

乙炔管道敷设时，如必须通过高温区时，应采取绝热措施，管壁温度不得超过 70℃。

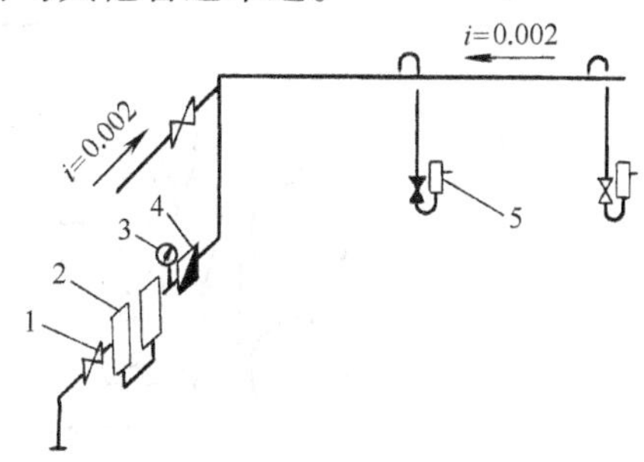

图 17-18　车间乙炔管道系统
1—阀门　2—中央回火防止器　3—压力表
4—流量表　5—岗位回火防止装置

乙炔干管上接出的支管与用气设备之间，必须经过单独的岗位回火防止器，岗位回火防止器可安装在墙上或柱子上。

室内架空敷设的乙炔管道应妥善接地，一般每隔 25m 应接地一次。接地电阻不应大于 20Ω。

（5）乙炔管道系统的维护管理　室内乙炔管道的维护管理，主要是加强对回火防止器的维护。所有水封式回火防止器必须每天检查，水位应适当，并更换脏水。岗位式回火防止器只允许接出一个焊炬或割炬。寒冷地区冬季使用水封式回火防止器时，应在水内加食盐或甘油等防冻剂，防止水封冻结。若水已经冻结时，只许用热水或蒸汽加热，严禁用明火加温，以免发生爆炸事故。

水封式回火防止器的防爆膜爆破后，必须及时更换后方能使用。

采用中压冶金片干式回火防止器时，若发现阻力增大、流量减少，则可能粉末冶金片微孔被水或杂质堵塞，应拆下主体取出冶金片，浸入丙酮中清洗并用压缩空气吹干后方可装配。然后作阻火性能试验，合格后才能继续使用。

干式回火防止器在使用过程中，应经常作密封性检查，发现漏气或不正常现象时，应立即进行修理。中压冶金片干式回火防止器使用一年后，应进行一次全面检修，同时作密封性能检查及阻火性能试验。

技能 70　燃油管道的安装

1. 燃油管道的安装形式及要求

燃油系统分为单向供油系统和循环供油系统两类，采用哪种形式主要根据燃油的供应条件、燃油性质、用户多少及燃油设备状况而定。

（1）单向供油系统　单向供油系统应用比较普遍，根据用户多少与分布情况，其又可分为单树枝式与单向辐射式两种。

单树枝式用于用户少、耗油量不大的场合，如图 17-19 所示。

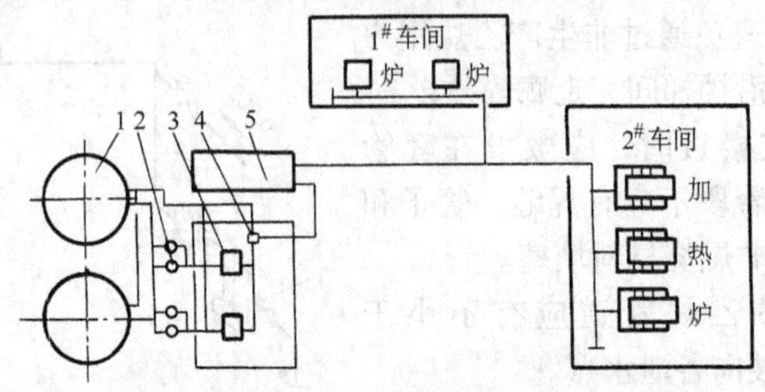

图 17-19　单向供油系统

1—储油罐　2—过滤器　3—液压泵　4—稳压阀　5—加热器

单向辐射供油系统，用于用户比较多的场合，为避免用户用油情况不一而造成互相干扰，以致形成油压不稳，则采用单向辐射供油系统，如图 17-20 所示。

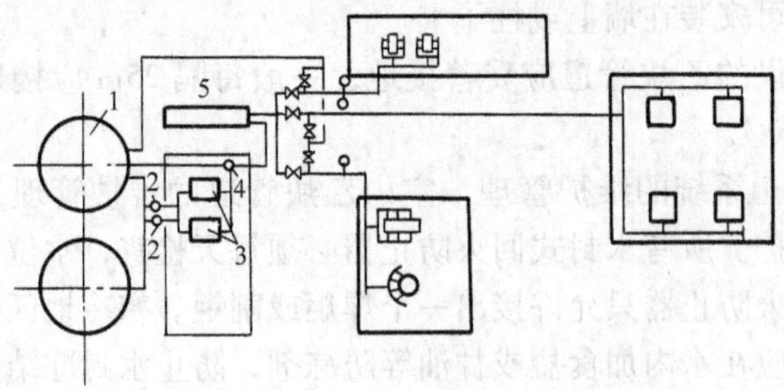

图 17-20　循环供油系统

1—储油罐　2—过滤器　3—液压泵　4—稳压器　5—加热器

（2）循环供油系统　循环供油系统的特点是便于管理和操作。因为整个系统中的油处于循环流动状态，能避免在死端凝结堵塞，同时能稳定油压，可减少设备的起、停麻烦和管道的预热吹扫，节约能源。

（3）燃油管道敷设的特殊要求

1）工厂企业的燃油管一般采用无缝钢管。

2）燃油管道输送的介质一般多为重油，粘度大，凝固点高，因此应采用蒸汽伴热保温。蒸汽伴热保温形式有内套管伴热、外套管伴热和平行蒸汽伴管伴热等三种，如图 17-21 所示。

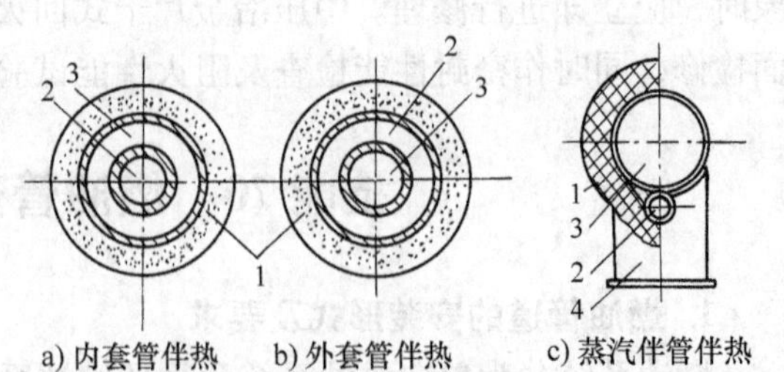

图 17-21　蒸汽伴热保温形式

1—保温层　2—蒸汽管　3—油管　4—管道支架

3）燃油管道安装时应有0.004的坡度，最低点有放净残油的装置，油管必须有蒸汽吹扫接头，但不宜将蒸汽管直接接在油管上，避免油、汽互窜而引起事故。

4）燃油管线必须安装补偿器，一般采用∏形补偿器。

5）燃油管道要有可靠的接地。室外管线每隔100m接地一次，室内管线每隔30m接地一次，其接地电阻不得大于20Ω。接地方法可采用ϕ6mm的圆钢，一端焊在设备上，另一端焊在埋入地下的角钢或管子制的电极上。接地电极的表面积不得小于0.5m^2，电极应埋在湿土层内，埋深不应不于2m。电极应采用镀锌材料制成，保证有良好的导电性。

6）燃油管道的连接，要求有高度的严密性和耐火性。因此，要求除与设备及符件连接处采用法兰外，其余均采用焊接。对于敷设在室内地面上的*DN*15～*DN*50mm的黑白铁管，在局部范围内可以采用螺纹连接，但螺纹填料不能用麻丝，应用黄粉甘油或聚四氟乙烯生塑带作为螺纹的填料。

7）燃油管道及其伴热管道安装完毕后，均应进行严密性试验。

2. 燃油设备管道检修时的安全措施

（1）储油罐检修安全程序　储油罐在日常储油中，会有杂质沉积罐底，一般运行2～3年需进行一次彻底清理。

油中含有硫分，油罐内经常处在80℃左右的湿环境中，特别是在吹扫时，容易将大量蒸汽带入，油罐壁及底部都比较容易腐蚀。

罐内的加热器，由于经常停送蒸汽，若操作不当易发生水击，或由于安装质量等问题，常有渗漏或损坏现象，这些都需要进入油罐进行检修。

进油罐内修理是比较麻烦的事，特别是在油罐内动火更危险，需要特别谨慎，一般按下列程序进行。

1）排除积油。首先将需要检修的罐内积油倒入别的油罐或容器内，如果出口以下的油无法抽出，可用注水浮油法。即将水加入油罐，使水的深度略高于油罐出油口，开启加热器至80～90℃，油上浮于面层排入容器。一次不能排尽时，可反复多次。

2）蒸煮。将水注入油罐，浸过加热器。开启加热器将水煮沸，同时用胶管从罐顶放入，深度为罐高的1/2，送上蒸汽后，胶管在罐内象“摆龙”式吹扫。特殊要求时，还可加入烧碱蒸煮，直至将罐壁残油清除干净。

3）通风换气。打开罐内所有清扫口、人孔等，在清扫口安装临时送风机，向罐内送风24h以上。

4）检验。从罐内死角处采样化验，含氧量和可燃气体总量达到作业环境要求或动火要求时，再进行工作。工作时要间断地送风，罐内、罐外均需有人监护。

（2） 油罐加热器及管道常见故障和处理方法

1）加热器漏油或损坏。由于油罐加热器长期处于高温油、水的浸泡中，再加上开启加热时的操作不当（过急、过快），凝结水未排尽而产生冲击和振动，因此造成加热器的损坏。检查加热器是否漏油的方法是：

高油位时，打开加热器蒸汽阀门，加热一段时间后，突然关闭，使加热器中蒸汽冷凝，然后打开加热器的泄水阀门，检查是否有油。

打开加热器蒸汽阀门后，若长时间不升温，泄水器不过水，说明加热器进油凝结堵塞。

低油位时，让加热器外露、通蒸汽试验（只允许短时间）、如发现有泄漏，可按照油罐检修程序清罐进入检查，针对具体部位进行修理或更换。

2）燃油管道堵塞或破损漏油。引起管道堵塞的原因，可能是伴热管冻结使油品凝固，或是管内有脏物。此时应加强伴热管的维护，管道停运时应及时吹扫管排空。

引起管道破损漏油大多是焊接质量不好造成的。对于轻微的破损渗漏，可用铁板夹子夹紧；有较大破裂时，应启用备用管或用回油管输送，然后进行修补。在燃油管道上进行电、气焊操作时，应先将与储油罐一侧的管道或室外供油管网连接处的管道拆开加盲板，使需要修理的管道通往大气，再用蒸汽将管内积油冲刷干净，并排除余气，在确定无可燃气体后，方可进行修理作业。

3）列管式加热器表面结焦而影响传热效果。这主要是运行管理不当造成的。当罐内油位低于加热器时，加热器继续通蒸汽加热，会将敷在加热器表面的油层烤焦而结成焦渣，造成加热器加热速度明显减慢，严重影响传热。此时，应停止运行、清罐修理，清罐方法如前所述。进罐后，逐根把加热器管壁上的焦渣敲振下来。为避免发生此类故障，在加热器运行时，油层必须保持浸没过加热器150～300mm。

技能 71 制冷管道的安装

1. 制冷剂管道布置的一般原则

制冷剂管道包括压缩机的吸气管、排气管和供液管等。它的布置正确与否，对整个系统安全、可靠地运行，起着相当重要的作用。

通常对于氨制冷的管道一律采用无缝钢管，不得用铜管或其他有色金属管。对于其他制冷剂系统的管道，常用纯铜管和无缝钢管。当管径在20mm以下时，一般都采用纯铜管；当管径大于20mm时，为节省有色金属，一般都采用无缝钢管。

管道布置应考虑操作和检修方便，阻力小，并注意排列整齐。管道的布置应不妨碍正常的观察和管理压缩机及其他设备，不妨碍设备的检修和门窗的开关及行人通行。

机房内的管道布置多采用架空式和地沟式两种，以前者用得较多。架空式布置就是将所有管道排列在靠近墙壁或走道上，并以吊架或托架固定在平顶下面或墙壁旁。

管道与墙和天花板，以及管道和管道之间，应有适当的间隔，以便于管道的安装和保温层的施工。

为了防止吸气管和排气管在压缩机运转时引起振动，应设置一定数量的固定支架或坚固的吊架。管道穿墙时应有套管，管子与套管之间留有10mm左右的空隙，在空隙内不得填充材料。

在金属支架、吊架上安装吸气管路时，应根据保温层厚度设置木垫块，木垫块应作防腐处理。

吸气管和排气管安装在同一支架或吊架上时，吸气管应放在排气管的下面。平行布置的管道之间应有一定的间距，以利安装和维修。管子的中心间距，应视管径大小和是否包有绝热层而定，通常不小于200～250mm。

在进行管道和支架的布置时，应考虑排气管的热膨胀，一般均利用管道弯曲部分的自然补偿，不单独设置伸缩器。

从压缩机到冷凝器的排气管道，在通过易燃墙壁和楼板时，应采用不燃烧材料进行隔离。

从液体主管接出支管时，支管最好从主管的底部接出。从汽体主管接出支管时，支管最好从主管上面或者侧面接出。

制冷系统管道布置时，供液管不应有局部向上凸起的弯曲现象，吸气管不应有局部向下凹的弯曲现象、以免产生“汽囊”和“液囊”而阻碍气体和液体的通过。

为了防止液滴进入气缸，吸气管应设有不小于0.003的坡度，坡向蒸发器。为了使润滑油和可能冷凝下来的液体不致于返回压缩机，排气管应有不小于0.01的坡度，坡向氨油分离器或冷凝器。

冷凝器的出液管与储液器之间的高差，应保证氨液靠重力流入储液器中。

集油器和空气分离器的放油管及放空管，均应接至室外，以保证操作安全。

氨制冷装置中，紧急泄氨器的泄氨阀，宜装于外门附近便于操作之处。

氨压缩机气缸冷却套和卧式冷凝器的冷却水系统，应设置水流监察装置，冷却水出口不应与排水管道直接连接。

设备及管道上的压力表、温度计等仪表，应面向主要操作通道，设在便于观察的地方。压缩机的进汽、排汽阀门，应位于或接近主要操作通道，阀门的设置高度应在1.2～1.5m，超过高度应设操作平台。

2. 制冷系统管道的安装

制冷管道安装的要点主要有两点，首先是各设备之间的管道连接要有可靠的密封性。这是由于制冷系统管道中充满制冷剂（液体或气体）。无论是制冷剂漏出或空气漏入都会影响系统正常运转或造成事故，其次是应注意保持管道内部清洁。

（1）管道安装前的装备工作

1）安装前必须逐根仔细检查管道的质量，发现有破损或不合格的应及时更换。清除管内的铁锈和脏物，对于填过砂的弯管应特别注意将内部存砂清除干净，在安装前必须进行清洗和干燥处理。

2）无缝钢管用于氨制冷系统时，可用钢丝刷在管道内壁多次拉刷，并用纱头或棉布多次拉擦干净。

3）纯铜管煨弯时，应进行退火处理，退火后铜管壁产生的氧化皮要予以清除，清除的方法有两种。一是酸洗：即把纯铜管放在质量分数为98%的硝酸（体积分数为30%）和水（体积分数为70%）的混合液中浸泡数分钟，取出后再用碱液中和，并用清水冲洗、烘干。二是用纱拉洗：将纱头绑扎在铁丝上，浸上汽油，从管内一端穿入，再从另一端拉出，反复多次，直到洗净为止，最后用干纱头再拉一次。

4）制冷系统的管道在煨弯时，最好不采用填砂的办法。如果必须填砂煨弯时，应采取措施将砂子清除干净。

对于铜管，先用速度为10～15m/s的压缩空气吹扫，再用质量分数为15%～20%的氢氟酸灌入被煨管内，停留3h，砂粒即被腐蚀；接着再用质量分数10%～15%的苏打水中和，并以干净热水冲洗后，在120～150℃的温度下烘3～4h即可。为除掉水蒸气，管内用干燥空气吹干。

对于钢管，可向管内灌入质量分数为5%的硫酸溶液，停留1.5～2h，再用质量分数为10%的无水碳酸钠溶液中和，并以清水冲洗干净，用干燥空气吹干，最后用质量分数为20%的亚硝酸钠钝化。

（2）制冷管道的连接　制冷管道的连接方式可分为三种，即焊接、法兰连接和螺纹连接。除配合阀件安装用法兰、螺纹连接以及制冷剂管路拆卸采用法兰连接外，其余的接口均应采用焊接。

1）焊接连接。管道呈三通连接焊，应将支管按制冷剂流向弯成弧形再进行焊接，如图17-22所示。

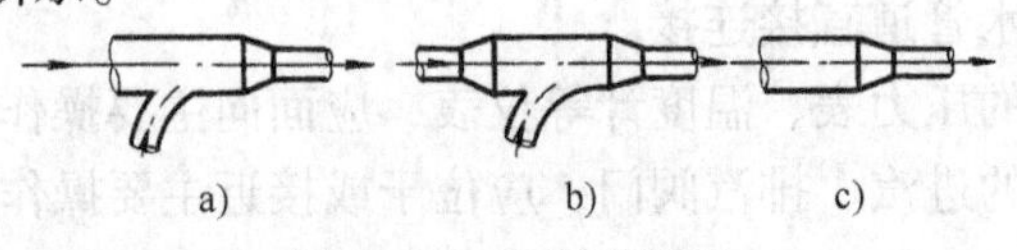

图17-22　三通连接焊

当支管与干管同径并且管内径小于50mm时，则要在干管上用直径大一号的管段，再按上述规定进行焊接（图17-22a）。当不同的管道直线焊接时，应采用同心大小头。

纯铜管之间的连接采用插接焊。焊接方式用氧乙炔气焊。

铜管与钢管的连接用铜焊，纯铜管与黄铜管的连接也用铜焊，黄铜管与黄铜管的连接可用锡焊，但必须焊透。如需补焊时，要先清除面层的油漆、锈层等脏物，并用砂布擦净。原为铜焊的可用银焊条补焊，磷铜只能用磷铜料补焊。

2）法兰连接。公称直径大于等于*DN*32，管道与设备阀门的连接一律采用法兰连接。法兰密封面与管子轴心垂直误差最大不超过0.5mm。法兰垫圈采用厚度为2～3mm的中压石棉橡胶板，它的厚度要均匀，不得有斜面或缺口。安装时在垫圈两面应涂上石墨与机械油的调合料。

为便于装卸法兰螺栓，法兰与墙面或其他平面之间的距离最好不小于200mm。工作温度高于100℃的管道法兰，在螺栓的螺纹上可涂上石墨机械油调合料，便于以后拆卸。

3）螺纹连接。公称直径小于*DN*32的管道与设备、阀门的连接，允许采用螺纹连接。以氧化铝与甘油的调合料作为密封填料。严禁用白厚漆和麻丝代替。

由于无缝钢管的管径与焊接管不同，所以往往不能套制螺纹，可用一段加厚焊接钢管或内径、外径壁厚与焊接钢管相仿的无缝钢管，其一端套螺纹与阀门或管件连接，另一端则与无缝钢管焊接。

3. 制冷系统管道附件的安装

（1）管道煨弯　管子的煨弯工作应在除锈后，按设计图样的要求进行。在氨管道中，管径小于57mm的一般采用冷弯，其曲率半径不得小于管子外径的2.5倍；管径大于57mm的可采用热煨，其最小曲率半径见表17-22。若用机械冷弯时，其曲率半径可依据弯管设备而定。

表17-22　最小曲率半径　（单位：mm）

序号	管子规格	弯曲半径	序号	管子规格	弯曲半径
1	57×3.5	140	5	133×4	400
2	76×3.5	200	6	159×4.5	500
3	89×3.5	225	7	219×6	660
4	108×4	325	8	245×8	740

（2）阀门及测量仪表的安装　氨制冷系统的各种阀门（截止阀、节流阀、浮球阀、安全阀等），必须采用专用产品。除安全阀外，安装前应逐个拆卸清洗，除去油污和铁锈。并检查密封效果，阀门不严时应加以研磨修理、清洗装配好后，应启闭4～5次，然后关闭阀门注入煤油进行试漏，经2h后无渗漏现象认

为合格。

安装时，应注意各种阀门的进、出口和介质的流动方向，不能装错。如阀门上一般都有流向标记，应按标记安装，如无标记则以低进高出安装。安装时应注意平直，不得歪斜，禁止将手轮朝下或安装在不易于操作的部位。

安全阀安装前，应检查铅封情况和出厂合格证件，不得随意拆启。若其规定压力与设计要求不符时，应按有关规程将该阀进行调整、校验，作好记录，然后再进行铅封。

所有测量仪表，按设计要求均须采用专用产品。压力测量仪表须用标准压力表进行校正，温度测量仪表须用标准温度计校正，并作好记录。所有仪表应安装在照明良好、便于观察，不妨碍操作检修的地方。装在室外的仪表应加保护罩，防止雨淋日晒。压力继电器和温度继电器应装在不受振动的地方。

在制冷系统中，热力膨胀阀应垂直放置，不能倾斜，更不许颠倒安装。膨胀阀安装得正确与否，很大程度上取决于感温包的安装布置是否合理，因为膨胀阀的温度传感系统灵敏度比较低，传递信号往往产生一个滞后时间，引起膨胀阀的供液量波动。如果感温包安装得不正确，便会影响和降低温度传感速度，使供液波动幅更大，不仅降低制冷效率，而且很容易使湿蒸汽进入压缩机的气缸内，严重时会引起液击（或冲缸）。感温包应装在蒸发器出口的一段水平和平直的吸汽管道上，并远离压缩机的吸汽管道在1.5m以上。

在工程上，感温包的安装有以下三种形式：

1）将感温包包扎在吸汽管道上，其具体作法是，首先将包扎感温包的吸汽管道上的氧化皮清除干净，以露出金属本色为宜，并涂上一层铝漆作保护层，以减少腐蚀。然后用两块厚度为0.5mm的铜片将吸汽管和感温包紧紧包住，并用螺钉拧紧，以增加传热效果（对于较小的吸汽管也可用一块较宽的金属片固定）。当吸汽管直径小于25mm时，可将感温包包扎在吸汽管上面，当吸汽管直径大于25mm时，应将感温包绑扎在吸汽管水平轴线以下，与水平线成30°角左右的位置上，以免吸汽管内积液（或积油），而造成感温包的传感温度不正确。

为防止感温包受外界空气温度的影响，需在外面包裹一层软性泡沫塑料作绝热层。

这种安装方式主要特点是，安装和拆卸都很方便，因此，大多数的制冷装置都采用这种方法。它的缺点是：温度传感很慢，因而降低了膨胀阀的灵敏度。

2）将感温包安装在套管里，对于-60℃以下的低温设备，为提高感温包的灵敏度，也就是提高制冷设备的降温速度，可采用这种安装方法。它的主要缺点是：要有特制的标准套管，而且只能用于吸汽管管径大的场合，同时拆装也不方便。

3）将感温包直接插入吸汽管道内，使感温包和过热蒸汽直接接触，其温度传感速度快，但安装和拆卸都比较困难，非特殊需要一般不宜采用这种方法。

在安装感温包时，务必注意不能把它安置在有积存液体的吸汽管处。因为在这种管道内，制冷剂液体还要继续蒸发，不能保证蒸汽的过热度，而且温度的波动也很大，极易引起膨胀阀的误动作。

技能72　仪表管道的安装

仪表管道主要包括测量管道、信号管道、伴热管道，气源管道、放空管道和排污管道。

（1）仪表管道的材质及连接方式

1）纯铜管。纯铜管主要用来传送气动信号和介质信号，它的常用规格主要有 ϕ6mm、ϕ8mm、ϕ10mm、ϕ14mm。管的连接形式是承插连接，然后再用铜焊或银焊在承插口上进行焊接。

2）塑料管。塑料管通常由尼龙、聚氯乙烯或聚乙烯三种原料制造而成。优点是价格低，制造、安装容易。但是，塑料的力学性能差，因此使用范围受到很大限制。它的连接形式主要是承插连接，然后用同材质的塑料焊条在承插口上焊接（也可用粘接剂粘接）。对于小管径如 ϕ6mm 或 ϕ8mm 的尼龙管连接，可用金属或同材质的尼龙接头连接。

3）碳钢管。ϕ14mm 碳钢管主要用作测量管道和伴热管道。管道接口采用对口连接，用气焊焊接。

ϕ12 ~ ϕ102mm 镀锌钢管可用作汽源管道，用螺纹连接，螺纹的填料不能用麻丝，应用聚四氟乙烯生塑带。

ϕ8mm、ϕ10mm 碳钢或不锈钢管管道用筒套连接，然后再用气焊或氩弧焊焊接。

4）铝管。铝管的应用只限于因有腐蚀而不能采用铜导管的地方，例如输送或测量氨液介质的管道。铝管的连接规格在 ϕ12mm 以下用承插连接，ϕ12mm 以上用对口连接，然后用氩弧焊焊接。

（2）仪表管道支架

1）仪表管道支架（也称管槽），一般由角钢和扁钢构成。支架可以预制加工，也可现场制作，支架的宽度根据敷设管子的多少而定。安装时，最好把所有的支架都安装在垂直平面上。支架切勿水平安装。

2）在成排的管道支架上，仪表管转弯时应考虑将转弯尽量放两侧，并考虑转弯半径，如图17-23所示。

3）支架的切断应用手锯或机械，钻孔应用电钻，不可用气焊切割。支架的安装须根据管道的坡度要求安装，一般采用连续支架，单独一根管道的支架间距不大于600mm。

4）同一管道上各支架的间距应相等。各种管道支架间距可按下述规定安装：①无缝钢管、不锈钢管、焊接钢管水平敷设时为1～1.5m，垂直敷设时为1.5～2m；②铜管、铝管、塑料管等水平敷设时为0.5～0.7m，垂直敷设时为0.7～1m。需要保温的管道，应适当缩小支架间距。

支架一般不应焊接在工艺管道或设备上，若不可避免时，可用卡子卡在管道或设备上。高压、防腐衬里、有色金属、深冷或经常拆卸的设备和管道，严禁焊接支架。

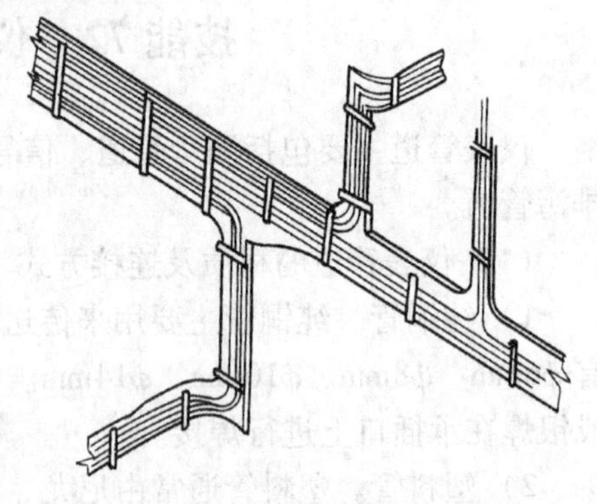

图17-23　成排的管道支架

(3) 仪表管道的敷设　仪表管道应按设计规定敷设。若设计无明确规定时，应根据现场具体情况而定，一般应集中敷设。避免敷设在易受机械损伤、潮湿、易受腐蚀及有振动处。

仪表管道敷设时，应注意以下几点：

1）管道敷设前应检查其管径的圆度误差不得大于10%，并将管道校直（小管径应用木锤子或橡皮锤）。敷设时要横平竖直、整齐划一、美观合理。同时在所有的管路两端，应挂有标牌，标明编号、名称及用途。

2）尽量减少拐弯及交叉。弯管处不得使用活接头。对于ϕ6～ϕ8mm的纯铜管弯曲半径不小于管径6倍，ϕ14mm以上的纯铜管弯曲半径不小于5倍；ϕ14mm以上的碳素钢管弯曲半径不小于4.5倍，大于ϕ57mm的碳素钢管弯曲半径不小于3.5倍，不得弯成Ω形状的弯头。

3）管道应保持1∶10～1∶20的坡度，在特殊情况下可减少到1∶50。若管道较长，不能保持最小坡度时，则可分段改变坡向，但其倾斜方向要以能排出气体或液体为准。

4）管内传送介质为液体时，管道最高点应设排气装置；管内输送介质为气体时，管道最低点应设排液装置。

5）高压、放空及分析取样管，在敷设时可不保持坡度。

6）仪表管直径在50mm以下时，不得用气焊切割，应用机械切割。

7）仪表管在敷设前，应将内、外表面吹扫干净。

8）仪表管道穿墙或穿过楼板时，应加保护套管。管道由防爆厂房或有毒厂房进入非防爆或非有毒厂房时，在穿墙或穿楼板处应密封。管道的焊口不得放在套管内。

9）被测介质在环境影响下易冻、易凝固或易液化时，其测量管道应有伴热保温，对于低温管道应保冷。

10）伴热管道连接不易用活接头，而应采用焊接。伴热管道不应固定过紧，以保证其自由伸缩。液面计、阀门、隔离罐等的伴热管道，不应采用螺旋式全封闭方法，以免影响拆卸与检修。

11）仪表管道敷设后，应进行一次全面检查，检查后应试压。一般作气密性试验，试验要求应根据设计规定。